U0805583

新一代信息技术（网络空间安全）高等教育丛书

丛书主编：方滨兴　郑建华

信息内容安全

主　编◎　张宏莉　史建春　高　阳
副主编◎　陈　浩　郑铁然　刘立坤　何　慧

科学出版社
北　京

内 容 简 介

本书从认知和响应两个层面，介绍信息内容获取、分析、安全管理等原理和技术，具体包括信息内容安全概述、信息内容的被动和主动获取技术、信息内容识别与分析技术、社交网络实体分析技术、社交网络内容分析技术、版权保护技术等基本理论和实用技术。

本书内容新颖实用，宽度与深度兼具，重在培养学生从国家信息安全管理的大局出发，系统性地思考网络空间治理问题，进而掌握解决信息内容安全问题的核心技术和方法论。

本书内容来源于国家信息安全重大工程研究成果，并根据行业典型需求进行充实和扩展，既涵盖信息内容安全的理论基础和共性技术，又涉及了国家信息内容管理等方面的风险与威胁、法律法规、规章制度等，全景式地展示信息内容安全问题的根本根源、解决思路、核心技术和最新科研成果。

本书可作为高等院校网络空间安全和信息安全专业的本科生高年级核心课教材或研究生低年级教材，也可作为计算机类、电子信息类、电子商务类等相关专业选修课教材，还可作为从事信息和网络安全工作的技术人员的参考用书。

图书在版编目(CIP)数据

信息内容安全 / 张宏莉，史建焘，高阳主编. --北京 : 科学出版社，2025. 3. --(新一代信息技术(网络空间安全)高等教育丛书 / 方滨兴，郑建华主编). --ISBN 978-7-03-080659-8

Ⅰ. TP309

中国国家版本馆 CIP 数据核字第 2024731BG3 号

责任编辑：于海云 / 责任校对：胡小洁
责任印制：师艳茹 / 封面设计：马晓敏

科 学 出 版 社 出版
北京东黄城根北街 16 号
邮政编码：100717
http://www.sciencep.com
三河市骏杰印刷有限公司印刷
科学出版社发行　各地新华书店经销
*
2025 年 3 月第　一　版　开本：787×1092　1/16
2025 年 3 月第一次印刷　印张：16 1/4
字数：405 000

定价：69.00 元

丛书编写委员会

主　编：方滨兴　郑建华

副主编：冯登国　朱鲁华　管晓宏

　　　　郭世泽　祝跃飞　马建峰

编　委：(按照姓名笔画排序)

　　　　王　震　王美琴　田志宏

　　　　任　奎　刘哲理　李　晖

　　　　李小勇　杨　珉　谷大武

　　　　邹德清　张宏莉　陈兴蜀

　　　　单　征　俞能海　祝烈煌

　　　　翁　健　程　光

丛 书 序

网络空间安全已成为国家安全的重要组成部分，也是现代数字经济发展的安全基石。随着新一代信息技术发展，网络空间安全领域的外延、内涵不断拓展，知识体系不断丰富。加快建设网络空间安全领域高等教育专业教材体系，培养具备网络空间安全知识和技能的高层次人才，对于维护国家安全、推动社会进步具有重要意义。

2023年，为深入贯彻党的二十大精神，加强高等学校新兴领域卓越工程师培养，信息工程大学牵头组织编写“新一代信息技术(网络空间安全)高等教育丛书”。本丛书以新一代信息技术与网络空间安全学科发展为背景，涵盖网络安全、系统安全、软件安全、数据安全、信息内容安全、密码学及应用等网络空间安全学科专业方向，构建“纸质教材+数字资源”的立体交互式新型教材体系。

这套丛书具有以下特点：一是系统性，突出网络空间安全学科专业的融合性、动态性、实践性等特点，从基础到理论、从技术到实践，体系化覆盖学科专业各个方向，使读者能够逐步建立起完整的网络安全知识体系；二是前沿性，聚焦新一代信息技术发展对网络空间安全的驱动作用，以及衍生的新兴网络安全问题，反映网络空间安全国际科研前沿和国内最新进展，适时拓展添加新理论、新方法和新技术到丛书中；三是实用性，聚焦实战型网络安全人才培养的需求，注重理论与实践融通融汇，开阔网络博弈视野、拓展逆向思维能力，突出工程实践能力提升。这套“新一代信息技术(网络空间安全)高等教育丛书”是网络空间安全学科各专业学生的学习用书，也将成为从事网络空间安全工作的专业人员和广大读者学习的重要参考和工具书。

最后，这套丛书的出版得到网络空间安全领域专家们的大力支持，衷心感谢所有参与丛书出版的编委和作者们的辛勤工作与无私奉献。同时，诚挚希望广大读者关心支持丛书发展质量，多提宝贵意见，不断完善提高本丛书的质量。

方滨兴

2024年8月

前　言

在当前数字信息爆炸的时代，信息内容安全成为亟须关注的重要议题。随着互联网的快速发展，日常生活和工作中产生和处理的数据量呈指数级增长。从个人的社交媒体动态到企业的机密文件，再到国家级的安全情报，信息的流通无处不在，其安全问题也愈加凸显。

党的二十大报告指出："推进国家安全体系和能力现代化，坚决维护国家安全和社会稳定"，并指明"以新安全格局保障新发展格局"。这为新时代国家安全和发展的战略布局提供了清晰的方向。在信息化飞速发展的今天，信息内容安全不仅是网络空间治理的重要组成部分，更是国家安全的核心环节之一。网络信息的安全性直接关系到国家政治、经济和社会的稳定，维护信息内容安全已经成为国家实现长治久安、推动经济高质量发展的重要保障。

本书通过系统地介绍信息内容安全的基本原理和关键技术，帮助读者了解如何通过技术手段保护信息内容安全。内容安全技术的应用领域不仅关系到隐私保护、知识产权维护，还涉及防范网络诈骗、舆论引导，以及维护国家安全。通过学习网络数据包捕获技术、分析技术，以及版权保护技术等内容，读者不仅能掌握相关技术，还能深刻理解其在国家安全和发展新格局中的重要作用。本书分 7 章，具体如下：

第 1 章是对信息内容安全的概述。首先，介绍信息内容安全的基本概念和核心要素，包括网络空间安全、信息内容安全的基础知识及其关键技术；然后，讨论了政策与法规对信息内容安全管理的影响，奠定了本书后续章节的基础。

第 2 章聚焦于信息内容的被动获取技术。本章介绍如何通过被动数据获取技术，如网络数据包捕获技术，获取网络流量中的信息内容。本章内容包括基础网络协议、数据包捕获平台的使用方法，为理解和应用网络数据审计工具提供了指南。

第 3 章讨论信息内容的主动获取技术。本章介绍如何通过主动数据获取技术，如网络爬虫等，从网络环境中有效收集数据。本章内容涵盖了网络爬虫的原理及其设计方法，为网络数据采集提供了坚实的理论与实践基础。

第 4 章深入介绍信息内容识别与分析技术。在完成信息内容获取后，如何有效分析信息内容成为关键。本章讲解了字符串匹配、文本分类与聚类、文本情感与立场分析、音频内容识别等多种分析技术，并通过具体算法(如 KMP、BM、AC 和 WM 算法)进行详细说明。

第 5 章探讨社交网络中的实体分析技术。本章首先介绍了实体识别和关系抽取技术，帮助读者理解社交网络中人名、地名等实体的识别方法，以及实体间关系的语义挖掘技术；然后，讨论个体影响力计算和社区发现算法。这些技术在社交网络信息分析中发挥着重要作用。

第 6 章讨论社交网络内容分析技术。本章特别关注热点事件分析与传播预测、虚假信息检测以及内容质量分析。这些技术对于理解社交网络中的信息传播规律、检测虚假信息及提升内容质量具有重要意义。

第 7 章引入版权保护技术。本章重点讲解数字水印、数字指纹和数字版权管理等核心技术，帮助读者掌握如何应用这些技术防止个人发布的内容在社交网络中被非法窜改或传播，保护发布者的合法权益。

总而言之，信息内容技术的完善和创新是保障国家安全和构建新发展格局的重要基石。通过本书的学习，读者将全面理解信息内容安全的基础理论与关键技术，并掌握如何有效地保护网络信息，避免数据泄露、版权侵害等问题。期待本书为读者提供技术和知识支持，能够为信息内容安全领域的研究和实践提供有价值的指导和帮助。

本书建议课时为 32 学时，各章学时分配如下：

章	学时数	章	学时数
第 1 章	2	第 5 章	4
第 2 章	6	第 6 章	4
第 3 章	4	第 7 章	4
第 4 章	8		

本书由张宏莉、史建焘、高阳担任主编，陈浩、郑铁然、刘立坤、何慧担任副主编。在本书编写过程中得到了哈尔滨工业大学余翔湛教授，博士研究生孟超、田泽庶、尹公主、郈煜和卢昆的热情帮助，在此一并表示感谢。

由于编者水平有限，书中难免有疏漏之处，敬请广大读者批评指正。

编　者

2024 年 6 月

于哈尔滨工业大学

目　录

第1章　绪　　论

1.1　网络空间安全基础

网络空间安全起始于保密通信，1949年，“信息论之父”香农(Shannon)发表的论文《保密系统的通信理论》从信息论的角度奠定了密码的理论基础，有着数千年历史的密码开始成为一门科学。网络空间安全主要围绕网络空间中电磁设备、电子信息系统、网络、运行数据、系统应用所存在的安全问题，开展理论、方法、技术、系统、应用、管理和法治等方面的研究，既要保护包括互联网、各类电信网与通信系统、各种传播网与广电网、各种计算系统、各类关键工业设施中的嵌入式处理器和控制器等在内的信息通信技术系统及其所承载的数据免受损害，也要防止对这些信息通信技术系统的运用(如滥用)引发政治安全、经济安全、文化安全、社会安全与国防安全等问题。

20世纪40年代，密码系统的分析、评价和设计的科学思想为信息通信安全奠定了基础。20世纪70年代，半导体和集成电路技术的飞速发展推动了计算机硬件、软件的发展，计算机的应用进入了实用化和规模化，安全研究也随之转入到了确保计算机系统中硬件、软件系统的可控性与可用性，确保所存储与处理的信息的保密性、完整性和可用性的计算机安全研究阶段。20世纪90年代，随着互联网技术的飞速发展，研究的焦点扩展到了网络安全的研究领域，旨在确保网络及信息系统在运行过程中不被非法利用、运行状态得到有效保护，确保网络信息在存储、处理、传输过程中不被窃取、伪造、窜改、抵赖与销毁等。进入21世纪，随着各项网络应用的广泛普及，网络空间安全的研究进入到了从整体角度考虑体系性的安全保障研究阶段，从风险承受模式走向安全保障模式，从建立防护屏障的被动模式转为主动深度防御体系的研究，从信息保障、软件保障、系统保障模式走向服务保障、应用保障、使命保障模式。网络空间安全的影响跨越物理域、逻辑域、社会域和认知域，需要采取技术、法律和管理等综合手段来进行应对。

1.1.1　网络空间安全的基本概念

1. 网络空间的定义

当谈到网络安全或者信息安全的时候，大家直接会理解为是互联网上的安全。但经过半个多世纪的发展，以互联网为代表的计算机网络已经成为真正全球意义的信息共享与交互平台，深刻地改变了人类社会政治、经济、军事、日常工作和生活的各个方面。随着信息技术的持续变革推进，计算机网络已不再局限于传统的机与机的互联，而是不断趋向于物与物的互联、人与人的互联，成为融合互联网、社会网络、移动互联网、物联网、工控网等的泛在网络。

鉴于传统的“网络”概念无法涵盖其泛在性及战略意义，美国在2001年发布的《保护信息系统的国家计划》中提出了“网络空间”(cyberspace)的概念，并在后续签署的国家安全54号总统令和国土安全23号总统令中对其进行了定义：“网络空间是连接各种信息技术基础设施的网络，包括互联网、各种电信网、各种计算机系统、各类关键工业设施中的嵌入式处理器和控制器。”在国内，沈昌祥院士指出网络空间已经成为继陆、海、空、天之后的第五大主权领域空间，也是国际战略在军事领域的演进。方滨兴院士提出：“网络空间是所有由可对外交换信息的电磁设备作为载体，通过与人互动而形成的虚拟空间，包括互联网、通信网、广电网、物联网、社交网络、计算系统、通信系统、控制系统等。”虽然定义有所区别，但研究人员普遍认可网络空间是一种包含互联网、通信网、物联网、工控网等信息基础设施，并由人-机-物相互作用而形成的动态虚拟空间。

网络空间的构成涉及四个基本要素，它们相互作用，共同构成了网络空间的完整框架。

(1)网络角色(用户)：产生和传输广义信号的主体。在这里，将其称为“用户”。用户是网络空间活动的发起者和参与者，他们通过网络进行信息的产生和交换。

(2)信息通信技术系统(设施)：包括互联网、各种电信网和通信系统、传播系统与广电网、各种计算机系统、关键工业设施中的嵌入式处理器和控制器等。这些声光电磁或数字信息处理设备构成了网络空间的物理基础，可以用“设施”来表征。

(3)广义信号(数据)：所有能用于表达、存储、加工、传输的电磁信号，包括声、光、电、磁信号以及量子信号、生物信号等能与电磁信号交互的信号形态。这些信号在信息通信技术系统中加工处理后成为“信息”，用“数据”来代表。这些“设施”和“数据”共同反映了信息通信技术的基础设施。

(4)交互(操作)：用户利用广义信号，在信息通信技术设施的平台上，以信息通信技术为手段，进行的一系列活动。这些活动包括产生信号、保存数据、修改状态、传输信息、输出结果等，反映了人类意志的各种表达，可以用“操作”来表征。这里的“用户”和“操作”共同反映了与信息通信技术相关的活动。

网络空间是由用户、设施、数据和操作这四个基本要素相互作用构成的复杂系统，总结起来就是：“网络角色”依托“信息通信技术系统”来进行“广义信号”的“交互”。

2. 网络空间安全的定义

由于网络虚拟空间与物理世界呈现出不断融合、相互渗透的趋势，网络空间的安全性不仅关系到人们的日常工作生活，更对国家安全和国家发展具有重要的战略意义。2012年12月，欧洲网络与信息安全局发布了《国家网络空间安全战略：制定和实施的实践指南》，指出“网络空间安全尚没有统一的定义，与信息安全的概念存在重叠，后者主要关注保护特定系统或组织内的信息的安全，而网络空间安全则侧重于保护基础设施及关键信息基础设施(critical information infrastructure)所构成的网络”。美国国家标准与技术研究院在2014年发布的《改善关键基础设施网络安全框架》中对网络空间安全进行了定义，即“通过预防、检测和响应攻击，保护信息的过程”。综合上述定义，可以认为网络空间安全既涵盖包括人、机、物等实体在内的基础设施安全，也涉及其中产生、处理、传输、存储的各种信息数据的安全。

更具体的对网络空间安全的定义描述为：网络空间安全主要是在信息通信技术的电磁设备、电子信息系统、运行数据、系统应用等系统与应用层面上，围绕信息获取、信息传输、信息处理、信息利用等核心功能，针对网络空间的设施、数据、用户、操作等核心要素来采取安全保护措施，以确保网络空间中信息通信技术系统及其所承载数据的机密性、可鉴别性(包含完整性、真实性、不可抵赖性)、可用性、可控性等元安全属性得到保障，从而保证信息通信技术系统能够提供安全、可信、可靠、可控的服务。面对网络空间攻防对抗的态势，通过软件确保、系统确保、服务确保、使命确保等方面的内生安全保障手段，采取事先预防、事前发现、事中响应、事后恢复的应急措施，以及法律、管理、技术、自律等综合手段，既要防止包括互联网、电信网、无线网、广电网、物联网、传感网、工控网、数字物理系统(CPS)、计算系统、通信系统、控制系统等在内的信息通信技术系统及其所承载的数据受到损害，也要防止对这些信息通信技术系统的运用(如滥用)引发政治安全、经济安全、文化安全、社会安全与国防安全等问题。

1.1.2　网络空间面临的主要安全威胁

网络空间安全已经得到了普遍重视，但近年来出现了一些新的焦点问题。例如，“伪基站”导致的诈骗事件频繁发生，暴露了通信领域对物理接入安全的忽视；云计算、大数据的新概念和新应用的出现使个人数据隐私泄露问题日益凸显；计算和存储能力日益强大的移动智能终端承载了人们大量工作和生活相关的应用和数据，急需实用的安全防护机制；互联网上匿名通信技术的滥用对网络监管和网络犯罪取证提出了严峻挑战。在国家层面，也屡次发生危害网络空间安全的国际重大事件。

首先是大家熟知的美国秘密搜集情报的监控系统，即棱镜计划。该计划是其星风秘密监视计划的一个组成部分，早在2004年就秘密开展，针对互联网骨干网络进行信息监听和情报采集，获取全球各国的海外通信信息，并从中筛选出有价值的情报。

其次是关乎电力系统安全的重大事件。电力系统作为基础设施的重要组成部分，经常成为攻击者的目标。例如，在2015年，乌克兰西部伊万诺-弗兰科夫斯克州的电力系统遭受严重攻击，导致30座变电站下线，23万户居民陷入无电困境。2019年的委内瑞拉大停电事件也是类似的案例，导致加拉加斯地铁停运、大规模交通拥堵，数万通行者不得不步行回家，严重影响了城市机场运行。

网络空间安全的另一个典型案例是伊朗核电站震网病毒事件，这是一次经过长期预谋和精细准备的工控系统攻击。震网病毒利用多个零日漏洞(0day)，以核电站离心机为攻击目标，是首个针对工控领域的攻击，实现了对传统物理空间的破坏。这次攻击导致离心机损坏，拖延了伊朗核计划两年，同时传播到全球网络，影响超过45000个网络，造成严重的工业损失。

这些安全事件的发生凸显了网络空间仍面临着从物理安全、系统安全、网络安全到数据安全等各层面的挑战，迫切需要进行全面而系统化的安全基础理论和技术研究。网络空间具有跨国性、隐蔽性、军用和民用设施混淆、网络攻击门槛低等特点，根据网络空间对国家安全的威胁程度，其领域内的重点问题可大致划分为以下四类。

(1) 有组织的网络犯罪：包括洗钱、贩毒、贩卖人口、走私、金融诈骗等传统犯罪活动在网络空间的虚拟化。这些活动通过网络实施，使得犯罪行为更加隐蔽和广泛。

(2) 网络恐怖主义：不仅包括对信息及计算机系统、程序和数据的恐怖袭击，还包括恐怖组织利用网络空间进行传统恐怖主义活动的宣传和动员等。

(3) 一般性的网络冲突：虽然烈度较低，不足以引发国家间的军事对抗，但已上升到政府间的外交层面。例如，欧美之间因网络监听而引发的冲突。

(4) 网络战：网络空间军事对抗的一种形式，其参与方至少有一方是国家行为体。由于网络战属于战争行为，所以其对国家安全的威胁程度最高。它既可以独立发生，也可以是当代战争的一部分。

这些不同类型的网络安全威胁共同构成了对网络空间安全的挑战，需要国家、组织和个人共同努力，采取有效措施进行防范和应对。

安天实验室针对网络安全威胁行为体的不同能力层级，提出了一套系统的威胁层级总结。如图 1-1 所示，根据攻击组织的能力级别、攻击动机、攻击水平和常用攻击装备等因素，将网络安全威胁行为体分为 0～6 共七个级别。这种划分使得能够对繁多的攻击组织或行为体进行有效区分，从而帮助更清晰地认识到当前面临的安全风险。通过这一体系，可以分析个体可能遭遇的不同层级威胁，甚至是具体的威胁行为体及其攻击动机。同时，该体系还从国家安全、社会安全、政企机构安全到个人安全四个层面对不同攻击的后果和影响进行分析，进而可以逆向推算出安全威胁的规模。这样的体系为理解和应对网络安全威胁提供了一个全面且多维度的分析框架。

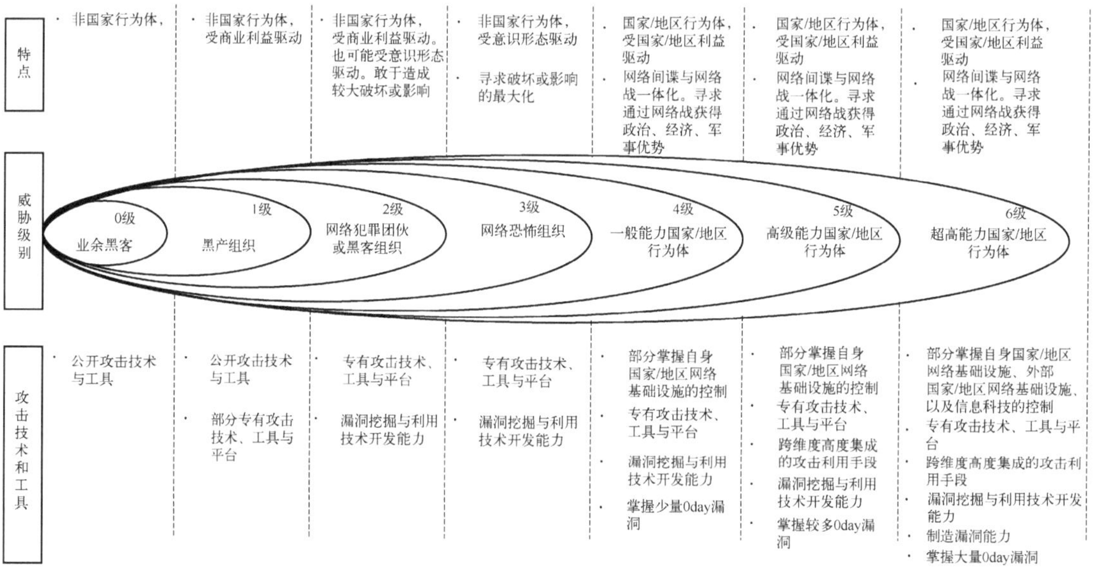

图 1-1　不同能力层级的威胁行为体(安天实验室肖新光)

1.1.3　网络空间安全的本质

网络安全事件层出不穷。网络安全问题长期存在。其主要原因在于程序的正确性无法被完全证明，谁也不能保证程序是百分之百正确无误的。一旦程序中的漏洞被发现，就为犯罪分子提供了可乘之机。另外，在一定的历史阶段内，恶意攻击者的存在是持久的，会利用系统的缺陷或漏洞进行越权访问、数据窜改或信息窃取等。

此外，随着新技术的出现，由于技术的不成熟性或不当使用，往往会引入新的安全问题。网络安全的防护也具有很强的动态性，所谓魔高一尺，道高一丈。

那么，网络空间安全问题的本质是什么？如何才能达成网络空间的安全性和秩序性？如图 1-2 所示，其本质主要在于虚拟世界是物理世界的一个映射。在物理世界中，人、财、物已经具备了较强的规则性和自律性，这是因为在法律约束下，已经界定了人是整个世界的主体，他的社会关系、财产和自身行为已经被法律法规进行了约束和规范。但在虚拟世界中，相关的法律规则还在建设之中，需要不断地完善和健全。要如何才能保证所有这些虚拟世界中对人、财、物达成一个有秩序的状态呢？答案是要保证虚拟世界中的这种秩序性，理想状态是虚拟世界中的主体行为能够符合物理世界中的传统法律约束。在此过程中，面临的难点有三个：第一是物理世界中的主体和虚拟世界中的主体能否实现一对一映射；第二是相应的客体是否也能够实现这一映射；第三是主体行为是否能够被有效检测和识别。对于这三点，基于目前的法律法规及技术能力，实现起来仍具有较大的难度。

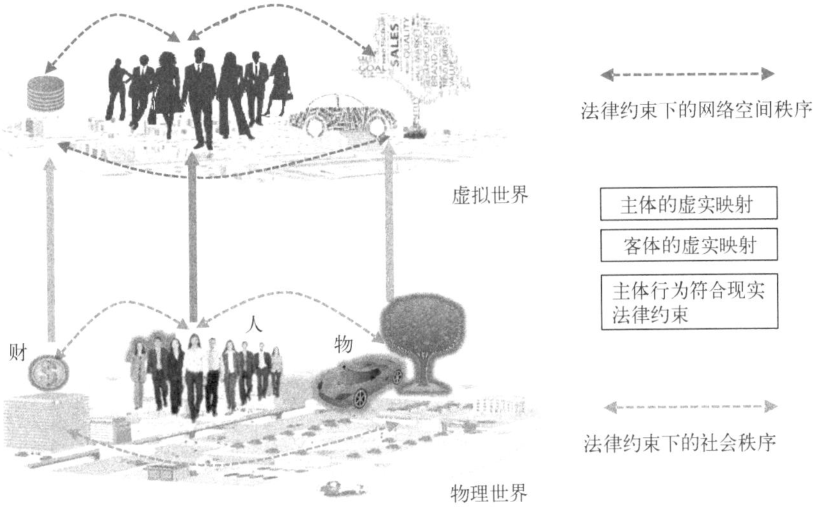

图 1-2 网络空间安全问题的本质

因此，为解决网络空间安全问题，需要一种多维度、全方位的方法。这不仅涉及技术领域的持续创新和发展，也包括法律、政策、教育和社会意识的提升。要构建一个安全、有序的网络空间，必须在多个层面上同时发力。

在技术层面，需要不断提高网络安全技术的能力，如发展更先进的加密技术、改进网络监测和入侵检测系统，以及提升数据安全管理和恢复能力。同时，要提高网络架构的安全性，减少系统漏洞和弱点。在法律和政策层面，需要制定和完善网络安全相关的法律法规，确保网络行为受到有效监管和合理惩罚。此外，国际合作在网络安全领域尤为关键，需要各国共同努力，共同打击网络犯罪，共同建立网络空间的安全规则。在教育和社会意识层面，应加强公众对网络安全的认识和理解，提升整个社会的网络安全意识。这包括在学校教育中增设网络安全课程、开展网络安全公益活动，以及通过媒体普及网络安全知识。企业和组织也应承担起责任，加强内部网络安全管理，保护好用户数据，防止数据泄露和滥用。同时，企业应与政府和安全机构紧密合作，共同应对网络安全威胁。

1.2 信息内容安全基础

信息安全整体的技术框架如图 1-3 所示，共分为四个层次，每个层次代表着信息安全的不同方面，自下向上依次是物理安全、运行安全、数据安全和内容安全。

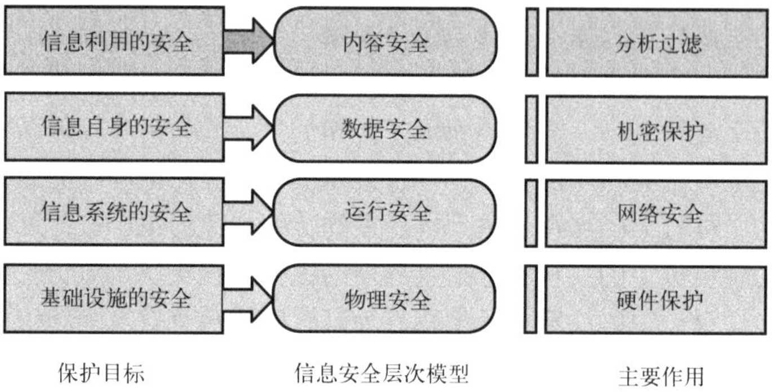

图 1-3　信息安全整体技术框架

(1)物理安全：信息安全的基础层，它涉及保护计算机硬件、网络设备、服务器以及整个数据中心免受物理威胁的措施。物理安全措施包括但不限于访问控制系统、监控摄像头、防火墙、环境控制设备以及灾难恢复设施。物理安全的目的是确保所有硬件设施和支持设施都能抵御自然灾害、盗窃、破坏行为等物理风险，以维持信息系统的完整性和可用性。

(2)运行安全：关注的是信息系统在日常操作中的安全性。这包括系统配置、系统维护、软件更新、漏洞管理和日志分析。运行安全的目标是确保系统能够抵御恶意软件攻击、未授权访问和服务中断。这要求信息系统有能力检测异常活动，并快速响应以减少潜在的损害。运行安全还包括员工的安全培训和意识提升，以减少人为错误造成的安全漏洞。

(3)数据安全：专注于保护存储和传输中的数据不被未授权访问、泄露或破坏。这涵盖了数据加密、访问控制策略、备份管理和数据生命周期管理。数据安全的实施意味着即使在物理安全和运行安全层面出现漏洞，敏感数据也能得到保护。数据安全策略必须能够应对内部和外部威胁，保障数据的机密性、完整性和可用性。

(4)内容安全：信息安全的最高层，它专注于保护信息内容不被非法使用和窜改。内容安全涵盖了内容过滤、版权保护、知识产权管理和内容审查。通过实施内容安全措施，组织可以确保其发布的内容不包含恶意软件、不违反法律法规，同时也保护了用户免受不良信息的侵害。内容安全要求组织对其生成和发布的所有内容都有高度的控制，确保内容的安全性和合规性。

在信息安全整体技术框架中，这些层面相互关联，共同构成了一个全面的保护体系。物理安全保护了基础设施的安全，运行安全保护了信息系统的安全，数据安全保护了信息自身的安全，而内容安全则确保了信息利用的安全。这四个层面互相支持，缺一不可，共同为组织的信息安全提供坚实的保障。

内容安全作为信息安全整体技术框架中的最高层，其重要性不容忽视。它不仅是一个独立的领域，也是信息安全整体架构的顶层覆盖。内容安全的核心在于保护信息的精确性和可靠性，防止敏感信息被窜改、泄露或未经授权地使用。因为内容安全直接影响到用户的日常应用，如社交媒体、在线教育、电子商务以及数字媒体发布等，所以它的安全保障范围非常广泛。

内容安全面临的挑战与其他安全层面紧密相关，因为一个强大的内容安全策略必须建立在坚实的物理安全、运行安全和数据安全基础之上。如果物理层面的安全措施，如门禁系统和监控摄像头，未能有效防止未授权的实体进入重要设施，那么信息的内容安全也会受到威胁。同样，如果运行安全管理不当，如系统漏洞未得到及时修复或软件未更新至最新安全版本，黑客可能会利用这些漏洞进行数据泄露或内容窜改。至于数据安全，如果敏感数据在传输或存储过程中未适当加密，就可能会被截获或盗取，进而影响内容的安全。

因此，内容安全的维护需要整个信息安全体系的协同作用。它需要加强身份验证和授权措施，确保只有合法用户才能访问和修改内容。同时，内容安全策略应包括对内容进行实时监控，以识别和防止未授权的内容更改。此外，内容安全还需要与法律法规保持一致，以确保内容遵守所有相关的知识产权和隐私法律。

在不断发展的网络世界中，内容安全变得越来越复杂。随着新的通信渠道和技术的出现，如云计算、物联网和人工智能，对内容安全的需求也在不断增长。组织需要实施全面的内容安全策略，这些策略不仅要保护内容免受传统威胁的影响，还要能够适应新的技术趋势和挑战。只有这样，才能确保在数字化时代，内容的安全得到全方位的保障。

1.2.1 信息内容安全概述

在 1995 年西方七国信息会议上，首次提出了“内容产业”概念，这标志着信息时代对内容的重视达到了一个全新的层面。内容产业(content industry)的兴起为全球经济增长注入了新的活力，尤其是在数字化和网络化日益普及的今天。我国对“内容产业”的定义凸显了这个产业的四大特征：数字化、网络化、基于信息资源的创意与开发，以及产品和服务的制作、分销和交易。

内容产业覆盖了一系列丰富多彩的领域，包括动画、游戏、影视制作、数字出版和创作、数字馆藏、数字广告，以及互联网信息服务、咨询、移动内容和数字化教育等。这些领域的共同点在于它们都涉及内容的创造、管理和分发，且都在利用最新的数字技术来满足现代消费者的需求。

随着内容产业的迅速扩张，如何保障信息内容安全也变得尤为重要。信息内容安全不仅关系到个人和企业的权益，也关系到国家安全和社会稳定。保障信息内容安全的核心是通过有效的审查监管来遏制和剔除非授权信息，这包括非法信息、泄密信息、垃圾邮件，以及其他可能危害网络安全和社会秩序的内容。

在实践中，保障信息内容安全需要构建一个多层次的防护体系。首先，技术层面的安全措施，如加密技术、防火墙、入侵检测系统和安全协议，是保护内容不被非授权访问和传播的基础。其次，法律和政策层面，如知识产权法、隐私法和网络安全法，为内容产业提供了规范和指导。此外，行业标准和道德规范也是维护信息内容安全的重要组成部分。

信息内容安全的维护还需要公众、企业和政府机构三方的共同参与。公众需要提高安全意识，学会辨识和抵制非授权信息。企业则要负起社会责任，加强内部审查和监控，确保发布的内容合法、合规。政府机构要加强监管，出台相应的政策措施，提供必要的技术和法律支持。

随着大数据、人工智能、区块链等新技术的应用，内容产业将迎来更多的发展机遇。但同时，这些技术也带来了新的安全挑战。因此，保障信息内容安全的措施也需要不断创新和适应新的发展趋势，以确保内容产业能够在安全的环境中持续健康发展。只有这样，内容产业才能更好地满足人们对美好生活的追求，为社会文化的繁荣和经济的发展做出更大贡献。

总的来说，信息内容安全的宗旨是在信息的传播过程中维护其完整性、准确性和可靠性，同时保障信息的合法性和信息权利的正当性。这一宗旨的实现基于以下几个核心要素。

(1)有效的审查监管：实现信息内容安全首先需要建立一个有效的审查监管机制。这个机制不仅包括法律法规的制定，还包括技术手段的应用，如内容过滤系统、自动监控工具等，以及相关部门和组织的执行力度。有效的审查监管能够及时识别和处理违法违规内容，防止其在网络空间传播。

(2)剔除非授权信息：在保障信息内容安全的过程中，必须积极识别并剔除非授权信息。这些信息可能包含但不限于非法信息，如侵犯知识产权、违反法律法规的内容；泄密信息，包括国家机密、企业商业秘密或个人隐私的非法披露；垃圾邮件，通常是无关紧要的、未经用户同意的广告邮件，会浪费资源并可能含有欺诈内容。

(3)保护授权信息：信息内容安全的宗旨还强调对授权信息的保护。授权信息是合法发布的内容，其所有权人明确同意信息的使用和分发。保护授权信息是对创作者和版权所有者权益的尊重，同时也是保证信息市场秩序和促进文化产业健康发展的必要条件。

随着信息内容安全越来越重要，信息内容安全研究也成为当代网络安全领域的一个重要分支，涵盖了从政治到个人隐私等多个层面。

(1)政治方面：首先关注的是国家层面的信息安全，确保国家安全不受到国内外反动势力的攻击，包括网络上的不实宣传、政治诋毁及其他形式的网络攻击。研究人员需要研发高效的监测工具和算法，以识别、阻断和处理这些攻击，并且需要不断更新技术以对抗日益复杂的网络安全威胁。

(2)健康方面：集中在识别和过滤网络上的不健康信息，如色情和暴力内容。这类研究不仅需要法律法规的支持，还需要先进的内容识别技术，如图像和文本分析工具，以确保这些有害信息不能被轻易访问，尤其是青少年用户。

(3)保密方面：专注于保护国家和企业的机密信息。研究者致力于开发加密技术、访问控制机制和数据泄露预防策略，以防止敏感信息被窃取、泄露或流失。此外，这一研究领域还包括对内部威胁的评估和对策，因为很多信息泄露事件都是由内部人员引起的。

(4)隐私方面：针对个人信息保护，包括防止个人隐私被非法收集、倒卖、滥用和扩散。隐私保护研究需要跨学科的知识，涉及法律、社会学和技术等多个领域，旨在制定有效的隐私保护政策和技术措施，以确保用户的个人数据和在线行为不被滥用。

(5)产权方面：解决网络空间中的知识产权问题，特别是版权保护，防止作品被剽窃或未经授权使用。知识产权的安全研究涉及版权识别技术、版权登记系统以及版权法的国际合作与执行。

(6)其他方面：其他与内容安全有关的研究还包括与防止网络病毒、垃圾邮件和网络蠕虫等恶意信息耗费网络资源密切相关的内容。研究工作包括开发有效的反恶意软件工具、构建健壮的网络架构以及提高用户对网络卫生的意识。

总体来说，信息内容安全研究的目标是创建一个更加安全、健康、稳定的网络环境，使得个人、企业和国家能在不受威胁的情况下自由地交流信息。实现这一目标需要政策制定者、技术研究者和网络用户的共同努力。政策制定者需要确保法律法规与技术发展同步，技术研究者需要不断创新和改进安全技术，而网络用户则需要提升自我保护意识并遵守网络安全规则。

信息内容安全研究的深化还需要建立跨国的合作机制。在全球化的背景下，信息的流动不再受限于国界，这就要求国际社会共同制定标准和规则，以对抗跨国的网络犯罪和信息窃取活动。此外，全球范围内的监管合作也是打击网络色情、暴力等违法信息的关键。

在技术层面，信息内容安全研究需要与人工智能、大数据分析等前沿技术紧密结合。通过利用机器学习算法，可以更准确地识别和分类各种信息，提高审查系统的效率和准确性。同时，随着量子计算和其他高级计算技术的发展，研究者也必须预见未来的安全挑战，并为此开发新的加密和保护技术。研究者也要关注新兴的信息传播渠道，如社交媒体和即时通信平台，这些渠道在传播速度和广度上都有着传统媒体无法比拟的优势，但同时也带来了内容审核的新挑战。如何在不侵犯言论自由的前提下有效监管这些渠道，是信息内容安全研究需要解决的问题。另外，随着物联网设备的普及，个人隐私保护已经不仅仅限于网络空间，还扩展到了现实生活中的每一个角落。研究如何保护这些设备收集的海量数据，防止它们被非法利用，也成为信息内容安全研究的一部分。在教育方面，信息内容安全研究还包括提高公众的网络安全意识，特别是对青少年和非技术用户群体。通过教育，用户可以学习如何识别和避免网络风险、如何保护自己的个人信息，以及如何应对网络攻击。

最后，信息内容安全研究的一个重要方面是法律和伦理问题的探讨。研究者需要审视现行法律是否适应了网络时代的需求，以及如何在不同文化和法律体系之间找到共同点，制定出全球适用的信息内容安全法律框架。

综上所述，信息内容安全研究是一个多维度、多学科、跨行业的领域，它要求研究者具备深厚的技术知识、敏锐的法律意识和良好的伦理判断力，同时还要能够把握国际合作和全球治理的大方向。随着技术的不断进步和社会的不断发展，信息内容安全研究将会不断展现出新的内容和挑战。

1.2.2 信息内容安全典型案例

在全球化的浪潮中，信息内容安全已成为一个多维度的挑战，涉及国家安全、社会稳定与经济发展等各个层面。在每年全球风险报告中不断上升的网络安全风险凸显了这一问题的紧迫性。从信息内容安全风险的案例上看，大致包括下面几部分。

1) 全球反恐扫黑

在全球反恐扫黑的战斗中，国际社会面临着前所未有的挑战。恐怖组织如伊斯兰国(ISIS)利用暗网的匿名性和不可追踪特性，传播极端思想、招募成员，并筹集资金。2015年巴黎的恐怖袭击就是一个惨痛的教训，提醒了这些网络空间中的非法活动可能导致现实中的严重后果。为了应对这些挑战，国际合作已经成为反恐战斗的关键。例如，联合国反恐怖主义办公室(UNOCT)和世界各国的安全机构通过加强合作和信息共享，提高了监测和阻断恐怖组织网络活动的能力。

在中国，网络黑产活动也日益成为公共安全的一大威胁。个人信息的非法买卖、网络攻击的服务外包、药品与武器的暗网交易等行为已经引起了执法部门的高度关注。以2017年中国警方破获的一个跨省网络黑产团伙为例，这一案件不仅展示了中国在内部打击网络犯罪方面的决心，也显示了中国在构建网络安全防线方面取得的进展。中国不仅加强了网络安全法规建设，提高了公众的网络安全意识，还积极参与国际执法合作，以对抗这一跨国犯罪现象。

2) 信息战与军事情报

在军事领域，网络空间成为战略争夺的新领域。美国国防部在其多份战略报告中强调了网络空间的军事重要性，并明确提出了增强网络防御和攻击能力的需求。这反映了网络空间在现代战争中的战略地位，以及美国军方在网络战中取得优势的决心。美国海军个人资料的泄露事件揭示了即使是最先进的军事力量也可能面临网络安全漏洞的风险。这类事件强调了加强网络安全措施和网络战准备的重要性。在乌克兰的网络和信息战中，美国赛博司令部通过公开敌方恶意软件样本，帮助公众和网络安全界识别并防范敌方工具，这是网络信息战的另一种形式。美国军方正在发展专门的网络作战单位，如915军事情报旅下属的915网络战部队。这些单位在实战环境中进行训练，学习如何利用网络手段获取情报，甚至通过网络影响实际物理环境。这标志着网络战能力在传统军事力量中的整合和提升。这些案例和趋势表明，网络空间已经成为现代军事策略的核心组成部分，信息内容安全技术不仅在情报收集和防御方面发挥作用，也在攻击和战略影响方面占据重要地位。各国军队正在适应这一变化，通过发展网络战能力和策略，来确保在这个新的战场上保持优势。

3）网络诈骗和舆论安全

网络诈骗和舆论安全领域在全球范围内的情况日益严峻，对个人、企业和国家的安全与经济造成了重大影响。

全球范围内，网络诈骗的形式和影响各有不同，但普遍存在的问题包括网络钓鱼、数据泄露等。这些行为不仅限于个人，政府和跨国公司也是网络犯罪的目标。例如，美国国家安全局（NSA）和多州信息共享与分析中心（MS-ISAC）等机构发出警告，指出针对美国政府民用部门的网络钓鱼和其他攻击有所增加。在远程工作和社交隔离的背景下，2020年全球COVID-19大流行期间网络攻击活动明显增加，导致在线软件和金融系统的安全性恶化，进一步加剧了经济不确定性。对于企业来说，网络安全威胁已成为一个重大问题。根据Crowe LLP和朴次茅斯大学的《2021年欺诈成本报告》，欺诈每年给企业和个人造成的总损失约为1370亿英镑。研究还显示，尽管网络诈骗给电子商务行业带来了高达414亿美元的损失，但只有34%的公司投资于欺诈预防和缓解措施。

在中国，网络诈骗案件同样频发，涉案金额巨大。为了应对这一问题，中国开展了多次专项行动以打击网络诈骗，并加强了对公众的防骗教育，提高了网络安全防范意识。针对个人而言，诈骗者越来越多地使用社交工程、网络钓鱼和其他策略来威害受害者。传统的网络犯罪活动（如网络钓鱼）迅速利用了社会脆弱性，许多公民和企业在这段时间内寻找信息、答案和帮助。

因此，网络诈骗和舆论安全问题不仅影响个体的财产安全和隐私，也对国家和全球经济稳定构成了威胁，这要求国家和国际社会采取更有力的措施来应对这一挑战。

4）知识产权问题

知识产权保护在数字时代尤为重要，影视作品的盗版问题长期存在，严重损害了创意产业的利益。为此，中国加强了版权法的立法和执行，鼓励原创内容的发展，并提高了公众的版权意识。此外，社交媒体平台成为侵权产品销售的新阵地。例如，英国知识产权局的研究警告称，社交媒体正日益成为将流量从正规网站分流到众多非法在线平台的复杂生态系统的一部分。这些非法行为不仅造成合法品牌所有者的销售损失，还可能对公共健康和安全构成重大威胁。为应对在线侵权问题，许多电子商务平台（如亚马逊、eBay和阿里巴巴等）实施了一系列知识产权保护程序。这些程序允许权利持有者注册品牌并报告侵权，甚至包括中立的专利评估程序。这些举措为知识产权和品牌保护提供了更快速高效的解决方案。阿里巴巴采取了跟踪和追溯数字平台上的盗版和假冒商品直至其物理来源的替代方法。该公司利用大数据分析和机器学习等新技术，设定了网络和社交媒体平台在该领域的新标准。这些措施旨在主动移除假冒商品的列表，并追踪假冒商品和生产它们的工厂。

知识产权问题的复杂性要求国家、企业和国际社会共同努力，以适应数字化时代的新挑战。通过加强法律体系、推广公众知识产权意识，以及采用先进技术，可以更有效地保护知识产权，促进创意产业的健康发展。

综合以上各点，可以看到信息内容安全是一个多方面、跨领域的全球性问题，它不仅需要国家安全机构和法律的保障，也需要社会各界的参与和公众意识的提高。通过全球合作和共同努力，可以更有效地应对这些挑战，保护数字世界。

1.2.3　信息内容安全技术体系

信息内容安全技术体系是构建在两大基石之上的：认知层面和反应层面，如图 1-4 所示。认知层面着重于信息的获取和初步处理，这包括但不限于信息的识别、检索与筛选。这些技术能够识别出关键的数据，对其进行分类并从大量信息中筛选出有价值的内容。此外，认知层面还涵盖了对识别和分析结果的深入处理，如信息理解及其发现与追踪，这些技术帮助深入挖掘信息的含义，追踪其来源和流向。

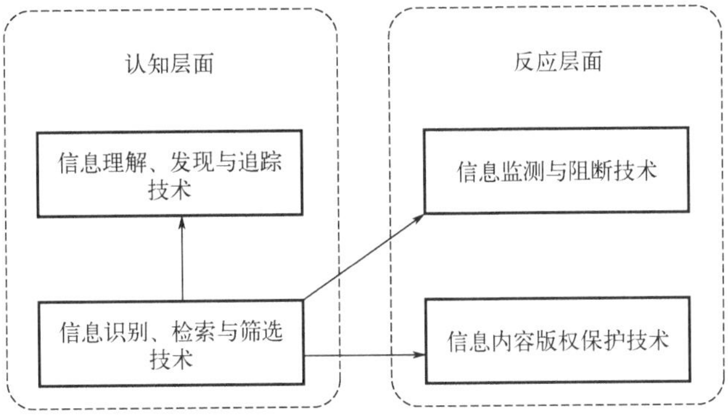

图 1-4　信息内容安全技术体系

在反应层面，信息内容安全技术关注如何对已识别和分析的信息采取措施。这涉及版权保护——确保创造性成果能够得到应有的法律保护，以防止盗版和非法使用。同时，反应层面还包括信息监测与阻断技术，这些技术不仅能够阻止不当信息的传播，还能在信息被非法窜改或是非授权访问时提供及时响应。

总的来说，信息内容安全领域中，关键技术的发展和应用对保护数字信息的完整性、可靠性和机密性至关重要。以下是信息内容安全的关键技术的概述。

(1) 信息内容获取：分为主动方式和被动方式。主动方式通常涉及用户直接发起的数据检索和收集，如使用搜索引擎或数据库查询。而被动方式则涉及系统自动监测和记录信息，如通过网络爬虫在互联网上自动搜集数据。此外，高性能信息捕获技术能够从各种源快速、准确地收集数据，是情报和监控领域的重要工具。

(2) 信息内容识别：包括文本内容识别、语音识别和图像识别等。文本内容识别技术可以分析和理解书面文字，语音识别技术则将口语转换为文字，而图像识别技术则能够识别和理解图片内容。这些技术在信息筛选、自动标注和搜索引擎优化中发挥着关键作用。

(3)信息内容分析：涉及更深层次的数据处理，如舆情分析、技术侦查与计算机取证以及信息追踪与溯源。这些技术帮助分析大量数据，发现潜在的模式、趋势和关联，对于维护网络安全、打击网络犯罪和维护社会稳定极为重要。

(4)其他相关技术：信息过滤技术和隐私保护技术也是信息内容安全领域不可或缺的组成部分。信息过滤技术帮助去除非授权的信息，而隐私保护技术则确保个人数据的安全和保护用户隐私。

随着信息技术的发展，上述这些关键技术在日常生活中的作用越来越显著，对于保护信息内容的安全起到了决定性的作用。在接下来的章节中，将深入探讨信息内容安全的各个关键环节，包括信息的获取、识别、分析以及相关的新兴技术。首先，将讨论信息内容的获取，详细介绍如何通过各种技术手段捕获和聚集信息，无论是通过主动查询还是被动监控。随后，将转向信息内容的识别。在这一部分，会探究如何利用先进的技术识别和解析文本内容。接着，将关注信息内容的分析。这里，会深入了解如何对收集和识别的信息进行字符串匹配以及数据挖掘。最后，将重点讨论社交网络内容分析技术和版权保护技术。通过对这些环节的逐一剖析，希望能够展现信息内容安全技术的全貌，并提供一个实用的指南，以帮助读者在日益数字化的世界中保护和管理信息内容。

1.3 网络安全政策与法规

通过深入理解网络空间安全的本质，认识到互联网并非法外之地。虽然它极大地便利了人们的生产和生活，但也必须警惕它所带来的安全风险和隐患，并需积极开展综合治理。为实现互联网的有效治理，政府、企业、社会组织以及广大网民应积极互动合作。特别是在加强网络安全建设方面，需要提高应急指挥能力和关键基础设施的防护水平。同时，应依法打击网络违法犯罪行为，并在全球范围内开展国际合作，共同建立完善的互联网治理体系，构建网络空间命运共同体，实现多边和多方的参与。为此，我国提出了四项原则和五点主张。在网络空间国际治理规则仍在形成的过程中，要积极参与国际规则的制定，向世界发出中国的声音，提出中国的方案。

1.3.1 网络主权与网络主权的基本原则

要理解如何治理互联网，构建网络空间命运共同体，首先要了解什么是网络主权和网络主权要遵循的基本原则。首先，无论是在国家层面还是国际层面，网络空间的治理都十分重要。在国内，政府需要制定法律法规来约束网络空间，同时企业和行业也应严格遵守法律，并实行终身自律。国内网络空间的治理旨在将互联网建设成为亿万民众的共同精神家园。我国强调，互联网不是法外之地。网络空间应该是天朗气清、生态良好的，这符合人们的共同利益。无人希望生活在一个充斥着虚假、诈骗、攻击、谩骂、恐怖、色情、暴力的空间中。在国际层面，中国倡导网络空间主权，提出了全球互联网发展治理的四项原则和五点主张，这一提议得到了国际社会的积极响应。大国间网络安全的博弈不仅是技术的博弈，更是理念和话语权的博弈。因此，在国际互联网治理中，我国提出了四项原则，包括尊重网络主权、维护和平安全、促进开放合作、构建良好秩序。我国还提出了五点主张：一是加快全球网络基础设施建设，促进互联互通；二是打造网上文化交流共享平台，促进交流互鉴；三是推动网络经济创新发展，促进共同繁荣；四是保障网络安全，促进有序发展；五是构建互联网治理体系，促进公平正义。最终，希望通过各方的共同努力，能够构建网络空间命运共同体，使互联网造福全球网民，惠及各国人民。

关于网络空间的国际治理，传统上存在一些观念上的误区。例如，一种观点认为“互联网是美国送给世界人民的礼物”，并强调“网络无国界”。这种观点忽视了各国在网络空间中的平等权利和网络主权。另一种观点提出互联网应由多利益相关方共同治理。这里的多利益相关方包括在互联网治理中具有重要影响力的大型企业。这一观点也忽视了各国在网络空间中的主权，以及参与互联网建设的各方的基本权利。在当前的互联网国际治理中，这是一个极为错误的观点。

我国倡导的网络空间主权定义如下。

一个国家的网络空间主权建立在本国所管辖的信息通信技术系统之上(领网)；其作用边界由直接连向他国网络设备的本国网络设备端口集合所构成(疆界)；用于保护虚拟角色对数据的各种操作(政权、用户、数据)。网络空间的构成平台、承载数据及其活动受所属国家的司法与行政管辖(管辖权)；各国可以在国际网络互联中平等参与治理(平等权)；位于本国领土内的信息通信基础设施的运行不能被他国所干预(独立权)；国家拥有保护本国网络空间不被侵犯的权利及其军事能力(自卫权)。网络空间主权应该受到相互尊重(尊重主权)；国家间互不侵犯他国的网络空间(互不侵犯)；国家间互不干涉他国的网络空间管理事务(不干涉他国内政)；各国网络空间主权在国际网络空间治理活动中具有平等地位(主权平等)。因此，在物理世界中处理国际关系的四项基本原则——尊重主权、互不侵犯、不干涉他国内政、主权平等——同样适用于网络空间。这是中国关于网络空间主权的基本立场。

那么具体来看，网络空间的国际治理涉及四个基本权利，具体表现如下。

(1) 网络的管辖权：对位于本国领土之中的网络空间实施管辖权。这在世界各国都是事实存在，尽管很多国家反对网络空间主权的提法，但在实践层面，各国都对本国网络进行严格管理，防止外部干扰。

(2) 网络平等权：所有主权国家在网络互联互通和运行方面享有平等地位，在国际网络空间的技术决策和公共政策决策方面具有平等的表决权，在国际网络空间治理方面具有平等的话语权。这意味着无论国家大小，均应有平等的权利，而不应受制于利益相关方的管理模式，这种模式往往导致强者更强，弱者无力改变现状。

(3) 网络独立权：本国领土内网络的运行不受外界干扰，可以自主运行。这一点在绝大部分的网络模式中是自然而然的，如广电网、工控网等，但就互联网而言，因为全球互联网集中式运行模式的特殊性，各国互联网的运行在域名解析层面受制于互联网的集中控制点。

(4) 网络自卫权：将网络看作一个专门的保护区域。这一点美国已经具体落实，成立了成体系的网军来保护美国在网络空间中的利益。但中国在这方面尚有很长的路要走。

有了网络主权的概念，也就意味着各国都有各自对网络主权的基本原则。网络空间主权的基本原则也来自国家主权。尊重网络主权，就是要尊重网络独立权，不采取导致主权网络空间无法自主运行的行为；互不侵犯，就是不能对他国的网络空间实施网络攻击；互不干涉网络内政，就是对主权网络空间的管辖权不指手画脚；网络主权平等，就是主权国家之间具有平等共治网络空间的权利，而不是依靠“利益攸关方”的模式导致一些国家失去了参与网络共治的权利，而另一些国家则掌控了全球的网络空间。

虽然希望网络主权有着和国家主权同样的地位，然而在实践中网络主权并未得到充分保护和保证。例如，整个域名解析系统由单一树根结构组成，导致网络空间管辖权实际上受限。为解决这一问题，中国提出了联盟式域名解析系统的新体结构设计。在这个设计中，每个国家设有自己的国家根，并且国家根之间可彼此互联，形成图结构，代替了中心化的根结构。这是一种去中心化、平等互联的新结构设计。通过这些措施，中国在互联网域名体系和管理过程中提出了自己的方案，获得国际社会肯定。这些举措旨在推动网络空间主权的实践层面得到更好的保护和实现。

1.3.2　国家网络空间安全战略思想

互联网的高速发展，尤其是新型网络形态、新型计算基础理论和模式的出现，以及信息化和工业化的深度融合，为网络空间安全带来了新的威胁和挑战。美国国家科学技术委员会在 2016 年发布的《联邦网络安全研究和发展战略计划》的网络与信息技术研发项目中指出，物联网、云计算、高性能计算、自治系统、移动设备等领域中存在的安全问题将是新兴的研究热点。同样，鉴于网络空间安全所面临的严峻挑战，2014 年 2 月我国成立了中央网络安全和信息化领导小组，大力推进网络空间安全建设。国务院学位委员会、教育部在 2015 年 6 月决定增设“网络空间安全”一级学科，并于 2015 年 10 月决定增设“网络空间安全”一级学科博士学位授权点。为了更好地布局和引导相关研究工作，国家自然科学基金委员会信息科学部选定“网络空间安全的基础理论与关键技术”为“十三五”期间十五个优先发展研究领域之一。

2016 年 12 月 27 日，国家互联网信息办公室发布了《国家网络空间安全战略》（以下简称《战略》），这是我国首次发布关于网络空间安全的战略，从机遇和挑战、目标、原则和战略任务四个方面阐明了中国关于网络空间发展和安全的重大立场，是中国网络空间安全工作总的指导方针。《战略》针对当前和今后一个时期的国家网络空间安全工作提出了 9 项战略任务，成为指导我国网络空间安全工作的一个重要原则。具体内容包括：①坚定捍卫网络空间主权；②坚决维护国家安全；③保护关键信息基础设施；④加强网络文化建设；⑤打击网络恐怖和违法犯罪；⑥完善网络治理体系；⑦夯实网络安全基础；⑧提升网络空间防护能力；⑨强化网络空间国际合作。

可见，“九大任务”具有两大特征。一是整体性，“九大任务”不是数个有关和平利用与治理网络空间的规范的机械组合，而是各个相关网络空间安全治理规则的有机结合。“坚定捍卫网络空间主权”和“坚决维护国家安全”是主权国家必须坚守的底线；“保护关键信息基础设施”和“夯实网络安全基础”是主权国家社会稳定与国家安全的保障；“加强网络文化建设”有利于提高正能量在网络空间的辐射力和感染力；“打击网络恐怖和违法犯罪”和“完善网络治理体系”是切实维护广大人民群众网络合法权益，确保国家网络利益不受侵犯的根本保证；“提升网络空间防护能力”是中国应对复杂网络空间挑战的基本需要；“强化网络空间国际合作”是构建网络空间命运共同体的必由之路。二是协调性，“九大任务”确立的基本任务不是各自为政、相互对立，而是在整个战略体系中，彼此相互影响、相互作用、相互协调。

通过以上的分析可以看出，我国的《国家网络空间安全战略》布局网络空间安全的同时谋求发展，捍卫网络主权的同时推动实现网络空间的和平共享，具有自身鲜明的特点。而作为拥有网民最多的网络大国，我国的这一战略也备受国际瞩目，必将对网络空间国际关系产生深远的影响。

1.3.3 网络空间安全相关法律法规

近年来，随着我国网络空间安全战略的发展，国家相继出台了多项法律法规，旨在加强对网络空间的安全管理和监督。2017 年，我国正式实施了《中华人民共和国网络安全法》(以下简称《网络安全法》)，这一基础性法律全面规范了网络空间安全管理问题，标志着我国网络空间法律建设进入一个重要的里程碑阶段。该法律不仅是化解网络风险、确保互联网在法治轨道上健康运行的关键工具，还为我国网络安全提供了坚实的法律支撑。

《网络安全法》共包含七章七十九条，内容广泛，涉及六大主要方面。该法律明确规定了网络空间主权的原则，强调了网络产品和服务提供者的安全责任，并对网络运营商的安全义务进行了详细规定。此外，该法律还涵盖了数据保护、信息内容管理、网络安全监测和预警等多个重要方面，为网络空间安全管理提供了全面的法律框架。

《网络安全法》在个人信息保护方面做出了进一步细化，建立了关键信息基础设施安全保护制度，并对关键信息基础设施及重要数据跨境传输的规则进行了明确规定，标志着我国在网络安全领域的立法迈入了一个新阶段，成为全面界定网络空间行为的首部基础性法律。

该法律中明确界定的责权利主体共分为五大类，分别包括：

(1) 作为网络空间管理者的政府部门；

(2) 担任网络所有者、管理者和服务提供者的网络运营者；

(3) 产品和服务提供者；

(4) 信息提供者；

(5) 信息传播者。

对于这些不同的主体，《网络安全法》详细规定了他们在网络安全方面的权利和义务，确保各方在网络环境中的行为得到合法、合规的监管。

同时，《网络安全法》还将网络数据、公民个人信息、产品和服务以及网络基础设施列为重点保护的客体，并针对这些客体制定了严格的规范要求，具体包括对网络安全相关信息的发布、传播、保存、设置规范要求，以及对公民个人信息的采集、存储、利用、泄露、出售、窜改规范要求。对于客体信息的具体描述如下。

(1) 网络数据：通过网络收集、存储、传输、处理和产生的各类电子数据。

(2) 公民个人信息：以电子或者其他方式记录的能够单独或者与其他信息结合来识别自然人个人身份的各种信息，包括但不限于自然人的姓名、出生日期、身份证号码、个人生物识别信息、住址、电话号码等。

(3) 产品(软件、硬件)和服务：涵盖为个人和组织提供的各类产品和服务。

(4) 网络基础设施：在用户、设备、应用程序、互联网等之间实现网络连接和通信的各类硬件和软件设施。

此外，该法律对网络安全相关软硬件产品提出了认证、评测、升级和维护等方面的要求，特别强调了网络基础设施的安全保护。基础设施的保护要求包括安全性审查、使用者实名制、安全监测预警、应急响应、安全通报和演练培训等。

另一项重要法律是在 2021 年实施的《中华人民共和国数据安全法》（以下简称《数据安全法》），该法律旨在规范数据处理活动，确保数据安全，同时促进数据的开发与利用。这部法律的出台不仅保护了个人和组织的合法权益，也维护了国家主权、安全和发展利益。

在全球范围内，数据安全问题已成为各国高度关注的议题。目前，全球已有超过 100 个国家和地区制定了相关法律法规，以保护数据安全，这一趋势已成为国际惯例。《中华人民共和国数据安全法》在这一背景下特别强调，各地区和各部门对其在工作中收集和产生的数据及数据安全负有直接责任。包括工业、电信、交通、金融、卫生、教育、科技等在内的主管部门直接承担本行业或领域的数据安全监管职责。此外，公安机关和国家安全机关根据法律，在其管辖范围内负责数据安全的监管。国家网信部门则承担协调和统筹数据安全及相关机构监管的职责。

《数据安全法》在确保数据安全的基础上，也强调了促进个人和组织与数据相关的权益。该法律鼓励数据的依法、合理和有效利用，并确保数据依法有序地自由流动，以此促进以数据为关键要素的数字经济发展。这一法律不仅是数据安全领域的重要里程碑，也为数字经济的健康发展提供了坚实的法律基础。

《数据安全法》在规范数据处理活动方面提出了全面的要求。该法律强调，进行数据处理的个人或机构应遵循法律法规、社会公德、伦理道德，同时遵守商业和职业道德，履行数据安全保护的义务并承担相应的社会责任。该法律还对数据的合理利用提出了更高的标准，要求国家实施大数据战略，推动数据基础设施的建设，并支持数据在各行业和领域的创新应用。

《数据安全法》第二十一条特别指出，国家建立数据分类分级保护制度。这意味着根据数据在经济社会发展中的重要性和潜在危害程度，对数据进行分类和分级保护。这一措施已成为众多企事业单位的迫切需求，部分行政主体已开始实施此制度。第二十四条规定，国家建立数据安全审查制度，对影响或者可能影响国家安全的数据处理活动进行国家安全审查。为了确保系统和网络安全，公安部门已开始实施新的系统安全等级保护要求。重要的国家企事业单位在新建系统后，必须通过等级保护的测评，否则不得上线运行，这已成为业界的共识。进一步发布并实施关键基础设施的等级保护条例，将有助于提高关键信息的安全防护能力和水平。基本承保要求包括用户自主保护级别、系统审计、安全标记、结构化保护以及返回验证等多个层面的保护。这些规定不仅加强了数据处理的合规性和安全性，也促进了数据的有效利用和保护，保障了数字经济的健康发展。

除了《网络安全法》和《数据安全法》这两部重要法律外，我国还制定了一系列与网络空间安全相关的法规和制度。例如，2021 年颁布的《中华人民共和国个人信息保护法》旨在平衡个人信息保护与信息自由流动之间的关系，该法律覆盖了特定行业的适用问题、敏感个人信息的处理、法律执行机构、行业自律机制及跨境信息交流等多个方面，并明确了违反法律的刑事责任。

2019 年国家出台了《中华人民共和国密码法》（以下简称《密码法》），2021 年国家又出台了《网络安全审查办法》。《密码法》规定了使用密码进行数据加密和身份认证的措施，并要求对商用密码的应用进行安全性评估，这成为系统运营单位的法定义务。《网络安全审查办法》的目的是确保关键信息基础设施和供应链的安全，以维护国家安全。

这些法律和规定共同构成了我国网络空间安全的法律框架，不仅加强了个人信息保护，还提高了关键信息基础设施的安全性，有助于保障国家安全和社会稳定。

1.4 本章小结

信息内容安全融合了信息安全和网络空间安全的核心要素，成为一门多学科交叉的科学领域。该领域致力于确保数字信息的完整性、保密性与可用性得到妥善保护。研究者和专业人士必须深入掌握数据加密、网络监控、内容审计和隐私保护等跨学科知识，以形成对信息内容安全学科全面的理解。

本章首先介绍了网络空间安全的基本概念，旨在帮助读者对该领域建立基础理解。然后从网络空间安全的视角，审视当前面临的各种安全威胁，并从攻防双方的角度出发，分析了网络空间安全的本质。接着归纳了信息内容安全的基本概念，详尽阐释了信息内容安全的技术框架和体系。最后通过介绍相关政策和法律，探讨了信息内容安全和网络空间安全在制度政策上的最新动态。通过本章的学习，可以帮助读者对信息内容安全的整体研究脉络和其在网络空间安全中所处的位置有一个清晰的认识。

第 2 章　信息内容被动获取技术

信息内容安全管理和防护系统的核心任务之一是获取网络上的数据信息内容。通常，网络数据信息内容获取可以分为两种主要方法：被动数据获取和主动数据获取。被动数据获取技术通常涉及将网卡设置为混杂模式，以便监听网络报文。这种方法一般用于基于旁路监听方式的网络数据审计设备。与之相对的是主动数据获取，主要通过网络爬虫来获取网络信息。本章的主要内容是介绍网络数据的被动获取技术。首先，会介绍与以太网相关的基础知识，这对理解数据获取过程至关重要。接下来，将重点讨论几个著名的网络安全开发包及其使用方法。这些开发包是网络安全研究和实践中的重要工具，能够帮助用户有效地捕获和分析网络数据。最后，将对高性能数据包捕获平台进行简要介绍。这些平台为处理大量网络数据提供了高效的解决方案，对于需要高速和高效率数据处理的网络安全应用来说是不可或缺的。总的来说，本章旨在全面介绍网络数据被动获取的技术和方法，为读者提供在网络安全领域中进行有效数据捕获的知识基础。

2.1　信息内容被动获取概述

2.1.1　TCP/IP 与以太网相关知识

TCP/IP (transmission control protocol/internet protocol，传输控制协议/互联网协议) 协议族通常被认为一个四层协议系统，如图 2-1 所示。

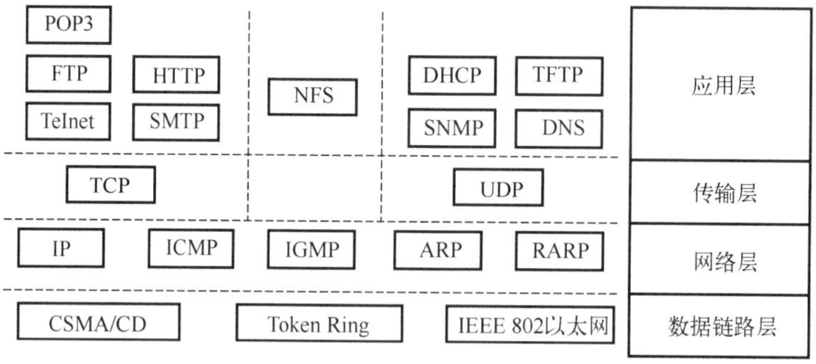

图 2-1　TCP/IP 的体系结构

在 TCP/IP 体系结构中，应用层是最高层，直接为用户的应用进程提供服务，如支持电子邮件传输的 SMTP (simple mail transfer protocol，简单邮件传送协议)、支持文件传输服务的 FTP (file transfer protocol，文件传送协议) 等。传输层可以使用两种不同协议：传输控制协议 (TCP) 和用户数据报协议 (user datagram protocol，UDP)。TCP 和 UDP 都使用网络层协议 IP 进行数据包传输。ICMP (internet control message protocol，互联网控制报文协议) 也是网络层协议，网络层用它来与其他主机或路由器交换错误报文和其他重要信息，而 IGMP 则用于管理网络设备的多播组成员。网络层的其他协议还有地址解析协议(address resolution protocol，ARP)和反向地址解析协议(reverse address resolution protocol，RARP)。ARP 完成主机的 IP 地址到硬件地址的映射。RARP 使只知道硬件地址的主机能够知道其 IP 地址。数据链路层包括 CSMA/CD、Token Ring 和 IEEE 802 以太网等协议。

以太网最初由 Xerox 公司研制，在 1980 年由数字设备公司 DEC、Intel 公司和 Xerox 公司共同规范成形。后来它作为 802.3 标准，被电气电子工程师学会(IEEE)所采纳。以太网是最为流行的网络传输系统之一。它的基本特征是采用一种称为带冲突检测的载波监听多路访问(carrier sense multiple access with collision detection，CSMA/CD)的共享访问方案。图 2-2 为典型的以太网结构。

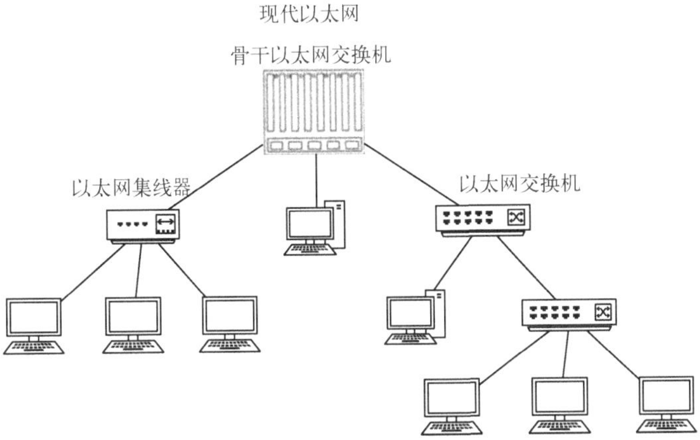

图 2-2　典型的以太网结构

1. 以太网中使用 TCP/IP 协议的通信

以文件传输为例来说明以太网中的计算机使用 TCP/IP 协议的通信情况，如图 2-3 所示。FTP 客户主机产生了一段数据要发送给 FTP 服务器，该数据从应用层向下传，每经过一层就被相应的程序进行处理。发送的数据被内核中的 TCP/IP 协议栈和以太网驱动程序处理后，通过物理介质传给了 FTP 服务器。FTP 服务器收到数据后，从最底层向上，一层一层解析数据，最后交给 FTP 服务器进程。

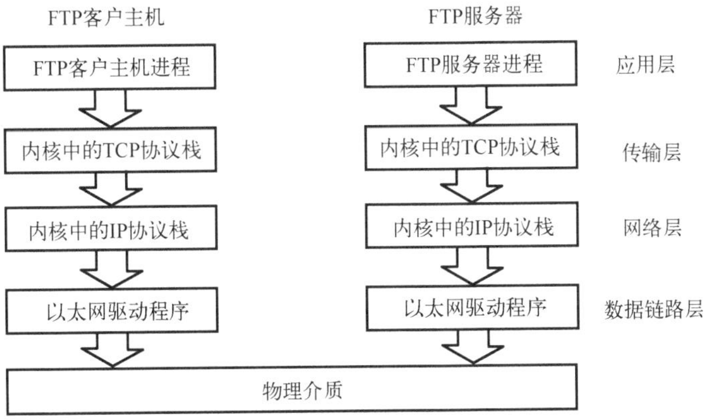

图 2-3　以太网中客户主机与服务器使用 TCP/IP 协议的通信

2. 网络接口卡

网络接口卡(简称网卡)是使工作站连接到网络，并与网络中其他计算机相互通信的设备。多家公司(如 3Com、IBM、Intel、SMC 和 Xircom)都生产网络接口卡。各家生产的网络接口卡规格不一样，但都满足网络和工作站的需求。

网络接口卡可以具有不同的网络类型用于连接。特别是在最近的十年中，创建了许多不同的网络类型用于连接。

(1)无线网络：作为最流行的网络类型之一，通过无线信号提供互联网连接，广泛应用于个人和商业环境。

(2)蓝牙网络：一种较新的网络类型，专门使用蓝牙协议来进行短距离通信，常见于连接手机、耳机和其他便携设备。

(3)以太网网络：同样是一种最流行的网络类型，通常使用 CAT5 或 CAT6 电缆，支持以太网或 IEEE 802.1X 协议，适用于办公室和家庭网络。

(4)光纤网络：通过光纤电缆传输数据，能提供极高的速度和带宽，常用于需要快速、高容量连接的应用场景。

(5)铜线网络：一种较为传统的网络类型，通常用于拨号或类似的连接方式，虽然较老，但在某些地区仍然被使用。

(6)电缆网络：通常与有线电视系统一起使用的网络类型，利用同轴电缆提供网络连接，常用于家庭和商业互联网服务。

由于不同的 PC 和网络需要不同类型的网络接口卡，所以不能想当然地认为某工作站上运行正常的网络接口卡在其他工作站上也能照样运行。

3. 以太网的广播通信

在以太网中，所有的通信都是广播的，也就是说，通常在同一个网段的所有网络接口都可以访问在物理介质上传输的所有数据。每一个网络接口都有唯一的硬件地址，这个硬件地址也就是网卡的 MAC 地址。大多数系统使用 48 比特的 MAC 地址，这个地址用来表示网络中的每一个设备，一般来说每一个网卡上的 MAC 地址都是不同的。每个网卡厂家得到一段地址，然后用这段地址分配给其生产的每个网卡一个地址。

对于网卡来说，一般有四种接收模式。

(1)广播模式：网卡能够接收网络中的广播数据。

(2)组播模式：网卡能够接收组播数据。

(3)直接模式：只有目的网卡才能接收该数据。

(4)混杂模式：网卡能够接收一切通过它的数据，而不管该数据是否是传给它的。

在正常的情况下，一个网络接口应该只响应这样的两种数据帧：一种是与自己 MAC 地址相匹配的数据帧；另一种是发向所有机器的广播数据帧。数据帧的收发是由网卡来完成的。当网卡接收到传输来的数据帧时，网卡内的单片程序接收数据帧的目的 MAC 地址，根据计算机上的网卡驱动程序设置的接收模式判断该不该接收。若认为该接收，则接收后产生中断信号通知 CPU。若认为不该接收，就丢掉不管，所以对于不该接收的数据帧，网卡就截断了，计算机根本就不知道。CPU 得到中断信号后产生中断，操作系统就根据网卡的驱动程序设置的网卡中断程序地址调用数据驱动程序，数据驱动程序接收数据后放入信号堆栈让操作系统处理。

2.1.2 常见网络协议简介

1. TCP

TCP 协议采用数据包(data packet)传输方式，它作为一个数据单元进行传输。有人喜欢用数据报(datagram)来代替数据包，虽然两者稍有区别，但在 TCP 中可视作相同。TCP 数据报文的头格式如图 2-4 所示。

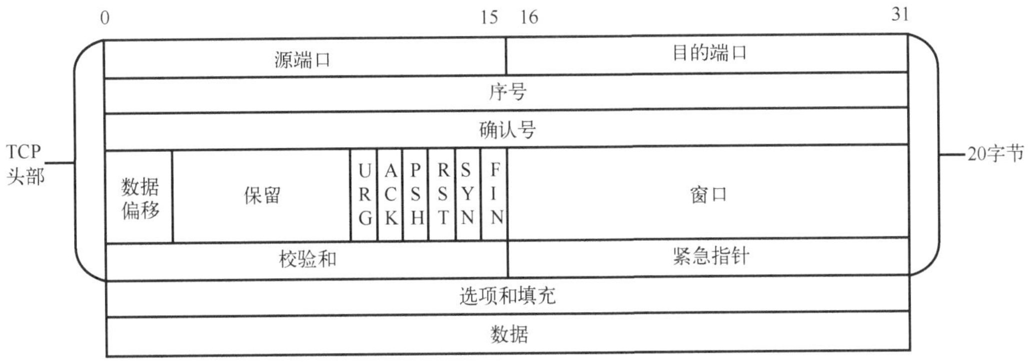

图 2-4　TCP 数据报文的头格式

TCP 头部的长度通常是 20 字节。其中包含源端口和目的端口。在 TCP 规范 RFC 793 中，IP 报文中的 IP 地址与 TCP 报文中的端口称为一个 Socket。在 TCP 数据报文的头格式中，相应的字段描述如下。

(1)源端口：用于标识发送端发送 TCP 报文段的应用程序使用的端口号。

(2)目的端口：用于标识目的端接收使用的端口号。

(3)序号：段中的数据在发送端数据流中的位置。序号用于标识两端发送的报文段，申请建立连接的一端在发送申请报文段时会初始化一个序号，这个序号用来对每一个传输的报文段进行计数，每一个传输的报文段的序号都是上一个报文段序号加 1。TCP 能供全双工的传输服务，数据在两个方向上都能单独传输，因此，连接的双方都有每个方向上传输的序号。

(4)确认号：本端希望收到的下一个报文段的序号。确认号是 32 位的。确认号是接收端对数据发送端的确认序号，通常是上次成功收到的报文段的序号加 1。接收端在收到序号为 100 的报文段时，返回的确认号应为 101。确认号只有在控制位 ACK 被置为 1 时才能生效。

(5)数据偏移：指示 TCP 头部的长度，通常以 32 位字(4 字节)为单位，此字段的值乘以 4 即得到头部长度，指示数据部分从哪里开始。

(6)保留：为将来使用而保留的 6 位，目前必须置为 0。

(7)控制位：6 位，这 6 个标志位对 TCP 连接状态非常重要。URG 为紧急数据标志位，ACK 为确认标志位，PSH 为强迫传输数据，RST 为复位一条连接，SYN 为同步序号，FIN 为发送端数据已发完，释放连接。

(8)窗口：接收端通告接收窗口的大小，窗口最大为 65535 字节。

(9)校验和：16 位，判断数据包是否正确。

(10)紧急指针：当 URG 控制位被设置时，此字段是有效的，它指示紧急数据在数据流中的位置，通常与序列号字段联合使用来确定紧急数据的结束位置。

TCP(传输控制协议)是一种为了确保数据包顺序正确和完整性而设计的协议。它负责对数据包进行排序和错误检查，同时实现了虚拟电路间的连接。TCP 数据包包含序号和确认响应，这使得接收端能够对未按顺序收到的数据包进行重新排序，并对损坏的数据包进行重传。在网络通信的过程中，TCP 扮演着一个关键角色。它将信息传递给更高层的应用程序，如 Telnet 服务程序和客户端程序。应用程序随后将信息回传给 TCP 层，TCP 层再将这些信息向下传递到网络层、设备驱动程序以及物理介质，最终达到接收端。

2. UDP

UDP 协议是一个无连接的传输协议，UDP 报文头格式如图 2-5 所示。

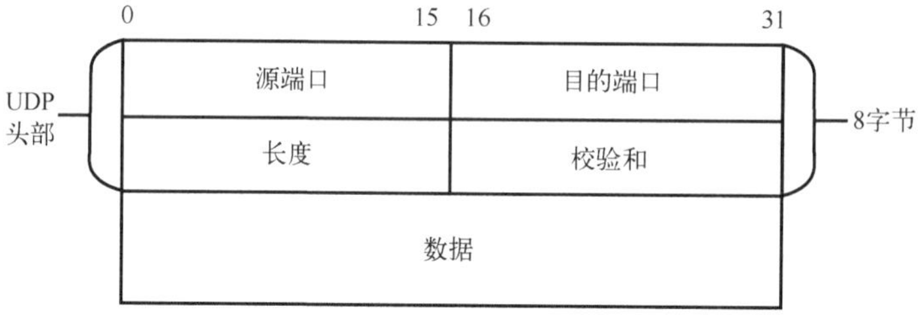

图 2-5　UDP 数据报文的头格式

(1)源端口：16 位，是源计算机上的连接号。源端口和源 IP 地址作为报文的返回地址之用。UDP 可以与 TCP 同时使用相同的端口。

(2)目的端口：16 位，是目的主机上的连接号。目的端口用于把到达目的主机的报文转发到正确的应用。

(3)校验和：包括 UDP 头部和 UDP 报文中的数据，UDP 校验和是一个端到端的校验和，由发送端计算，目的端验证。

(4)长度：标记 UDP 数据报文的头部和数据的总长度，由于 UDP 数据报文头部长度是固定的，实际内容的长度就依靠 UDP 数据报文数据长度来标识。

UDP(用户数据报协议)和 TCP(传输控制协议)都位于网络通信协议栈的相同层级，但它们在处理数据包方面存在明显的区别。与 TCP 不同，UDP 不关注数据包的顺序、错误检测或重发机制。这使得 UDP 不适用于需要虚电路的面向连接的服务，而是更适用于基于查询-应答模式的服务，如 NFS(网络文件系统)。由于 UDP 不维护连接状态，它通常用于数据交换量相对较小的服务。

3. IP

在网络通信中，TCP 或 UDP 数据报文被传递给 IP 进行处理。IP 协议的主要职责是确保这些数据报文能够有效地传送到目的主机。为了实现这一点，IP 在原有的 TCP 数据报文或 UDP 数据报文之前添加了一个额外的包头，称为 IP 包头。IP 包头格式如图 2-6 所示。

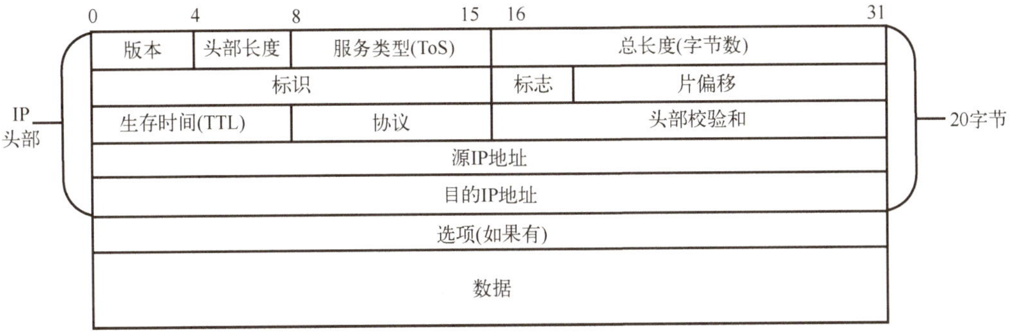

图 2-6　IP 包头格式

IP 包头各参数域含义如下。

(1)版本：4 位，指定 IP 协议的版本，对于 IPv4 来说，就是 4。

(2)头部长度：4 位，表示 IP 头部的长度是多少个 32bit，4 字节的最大数字是 15，因此头部的最大长度计算为 15 × 4 = 60 字节。

(3)服务类型(type of service，ToS)：8 位，用于指定数据包的服务优先级和延迟、吞吐量、可靠性等服务质量参数。虽然 ToS 字段在现代网络中不常用，但它为 IP 数据包提供了一种区分服务的重要机制。部分实现中，该字段被扩展为“区分服务”(differentiated services)字段，用于支持 QoS(服务质量)。

(4)总长度：16 位，最大 65535 字节。在网络层下面的数据链路层有自己的帧格式，其中帧数据的最大长度称为 MTU(最大传输单元)，当一个 IP 数据报封装成数据链路层帧时，帧的长度(IP 头部+数据)一定不能超过 MTU 值，同样为了保证传输效率，也有一个最小的传输单元。当超过了 MTU 值时需要进行分片处理才能进行发送，此时总长度指的是分片以后的头部及数据的长度总和。

(5)标识：16 位，IP 协议程序维持着一个计数器，每产生一个数据报，计数器加 1，并将此值赋给标识字段。当 IP 数据报被分片后，相同标识的数据分片最后会重装在一起。

(6)片偏移：13 位，用于指示该片在原始数据报中的相对位置。这允许接收方正确地重组来自同一数据报的分片。

(7)生存时间(TTL)：8 位，数据报到达目的地的最大报文跳数，最大是 255，每经过一跳，TTL 减 1，如果一直减到 0 还没到达，那么就丢弃，这个字段主要用来防止出现路由循环。

(8)协议：8 位，指定 IP 数据包携带的上层协议类型，如 TCP(6)、UDP(17)、ICMP(1)等。该字段允许接收方正确地将 IP 数据包交给相应的传输层或网络层协议处理。

(9)头部校验和：16 位，这个字段只校验数据报的头部，不包括数据部分。因为每经过一个路由器，路由器都要重新计算头部校验和(生存时间、标志、片偏移都可能变化)，不检验数据部分可以减少工作量，数据部分由传输层最终进行校验。

(10)源 IP 地址和目的 IP 地址：各 32 位，分别表示发送端和接收端的主机地址。

IP 是网络通信的核心协议，它定义了在网络中传输数据的标准规则。作为 TCP/IP 协议族的一部分，IP 协议负责将数据分割成小块，称为数据包，然后确保这些数据包能够通过不同的网络路由从源点传输到目的地。每个数据包都包含了源和目的 IP 地址，这些地址确保数据包能够正确地到达预定目的地。

IP 协议在设计上是无连接的，意味着它不会在数据传输之前建立稳定的通信线路。因此，虽然 IP 协议能够保证数据包的传输，但它本身不保证传输的顺序性、完整性或可靠性。为了弥补这些缺陷，通常会将其与其他协议(如 TCP)一起使用，以确保端到端的可靠通信。IP 协议支持跨多种网络技术的通信，这是实现全球互联网互联互通的关键。

4. 以太网的帧结构

IP 数据报文被封装在以太网帧中传送，以太网的帧结构如图 2-7 所示。

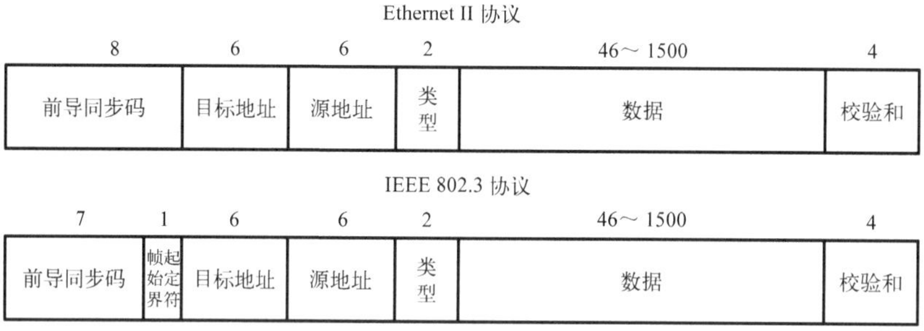

图 2-7　以太网的帧结构

(1)前导同步码：由 8(Ethernet Ⅱ协议)或 7(IEEE 802.3 协议)字节的交替出现的 1 和 0 组成，设置该字段的目的是指示帧的开始并便于网络中的所有接收器均能与到达帧同步，另外，该字段本身(在 Ethernet Ⅱ中)或与帧起始定界符一起(在 IEEE 802.3 中)能保证各帧之间用于错误检测和恢复操作的时间间隔不小于 9.6ms。

(2)目的地址：确定帧的接收者。

(3)源地址：标识发送帧的工作站。

(4)类型：2 字节，仅用于 Ethernet Ⅱ帧。该字段用于标识数据字段中包含的高层协议，也就是说，该字段告诉接收设备如何解释数据字段。在以太网中，多种协议可以在局域网中共存，例如，类型字段取值为十六进制 0800 的帧将被识别为 IP 协议帧。

(5)数据：最短长度必须为 46 字节，以保证帧长至少为 64 字节，这意味着即使传输 1 字节的信息也必须使用 46 字节的数据字段，如果填入该字段的信息少于 46 字节，该字段的其余部分也必须在填充域字段中进行填充。数据字段的最大长度为 1500 字节。

(6)校验和：提供了一种错误检测机制，每一个发送器均计算一个包括地址字段、类型/长度字段和数据字段的循环冗余校验(CRC)码。

2.1.3　网络数据被动获取相关技术

数据被动获取通常得到的是原始数据报文，也将其称为网络流量。这些原始数据报文包含了网络通信过程中的详细信息，如发送和接收的数据包内容、时间戳、源和目的 IP 地址等。处理这些网络流量的相关技术包括数据包捕获技术、协议分析技术和数据包生成技术。

数据包捕获技术关注于实时地捕获网络中传输的数据包。这种技术通常使用特殊的软件或硬件工具，如网络嗅探器，来监测和记录网络上的数据流。协议分析技术则用于解析捕获的数据包，并提取关键信息。它涵盖了对数据包中的协议头信息、载荷内容和通信模式的深入分析，以帮助理解数据流的性质和行为。数据包生成技术是指制造特定类型和格式的数据包，用于测试或评估网络设备和服务的性能和安全性。这种技术可以用于模拟网络攻击、测试网络容量或验证通信协议的实现。

1. 网络数据包捕获技术

网络安全系统的一个主要任务是捕获网络上的数据信息，而网络数据包捕获技术正是用于完成这一任务的关键工具。这种技术涉及从网络中捕获所有或特定的网络数据包信息，以便供其他网络安全系统使用。虽然不同操作系统的底层包捕获机制可能有所不同，但它们在形式上大致相似。数据包的常规传输路径是：从网卡开始，经过设备驱动层、数据链路层、网络层、传输层，最终到达应用程序。

在数据链路层，数据包捕获技术通过增加一个旁路处理来实现其功能。这包括对发送和接收到的数据包进行过滤、缓冲等处理，然后直接将这些数据包传递给应用程序。值得注意的是，数据包捕获技术并不会影响操作系统对数据包的标准网络协议栈处理。

对于用户程序而言，数据包捕获技术提供了一个统一的接口，使用户程序能够通过简单调用若干函数来获取所需的数据包。这种针对特定操作系统的捕获机制对用户是透明的，从而提供了良好的程序可移植性。

数据包的过滤机制则允许根据用户的要求对捕获到的数据包进行筛选，最终只将满足过滤条件的数据包传递给用户程序。这种具体的信息捕获机制依赖于操作系统，并在不同的系统平台上有着不同的实现方式，主要有以下三种。

(1) SOCK_PACKET 类型套接字：Linux 中有一种套接字类型 SOCK_PACKET。SOCK_PACKET 类型的套接字可以接收网络上所有数据包。它的实现由操作系统提供的编程接口来进行。

(2) 数据链路提供者接口(DLPI)：定义了数据链路层向网络层提供的服务，是数据链路服务的提供者和使用者间的一种标准接口，在实现上基于 UNIX 的流机制。数据链路服务的使用者既可以是用户的应用程序，也可以是访问数据链路服务的高层协议，如 TCP/IP 等。

(3) 伯克利数据包过滤器(BPF)：一个高效的数据包捕获机制，运行于操作系统的内核层，如图 2-8 所示。BPF 主要由网络转发和数据包过滤两部分组成。网络转发是从数据链路层捕获数据包并把它们转发给数据包过滤部分，数据包过滤是基于接收到的过滤规则来决定哪些网络数据包应被接收，而不符合规则的数据包则被丢弃。

BPF 在操作系统的内核中完成，效率很高。其使用了数据缓存机制，使捕获数据包缓存在内核中，达到一定数量再传递给应用程序。在实际应用中，BPF 通常与 Libpcap 库结合使用。Libpcap 是一个跨平台的网络数据包捕获开发包，能够简化数据包的捕获过程。在 Windows 平台上，其对应的实现是 Winpcap。目前，在 Windows 10 及更高版本的 Windows 操作系统中，Winpcap 的继任者是 Npcap。

这些机制为网络数据的监控和分析提供了强大的工具，帮助开发者和网络管理员有效地捕获和处理网络流量。

2. 网络协议分析技术

网络协议分析是指通过程序分析网络数据包的协议头和尾，来了解信息和相关的数据包在产生和传输过程中的行为。网络协议分析过程主要包括三部分内容：捕获数据包、过滤数据包和协议分析。

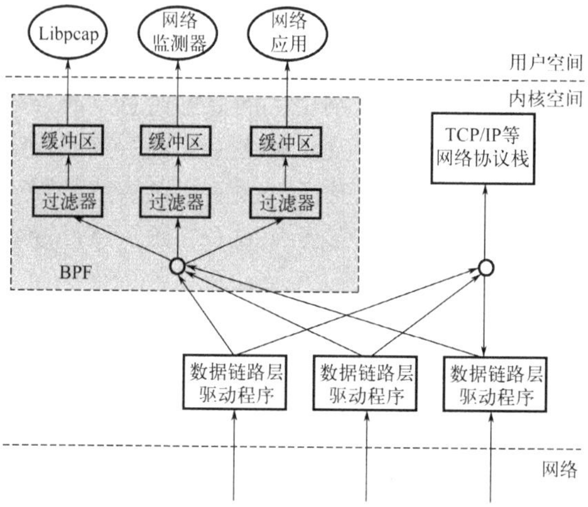

图 2-8　BPF 原理图

(1) 捕获数据包：对网络数据包进行协议分析，首先就是要捕获网络上的数据包。可以使用专业的捕获数据包的开发包，如比较著名的开发包 Libpcap 和 Winpcap。

(2) 过滤数据包：由于网络上的数据信息量是庞大的，在实际应用中只希望对某些数据包进行协议分析，这样就需要对捕获到的数据包进行过滤。

过滤方式有两种：一种是在内核层过滤；另一种是在应用层过滤。第一种的效率高，因为从内核层到应用层之间的转换是费时费力的，这样对性能有很大的影响。如果使用开发包 Libpcap，它里面提供了 BPF 过滤机制，是在内核层实现过滤的，效率很高。使用 Libpcap 不仅实现了数据包的捕获功能，也可以实现数据包的过滤功能。

(3) 协议分析：在捕获特定网络数据包后，接下来的步骤是进行网络协议分析。这个分析过程遵循 TCP/IP 协议层的结构。首先从数据链路层开始。这一阶段包括分析数据包的数据链路层协议，如以太网协议，主要涉及源和目的 MAC 地址等基本信息。接着，分析结果将指导下一步对网络层协议的分析，如 IP 协议，这里重点是 IP 地址、子网掩码和路由问题。然后，基于网络层的结果，分析传输层协议，如 TCP 和 UDP 协议，关注端口号、连接状态和数据传输的可靠性。最后，分析将延伸至应用层协议，如 HTTP 协议和 FTP 协议，聚焦于数据内容和具体的应用协议操作。这种分层逐级分析的方法能够全面解读整个数据包的协议结构。

此外，利用网络协议分析技术，可以设计专门的网络嗅探器和网络协议分析系统。例如，广泛使用的网络嗅探器 Tcpdump 和 Windump，以及知名的网络协议分析系统 Ethereal，都是基于这种技术开发的。这些工具能够有效地捕获和分析网络通信，对于网络安全和网络管理工作至关重要。

3. 网络数据包生成技术

网络数据包生成技术是指人工构造数据包，然后把数据包发送到网络上，让它们像正常的网络数据信息一样传输的技术。利用网络数据包生成技术，可以构造各种各样的网络安全系统，如网络安全扫描系统、网络安全测试系统。

网络安全扫描系统扫描网络或主机的漏洞，可以利用数据包生成技术来完成构造数据包的功能，然后发送给远程主机来探测远程主机，根据返回的信息来检查远程主机的漏洞。

使用网络安全测试系统可检测其他安全系统(如防火墙系统、入侵检测系统)的性能，网络数据包捕获技术是被动地捕获数据，而数据包生成是一种主动技术，可以构造各种各样的网络数据包来检测防火墙的性能，是测试网络防火墙的一个重要手段。对入侵检测系统的测试也可以通过构造不同的网络数据包进行。所构造的网络数据包不仅可以是正常的网络数据包，也可以是异常的网络数据包。通过构造异常的网络数据包来检测入侵检测系统的性能，是非常有效的一种检测方法。

利用网络数据包生成技术可以产生各种各样的网络攻击手段。例如，TCP SYN 拒绝服务攻击(SynFlood)、死亡之 ping((ping of death)、攻击泪滴(Teardrop)等，都可以使用数据包生成技术来实现。可以说数据包生成技术是攻击者用得最多的一种技术。在实际应用中，数据包生成技术的代表是 Libnet。Libnet 是一个专业的网络数据包生成开发包，可以构造任意的网络协议数据包，然后发送到网络上。

2.1.4　常用的网络安全开发包概述

网络安全开发包通常指一系列专为网络安全研究和开发而设计的专业开发函数库。这些函数库在网络安全工具的开发中发挥着重要作用。目前，在 C 编程语言环境中，最流行的 API 库包括 Libnet、Libpcap、Libnids 和 Libicmp 等。每个库都从不同的层次和角度提供独特的功能函数，支持开发者在忽略复杂的网络底层细节的同时，专注于程序的具体功能设计与开发。这样的库大大简化了网络安全工具的创建过程，使开发人员能够更有效地构建高效、精准的网络安全解决方案。现在介绍一些在实际使用中常用的网络安全开发包。

1. 网络数据包捕获开发包 Libpcap

网络数据包捕获开发包 Libpcap 的英文意思是 packet capture library，即数据包捕获库。它在很多网络安全领域得到广泛应用，几乎成为网络数据包捕获的标准接口，Libpcap 效率高，使用方便而且跨平台，不仅能实现数据包的捕获，还具有快速的网络数据包过滤功能。

Libpcap 是由加利福尼亚大学伯克利分校的劳伦斯伯克利国家实验室的研究人员 Van Jacobson、Craig Leres 和 Steven McCanne 共同开发的一款著名的网络数据包捕获库。这个开发包在网络安全和监控领域得到了广泛的应用，成为许多网络分析工具的基础。目前，Libpcap 的最新稳定版本是 1.10.4。鉴于 Libpcap 的开发非常活跃，版本不断更新，建议读者经常关注其官网 www.tcpdump.org，以检查是否有新版本发布。在 Windows 平台下，提供类似 Libpcap 功能的函数库是 Winpcap，它同样支持数据包捕获功能。

Libpcap 广泛应用于网络统计软件、入侵检测系统和网络调试中。利用 Libpcap 开发的网络安全软件如下。

(1) Tcpdump：著名的网络嗅探器。它可以捕获网络上的所有数据，也可以根据过滤规则捕获特定的数据。

(2) Snort：轻量级的网络入侵检测系统。它能够在 IP 网络上进行实时的流量分析和数据包记录。Snort 不仅能进行协议分析、内容检索、内容匹配，而且能用于缓冲溢出侦测、隐私端口扫描、CGI 攻击、SMB 探测、操作系统指纹识别等大量的攻击或非法探测。

(3) Ethereal：免费的网络协议分析程序。它支持 UNIX 和 Windows 操作系统，用户可以通过它交互式地浏览捕获到的数据包，并查看每个数据包的摘要和详细信息。Ethereal 几乎支持所有协议，提供了丰富的过滤语言，并且能够方便地查看 TCP 会话重构后的数据流。这些特点使其成为网络分析和安全监控领域的一个强大工具。

(4) Nmap (network mapper)：著名的网络安全扫描软件。该软件具有多种功能，包括探测一组主机是否在线、扫描主机端口以及嗅探所提供的网络服务。此外，Nmap 还能推断出主机使用的操作系统。这些功能使 Nmap 成为网络安全专家和系统管理员在进行网络监控和安全评估时的重要工具。

Libpcap 的最主要的作用就是捕获网络数据包。它把捕获网络数据包的功能进行了封装，使其使用起来非常方便。在捕获数据包的过程中，可以对捕获模式进行限制。例如，可以设置捕获的过滤规则，只捕获感兴趣的网络数据包。还可以对捕获的对象进行限制，而且限制的精度很高，灵活性非常好。

BPF 过滤规则是以字符串形式定义的，其定义形式有一定的规律性，包含两类数据：标识和修饰词。标识的修饰词分为三种类型：类型、方向和协议。

类型修饰词表示标识的种类，有 3 种类型修饰词，包括 host、net 和 port。host 代表主机类型；net 代表网络类型；port 代表端口类型。

方向修饰词表示数据包的传输方向，有 4 种方向修饰词，包括 src、dst、src or dst 和 src and dst。src 表示源地址，即此数据包是从哪个主机发送的；dst 表示目的地址，即此数据包到达哪个主机；src or dst 表示无方向；src and dst 表示源地址和目的地址都必须满足。

协议修饰词包括 ether、fddi、ip、arp、rarp、decnet、lat、sca、moprc、mopdl、tcp 和 udp 等，分别对应不同的网络协议。这些修饰词的组合定义了过滤规则的具体内容。

标识和修饰词构成了原语。过滤规则就是由一个或多个原语组成的。它们之间可以使用连接词来进行连接，连接词主要有 and、or 和 not。and 表示“并且”的意思，表示两者都必须满足。例如，src 192.168.0.2 and port 30 表示捕获源地址为 192.168.0.2 并且端口号为 30 的网络数据包。or 表示“或者”的意思，表示只要满足其一即可。例如，src 192.168.0.2 or dst 192.168.0.3 表示捕获源地址为 192.168.0.2 或者目的地址为 192.168.0.3 的数据包。not 表示“非”的意思，表示否定。

Libpcap 对网卡的设置包括混杂模式和非混杂模式。混杂模式是网卡运行的方式之一，可接收所有经网络传送的数据包。网卡通常被设定为只接收发送到自身地址的数据包，即使经网线接收到传送给其他地址的数据包，也不会读取，而是直接废弃。而设定为混杂模式的网卡可以不论数据包发送到哪个地址，一概捕获并将其送到上级软件，在这种模式下可以监视到流经该位置的所有数据包。混杂模式主要用于网络故障分析和问题调查，但也存在被恶意使用的风险，因为它可以在数据包发送者和接收者不知情的情况下捕获数据包。

2. Windows 平台下的 Winpcap

大多数 UNIX 操作系统提供了一套允许应用程序直接与网络相互联系的系统调用。这些系统调用对于数据包捕获应用程序非常有用。在 Windows 环境下这类的工具是 Winpcap。

Winpcap (Windows packet capture) 是 Windows 平台下一个专业网络数据包捕获开发包，是为 Libpcap 在 Windows 平台下实现数据包的捕获而设计的。开发 Winpcap 这个项目的目的在于为 Win32 应用程序提供访问网络底层的功能。

Winpcap 的主要功能在于独立于主机协议(如 TCP/IP)发送和接收原始数据包。也就是说，Winpcap 不能阻塞、过滤或控制其他应用程序数据包的收发，它仅仅是通过旁路的方式监听共享网络上传送的数据包。Winpcap 的数据结构、接口函数和使用方法与 Libpcap 相似，这里通过以 Winpcap 为例介绍 Winpcap 和 Libpcap 的使用。另外值得说明的是，在 Windows 10 以后的 Windows 版本下，Npcap 取代了传统的 Winpcap 开发包，其使用方法类似。

Winpcap 的主要组成部分如图 2-9 所示，包括以下三个模块。

(1) 第一个模块：内核级的包过滤驱动程序。

NPF(netgroup packet filter)是一个虚拟设备驱动程序文件，是架构的核心(在 Windows 95/98 中是一个 VXD 文件，在 Windows NT/2000 以上的版本中是一个 SYS 文件)。它的功能是过滤数据包，并把这些数据包原封不动地传给用户态模块，这个过程中包括了一些操作系统特有的代码。

(2) 第二个模块：低级动态链接库 Packet.dll。

Packet.dll 为 Win32 平台提供了一个与 NPF 的通用接口。不同版本的 Windows 系统都有自己的内核模块和用户态模块。Packet.dll 用于处理这些不同。调用 Packet.dll 的程序可以运行在不同版本的 Windows 平台上，而无须重新编译。Packet.dll 提供了一个底层 API，伴随着一个独立于 Microsoft 操作系统的编程接口，这些 API 可以直接用来访问驱动的函数。

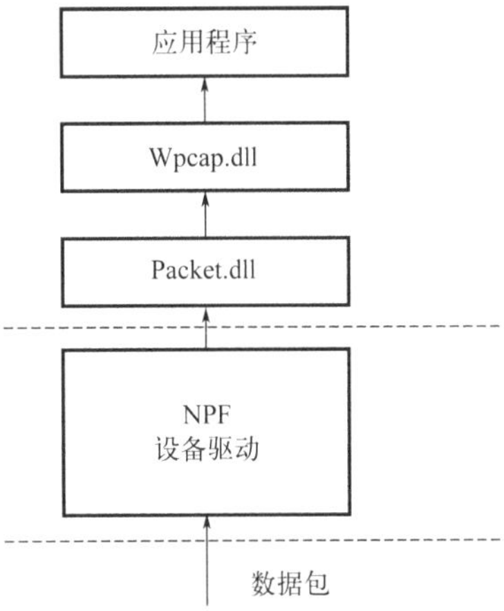

图 2-9　Winpcap 的主要组成部分

(3) 第三个模块：用户级的 Wpcap.dll。

Wpcap.dll 通过调用 Packet.dll 提供的函数生成，包括过滤器生成等一系列可以被用户级调用的高级函数，另外还有数据包统计及发送功能。Wpcap.dll 提供了更加高层、抽象的函数，导出了一组更强大的与 Libpcap 一致的高层抓包函数库(function library)。

Packet.dll 直接映射了内核的调用。Wpcap.dll 提供了更加友好、功能更加强大的函数调用。编程人员既可以使用包含在 Packet.dll 中的低级函数直接进入内核级调用，也可以使用 Wpcap.dll 提供的高级函数调用，Wpcap.dll 的函数调用会自动调用 Packet.dll 中的低级函数，并可能转换成若干个 NPF 系统调用。

Winpcap 有很多优点，主要体现在以下几个方面。

(1) Winpcap 给程序员提供了一套标准的网络数据包捕获的编程接口，并且与 Libpcap 兼容，可使得原来许多 Linux 平台下的网络分析工具快速移植到 Windows 平台下。

(2) 使用 Winpcap 可以提供很高的应用效率。Winpcap 充分考虑了各种性能和效率的优化，包括对于 NPF 内核层次上的过滤器的支持。

(3) Winpcap 提供了发送数据包的功能。

Winpcap 提供了一系列主要的接口函数，用于网络数据包的捕获、过滤和分析。以下是一些关键的 Winpcap 接口函数。

(1) 与网络接口相关的函数。

①int pcap_findalldevs(pcap_if_t **alldevsp, char *errbuf)：此函数的功能是查找机器的所

有可用的网络接口，用一个网络接口链表返回。

②void pcap_freealldevs(pcap_if_t *alldevs)：此函数的功能是释放网络接口链表中的所有网络接口。

③char *pcap_lookupdev(char *errbuf)：此函数的功能是查询本机的网络接口名字。

④int pcap_lookupnet(register const char *device, register bpf_u_int32 *netp, register bpf_u_int32 *maskp, register char *errbuf)：此函数的功能是获取网络地址和网络掩码。第一个参数就是 pcap_lookupdev 返回的接口名，第二个和第三个参数都是 32 位无符号数，分别是 IP 网段和掩码，最后一个参数是错误处理缓冲。

⑤pcap_t *pcap_open_live(const char *device, int snaplen, int promisc, int to_ms, char *errbuf)：此函数的功能是打开一个网络接口进行数据包捕获。打开的模式由 promisc 表示：如果是 1，就表示以混杂模式打开网络接口；否则，以非混杂模式打开网络接口。

⑥pcap_t *pcap_open(const char *source, int snaplen, int flags, int read_timeout, struct pcap_rmtauth *auth, char *errbuf)：此函数的功能是打开一个普通的源，以进行数据包的捕获或发送。

参数变量 source 包含要打开的源名称的字符串。

参数变量 snaplen 表示需要保留的数据包的长度，对每一个过滤器接收到的数据包，第一个 snaplen 字节的内容将被保存到缓冲区，并且传递给用户程序。例如，如果 snaplen 等于 100，那么仅仅每一个数据包的第一个 100 字节的内容被保存。简而言之就是从每一个包的开头到 snaplen 的那段内容将被保存。

参数变量 flags 保存一些抓包操作需要的标志。Winpcap 定义了三种标志。

PCAP_OPENFLAG_PROMISCUOUS：定义了适配器(网卡)是否进入混杂模式。

PCAP_OPENFLAG_DATATX_UDP：定义了数据传输(假如是远程抓包)是否用 UDP 协议来处理。

PCAP_OPENFLAG_NOCAPTURE_RPCAP：定义了远程探测器是否捕获它自己产生的数据包。

参数变量 read_timeout 以毫秒为单位。read_timeout 用来设置在遇到一个数据包的时候读操作不必立即返回，而是等待一段时间，让更多的数据包到来后，再从操作系统内核一次读多个数据包。并非所有的平台都支持 read_timeout，该参数在不支持 read_timeout 的平台上将被忽略。

参数变量 auth 是一个指向 struct pcap_rmtauth 的指针，保存当一个用户登录到某个远程机器上时的必要信息。假如不是远程抓包，该指针被设置为 NULL。

参数变量 errbuf 是一个指向用户申请的缓冲区的指针，存放函数出错时的错误信息。

(2)设置过滤器用到的函数。

①int pcap_compile(pcap_t *p, struct bpf_program *fp, char *str, int optimize, bpf_u_int32 netmask)：此函数的功能是编译 BPF 过滤规则。

②int pcap_setfilter (pcap_t *p, struct bpf_program *fp)：此函数的功能是设置 BPF 过滤规则，规则由参数 fp 确定。

(3)数据包捕获函数。

捕获数据用到两个函数：

①int pcap_dispatch(pcap_t *p, int cnt, pcap_handler callback, u_char *user)。

②int pcap_loop (pcap_t *p, int cnt, pcap_handler callback, u_char *user)。

pcap_t *p 指向一个捕获实例的指针。

cnt 指定了要捕获的数据包的最大数量。如果设置为–1，pcap_loop()会无限制地捕获数据包，直到发生错误或者被中断。

callback 指向一个回调函数，每捕获一个数据包，就调用 callback 指向的回调函数。因此可以在回调函数中对捕获到的数据包进行操作。

user 指向一个传递给回调函数的用户定义的数据的指针。

以上两个函数都能捕获数据包，但是二者也有区别。pcap_dispatch()处理数据包，直到捕获到 cnt 数量的数据包，或者没有更多的数据包可用，并且每捕获一个数据包，都会调用一次 callback 函数。与 pcap_dispatch()不同，pcap_loop()会一直运行，直到捕获到指定数量的数据包、发生错误或者捕获被明确中断。

③void pcap_breakloop(pcap_t *p)：此函数的功能是退出循环捕获数据包状态。

④pcap_t* pcap_open_offline(const char *fname, char *errbuf)：此函数的功能是打开一个内容是网络数据包的文件。其中 fname 参数指定打开的文件名，errbuf 参数则仅在 pcap_open_offline()函数出错返回 NULL 时用于传递错误消息。

⑤int pcap_next_ex(pcap_t *p, struct pcap_pkthdr **pkt_header, const u_char* pkt_data)：此函数的功能是捕获单独一个网络数据包。

⑥void pcap_close(pcap_t *p)：此函数的功能是关闭 Winpcap 操作，并销毁相应资源。

以上六个函数中，参数类型 pcap_handler 定义为 typedef void(* pcap_handler) (u_char *user, const struct pcap_pkthdr *pkt_header, const u_char *pkt_data)，这是接收数据包的回调函数原型。当用户程序使用 pcap_dispatch()或者 pcap_loop()时，数据包以这种回调的方法传给应用程序。

用户参数 user 是用户自己定义的包含捕获会话状态的参数，它必须跟 pcap_dispatch()和 pcap_loop()的参数相一致。pkt_header 是与抓包驱动有关的头。pkt_data 指向包里的数据，包括协议头。

Winpcap 提供了一些函数把网络通信保存到文件，并且可以读取这些文件的内容。它以二进制形式保存了被捕获的数据包的数据，并且其他网络工具(包括 Windump、Ethereal、Snort 等)都以此为标准。

(4) 文件相关函数。

①FILE *pcap_file(pcap_t *p)：此函数的功能是返回 Winpcap 的文件句柄。

②int pcap_fileno(pcap_t *p)：此函数的功能是返回 Winpcap 的文件描述符号。

③pcap_dumper_t * pcap_dump_open(pcap_t *p, const char *fname)：此函数的功能是打开一个保存数据包的文件，准备向其写入网络数据包数据。

④int pcap_dump_flush(pcap_dumper_t *p)：此函数的功能是把数据包数据存入文件中。

⑤void pcap_dump_close(pcap_dumper_t *p)：此函数的功能是关闭文件。

⑥void pcap_dump(u_char *user, const struct pcap_pkthdr *h, const u_char *sp)：此函数的功能是向文件中写入网络数据包内容。

⑦FILE *pcap_dump_file(pcap_dumper_t *p)：此函数的功能是返回一个标准的文件句柄。

(5) 错误处理函数。

①void pcap_perror(pcap_t *p, char *prefix)：此函数的功能是打印出与 pcap 捕获会话相关的最后一个错误信息。

②char *pcap_strerror(int errnum)：此函数的功能是获取与 errnum 对应的错误信息的指针。

③char *pcap_geterr(pcap_t *p)：此函数的功能是获取与 pcap 捕获会话相关的最后一个错误信息的指针。

(6) 辅助函数。

①int pcap_stats(pcap_t *p, struct pcap_stat *ps)：此函数的功能是获得统计信息。

②int pcap_datalink(pcap_t *p)：此函数的功能是获取数据链路层状态。例如，如果类型为 DLT_EN10MB，就表示以太网。

③int pcap_list_datalinks(pcap_t *p, int **d1t_buffer)：此函数的功能是返回支持的所有数据链路层类型的链表。

例 2-1　Winpcap 使用举例——捕获并打印数据包。

使用 Winpcap 进行开发，其开发步骤并不复杂，下面列举一个截获数据包的 Winpcap 程序。在该程序中，先打印出所有网络适配器的列表，然后选择在哪个适配器上截获数据包，通过 pcap_loop()函数将截获的数据包传给回调函数 packet_handler()处理。通过该程序，读者可以初步了解使用 Winpcap 截获数据包的步骤，以及一些在截获数据包时重要的函数和数据结构。

```
    #include <pcap.h>
    #include <remote-ext.h>

    /*回调函数的声明*/
    void packet_handler(u_char *param, const struct pcap_pkthdr *header, const
u_char *pkt_data);

    /*主函数*/
    int main() {
        pcap_if_t *alldevs, *d;
        int inum, i = 0;
        pcap_t *adhandle;
        char errbuf[PCAP_ERRBUF_SIZE];

        /*检索本地机器上的设备列表*/
        if (pcap_findalldevs_ex(PCAP_SRC_IF_STRING, NULL, &alldevs, errbuf) == -1) {
            fprintf(stderr, "Error in pcap_findalldevs: %s\n", errbuf);
            exit(1);
        }

        /*打印列表*/
        for (d = alldevs; d; d = d->next) {
```

```
    /*打印名字*/
    printf("%d. %s", ++i, d->name);

    /*打印描述信息*/
    if (d->description) {
        printf(" (%s)\n", d->description);
    } else {
        printf(" (No description available)\n");
    }
}

if (i == 0) {
    printf("\nNo interfaces found! Make sure Winpcap is installed.\n");
    return -1;
}

/*选择一个适配器*/
printf("Enter the interface number (1-%d): ", i);
scanf("%d", &inum);

if (inum < 1 || inum > i) {
    printf("\nInterface number out of range.\n");

    /*释放设备列表*/
    pcap_freealldevs(alldevs);
    return -1;
}

/*跳转到选择的适配器*/
for (d = alldevs, i = 0; i < inum - 1; d = d->next, ++i);

/*打开设备*/
if ((adhandle = pcap_open(d->name, /*设备名*/
                    65536,    /*数据包的捕获部分，65536 保证整个数据包将在数
                                据链路层上捕获*/
                    PCAP_OPENFLAG_PROMISCUOUS, /*混杂模式*/
                    1000,     /*读操作的时限*/
                    NULL,     /*在远程主机上验证*/
                    errbuf    /*错误缓冲区*/
                    )) == NULL) {
    fprintf(stderr, "Unable to open the adapter. %s is not supported by
            Winpcap\n", d->name);

    /*释放设备列表*/
```

```
        pcap_freealldevs(alldevs);
        return -1;
    }

    printf("\nListening on %s...\n", d->description);

    /*此时，不再需要设备列表了，释放它*/
    pcap_freealldevs(alldevs);

    /*开始捕获*/
    pcap_loop(adhandle, 0, packet_handler, NULL);

    return 1;
}

/*对于每一个捕获的函数 Libpcap 调用回调函数*/
void packet_handler(u_char *param, const struct pcap_pkthdr *header, const
                    u_char *pkt_data) {
    struct tm *ltime;
    char timestr[16];

    /*将时间戳转换为可读的格式*/
    ltime = localtime(&header->ts.tv_sec);
    strftime(timestr, sizeof(timestr), "%H:%M:%S", ltime);

    printf("%s, %.6d len:%d\n", timestr, header->ts.tv_usec, header->len);
}
```

(7) 发送数据包的函数。

①int pcap_sendpacket(pcap_t *p, u_char *buf, int size)：此函数的功能是将一个原始数据包(raw packet)发送到网络上。参数 p 指代用于发送数据包的网络接口，参数 buf 包含了要发送的数据包数据，包括了各种协议头，参数 size 则指明了 buf 所指向缓冲区的大小，即数据包的大小。值得注意的是，MAC 循环冗余校验(CRC)码不需要包含在数据包中，因为它可以被轻易地计算出来，并由网络接口驱动自动添加。如果数据包成功发送，函数返回 0；如果发送失败，则返回−1。

pcap_sendpacket()提供了一种简便的方式来发送单个数据包。而发送队列(alignment)则提供了一种发送多个数据包的机制。发送队列是一种容器，用于存储即将发送到网络上的多个数据包。它有一个最大容量限制，定义了可以存储的数据包的最大字节数。这种机制允许批量发送数据包，提高了网络操作的效率。

②pcap_send_queue *pcap_sendqueue_alloc(u_int memsize)：此函数的功能是给数据包队列分配空间，参数 memsize 是队列缓冲区的大小，函数返回值为 pcap_send_queue 指针。

③int pcap_sendqueue_queue(pcap_send_queue *queue, const struct pcap_pkthdr* pkt_header, const u_char *pkt_data)：此函数的功能是填充队列，参数 queue 是由 pcap_sendqueue_alloc()

返回的指针，pkt_header 是数据包头，pkt_data 是数据包内容缓冲区指针。

④u_int pcap_sendqueue_transmit(pcap_t *p, pcap_send_queue *queue, int sync)：此函数的功能是发送队列中的数据，参数 p 是 pcap_open_live()函数打开的网卡指针，参数 queue 是由 pcap_sendqueue_alloc()返回的指针，参数 sync 是同步设置，如果为 TRUE，那么发送将是同步的，这将占用很多的 CPU 资源。

⑤void pcap_sendqueue_destroy(pcap_send_queue *queue)：此函数的功能是释放队列，参数 queue 是由 pcap_sendqueue_alloc()返回的指针。

通过指定发送队列的大小，pcap_sendqueue_alloc()函数创建一个发送队列。一旦发送队列被创建好，pcap_sendqueue_queue()就可以把一个数据包添加到发送队列里。然后，pcap_sendqueue_transmit()将其提交到网络上。最后，用 pcap_sendqueue_destroy()释放资源。

函数 pcap_sendqueue_alloc()的参数必须与 pcap_next_ex()和 pcap_handler()相同，因此，从一个文件捕获或读取数据包的时候，如何进行 pcap_sendqueue_alloc()的参数传递是一个值得注意的问题。

下面看单包发送与队列发送数据包的区别。

①使用 pcap_sendqueue_transmit()函数发送数据包队列通常比使用 pcap_sendpacket()逐个发送数据包更为高效。这是因为在 pcap_sendqueue_transmit()中，数据包被缓冲在操作系统的核心态(kernel-level)，从而减少了上下文切换的次数。因此，在大多数情况下，推荐使用 pcap_sendqueue_transmit()来发送数据包队列。

②当 sync 参数被设置为 TRUE 时，数据包会根据一个高精度的时间戳在内核中进行同步处理。这通常允许数据包以微秒级的精度被发送，尽管这也依赖于机器的性能计数器的准确性。然而，需要注意的是，使用 pcap_sendpacket()函数发送数据包可能无法达到如此高的精度。

当不再需要一个队列时，可以用 pcap_sendqueue_destroy()来删除它，该操作将释放与发送队列相关的所有缓冲区。

例 2-2　Winpcap 使用举例——发送数据包。

现在介绍一个简单的发送单个数据包的程序。该程序在打开适配器后，会使用 pcap_sendpacket()函数来发送一个数据包。

```
#include <stdlib.h>
#include <stdio.h>
#include <pcap.h>
#include <remote-ext.h>

void main(int argc, char **argv) {
   pcap_t *fp;
   char errbuf[PCAP_ERRBUF_SIZE];
   u_char packet[100];
   int i;

   /*检查命令行的有效性*/
   if (argc != 2) {
      printf("\tusage: %s interface (e.g. 'rpcap://eth0')\n", argv[0]);
```

```
        return;
    }

    /*打开数据包的输出网卡*/
    if ((fp = pcap_open(argv[1],    /*设备名*/
                        100,        /*捕获数据包的部分内容(仅前 100 字节)*/
                        PCAP_OPENFLAG_PROMISCUOUS, /*混杂模式*/
                        1000,       /*读操作的时限*/
                        NULL,       /*在远程主机上验证*/
                        errbuf      /*错误缓冲区*/
                       )) == NULL) {
        fprintf(stderr, "\nUnable to open the adapter. %s is not supported by
                 Winpcap\n", argv[1]);
        return;
    }

    /*假设在以太网上，将目的 MAC 地址设置为 1:1:1:1:1:1*/
    packet[0] = 1; packet[1] = 1; packet[2] = 1;
    packet[3] = 1; packet[4] = 1; packet[5] = 1;

    /*源 MAC 地址设置为 2:2:2:2:2:2*/
    packet[6] = 2; packet[7] = 2; packet[8] = 2;
    packet[9] = 2; packet[10] = 2; packet[11] = 2;

    /*填充数据包剩余部分*/
    for (i = 12; i < 100; ++i) {
        packet[i] = i % 256;
    }

    /*发送数据包到网卡设备*/
    if (pcap_sendpacket(fp, packet, 100 /* size */) != 0) {
        fprintf(stderr, "\nError sending the packet: %s\n", pcap_geterr(fp));
        return;
    }

    return;
}
```

3. 数据包构造和发送开发包 Libnet

Libnet 是一个小型的接口函数库，主要用 C 语言写成，提供了低层网络数据包的构造、处理和发送功能。它建立一个简单统一的网络编程接口，以屏蔽不同操作系统低层网络编程的差别，使得程序员将精力集中在解决关键问题上。

Libnet 库的最新版本为是 2023 年发布的 1.3 版本，提供的接口函数包含 15 种数据包生成器和两种数据包发送器(网络层和数据链路层)，目前 Libnet 同时支持 IPv4 和 IPv6。

Libnet 的主要特点如下。

(1) 可移植性：Libnet 目前可以在 Linux、FreeBSD、Solaris、Windows 等操作系统上运行，并且提供了统一的接口。

(2) 数据包构造功能：Libnet 提供了一系列的 TCP/IP 数据报文的构造函数，以方便用户使用。它提供了两种类型的构造数据包方式，一是基于原始套接字网络层，二是基于数据链路层。

(3) 数据包的处理功能：Libnet 提供了一系列的辅助函数，利用这些辅助函数，帮助用户简化烦琐的事务性的编程工作。

(4) 数据包发送功能：使用 Libnet 可以将已经构造好的网络数据包发送到网络中，各种网络数据包的发送操作过程都是一样的。

另外，Libnet 允许程序获得对数据包的绝对的控制，其中一些是传统的网络程序接口所不提供的。

Libnet 提供的接口函数按其作用可分为四类：内存管理(分配和释放)函数、地址解析函数、数据包构造函数、数据包发送函数。

4. 通用网络安全开发包 Libdnet

Libdnet 是一个全面的网络安全开发工具和编程接口，提供多种功能，包括网络地址转换、ARP 缓存和路由表的查询和管理、网络防火墙管理、网络接口和 IP 隧道操作，以及原始 IP 包和以太网帧的构建与发送。特别是在网络地址转换方面，Libdnet 支持多种格式的 IPv4、以太网和 IPv6 地址转换，为解决网络安全程序中常见的地址转换问题提供了便利。

此外，Libdnet 能够对 ARP 缓存和路由表进行全面管理，包括增加、删除、修改和查询 ARP 缓存记录，以及查询、插入、修改和删除路由表记录。Libdnet 还提供了对多种防火墙的高级接口操作，支持 Ipfw、Ipchains、PF 等多种防火墙。

针对网络接口，Libdnet 不仅允许用户查看和修改本机的网络接口参数，还为常见的网络操作(如网络协议分析和网络防火墙操作)提供了便捷的接口管理功能。此外，Libdnet 还具备构造和发送原始 IP 数据包和以太网帧的功能，支持包括 TCP、UDP、ICMP 等在内的各种基于 IP 协议的数据包构造，并实现了 IP 隧道功能。

5. 网络入侵检测开发包 Libnids

网络入侵检测开发包 Libnids(library network intrusion detection system)是一个用于网络入侵检测系统设计的专业开发包，提供了网络入侵检测系统的基本框架和主要功能。它可以进行 IP 碎片重组和 TCP 流重组，还提供了包括网络扫描在内的辅助功能。

Libnids 是基于 Libpcap 和 Libnet 开发的，具有二者的优点以及跨平台、可移植、稳定、方便等特点。它可以对任何基于 TCP 协议的应用层协议进行 TCP 流重组，显示它们的连接过程，并对它们传输的数据进行分析，可以实现对敏感数据的分析，如对用户密码、账号进行嗅探等。

利用 Libnids 提供的 TCP 流重组功能，可以对网络传输的内容进行还原，重现网络数据，如对网页文本内容、邮件正文和附件描述信息的内容还原和重现。

例 2-3　Libnids 使用举例——捕获并还原输出 TCP 流的数据传输内容。

下面的源码是一个非常简单的程序，它将 Libnids 捕获的所有 TCP 连接交换的数据输出显示到标准输出设备上。

```
#include "nids.h"
#include <string.h>
#include <stdio.h>
extern char * inet_ntoa(unsigned long);
/*tuple4 结构包含了 TCP 连接两端的 IP 地址和端口，以下函数将它们转换为字符串格式，如
10.0.0.1,1024、10.0.0.2,23*/
char * adres (struct tuple4 addr)
{
  static char buf[256];
  strcpy (buf, inet_ntoa (addr.saddr));
  sprintf (buf + strlen (buf), ",%i,", addr.source);
  strcat (buf, inet_ntoa (addr.daddr));
  sprintf (buf + strlen (buf), ",%i", addr.dest);
  return buf;  /*将源 IP、端口，目的 IP、端口复制到 buf 中并返回*/
}
void tcp_callback (struct tcp_stream * a_tcp, void ** this_time_not_needed)
{
  char buf[1024];
  strcpy (buf, adres (a_tcp->addr));
  if (a_tcp->nids_state == NIDS_JUST_EST)
    {
/*a_tcp 所定义的连接已经建立。此处可视程序需要添加额外的判断处理。例如，if
  (a_tcp->addr.dest = 23) return;表示不处理目的端口为 23 的数据包。本例需要处理(显示)
  所有数据包，故：*/
      a_tcp->client.collect++;          // 需要处理客户端接收的数据
      a_tcp->server.collect++;          // 需要处理服务器端接收的数据
      a_tcp->server.collect_urg++;      // 需要处理服务器端接收的紧急数据
      a_tcp->client.collect_urg++;      // 需要处理客户端接收的紧急数据
      fprintf (stderr, "%s established\n", buf);
      return;
    }
  if (a_tcp->nids_state == NIDS_CLOSE)
    {
      // TCP 连接正常关闭
      fprintf (stderr, "%s closing\n", buf);
      return;
    }
  if (a_tcp->nids_state == NIDS_RESET)
    {
      // TCP 连接因 RST 数据包而关闭
      fprintf (stderr, "%s reset\n", buf);
      return;
    }
```

```
    if (a_tcp->nids_state == NIDS_DATA)
    {
      // 接收到新数据，下面判断决定是否显示
      struct half_stream *hlf;
      if (a_tcp->server.count_new_urg)
      {
        // 服务器端接收的紧急数据
        strcat(buf,"(urgent->)");
        buf[strlen(buf)+1]=0;
        buf[strlen(buf)]=a_tcp->server.urgdata;
        write(1,buf,strlen(buf));
        return;
      }
      if (a_tcp->client.count_new_urg)
      {
        // 客户端接收的紧急数据
        strcat(buf,"(urgent->)");
        buf[strlen(buf)+1]=0;
        buf[strlen(buf)]=a_tcp->client.urgdata;
        write(1,buf,strlen(buf));
        return;
      }
      if (a_tcp->client.count_new)
      {
        // 客户端接收的数据
        hlf = &a_tcp->client;          // 准备显示客户端接收的数据
        strcat (buf, "(<-)");          // 指示数据流方向
      }
      else
      {
        hlf = &a_tcp->server;          // 准备显示服务器端接收的数据
        strcat (buf, "(->)");          // 指示数据流方向
      }
// 首先输出显示连接双方的 IP 地址、端口和数据流方向
      fprintf(stderr, "%s",buf);
      write(2,hlf->data,hlf->count_new);// 输出显示接收到的新数据
    }
  return ;
}
int main ()
{
  // 此处可自定义 Libnids 的全局变量，如 nids_params.n_hosts=256;
  if (!nids_init () )
  {
    fprintf(stderr,"%s\n",nids_errbuf);
    exit(1);
  }
```

```
    nids_register_tcp (tcp_callback);
    nids_run ();
    // NOT REACHED
    return 0;
}
```

2.2　高性能捕包技术

传统数据包捕获平台的性能远远达不到高性能服务器所用的高速网络接口的要求(1000Mbit/s，甚至 10Gbit/s)，所以有必要研究高性能数据包捕获平台以便解决这个瓶颈。同时，高性能数据包捕获平台是设计高速接口通道、高速服务器和路由器等核心技术的关键组成部分。这种平台在多个领域都显示出广泛的应用潜力，包括大规模宽带网络的入侵检测系统、在大流量网络数据下的网络协议分析、宽带网络防火墙、高性能通信系统、高性能路由器以及主机路由器等。在这些应用领域中，高性能数据包捕获平台不仅显著提升了数据处理的速度和效率，还增强了网络的安全性和稳定性，成为现代网络技术发展的一个不可缺少的环节。

2.2.1　传统数据包捕获平台接收数据包的过程

Libpcap 是一个典型的传统数据包捕获平台，如图 2-10 所示。

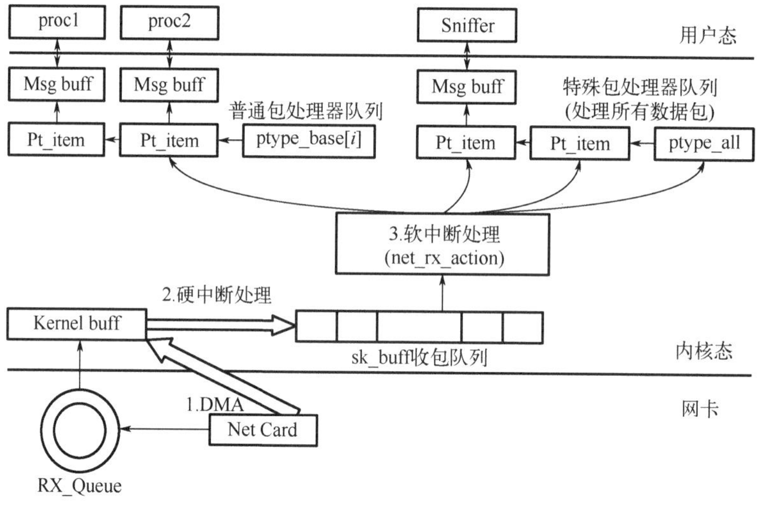

图 2-10　操作系统接收数据包的过程

Libpcap 的工作原理如下。

(1) 网络接口接收数据帧：当网络接口收到一个以太网数据帧时，它通过直接内存访问(DMA)将数据帧传输到网卡指定的缓冲区(buff)。接着网卡向内核发出硬中断。

(2) 硬中断处理：在硬中断处理过程中，接收到的数据帧被存储在 sk_buff 结构中。接下来，系统检查硬件帧头，识别帧类型，并将其放入接收队列。随后激活软中断进行进一步处理，最后返回以继续接收数据包。

(3) 软中断处理：内核的软中断(soft interrupt)会提取接收包，并根据所在的设备和协议类型将其传递给相应的包处理器。包处理器通过 dev_add_pack()函数注册，如果注册的设备号为零，则表示接收所有设备的包；如果注册的包类型为 ETH_P_ALL，则表示接收所有类型的包。

(4) 数据包的处理和转发：各个处理器对进入自己的入口的数据包进行处理，然后将其传送到各自的内核态消息缓冲区 (Kernel buff) 中，并唤醒阻塞在此的任务。这样，阻塞在 Msg buff 的用户态应用程序便可以获取数据包进行处理。

(5) 用户态程序的数据读取：用户态的程序从 Msg buff 中读取并复制数据。如果 Msg buff 为空，则程序会在此处阻塞，直到 Msg buff 被新数据填充后，阻塞的程序才会被唤醒，继续处理数据。

这个过程确保了从网卡到用户态应用程序的有效数据传输。

通过分析，可以得出传统数据包捕获平台下，捕获数据包过程中影响性能的因素如下。

(1) 内存操作。

内存操作是最耗费 CPU 的一个操作，面对每日剧增的网络带宽，频繁的内存读写操作会形成瓶颈。然而在从网卡硬中断处理到应用层得到数据包这个过程中，有很多次对于数据包捕获平台来说没有作用的内存操作，这必然要消耗大量的 CPU，如何减少内核态中的无用内存操作是高性能捕包平台要解决的首要问题。

(2) 数据包在用户态和内核态之间的复制。

普通捕包平台 (如 Libpcap) 都是通过系统调用 (如 recvmsg) 来读取 Msg buff 中的数据包的，然而数据从内核态向用户态复制是非常消耗 CPU 的。在大流量下，每秒流量可以达到十几万 PPS (packet per second，包转发率)，峰值可以达到几十万、上百万 PPS，并且每来一个包就产生一次中断，每次中断的现场处理和切换上下文需要耗费至少三个 CPU 周期系统，这对于捕包平台来说要花费的代价是可想而知的。

2.2.2　高性能数据包捕获技术概述

为了提高数据包捕获平台的性能，认为必须要有一个高性能的用户级的网络接口，以便能使用户的应用程序避开操作系统的干预，直接与网络接口进行交互，减少甚至消除内存复制的发生，由此零拷贝数据包捕获平台方案被提了出来。

零拷贝 (zero-copy) 基本思想是：数据包从网络设备到用户程序空间传递的过程中，减少数据复制次数，减少系统调用，实现 CPU 的零参与，彻底消除 CPU 在这方面的负载。实现零复制用到的最主要的技术是 DMA 数据传输技术和内存区域映射技术。

能够提供用户程序和网卡之间零拷贝数据包收发，保证分析程序及时处理网络包的方法就是常说的零拷贝技术。

传统的网络数据包处理需要经过网络设备到操作系统内核空间、系统内核空间到用户空间这两次复制，同时还需要经历用户向系统发出的系统调用。

零拷贝技术则首先利用 DMA 技术将网络数据包直接传递到系统内核预先分配的地址空间中，避免 CPU 的参与；同时，将系统内核中存储数据包的内存区域映射到检测程序的应用程序空间 (还有一种方式是在用户空间建立一缓存，并将其映射到内核空间)，检测程序直接对这块内存进行访问，从而减少了系统内核向用户空间的内存复制，同时减少了系统调用的开销，实现了真正的“零拷贝”。

在传统数据包捕获平台结构上 (图 2-11)，当应用层想从网卡获得数据包时，需要经过两个缓冲区和正常 TCP/IP 协议栈，其中由软中断负责从第一个缓冲区核心队列中读取数据包，驱动报文处理器，再复制到 MSG buff 中，最后由应用层通过系统调用将数据包读到用户态。具体步骤如下。

(1) 网卡接收数据包，通过 DMA 传送到主机。

(2) 网卡向主机发送硬中断。

(3) 硬中断程序将数据包转入接收队列。

(4) 软中断程序对数据包按协议分发。

(5) 用户程序通过系统调用将数据包复制到用户空间。

(6) 用户程序进行分析处理。

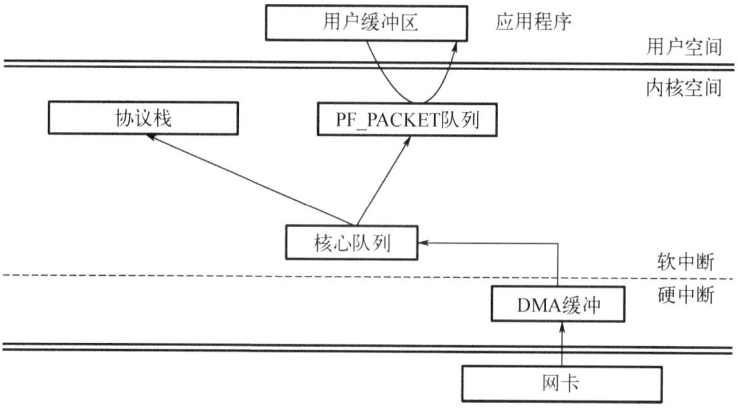

图 2-11　传统数据包捕获平台结构

零拷贝数据包捕获平台则放弃了操作系统的协议栈，在网卡进行 DMA 操作时直接将数据包传送到用户态，如图 2-12 所示。

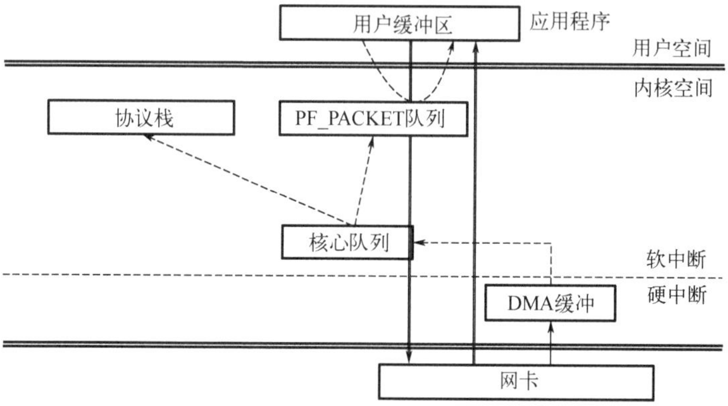

图 2-12　零拷贝数据包捕获平台结构

零拷贝中存在的最关键的问题是同步问题，一边是处于内核空间的网卡驱动向缓存中写入网络数据包，另一边是用户进程直接对缓存中的数据包进行分析(注意，不是复制后再分析)，由于两者处于不同的空间，同步问题变得更加复杂。

解决同步问题的一个参考方法是：缓存被分成多个小块，每一块存储一个网络数据包并用一数据结构表示，在包数据结构中使用标志位来标识什么时候可以进行读或写，当网卡驱动向包数据结构中填入真实的包数据后便标识该包为可读，当用户进程对包数据结构中的数据分析完后标识该包为可写，这基本解决了同步问题。

然而，分析进程需要直接对缓存中的数据进行分析，而不是将数据复制到用户空间后再进行分析，这使得读操作要慢于写操作，有可能造成网卡驱动无缓存空间可以写，从而造成一定的丢包现象。解决这一问题的关键在于申请多大的缓存，太小的缓存容易造成丢包，太大的缓存则管理麻烦并且对系统性能会有比较大的影响。

零拷贝思想的最大优点就是通过用户层和网络接口的直接交互，避免了内存复制，可以缩短数据包的行走路径，极大地节省了 CPU 的开销，从而为上层更复杂的处理赢得了宝贵的时间。

然而这种方案的应用影响了系统正常的协议栈，对于处于零拷贝状态的网卡，其收发数据必须通过调用平台提供的专用函数接口。

2.3　eBPF 技术

2.3.1　BPF 与 eBPF

eBPF(extended Berkeley packet filter，扩展的伯克利数据包过滤器)是一项强大的 Linux 内核技术，最初用于高效过滤网络数据包，但现已扩展为一个通用的、灵活的内核编程框架。它允许开发者在不修改内核源码的情况下，在内核中运行自定义代码，从而动态改变内核的行为。这种技术的引入推动了高性能网络、系统可观测性设计和安全工具的发展。使用基于 eBPF 的工具进行应用程序检测时，无须修改或重新配置应用程序，这是因为 eBPF 能在内核中直接发挥作用，大大简化了操作。借助 eBPF，可以实现以下几种功能。

(1) 对系统的性能进行几乎全方位的追踪。

(2) 构建高性能网络并具备实时的可视化监控能力。

(3) 识别并阻止恶意行为和攻击。

为了更好地理解 eBPF 的发展历程，将从 BPF(伯克利数据包过滤器)开始，简要回顾其历史背景。

1. BPF

今天所说的 eBPF 起源于 BSD 数据包过滤器(BPF)。BPF 最早由劳伦斯伯克利国家实验室的 Steven McCanne 和 Van Jacobson 在 1993 年的一篇论文中提出。在这篇论文中，他们描述了一种能够运行过滤器程序的伪机器，这些过滤器程序用于决定是否接收网络数据包。

这些过滤器程序是通过 BPF 指令集编写的。BPF 指令集是一组通用的 32 位指令，类似于汇编语言，可以直接控制网络数据包的处理流程。BPF 的设计使其具备高效、灵活的特点，能够在内核中高性能地处理大量网络数据包。以下是该论文中的一个直接示例，展示了 BPF 如何通过简单的指令集处理数据包。

```
ldh [12]
jeq #ETHERTYPE IP, L1, L2
L1: ret #TRUE
L2: ret #0
```

这段简短的代码用于过滤掉不是 IP 协议的数据包。其输入是一个以太网数据包，代码的第一条指令 ldh 从数据包的第 12 个字节开始加载一个 2 字节的值。接下来的指令 jeq 将该值与代表 IP 数据包的值进行比较。如果匹配，则跳转到标记为 L1 的指令，返回一个非零值(标识为#TRUE)，以表示接收该数据包。如果不匹配，表示该数据包不是 IP 数据包，则程序返回 0，拒收该数据包。

读者可以想象或者参考论文中的例子，设计更复杂的过滤程序，这些程序可以基于数据包的不同字段和内容做出更精确的决策。更重要的是程序的作者可以编写自己的自定义过滤逻辑，并在内核中高效执行，而这正是 eBPF 的核心功能。

BPF 的全称是 Berkeley packet filter，它最初在 1997 年的 Linux 内核版本 2.1.75 中被引入，并且应用在了 Tcpdump 等工具中，提供一种高效的数据包捕获方法。

2012 年，Seccomp-BPF 被引入到 Linux 内核版本 3.5 中，使得开发者可以利用 BPF 程序来控制用户空间的应用程序执行内核空间的系统调用。这标志着 BPF 从专用于数据包过滤的工具逐渐演变为今天的通用内核编程平台。这时，数据包过滤器这样的名称已经不再准确，因为 BPF 的功能范围已经被大大拓展了。

2. 从 BPF 到 eBPF

从 2014 年的 Linux 内核版本 3.18 开始，BPF 演变成了今天所称的 eBPF(扩展的 BPF)。这次演变包含了一些非常重大的改进。

(1)改造 BPF 指令集：为了在 64 位机器上更高效地运行，BPF 指令集经过了彻底改造，解释器也被完全重写，以提升其性能和灵活性。

(2)引入 eBPF 映射(mapping)：该映射是 BPF 程序和用户空间应用程序都能访问的数据结构，允许它们之间共享信息。

(3)增加 bpf()系统调用：该系统调用使用户空间程序能够与内核中的 eBPF 程序交互。

(4)加入 BPF 辅助函数：引入了多个 BPF 辅助函数，帮助 eBPF 程序执行更复杂的操作。

(5)加入 eBPF 验证器：为了保证 eBPF 程序的安全性，增加了一个验证器，确保加载到内核中的 eBPF 程序不会对系统产生负面影响。

这些改进为 eBPF 的发展奠定了坚实的基础，但 eBPF 的发展并没有止步于此。自此以后，eBPF 不断取得显著进步，成为一个功能强大的内核编程平台。

3. eBPF 向生产系统的演变

自 2005 年起，Linux 内核中引入了名为 kprobes(内核探针)的功能，允许在内核代码的几乎任何指令上设置陷阱。这使得开发者可以编写内核模块，将函数附加到 kprobes 上，用来进行调试或性能测量。

到 2016 年，基于 eBPF 的工具已广泛应用于生产系统中。Netflix 的 Brendan Gregg 是 eBPF 领域的重要人物，他将 eBPF 描述为“为 Linux 带来了超能力”。同年，Cilium 项目成立，它是第一个使用 eBPF 替代容器环境中整个数据路径的网络项目。

2017 年，Facebook(现为 Meta)开源了 Katran，这是一个四层负载均衡器，专为满足 Facebook 对高度可扩展和快速解决方案的需求而设计。自 2017 年起，所有发送到 Facebook 的数据包都通过 eBPF/XDP 处理。这个重要里程碑由 Daniel Borkmann 在 2020 年 KubeCon

大会上分享，相关的讨论集中于 eBPF 和 Kubernetes 在扩展微服务中的应用。

2018 年，eBPF 成为 Linux 内核的独立子系统，由 Isovalent 的 Daniel Borkmann 和 Facebook 的 Alexei Starovoitov 共同维护（后来 Facebook 的 Andrii Nakryiko 也加入）。同年，引入了 BPF 类型格式（BTF），大幅提升了 eBPF 程序的可移植性。

到 2020 年，LSM BPF 被引入，允许 eBPF 程序连接到 Linux 安全模块（LSM）接口上，至此，eBPF 除了应用于网络和可观察性设计外，还成为一个强大的安全工具平台。

多年来，eBPF 的功能不断增强，这得益于超过 300 名内核开发者的共同努力，以及众多用户空间工具、编译器和编程语言库的贡献。最初，eBPF 程序限制为 4096 条指令，如今这一限制已扩展到 100 万条经过验证的指令，并且通过支持尾调用和函数调用，使得这一限制实际上已变得无关紧要。

由于 eBPF 的应用范围已经远远超出了数据包过滤的范畴，因此这个缩写现在本质上已经失去了意义，它已经成为一个独立的术语。由于当前广泛使用的 Linux 内核都对“extended”部分提供支持，因此 eBPF 和 BPF 这两个术语通常可以互换使用。在内核源码和 eBPF 编程中，常用的术语是 BPF。而在内核社区之外，eBPF 这个名称似乎已经被广泛使用。

此外，eBPF 的国产化正在积极推进中。国内多家企业和研究机构在 eBPF 技术的应用和研发上取得了显著成果。例如，天翼云将 eBPF 技术应用于解决容器安全问题，实现了容器运行时安全主控引擎，提升了多租户容器平台的安全性。此外，太极股份也申请了基于 eBPF 的网络访问安全控制系统专利，旨在提升网络访问控制的安全性和可行性。这些努力表明，eBPF 技术在国内的应用场景正在不断拓展，国产化进程正在加速推进。

2.3.2 eBPF 与操作系统内核

要理解 eBPF，首先需要深入了解 Linux 中内核空间和用户空间之间的区别。Linux 内核是应用程序与硬件之间的中介层。应用程序运行在称为用户空间的非特权层，不能直接访问硬件。相反，应用程序通过系统调用接口请求内核来执行相关操作。这些操作可能包括读取或写入文件、发送或接收网络流量，甚至是访问内存。内核还负责协调并发进程的运行，确保多个应用程序能够同时顺利执行。作为应用程序开发者，通常不会直接使用系统调用接口，因为编程语言提供了更高级的接口和易于编写的标准库。因此，很多开发者可能不了解内核在程序运行时所承担的大量工作。

由于应用程序严重依赖内核，因此如果能够观察应用程序与内核的交互，可以了解很多关于应用程序行为的信息。通过 eBPF，可以在内核中添加检测点来获得这样的观察能力。例如，如果能拦截到打开文件的系统调用，就可以准确地查看任何应用程序访问了哪些文件。但是，如何进行这种拦截呢？如果想通过修改内核，添加新代码来实现每次调用该系统调用时创建某种输出，会涉及什么问题呢？

Linux 内核非常复杂，当前的代码量已达到数千万行。对这样庞大的代码库进行更改需要对现有代码有深入了解，因此这对非内核开发者来说可能是一个巨大的挑战。此外，如果想将更改提交到 Linux 内核的上游，面临的挑战不仅仅是技术层面。该代码必须被社区接受，尤其是 Linux 创始人 Linus Torvalds 及其主要开发者，他们需要认为这些更改对所有用户都有益。然而这并非易事，一般情况下，提交的内核补丁中只有约 1/3 会被接受。

即便是找到了一个良好的技术方案，成功拦截了打开文件的系统调用，并在经历了数月的讨论和开发后，该更改被内核社区接受，这项更改能被大多数用户使用也需要漫长的过程。原因是大多数人不会直接使用官方的 Linux 内核，而是使用像 Debian、Red Hat、Alpine 和 Ubuntu 等 Linux 发行版，这些发行版将内核与其他软件组件打包在一起。而许多发行版使用的内核版本往往比最新版本要旧。如果不想等待数年才能将更改纳入 Linux 内核，还有另一种选择：编写内核模块(kernel module)。Linux 内核的设计允许按需加载和卸载内核模块，这些模块可以独立于官方的内核版本进行分发，因此无须被主要的上游代码库接受。这种方法的最大挑战在于内核模块仍然属于内核编程，存在一定的风险。用户通常对使用内核模块非常谨慎，因为如果内核代码发生崩溃，整台机器及其运行的所有程序都会崩溃。

除了系统稳定性之外，用户还会关心内核模块的安全性。模块是否包含攻击者可以利用的漏洞？是否能够信任模块的开发者没有在代码中加入恶意功能？由于内核是拥有最高特权的代码，它可以访问系统上的所有数据和资源，因此，内核中的恶意代码会带来严重的安全隐患，这同样适用于内核模块。内核安全性是 Linux 发行版引入新内核版本所需时间较长的原因之一。在一个新内核版本被广泛使用数月或数年后，许多问题往往已经被发现并解决。因此发行版维护者可以相对自信地认为，他们提供的内核是经过加固的，能够安全运行。相比之下，eBPF 提供了一种完全不同的安全模型：通过 eBPF 验证器(eBPF verifier)来确保 eBPF 程序在被加载之前是安全的。验证器会确保 eBPF 程序不会导致机器崩溃或进入死循环，也不会暴露敏感数据。

eBPF 程序可以动态加载到内核中，并随时从内核中移除。一旦程序被附加到某个事件上，无论是什么原因触发该事件，程序都会被执行。例如，如果将 eBPF 程序附加到打开文件的系统调用上，那么每当任何进程尝试打开文件时，该程序就会被触发。这与进程何时启动无关——无论是在程序加载前运行的进程，还是之后才启动的进程，都会触发 eBPF 程序。

与内核升级后需要重启机器才能启用新功能相比，eBPF 有一个显著的优势：它能够即时生效。这为使用 eBPF 的可观察性和安全工具带来了巨大好处——这些工具可以立即获得对机器上所有活动的可见性。在容器化环境中，这意味着不仅可以监控主机上的进程，还可以对所有容器内运行的进程进行监控。

eBPF 在网络数据包捕获中的应用十分广泛，特别是在提高性能和灵活性方面具有重要优势。传统的网络数据包捕获通常依赖于内核态和用户态之间的数据传递，随着网络流量的增大，这种模式可能导致性能瓶颈。而 eBPF 通过其动态加载、灵活性和高效的数据处理机制，为网络数据包捕获提供了一种更优的解决方案。

eBPF 在网络数据包捕获方面的具体应用如下。

(1) 内核态数据包处理：eBPF 可以直接在内核态对网络数据包进行捕获、过滤和处理，而无须频繁地在内核和用户态之间进行上下文切换。这种内核态数据包处理大大减少了延迟，提升了网络处理的效率。数据包可以在内核中通过 eBPF 程序快速过滤，无须将所有流量传递到用户态，从而减轻了系统负担。

(2) 包过滤：eBPF 允许用户编写自定义过滤规则，附加到网络接口上，用来处理网络数据包。通过 eBPF，开发者可以编写复杂的过滤器来决定哪些数据包需要捕获，以及哪些数据包可以被丢弃。比如，可以仅捕获特定协议的数据包、特定端口的流量或特定流的会话数据，而不影响系统的其他部分。

(3) XDP(express data path，快速数据路径)：eBPF 在网络加速中的一个关键技术。它允许在网络数据包刚进入网卡时就进行处理，甚至可以在内核网络栈之外完成处理。XDP 通过直接在网卡驱动层使用 eBPF 程序，极大地提升了数据包的处理速度。XDP 在捕获、修改、转发或丢弃数据包时具有极高的效率，尤其适用于高性能网络应用，如防火墙、负载均衡器和 DDoS 防护等。

(4) 实时监控和流量分析：通过将 eBPF 程序附加到网络钩子(network hooks)上，可以实时监控和捕获数据包，收集网络流量的统计信息。这对于实时流量监控和网络安全分析非常有用。eBPF 程序能够捕获流量特征，如源 IP、目的 IP、端口号、流量大小等，从而帮助分析网络行为或检测异常流量。

(5) 减少内存复制零复制：eBPF 可以通过减少内存复制的方式，提高数据包捕获的性能。传统网络包处理通常需要在内核和用户态之间进行多次内存复制，而 eBPF 程序通过在内核中直接处理数据包，避免了这些开销，从而提高了数据包捕获的效率。

eBPF 在网络数据包捕获中的应用极大地提升了网络性能、灵活性和可扩展性。通过内核态的数据处理和灵活的定制功能，eBPF 在网络监控、过滤和流量分析等方面展现出了强大的能力。尤其是结合 XDP 技术，它在高性能网络应用中占据了重要地位，成为现代网络数据包处理中的核心技术之一。

2.3.3 eBPF 的未来演变

eBPF 仍处于持续发展中，类似于大多数软件，它在 Linux 内核中的开发不断推进，并且逐步被引入到 Windows 操作系统中。尽管从表面上看，一个能够在 Linux 内核中运行并访问内核数据结构的 eBPF 程序，如何在与 Linux 完全不同的操作系统(如 Windows)上运行似乎不直观，但在实践中，尤其在网络编程领域，不同操作系统之间有许多相似之处。无论是在 Windows 上还是在 Linux 上生成的网络数据包，其结构是相同的，并且各层的网络栈处理方式也基本一致。

eBPF 程序由一组字节码指令组成，这些指令由内核中的虚拟机(VM)执行，而这种虚拟机也可以在 Windows 中实现。不同之处在于，eBPF 代码在 Windows 上是在用户空间中进行验证和即时编译(JIT)的，而不像在 Linux 上是在内核中完成的。在 Windows 系统中，uBPF 解释器仅用于调试构建，而不会在生产环境中使用。

自 Linux 内核 3.15 版本以来，eBPF 的功能几乎与每个新内核版本同步发展。可以预期，未来几年还会有更多新功能不断加入 eBPF 生态系统。在 2022 年 Linux Plumbers 大会上，eBPF 的维护者 Alexei Starovoitov 发表了演讲，讨论了他对 eBPF 程序中 C 语言发展的展望。他指出，eBPF 已经从早期只支持几千条指令，发展到如今能够处理几乎无限复杂的程序，并且增加了对循环和大量 BPF 辅助函数的支持。Starovoitov 还谈到了 eBPF 从受限的 C 语言逐步扩展到一种更强大且安全的编程语言的历程。

通过不断扩展 C 语言的功能，并结合验证器的支持，eBPF 程序可以逐渐具备类似开发内核模块的灵活性，但同时保留了 eBPF 程序的安全性和动态加载的优势。这意味着 eBPF 未来可能不仅在网络、可观察性和安全领域有更广泛的应用，还可能进一步在其他系统层面发挥作用。关于 eBPF 的其他新特性和功能的讨论和开发，涉及许多创新想法，包括动态资源分配、更广泛的硬件支持、更高效的数据包处理路径等。随着 eBPF 的发展，这些新功能将使其在操作系统中扮演更加重要的角色。

同样地，eBPF 在我国的国产化进程也正在稳步推进。随着我国对自主研发、安全可控的操作系统、网络基础设施和应用生态的需求不断增加，eBPF 技术的引入与国产化正在成为关键的一部分。eBPF 作为一种内核态的编程技术，凭借其高性能、灵活性和安全性，得到了广泛的关注，并开始逐步在国产操作系统和网络工具中得到应用和开发。

eBPF 国产化的背景与驱动因素如下。

(1) 自主可控的需求：随着信息技术的发展和网络安全的升级，特别是对自主可控技术的重视，我国越来越多的企业和研究机构正在推动操作系统和核心网络技术的自主研发。eBPF 作为一种重要的系统层面技术，成为国产化进程中的重要一环。

(2) 操作系统国产化：近年来，国产的操作系统，如统信 UOS、中标麒麟、深度操作系统等，正在快速发展。这些系统需要高效的网络数据包处理和灵活的可观察性工具，eBPF 在这一方面具有显著的优势。因此，许多国产操作系统团队已经开始在系统内核中支持 eBPF，并逐步引入相关工具链。

(3) 网络和云计算领域的应用：eBPF 在网络加速、容器网络管理、云计算可观察性等方面的强大能力，使得国内的云计算和数据中心提供商(如阿里云、腾讯云、华为云等)正在积极探索和应用 eBPF 技术来优化其网络栈、提升服务质量和增强安全性。

(4) 国内社区与开源推动：随着 eBPF 在全球范围内的快速发展，国内的开源社区和开发者也积极参与其中。国内有一些技术公司和组织，如字节跳动、平安科技、腾讯等，都在研究和推广 eBPF 技术，并通过开源项目推动 eBPF 在中国的广泛应用。

同样，eBPF 在国产化进程中的应用也面临着诸多挑战，包括内核版本兼容性、工具链的优化、国产化技术支持等问题。由于 eBPF 技术的发展较快，不同版本的 Linux 内核对 eBPF 的支持存在差异，因此在国产操作系统中如何与主流的 eBPF 开发进度保持同步是一个技术难题。此外，国内对 eBPF 技术的普及和培训也需要加强，以便更多的开发者和企业能够有效地利用这一技术。

未来，随着 eBPF 技术在国内的深入推广，预计它将在更多领域发挥作用，尤其是在云计算、物联网、5G 网络等场景中。国产操作系统的进一步发展和国产化网络设备的崛起将推动 eBPF 的广泛应用。同时，随着中国自主研发能力的提高，国产 eBPF 工具链、框架和平台可能逐步完善，推动 eBPF 在本地生态中的创新和发展。总体来看，eBPF 在中国的国产化进程正在加速，并且将在未来的网络和操作系统技术栈中占据重要位置。这一技术的引入将为中国的自主可控、网络安全和系统优化提供更强大的工具支持。

2.4　DPDK 技术

2.4.1　DPDK 关键技术

DPDK 技术是 Intel 公司开发的一套高速数据捕获和处理平台，其诞生的背景如下。

(1) 传统架构的局限性：传统 Linux/UNIX 系统中的协议栈对数据包的处理具有一定的局限性。网卡驱动程序运行在 Linux 的内核态，被捕包的性能受到以下因素影响：

①内核态和用户态之间的内容复制；

②多线程调度；

③系统中断。

(2) 互联网网络规模迅速扩张：高速网络接口技术不断发展，报文吞吐需要 10Gbit/s，甚至更高的处理能力。I/O 已经远远超过了 CPU 的运行速率，这成为行业面临的主要的技术挑战。

(3) 高速网络应用开发的需求：现代高速网络应用的开发需要用更低的成本和更短的产品开发周期来提供多样的网络单元与丰富的功能，如应用处理、控制处理、包处理、信号处理等。

在此背景下，Intel 公司开始尝试运行在 Linux 用户态的网卡程序架构，通过软件技术解决高速网络报文处理问题，提出了 DPDK (data plane development kit) 软件包。

DPDK 简单地说就是基于Linux系统运行，用于快速数据包处理的函数库与驱动集合。DPDK 可以极大地提高数据处理性能和吞吐量，提高数据平面应用程序的工作效率。DPDK 为 Intel 处理器架构下用户空间高效的数据包处理提供了函数库和驱动的支持，它不同于 Linux 系统以通用性设计为目的，而是专注于网络应用中数据包的高性能处理。DPDK 绕过了 Linux 内核协议栈对数据包的处理过程，在用户空间实现数据包的收发与处理。在内核看来，DPDK 就是一个普通的用户态进程，它的编译、链接和加载方式和普通程序没有区别。

传统内核协议栈的数据转发性能瓶颈有：在 x86 结构中，处理数据包的传统方式是 CPU 中断方式，即网卡驱动接收到数据包后通过中断通知 CPU 处理，然后由 CPU 复制数据并交给内核协议栈。在数据量大时，这种方式会产生大量 CPU 中断，导致 CPU 无法运行其他程序。

(1) 硬中断导致的线程/进程切换：硬中断请求会抢占优先级较低的软中断，频繁到达的硬中断和软中断意味着频繁的线程切换，随之而来的就是运行模式切换、上下文切换、线程调度器负载、高速缓存缺失 (cache miss)、多核缓存共享数据同步、竞争锁等一系列的 CPU 性能损耗。

(2) 内存复制：网卡驱动位于内核态，网卡驱动接收到的数据包后会先经过内核协议栈的处理，再复制到处于用户态的应用层缓冲区，这样的数据复制是很耗时间的。据统计，这个复制的时间会占数据包处理流程时间的 57.1%。

(3) 多处理器平台的 CPU 漂移：一个数据包可能中断在 CPU0，内核态处理在 CPU1，用户态处理在 CPU2，这样跨多个物理核的处理导致了大量的 CPU 局部缓存失效。如果是 NUMA (non-uniform memory access，非统一内存访问) 架构，还会出现跨 NUMA 的远程访问内存的情况，这些都极大地影响了 CPU 性能。因为在 NUMA 架构下，内存被划分为多个节点，每个节点拥有自己的本地内存，并由一个或多个处理器管理。处理器访问本地内存的速度较快，而访问其他节点的内存 (远程内存) 则相对较慢。NUMA 架构常用于高性能计算领域和大型企业服务器等需要高度可扩展性和高性能的领域。

(4) 缓存失效：传统服务器大多采用页式虚拟存储器，内存页默认为 4KB 的小页，所以在存储空间较大的处理机上会存在大量的页面映射条目。同时 TLB (translation lookaside buffer，地址转换后援缓冲器) 缓存空间有限，这最终导致了 TLB 映射条目频繁变更，产生大量的快页表缓存失效现象。

DPDK 平台有许多针对高速数据包处理而研发的独特技术，具体如下。

1. UIO 技术

UIO(user-space I/O，用户空间 I/O)是一种在用户空间进行设备驱动程序开发的框架。它提供了一种简单而灵活的方法，允许开发者直接在用户空间中访问和控制设备，而无须使用内核驱动程序。传统上，设备驱动程序是在操作系统内核中编写的，UIO 的目标是通过在用户空间提供设备访问接口，简化设备驱动程序的开发过程。它通过内核模块和用户空间库的组合，将设备映射到用户空间的虚拟地址空间中，使开发者可以直接读取和写入设备的寄存器、执行设备特定的操作，而无须编写内核代码。UIO 并不适用于所有类型的设备。它主要适用于一些简单的设备，如一些特定的外设或 FPGA 设备。

(1) 对于存取设备的内存，UIO 核心实现了 mmap() 内存映射；对于处理设备产生的中断，内核空间有一小部分代码用于处理中断，用户空间通过 read() 系统接口来读取中断。

(2) 采用 Linux 提供的 UIO 机制，可以旁路绕过内核，使所有数据包处理的工作在用户空间完成，如图 2-13 所示。

①左边是传统的数据包获取方式，数据的流向依次是网卡内核驱动—TCP/IP 协议栈—Socket 库—传统网络应用。

②右边是基于 UIO 的 DPDK 数据包获取方式，数据的流向依次是 UIO 驱动—UIO 框架—DPDK PMD—DPDK 库/应用。

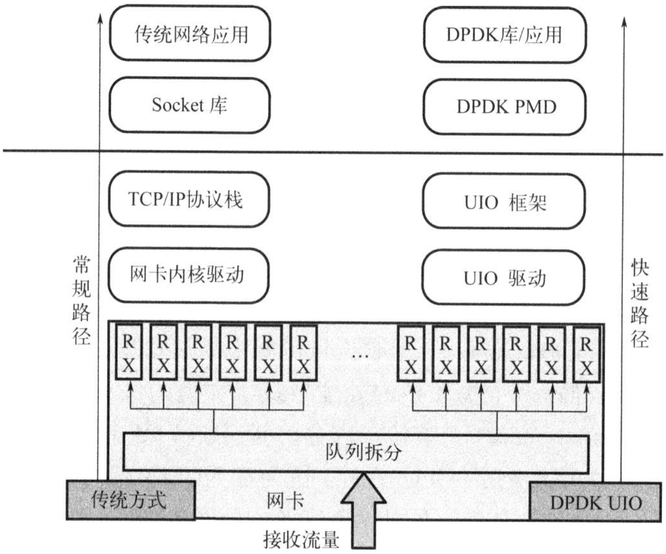

图 2-13　传统数据包获取和 UIO 数据包获取方式对比

2. PMD 技术

DPDK 的 UIO 驱动屏蔽了硬中断，然后在用户态采用主动轮询的方式，这种模式称为 PMD(poll mode driver，轮询模式驱动)。

正常情况下，网卡收到数据包后，会发出中断信号，CPU 接收到中断信号后，会停止正在运行的程序，保护断点地址和处理机当前状态，转入相应的中断服务程序并执行中断服务程序，完成后，继续执行中断前的程序。

DPDK 采用轮询的方式，直接访问 RX(接收数据) 和 TX(发送数据) 描述符而没有任何中断，以便在用户的应用程序中快速接收、处理和传送数据包。这样可以减少 CPU 频繁中断、切换上下文带来的消耗。

在网卡流量大时，DPDK 这种 PMD 的方式会带来较大的性能提升；但是在流量小的时候，轮询会导致 CPU 空转(不断轮询)，从而导致 CPU 性能浪费和功耗问题。

为此，DPDK 还推出了 Interrupt-DPDK 模式(DPDK 中断模式)，它的原理和 Linux 的 NAPI 很像，就是没包可处理时进入睡眠，改为中断通知，并且可以和其他进程共享同一个 CPU 核心，但是 DPDK 进程会有更高的调度优先级。

3. DPDK 多核支持技术

DPDK 对多核 CPU 的支持体现在对 CPU 亲和性的支持上。CPU 的亲和性指的是进程要在指定的 CPU 上尽量长时间地运行而不被迁移到其他处理器，通过处理器关联可以将虚拟处理器映射到一个或多个物理处理器上，也就是说把一个程序绑定到一个物理 CPU 上。

1) 使用 CPU 绑核

避免跨 CPU 的线程/进程切换。当一个进程或线程绑定 CPU 后，程序就会一直在指定的 CPU 上运行，不会由操作系统调度到其他 CPU 上，减少了 CPU 的缓存，也减少了进程或者线程的上下文切换，从而提高性能和效率。

2) 使用 NUMA 亲和

避免 CPU 跨 NUMA(非统一内存访问) 访问内存。当 CPU 访问其自身直接连接的内存对应的物理地址时，响应时间较短，这通常称为本地访问(local access)。当 CPU 需要访问由其他 CPU 连接的内存数据时，需要通过互联通道进行访问，这种情况下的访问速度相比之前会慢一些，通常称为远程访问(remote access)。因此，在使用 DPDK 时，配置 NUMA 模式和非 NUMA 模式是加快访问速度的方法之一。

4. DPDK 大页内存技术

Linux 系统默认采用 4KB 作为页的大小，页越小，设备的内存越大，页面的个数就越多，页表的开销就越大，页表的内存占用也越大。在操作系统引入 MMU(memory management unit，内存管理单元) 后，CPU 读取内存的数据需要访问两次内存。第一次是查询页表，将逻辑地址转换为物理地址，第二次是访问该物理地址，读取数据。为了减少页数过多、页表过大而导致的查询时间过长的问题，便引入了 TLB(地址转换后援缓冲器)。TLB 是一个内存管理单元，一般存储在寄存器中，里面存储了当前最可能被访问到的一小部分页表项。

引入 TLB 后，CPU 会首先去 TLB 中寻址，由于 TLB 存放在寄存器中，且其只包含一小部分页表项，因此查询速度非常快。若 TLB 中寻址成功，则无须再去 RAM 中查询页表；若 TLB 中寻址失败，则需要去 RAM 中查询页表，查询到后，会将该页更新至 TLB 中。

而 DPDK 采用大页内存，在 x86-64 下支持 2MB、1GB 的页大小，大大减少了总页数并减小了页表，从而大大降低 TLB 寻址失败的概率，提升了 CPU 的寻址性能。

例 2-4　DPDK 大页内存页表占用空间。

这里用一个实例对比使用了 DPDK 大页内存和没有使用大页内存的内存页表空间占用。假设 32 位 Linux 操作系统上物理内存 100GB，如果不使用大页内存，每个页大小为 4KB，每个页表项占用 4 字节，系统上一共运行着 2000 个进程，则这 2000 个进程的页表需要占用多少内存呢？

在未使用大页时，页表占用的空间计算如下。

每个进程页表项总条数：100 × 1024 × 1024KB / 4KB = 26214400 条。

每个进程页表大小：26214400 × 4B =104857600B=100MB。

2000 个进程一共需要占用内存：2000 × 100MB= 200000MB≈195GB。

2000 个进程的页表空间需要占用 195GB 物理内存， 而真实物理内存只有 100GB， 还没运行完这些进程，系统就因为内存不足而崩溃了，严重时会直接宕机。

还是这个例子，假设 32 位 Linux 操作系统上物理内存 100GB，现在使用大页内存，每个页大小为 2MB，每个页表项占用 4 字节，系统上一共运行着 2000 个进程，则这 2000 个进程的页表需要占用多少内存呢？

使用大页时页表占用的空间计算如下。

每个进程页表项总条数：100 × 1024MB / 2MB = 51200 条。

每个进程页表大小：51200 × 4B = 204800B = 200KB。

2000 个进程一共需要占用内存：1 × 200KB = 200KB（所有进程共享 1 个大页表）。

可以看到同样是 2000 个进程，同样是管理 100GB 的物理内存，结果却大不相同。使用传统的 4KB 大小的页时，开销竟然会达到惊人的 195GB；而使用 2MB 的大页时，开销只有 200KB。2000 个进程页表总空间一共就只占用 200KB，而不是 2000 × 200KB。这是因为共享内存，在使用大页时，这些大页内存存放在共享内存中，大页表也存放在共享内存中，所以不管系统有多少个进程，都将共享这些大页内存以及大页表。因此对于 4KB 的页大小，每个进程都有一个属于自己的页表；而使用 2MB 的大页时，系统只有一个大页表，所有进程共享这个大页表。

2.4.2 DPDK 主要模块构成

DPDK 的源码是一个复杂的系统，包含了多个组成部分，这些部分共同协作以实现高性能的数据包处理。以下是 DPDK 源码的主要组成部分。

1）环境抽象层

功能：对 DPDK 的运行环境进行初始化，包括大页内存分配、内存/缓冲区/队列分配、原子性无锁操作、NUMA 亲和性、CPU 绑定等。

特点：通过 UIO 或 VFIO 技术将 PCI/PCIe 设备地址映射到用户态，以便于用户态的 DPDK 应用程序调用。

2）核心库 Core Libs

组成：包括系统抽象、大页内存、缓存池（Mempool）、定时器（Timer）、无锁环（Ring）、哈希库（Hash）、最长前缀匹配库（LPM）等。

功能：为上层应用的开发提供高性能的基础 I/O 开发包，提供系统抽象、内存管理、数据处理等关键功能。

3）轮询模式驱动

功能：提供全用户态驱动，支持各种本地和虚拟网卡，通过轮询和线程绑定实现高网络吞吐。

特点：绕过操作系统内核的网络协议栈，直接在用户空间进行数据包处理，减少中断和内存复制的开销。

4)数据包处理库

组成：包括 mbuf 库(报文及控制缓冲区操作库)、IP 分片库(IP Fragmentation)、QoS 库(提供网络服务质量相关组件，如限速和调度)等。

功能：提供优化的数据包处理算法和数据结构，支持多核并发处理，以实现快速、灵活的数据包处理功能。

5)源码目录结构

lib/：DPDK 的库源码，包含核心库、数据包处理库等。

drivers/：DPDK 轮询模式驱动程序源码，包括各种网卡设备的驱动程序。

app/：DPDK 应用程序源码，包含用于测试或演示 DPDK 功能的应用程序。

examples/：DPDK 的一些应用程序例子源码，展示如何使用 DPDK 库和驱动程序。

config/：DPDK 关于不同平台(如 arm 和 x86)的编译配置。

buildtools/：DPDK 编译配置的脚本。

mk/：DPDK 的 Makefile 文件。

usertools/：DPDK 提供给用户的一些实用工具。

6)其他组成部分

命令行接口(CLI)：提供命令行工具，用于配置和管理 DPDK 应用程序。

文档和示例：包含详细的开发文档和示例代码，帮助开发者快速上手和使用 DPDK。

综上所述，DPDK 源码的组成部分涵盖了从环境抽象层、核心库、轮询模式驱动到数据包处理库等多个层面，以及相应的目录结构和实用工具。这些组成部分共同构成了 DPDK 强大的数据包处理能力，为构建高性能的网络应用程序提供了坚实的基础。

2.4.3 DPDK 主要接口函数

DPDK 提供了一系列接口函数，用于 DPDK 的初始化、配置和内存管理。以下是一些主要的 DPDK 接口函数。

1)初始化环境相关函数

int rte_eal_init (int argc, char **argv)：DPDK 的入口函数，用于初始化 DPDK 环境抽象层(EAL)。它读取入口参数，解析并保存作为 DPDK 运行的系统信息，依赖这些信息构建一个针对包处理设计的运行环境。

2)内存管理相关函数

(1) struct rte_mempool *rte_pktmbuf_pool_create(const char *name, unsigned n, unsigned cache_size, uint16_t priv_size, uint16_t data_room_size, int socket_id)：用于创建一个 mbuf 内存池，专门用于管理网络数据包的缓冲区。它接受多个参数，包括内存池的名称(name)、mbuf 的数量(n)、缓存中的 mbuf 数量(cache_size)、每个 mbuf 的私有数据区大小(priv_size)、每个 mbuf 的数据区大小(data_room_size，不包括 mbuf 结构和私有数据区)，以及 NUMA 节点的 ID(socket_id)，用于指定内存分配的位置。

(2) struct rte_mbuf *rte_pktmbuf_alloc(struct rte_mempool *pool)：从指定的 mbuf 内存池(pool)中分配一个 mbuf，并返回其指针。如果内存池为空，则返回 NULL。

3）网卡操作相关函数

（1）int rte_eth_dev_configure（uint16_t port_id, uint16_t nb_rx_queues, uint16_t nb_tx_queues, struct rte_eth_conf *eth_conf）：配置指定网卡设备（port_id）的参数，包括接收队列和发送队列的数量，以及可选的网卡配置（eth_conf）。如果 eth_conf 为 NULL，则使用默认配置。

（2）int rte_eth_rx_queue_setup（uint16_t port_id, uint16_t rx_queue_id, uint16_t nb_rx_desc, unsigned int socket_id, struct rte_eth_rxconf *rx_conf, struct rte_mempool *mb_pool）：设置指定网卡设备的接收队列。它指定了接收描述符的数量（nb_rx_desc）、内存分配位置（socket_id）、接收队列的配置（rx_conf，可为 NULL，表示使用默认配置），以及用于存储数据包的 mbuf 内存池（mb_pool）。

（3）int rte_eth_tx_queue_setup（uint16_t port_id, uint16_t tx_queue_id, uint16_t nb_tx_desc, unsigned int socket_id, struct rte_eth_txconf *tx_conf）：设置指定网卡设备的发送队列。它指定了发送描述符的数量（nb_tx_desc）、内存分配位置（socket_id），以及可选的发送队列配置（tx_conf，可为 NULL，表示使用默认配置）。

（4）int rte_eth_dev_start（uint16_t port_id）：启动指定网卡设备（port_id）的数据包接收和发送功能。在调用此函数之前，需要确保网卡设备已经被正确配置并设置了接收和发送队列。

4）数据包接收与发送相关函数

（1）uint16_t rte_eth_rx_burst（uint16_t port_id, uint16_t queue_id, struct rte_mbuf **rx_pkts, uint16_t nb_pkts）：从指定网卡设备的接收队列中批量接收数据包，并将它们存储在 rx_pkts 数组中。nb_pkts 指定了请求接收的数据包数量，函数返回实际接收到的数据包数量。

（2）uint16_t rte_eth_tx_burst（uint16_t port_id, uint16_t queue_id, struct rte_mbuf **tx_pkts, uint16_t nb_pkts）：向指定网卡设备的发送队列中批量发送数据包，这些数据包来自 tx_pkts 数组。nb_pkts 指定了请求发送的数据包数量，函数返回实际发送的数据包数量。函数返回的实际发送的数据包数量可能会小于请求的数量，特别是当发送队列已满时。

5）多核与多线程相关函数

（1）void rte_eal_mp_remote_launch（lcore_function_t f, void *arg, unsigned slave_id）：在指定的从核（slave_id）上启动一个新的线程，执行函数 f，并将 arg 作为参数传递给该函数。这是 DPDK 中用于跨核并行处理数据包的常用机制。

（2）void rte_eal_mp_wait_lcore（void）：等待直到当前 EAL 线程被远程启动的函数所唤醒。其通常与 rte_eal_mp_remote_launch 一起使用，以实现跨核的同步。

6）无锁队列管理相关函数

（1）int rte_ring_create（const char *name, unsigned count, int socket_id, unsigned flags）：创建一个无锁环形队列，用于在不同的处理线程或核心之间安全地传递消息或数据包。count 指定了队列中可以存储的最大元素数量，socket_id 指定了 NUMA 节点的 ID，flags 用于控制队列的行为（如单生产者/单消费者优化）。

（2）int rte_ring_enqueue（struct rte_ring *r, void *obj, unsigned int timeout_us）：将一个对象（如 mbuf）放到指定的环形队列（r）中。timeout_us 指定了操作的最长等待时间（以微秒为单位），如果队列已满且不希望等待，可以将其设置为 0。

（3）int rte_ring_dequeue（struct rte_ring *r, void **obj, unsigned int timeout_us）：从指定的环形队列（r）中出队一个对象，并将其地址存储在 obj 中。timeout_us 指定了操作的最长等待时

间(以微秒为单位)，如果队列为空且不希望等待，可以将其设置为 0。

7)其他辅助函数

(1)uint32_t rte_lcore_id(void)：用于返回当前正在执行的逻辑核(lcore)的 ID。在 DPDK 中，逻辑核是指能够执行 DPDK 任务的 CPU 核心。这个函数对于编写多线程或并行处理代码时确定当前执行线程所在的逻辑核非常有用。

(2)unsigned rte_lcore_count(void)：用于返回系统中可用于 DPDK 任务的逻辑核总数。这个函数在编写需要并行处理或分配任务到不同逻辑核的代码时非常有用。

例 2-5　DPDK 使用举例——Hello World。

下面使用 DPDK 示例程序 Hello World 展示其对于多核心和多线程的支持。该程序建立了一个多核运行的 DPDK 基础环境。该程序首先通过 rte_eal_init()进行 EAL 的初始化。EAL 作为 DPDK 环境的入口，通过调用参数启动 DPDK 环境。该函数的具体实现十分复杂，可通过阅读DPDK源码自行了解。随后使用DPDK封装的函数RTE_LCORE_FOREACH_SLAVE()遍历获得所有 EAL 可使用的核心编号。rte_eal_remote_launch()函数是 DPDK 对于多线程的支持函数，将通过指定的 lcore 核心编号进行线程绑定，在绑定线程上执行对应的入口函数，从而实现每个线程会打印“hello from core #”，core # 是由操作系统管理的逻辑核编号。

```
int main(int argc, char **argv){
 int ret;
 unsigned lcore_id;
 ret = rte_eal_init(argc, argv);          /*初始化 EAL*/
 if (ret < 0)
     rte_panic("Cannot init EAL\n");      /*初始化失败*/
 RTE_LCORE_FOREACH_SLAVE(lcore_id) {
     rte_eal_remote_launch(lcore_hello, NULL, lcore_id); /*在指定 lcore 上启动
                                                           线程*/
 }
 lcore_hello(NULL);                     /*在主线程上调用函数*/
 }
 rte_eal_mp_wait_lcore();
 return 0;
}
static int lcore_hello(__attribute__((unused)) void *arg)  /*打印线程对应核心
                                                             编号*/
{
 unsigned lcore_id;
 lcore_id = rte_lcore_id();
 printf("hello from core %u\n", lcore_id);
 return 0;
}
```

例 2-6　DPDK 使用举例——Recvpcap。

由此例子进一步通过 DPDK 开发简单的网络收包程序，以便理解 DPDK 中网络数据包的流动。数据包的流动可如图 2-14 所示。

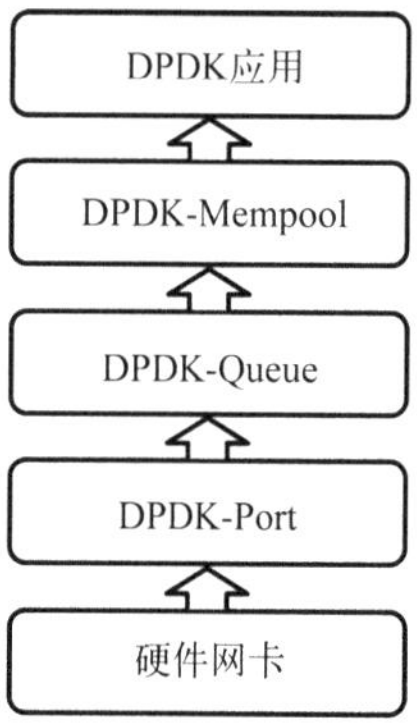

图 2-14　使用 DPDK 程序后数据包的流动

首先使用 rte_eal_init() 函数初始化 DPDK 的 EAL，完成对于 DPDK 环境的初始化。通过 rte_eth_dev_count_avail() 函数检测可用网络端口，并且对对应的网络端口进行初始化。使用 rte_pktmbuf_pool_create() 函数创建内存池，作为 DPDK 程序自行管理维护的内存资源，进行 DPDK 的相关数据存储。对于需要使用的 DPDK 网络端口进行初始化，通过 rte_eth_dev_configure() 设定网络端口的具体配置，随后即可使用 rte_eth_rx_queue_setup() 函数对具体队列进行初始化。一切配置完成后即可使用 rte_eth_dev_start() 开启对应网络端口的 DPDK 收发包功能。这样就完成了从网络端口获取得到数据包，数据包以 mbuf 元数据的形式存在分配的内存池中，由 DPDK 统一管理。

接下来需要从内存池中取得对应的数据包，进行展示即可。使用 rte_eth_rx_burst() 函数从对应的网络端口收取数据包，可以通过创建一个指向 struct rte_mbuf 类型元数据的指针数组来获取数据包，数组的每个元素指向一个具体的数据包，数据包使用后需要及时释放，以免内存池耗尽，使用后的数据包通过 rte_pktmbuf_free() 函数从内存池释放。

```
#define RX_RING_SIZE 1024
#define NUM_MBUFS (4096-1)
#define MBUF_CACHE_SIZE 250
#define BURST_SIZE 32

/*对 DPDK 中的网络端口进行配置*/
static const struct rte_eth_conf port_conf_default = {
    .rxmode = {
        .max_rx_pkt_len = RTE_ETHER_MAX_LEN,
    },
};
static inline int
port_init(uint16_t port, struct rte_mempool *mbuf_pool) {
    struct rte_eth_conf port_conf = port_conf_default;
    const uint16_t rx_queues = 1, tx_queues = 0;    /*接收队列为 1，发送队列为 0*/
    int retval;
    uint16_t q;
    if (port >= rte_eth_dev_count_avail()) {
        return -1;
    }
    retval = rte_eth_dev_configure(port, rx_queues, tx_queues, &port_conf);
    if (retval != 0) {
        return retval;
    }

    /*初始化接收队列，每个网络端口仅开启 1 个接收队列*/
```

```
    for (q = 0; q < rx_queues; q++) {
        retval  =  rte_eth_rx_queue_setup(port,  q,  RX_RING_SIZE,rte_eth_
dev_socket_id(port), NULL, mbuf_pool);
        if (retval < 0) {
            return retval;
        }
    }

    /*启动对应网络端口进行收包*/
    retval = rte_eth_dev_start(port);
    if (retval < 0) {
        return retval;
    }

    /*在对应网络端口启动混杂模式*/
    rte_eth_promiscuous_enable(port);
    return 0;
}
int main(int argc, char *argv[]) {
    struct rte_mempool *mbuf_pool;          /*DPDK 维护的内存池*/
    unsigned nb_ports;
    uint16_t portid;
    int ret = rte_eal_init(argc, argv);     /*初始化 EAL*/
    if (ret < 0) {
        rte_exit(EXIT_FAILURE, "Error with EAL initialization\n");
    }
    argc -= ret;
    argv += ret;
    nb_ports = rte_eth_dev_count_avail(); /*获取可用网络端口*/
    if (nb_ports == 0) {
        rte_exit(EXIT_FAILURE, "No Ethernet ports -bye\n");
    }
    mbuf_pool  =  rte_pktmbuf_pool_create("MBUF_POOL",  NUM_MBUFS  *  nb_ports,
MBUF_CACHE_SIZE, 0, RTE_MBUF_DEFAULT_BUF_SIZE, rte_socket_id());   /*创建内存池*/
    if (mbuf_pool == NULL) {
        rte_exit(EXIT_FAILURE, "Cannot create mbuf pool\n");
    }
    RTE_ETH_FOREACH_DEV(portid) {
        if (port_init(portid, mbuf_pool) != 0) {
            rte_exit(EXIT_FAILURE, "Cannot init port %"PRIu16 "\n", portid);
        }
    }
    struct rte_mbuf *bufs[BURST_SIZE];    /*rte_mbuf 数据接收元数据*/
    uint16_t nb_rx;

    while (1) {
        RTE_ETH_FOREACH_DEV(portid) {
```

```
            nb_rx = rte_eth_rx_burst(portid, 0, bufs, BURST_SIZE);
/*从网络端口的单接收队列中提取数据包元数据*/
            if (nb_rx > 0) {
                printf("Received %u packets on port %u\n", nb_rx, portid);
/*打印对应信息*/
                for (int i = 0; i < nb_rx; i++) {
                    rte_pktmbuf_free(bufs[i]);     /*从内存池中释放元数据*/
                }
            }
        }
    }
    return 0;
}
```

2.4.4 DPDK 的国产化

随着中国在信息技术领域的自主创新和国产化战略的推进，DPDK 的国产化成为一个重要议题。在信息化时代，网络安全和信息安全变得尤为重要。采用自主研发的软件和硬件有助于减少对国外技术的依赖，降低潜在的安全风险。随着国产计算机技术的快速发展，确保 DPDK 能够在国产处理器(如飞腾、鲲鹏、龙芯等)和国产网卡(如海光、星际通等)上稳定运行，并支持高性能的数据包处理，成为关键任务。同时，DPDK 还需要确保与国产操作系统(如中标麒麟、银河麒麟、UOS 等)的兼容性。这需要在这些操作系统上进行充分测试和优化，以确保 DPDK 能够稳定、高效地运行。此外，需要对 DPDK 代码进行优化，以充分利用这些处理器的特性和指令集，适应国产化的硬件软件。通过深入分析国产硬件的架构特点和操作系统的特性，对 DPDK 进行定制化优化，提升其在本地环境中的性能。

DPDK 是一个开源项目，其发展离不开全球开发者的参与。在国产化过程中，需要积极参与 DPDK 开源社区，贡献代码和文档，与全球开发者共同推进 DPDK 的发展。除此之外，还要在确保国家安全和信息安全的前提下，遵循开源社区的规则和惯例，分享国产化的经验和成果，促进技术的开放与合作。

2.5 本章小结

本章主要介绍了信息内容被动获取的基础知识和关键技术。首先，讨论了网络协议的基本原理，随后介绍了网络数据的捕获、还原和分析技术，重点讲解了 Windows 平台上的专业网络捕获开发包 Winpcap 的使用。Winpcap 以其多功能性、卓越性能、灵活性以及与 Libpcap 的兼容性，成为网络开发和分析中的重要工具。然后，重点介绍了高性能数据包捕获平台的关键技术之一——零拷贝技术。零拷贝技术通过减少不必要的数据复制操作，优化了数据处理流程，从而提升了数据处理的效率和速度。这一技术的介绍不仅帮助读者理解现代网络数据包捕获工具的工作原理，也为开发高效的网络应用提供了必要的技术背景。此外，本章还详细介绍了两个当前主流的高速数据包捕获技术：eBPF 和 DPDK。eBPF 是一项强大的 Linux 内核技术，能够灵活、高效地捕获和分析网络流量。它允许在内核态执行定制代码，在提供高性能的同时，还可以实现复杂的网络包处理和监控，适用于多种场景。DPDK 则通过直接在用户态处理数据包并使用零拷贝技术，极大地提升了数据处理速度，特别适用于需要处理大规模网络流量的高性能应用场景，如电信和数据中心。

总的来说，本章通过详细介绍 Winpcap、零拷贝技术、eBPF 和 DPDK 技术，帮助读者深入理解网络数据包开发的关键知识，尤其是在高速网络环境下的应用。这些内容对网络工程师和开发人员尤为重要，有助于他们更有效地设计和实现网络监控与分析工具。

习　题

1. Winpcap 包括哪两个动态链接库？它们的功能有什么区别？
2. Winpcap 提供哪些功能？
3. 试编写程序实现 IP 数据包的捕获，并对 IP 进行协议分析。
4. 试编写程序实现 TCP 数据包的捕获，并对 TCP 进行协议分析。
5. 试编写程序实现 UDP 数据包的捕获，并对 UDP 进行协议分析。
6. 简述 BPF 的捕获机制。
7. 简述 DPDK 的关键技术。

第 3 章　信息内容主动获取技术

本章将探讨信息内容主动获取的相关技术。首先，回顾 Web 三十多年的发展历程，重点介绍 Python 爬虫的基础知识，探索网页的构成、HTTP 协议以及爬虫的基本原理。接下来，介绍当前互联网对数据的存储与计算技术，将介绍数据存储模型，包括关系模型、文档模型和图模型；数据存储后的查询技术等。此外，还将比较面向在线事务处理(OLTP)和面向在线分析处理(OLAP)的数据库，以及行式存储和列式存储的组织方式。本章的最后一部分重点讨论网络信息预处理技术，将介绍半结构化数据抽取技术，以获取半结构化的数据模型；探讨中文文本处理技术，包括中文分词和使用 TF-IDF 寻找关键字；讨论将文本转化为向量的方法，如 *n*-gram 词袋、one-hot 编码、Word2vec 模型、Contextualized Word Embedding 和语言模型。这些技术为机器学习和深度学习模型的进一步处理提供了便利。

通过本章的学习，读者将深入了解 Web 的演进历程、Python 爬虫的基础知识、数据存储与计算技术以及网络信息预处理技术。这些知识将帮助读者更好地理解和应对互联网时代的实际应用需求，并为进一步探索相关领域的知识奠定基础。

3.1　网络信息发布平台

3.1.1　导航类目录门户

World Wide Web(简称 Web)由英国 Tim Berners-Lee 于 1989 年提出，通过 Web 互联网上的资源可以在网页中直观地展示出来，实现资源共享。1991 年第一个网站的出现标志着迈进了 Web 1.0 的时代。典型的 Web 1.0 公司基本采用技术创新主导的模式，信息技术的变化和使用对网站的发展发挥了关键作用。例如，新浪最初以技术平台起家，搜狐以搜索技术起家，腾讯以即时通信技术起家，盛大以网络游戏起家。他们通过各种网页信息的展示构成了各大门户网站，吸引用户单击观看，以此定制广告进行变现。此外，国外的 Yahoo、Google 等公司也对 Web 1.0 的发展做出了巨大的贡献，Yahoo(雅虎)首先提出了互联网黄页，改变了用户传统的手工翻阅模式，为广大互联网用户提供了便利的查询方式；Google(谷歌)推出了在线搜索引擎，并迅速传播给全球的信息搜索者。

Web 1.0 总体上呈现向综合门户网站发展的趋势，谷歌、腾讯、MSN 等新兴公司都以极大的共同兴趣转向门户网站，尤其是新闻信息门户网站。同时，早期发展的公司如新浪、网易、搜狐等也继续坚持门户网站的道路。之所以如此，是因为门户网站本身拥有更大的盈利空间和更多元化的盈利方式。通过占据网络平台，能够更有效地实现增值，并在主营业务之外延伸各类其他服务。同时，Web 1.0 的融合也形成了主营与兼营相结合的清晰产业结构。网易扩展游戏产业，搜狐扩展门户网站，新浪扩展新闻和广告的产业链。各公司以主营业务为突破口，以兼营业务为补充，形成了全新的发展模式。

Web 1.0 的特点是只读，即信息投喂。由于信息传递的单向性，用户只能被动地接收信息，而很难发布内容。同时，用户之间的信息共享具有很强的局限性，通常仅限于本地好友或者留言板等。在这一时期，绝大多数互联网用户只作为内容的消费者。若想在网站上发布内容，必须使用自己的服务器来托管网站，这些网站大多数是只读的，基本没有能让用户创建内容或参与互动的操作界面。每千个浏览 Web 的用户中，只有少数人具备发布内容的技术技能。Web 1.0、Web 2.0 和 Web 3.0 的主要特点如图 3-1 所示。

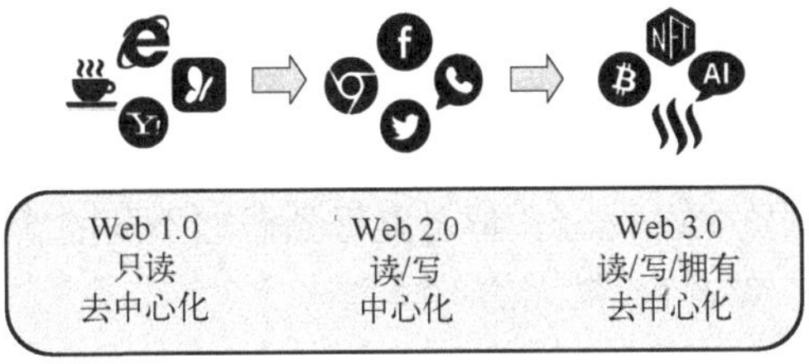

图 3-1　Web 1.0、Web 2.0 和 Web 3.0 的主要特点

3.1.2　检索式搜索引擎

随着互联网用户的不断增加，一些新的问题逐渐彰显，用户并不满足于被动接收信息，而是倾向于个体的表达。Web 2.0 是 Web 发展的第二个阶段，可以理解为以人为中心的 Web、参与式 Web 和读/写 Web，主要特征如图 3-2 所示。与 Web 1.0 相比，Web 2.0 更有活力和互动性，让用户即使不访问网页也能快速了解网站的最新内容，它还可以让开发者轻松、快速地创建新的网络应用程序，利用互联网上的数据、信息或服务。

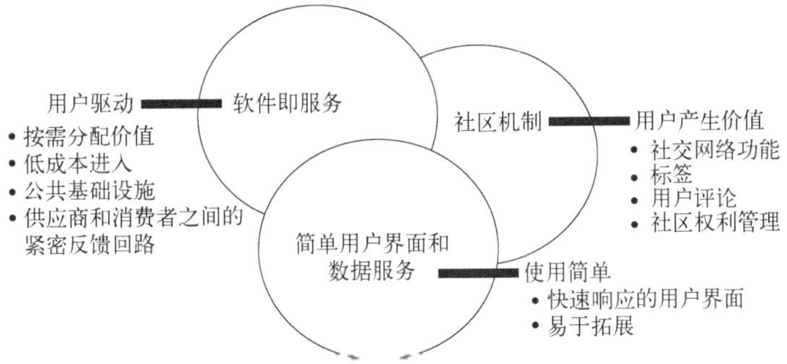

图 3-2　Web 2.0 的三大特征

在 2005～2009 年这个时间窗口中，大量基于 Web 2.0 的社交应用程序相继推出，如国外的 Facebook、Twitter(现为 X)、YouTube 等，国内的优酷、土豆等视频网站，迅雷、风行等下载软件，豆瓣、开心网、人人网等 SNS 社区，以及博客等。它们都有一个共同的特点，即用户是创造内容的主角，官方来进行管理。这是一个全新的时代，整个互联网在理念和思想体系上都得到了一次革命性的洗礼。它从原来自上而下的由少数资源控制者集中控制主导的互联网体系转变为自下而上的由广大用户集体智慧和力量主导的互联网体系。用户不仅可以获得越来越多的话语权，也可以尽情发挥自己的能力和创造力，互联网因此变得更加丰富精彩。在这一时期，借由博客和无数网络社区的力量，诞生了国内的第一批网红。此后，网络推手、论文版主意识到互联网背后的商业价值，推荐、加精、置顶等方式都成为变现模式。总体来说，这一时期大量产品的“用户获取”更依赖于“传播”而非“推广投放”。在用户维系方面，伴随着 Web 2.0 的到来，在“用户分级理论”“用户数据挖掘”“KOL 管理维系”方面都有了更加成熟的一套逻辑和做法，这方面的佼佼者包括猫扑、天涯、新浪等。其中，新浪在博客时代所攒下的无数名博和 KOL 资源决定了此后新浪微博的快速崛起。

Web 2.0 最大的变化是 Internet 的交互性，意味着不仅用户能从网页中获取信息，网页也开始从用户这里获取信息。当用户浏览 Facebook、YouTube，以及进行谷歌搜索时，这些中心化的公司开始收集用户的数据，以便为用户提供更好的内容，从而让用户在他们的网站上停留更长的时间。Web 2.0 是一个定向广告时代，用户缺乏隐私。在 Web 2.0 中，用户都可以浏览 Facebook，但可能看到截然不同的新闻源，因为页面取决于浏览它的人，这是 Web 2.0 与 Web 1.0 最大的不同之一。

3.1.3 移动端社交网络

从 2009 年开始，移动互联网正式到来。智能手机的渐渐普及和"移动时代"的到来，在互联网世界中开辟了一块全新的战场，它意味着原有的格局和用户习惯会被打破重构，人们的碎片时间也将开始可以被抢夺和占据。在这一时代，无数人凭借"移动互联网"的红利期和自己开发的 App 大获成功。在这个过程中，苹果公司极大地加速了互联网的进程，使得互联网正式进入一个垄断性更强、封闭性更好、更加便利的时代。这突出表现在形形色色的 App 让传统的 HTML 和 URL 形同虚设，使得互联网变成了一座座信息孤岛。互联网与移动互联网是逻辑完全不同的两个世界，前者保持着页面+链接的模式，用户可以自由筛选自己所需要的信息，并根据需要进行分类组合，而且无论是来自哪个渠道的信息，都可以通过浏览器打开。后者是一个个 App，它们彼此封闭且处于割裂状态，无法实现真正意义上的直接跳转，即使有一些可以使用链接的应用场景，也会因为厂商对于数据的极端诉求而被强制干扰。为此，当时在业界掀起过一场 HTML5 和原生 App 之争的大讨论，争论的核心是谁才是互联网的未来。

3.1.4 Web 3.0

Web 2.0 中心化问题变得愈加突出，其导致的问题除了将互联网切割成一座座信息孤岛之外，还包括每一个应用都是一个专门的数据库驱动。然而，数据垄断造成了数据滥用与算法霸权。那么数据所有权应该归谁，是 Web 3.0 想要解决的核心问题之一。基于以上思考，语义网的概念在 1998 年诞生。Tim Berners-Lee 认为 Web 3.0 是语义网，语义网能够使用本体论分析互联网上的所有数据，允许机器在没有人工干预的情况下处理很多任务。语义网的核心是将计算机可以理解的语义——"元数据"添加到互联网的文档中(如 HTML 和 XML 文档)，从而使整个互联网成为通用的信息交换介质。简单来说，语义网是一个可以理解词语和概念，以及两者之间的逻辑关系的智能网络，能够使人与计算机之间的沟通更加高效。其本质是任务自动化和分布式应用。2012 年，Google 提出了一项在网络搜索中使用语义知识的新技术，称为知识图谱。 知识图谱用来识别和区分文本中的实体，用语义结构的摘要来丰富搜索结果，并在探索性搜索中提供相关的实体链接。其目的是提高搜索引擎的能力，同时增强用户的搜索体验。此后，许多其他公司开发自己的知识图谱，例如，Microsoft 开发的搜索引擎 Bing 与 Satori 集成了类似的知识图谱。现在，知识图谱也指语义网络的知识库，如 DBpedia、YAGO、Wikidata 或 Freebase。

Web 3.0 与知识图谱融合，使用区块链技术，形成一种分权式网络，即去中心化(decentralization)。区块链是将一定信息保存在区块中，并将这些区块按后端照时间顺序连接起来形成的链条。这些链条保存在所有节点中，节点归属于不同的主体。当要修改区块链中的信息时，必须取得半数以上节点的同意，因此数据的窜改是非常困难的。与传统网络相比，基于区块链的网络具有以下五个特征。

(1) 去中心化：区块链技术没有中央控制权，不依赖于第三方管理人员及设备。各个节点通过分布式核算和存储，实现了信息自我验证、传递和管理。

(2) 开放性：区块链技术以开源为基础，整个系统是高度透明的。任何人都可以通过公开接口查询和使用区块链中加密信息以外的数据。

(3) 独立性：区块链技术基于协商一致性的规范和协议，所有节点都可以自动安全地验证和交换系统中的数据，不需要第三方或人为干预。

(4) 安全性：修改区块链中的数据时，需要征得半数以上节点的同意，从而避免了数据窜改，使得区块链具有更高的安全性。

(5) 匿名性：区块链各节点间的信息传递允许匿名进行，不需要公开用户的身份信息。

基于以上特征，区块链中的信息更加真实可靠，有助于解决信任危机。

从架构上来说，Web 3.0 通常采用 DApps，即去中心化应用程序，后端结构如图 3-3 所示。利用区块链在计算机网络之间分发应用程序，不需要 Web 服务器和集中式数据库。区块链充当“状态机”，通过验证预定义的规则来维护程序状态和程序稳定性。后端逻辑通过智能合约实现，随后部署到区块链网络中。因此，后端信息存放在点到点网络中，每个用户都可以通过匹配标准来对内容做出贡献。

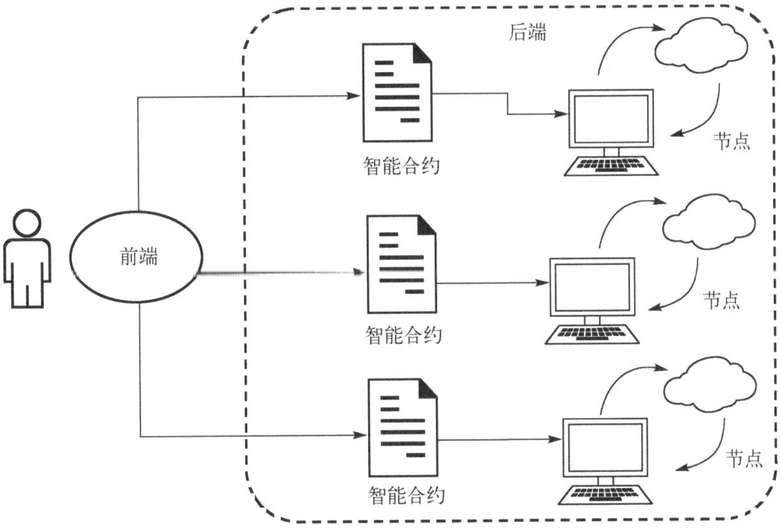

图 3-3　Web 3.0 的后端结构

进入 Web 3.0 时代之后，用户不仅可以读取信息、创造内容，还能拥有信息和内容。Web 3.0 不仅仅是在技术层面上的创新，更像是在网络这个虚拟世界里面的一套生态系统。它可以以区块链为底层的架构逻辑，衍生出来一套完全和现实隔离的经济体系，不需要中央管理者，而是通过激励机制来维护运行。Web 3.0 是一个将数据产权回归到创造者手上并实现价值合理分配的时代，在这里，每个用户都将拥有独一无二的数字身份，并真正掌控自己的数据，互联网巨头要获取用户的数据，首先要经过用户的允许，将数据打包卖给广告商或者做推荐算法就必须向用户支付使用费，而不是用户在没有选择的情况下，只能同意 App 的用户协议而被迫出让自己的数据。Web 3.0 从根本上改变了互联网世界的传统权利结构。去中心化存储使每个人都拥有自己独有的私有云，用于存储自己使用各种应用所产生的数据。

3.2 网络信息主动获取技术

3.2.1 网络主动获取基础知识

1. Web 网页基础

网页这个词对大家来说已经非常熟悉。在现代生活中，人们经常浏览各种网站，如豆瓣、知乎、淘宝等。Web 网络早已与人们的日常生活息息相关。那么，这些网站是如何构成的？所看到的网页又是如何呈现在眼前的呢？接下来，将介绍网页的基础知识，帮助对网页有一个基本的认识。Web 也称万维网，是一种基于超文本和 HTTP 协议的全球分布式信息系统。而网页(Web page)则是互联网上用于显示信息的页面，也是构成网站的基本元素。

一个网页通常由三部分构成：HTML、CSS 和 JavaScript。有一个常用的比喻：如果将网页比作一个人，那么 HTML 相当于骨架，CSS 相当于皮肤，JavaScript 则相当于肌肉。

HTML(hypertext markup language)即超文本标记语言，是 Web 网页的基本组成部分。HTML 中定义的元素决定了网页的内容和结构。不同类型的信息通过不同的标签来表示，例如，图片使用<img>标签，段落使用<p>标签等。以下是一个简单的 HTML 代码示例：

```
<!DOCTYPE html>
<html>
<head>
    <title>This is a title</title>
</head>
<body>
    <div id="container">
        <p class= “text” >Hello,World!</p>
    </div>
</body>
```

在这个示例中，<!DOCTYPE html>表示使用 HTML5 语法，这也是 HTML 的最新版本。接下来是 HTML 的根标签<html>，包括开始标签和结束标签，两者之间是网页的全部内容。<title>标签中的“This is a title”是网页的标题。通常，网页的文字内容都可以放在这些标签之间。<body> 标签表示 HTML 网页的主体部分，该标签内的内容是用户可以看到的，如文字、图片、视频等。还可以看到<div>标签和<p>标签中有一些属性，这些与 CSS 相关，将在下一部分详细介绍。浏览器通过解析这些标签，将其渲染成一个个节点，从而形成所看到的网页。

CSS(cascading style sheets)即层叠样式表，为 HTML 标记语言提供了一种样式描述，定义了网页元素的显示方式。“层叠”是指当 HTML 中引用了多个样式文件并且样式发生冲突时，浏览器能够根据层叠样式规则进行处理。“样式”则决定了 HTML 元素在网页上的表现，如文字的大小、颜色，元素之间的间距和排列方式等。因为仅仅使用 HTML 生成的页面通常不够美观，如文本的位置、大小和格式难以控制，所以可以利用 CSS 对页面进行排版，使网页更加美观。下面是一个 CSS 代码示例：

```
.text{
    width:40px;
    height:40px;
    color:#fff;
    font-size:24px;
    text-align:center;
}
```

在这个示例中，CSS 定义了元素的宽度、高度、字体大小等样式。前面的.text 是 CSS 选择器，用于定位需要应用这些样式的元素。CSS 可以为不同的节点设置样式，因此需要对不同的节点进行选择。.text 选择器指的是对 class="text"的节点设置样式。此外，还可以使用 id 进行定位，例如，在HTML 中，<div>的 id 为 container，那么使用#container 就可以选择 id="container"的节点；如果想根据标签名定位元素，如定位<p>标签，直接使用 p 选择器即可。

JS(JavaScript)是一种高级脚本语言，广泛用于 Web 应用开发，常用来为网页添加各种动态功能，提供更流畅、美观的浏览效果。JS 不仅仅是让页面静态显示，它还实现了一种动态且可以交互的页面。JS 代码可以嵌入 HTML 页面，也可以以独立的文件形式加载，HTML 页面中可以通过<script>和</script>标签引入 JavaScript 文件。下面是一个简单的 JS 代码示例：

```
<script>
   document.getElementById("container").innerHTML = "Welcome to my website!";
</script>
```

在这个代码示例中，<script>标签用于嵌入 JS 代码。代码的作用是通过 document.getElementById("container")选择网页中 id 为 container 的元素，并使用 innerHTML 属性更改其内容，将其设置为"Welcome to my website!"。这样，页面加载时，指定的内容会动态显示在网页中。这个简单的例子展示了 JS 如何与 HTML 交互，实现动态内容更新。

2. HTTP 协议基础

1) URL 的构成与解析

URL(uniform resource locator)称为统一资源定位符，URL 指定了互联网中某个资源的唯一访问方式。https://www.baidu.com 就是一个 URL。URL 有以下规范：

```
scheme://[username:password@]hostname[:port][/path[;parameters][?query][#
fragment]
```

其中，中括号的内容都是可选的，上面的例子就只有 scheme 即 https 和 hostname 即 www.baidu.com。以下是一些重要的参数的含义。

(1) scheme：协议，如 HTTP、HTTPS、FTP。协议也称为 protocol。协议是通信双方必须共同遵从的一组约定，如怎样建立连接、怎样互相识别等。只有遵守这个约定，计算机之间才能相互通信交流。

(2) username、password：用户名和密码，某些 URL 需要提供用户名和密码才能访问。

(3) hostname：主机地址。这里可以是一个 IP 地址或者域名。比如，www.baidu.com 是一个域名，6.6.6.6 是一个 IP 地址，这两者都可以做主机地址使用。

(4) port：端口，服务器设置提供服务的地方。一般来说都需要端口，有些 URL 没有端口信息是因为协议有默认端口。比如，FTP 默认端口为 21，HTTP 默认端口是 80。

2) HTTP 请求过程

访问一个页面的具体过程是怎么样的呢？可以回想一下，打开一个浏览器，在 URL 搜索框中输入一个 URL，按回车键或单击搜索按钮，之后就可以跳转到想访问的页面。客户端与服务器的通信过程如图 3-4 所示。

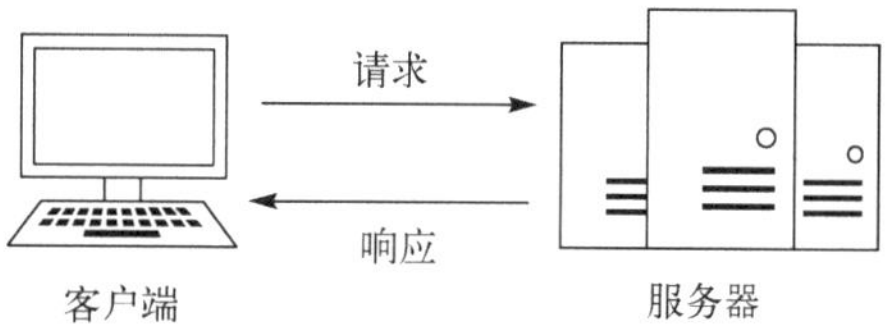

图 3-4　客户端与服务器的通信过程

客户端可以是计算机或者浏览器，服务器提供了要访问的网站服务。在一次的 URL 的访问过程中，首先客户端向服务器发送一个请求，服务器接收到后对其进行解析和处理，之后返回响应。然后客户端对传回的响应进行解析，便获得了所看见的网页。

3) 请求与响应

既然访问网页时，客户端与服务器要进行通信，那么请求与响应包含了哪些内容？其实了解请求与响应不但可以帮助理解客户端与服务器通信的过程，也为后面学习爬虫奠定了基础。

请求由客户端发往服务器，可以分为四个部分，即请求方法 (request method)、请求网址 (request URL)、请求头 (request headers)、请求体 (request body)。

(1) 请求方法：常见的有两种，即 GET 和 POST。GET 请求页面，并返回内容。POST 提交表单和上传文件，数据包含在请求体中。比如，登录的时候，需要用户名和密码，如果写在 URL 里，容易造成敏感信息泄露，此时就可以使用 POST 请求，通过表单的方式提交这些信息。

(2) 请求网址：要访问的页面的 URL。

(3) 请求头：一些服务器需要的附加信息。其中一些信息经常会使用到，如 Cookie、User-Agent 等。Cookie 记录了网站用于辨识用户的信息。比如，在某些网站，一开始进去时是需要登录的界面，登录后会换成登录后的界面。如果用户关闭该网页再打开，仍然是登录后的界面，这就是 Cookie 的功劳。服务器通过 Cookie 识别出了用户并且发现用户处于登录状态，所以返回了登录后的页面。User-Agent 是一个字符串头，服务器通过该信息识别客户端所使用的操作系统和版本。当使用爬虫时，一般要使用请求头伪装成正常的请求，否则很容易被发现。

(4) 请求体：对于 GET 请求，为空；对于 POST 请求，是 PSOT 请求中表单的内容。

响应是由服务器发往客户端的信息，可以分为响应头 (response headers)、响应状态码 (response status code) 和响应体 (response body)。

(1) 响应头：内容是服务器对请求的应答。

(2) 响应状态码：表示服务器对请求的响应状态。几个常见的状态码如表 3-1 所示。

表 3-1　常见响应状态码

响应状态码	状态	解释
200	成功	服务器已成功处理了请求
201	已创建	请求成功并且服务器创建了新的资源
202	已接收	服务器已接到请求，但尚未处理
204	无内容	服务器成功处理了请求，但没有返回任何内容
301	永久移动	请求的网页已永久移动到新位置，服务器返回此响应(对 GET 或 HEAD 请求的响应)时，会自动将请求者转到新位置
302	临时移动	服务器目前从不同位置的网页响应请求，但请求者应继续使用原有位置来进行以后的请求
403	禁止	服务器拒绝请求
404	未找到	服务器找不到请求的网页
408	请求超时	服务器等候请求时发生超时

(3)响应体：服务器返回的正文内容。比如，请求网页时，响应体就是网页 HTML 代码。一般来说，爬虫就是从响应体解析出需要的数据。

3. 爬虫基本原理

1)爬虫的基本概念与应用场景

爬虫(Spider 或 Web Crawler)是一种自动化程序，模拟人类浏览网页的行为，自动获取互联网上的内容并将其保存或进一步处理。爬虫在现代互联网中有着广泛的应用，最典型的例子是搜索引擎，如 Google 和 Bing，它们通过爬虫不断地爬取互联网网页的信息，构建起一个庞大的索引库，用户在使用搜索引擎时，实际上是在查询这个索引库。除此之外，爬虫还广泛应用于数据采集、市场研究、学术研究、新闻聚合、内容监控、产品价格比较等场景。一般来说，爬虫的工作流程如图 3-5 所示。

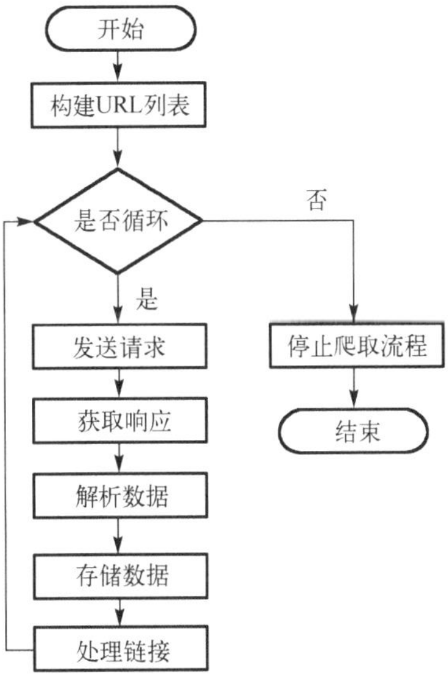

图 3-5　爬虫工作流程

爬虫的工作流程可以理解为一种自动化的网页访问和信息提取过程，通常分为以下几个步骤。

(1)构建 URL 列表：对于需要爬取的网页(一般不会只有一页)，需要观察它的 URL 的规律，一般是通过改变一些参数来构建 URL 列表，该列表存储了要爬取的网页 URL。

(2)判断是否循环：检查 URL 列表是否为空或爬取条件是否满足，如果是，进入爬取流程，否则停止爬取流程。

(3)发送请求：爬虫首先需要向目标网页发送 HTTP 请求。类似于在浏览器中输入网址并按回车键，目的是让服务器返回这个网页的内容。

(4)获取响应：服务器收到请求后，返回 HTTP 响应数据。响应内容通常包括网页的 HTML 源码、CSS、JavaScript 脚本，以及图片等资源。爬虫程序接收并存储这些数据，准备对其进行处理。

(5)解析数据：爬虫对获取到的网页内容进行解析，从中提取有用的信息。解析工具和技术包括正则表达式、XPath 选择器、Beautiful Soup 库等。这一步类似于从一篇长文章中挑选出感兴趣的段落。

(6) 存储数据：解析出的数据可能是文本、图片、链接等，爬虫会将这些数据保存到本地文件、数据库或数据仓库中，以便后续分析和处理。这一步就像把重要的资料保存到计算机硬盘上，以便日后查阅。

(7) 处理链接：爬虫会从当前页面中找到新的链接，这些链接指向其他网页或资源。爬虫将这些链接作为新的目标 URL，重复上述流程，继续爬取更多页面。这种机制使得爬虫能够在互联网这个庞大的“网”中逐步探索、获取信息。

(8) 重复爬取流程：对于处理后的 URL 列表，重复执行“发送请求→获取响应→解析数据→存储数据→处理链接”步骤，直到满足爬取停止条件。

(9) 停止爬取流程：当 URL 列表为空或达到预设的爬取条件(如时间限制、数据量限制)时，爬虫流程停止。

通过这样的流程，爬虫可以在很短的时间内访问成千上万的网页，获取大量数据。无论是企业在进行市场调研，还是学者在做文本分析，爬虫都能提供极大的帮助。

2) 静态网页爬取与动态网页爬取

静态网页的内容是在服务器生成的，服务器将生成好的 HTML 文件直接发送给客户端。每次用户访问一个静态网页时，看到的内容都是固定的，除非网页的源文件在服务器上发生了更改。由于静态网页不依赖用户的交互而变化，爬虫在爬取静态网页时，通常只需要发送 HTTP 请求，获取返回的 HTML 代码，然后解析其中的内容。在爬取静态网页时，爬虫流程较为简单，只需发出 HTTP 请求并获取响应，便可以直接在 HTML 源码中找到所需的信息。由于静态网页结构相对稳定，因此爬虫在爬取静态网页时，往往能保持较高的效率和准确度。

与静态网页不同，动态网页的内容通常是在客户端(即浏览器)通过 JavaScript 脚本生成的。这意味着，服务器返回的 HTML 代码并不包含完整的页面内容，而是依赖于客户端执行 JavaScript 代码后动态加载的数据。动态网页通常用于社交媒体、电子商务网站、内容管理系统等，需要根据用户操作展示不同内容的场景。爬取动态网页时，简单的 HTTP 请求往往无法获得完整的页面内容，因为请求得到的 HTML 文件可能只是一个框架，其中包含大量的 JavaScript 脚本。这些脚本会在浏览器中运行，生成和加载实际的页面内容。因此，为了有效地爬取动态网页，爬虫需要能够执行 JavaScript 代码。为了解决这个问题，可以使用模拟浏览器的工具，如 Selenium 和 Playwright。这些工具能够模拟用户在浏览器中的操作，如单击按钮、输入表单、滚动页面等，并能够执行页面中的 JavaScript 代码。使用这些工具，爬虫可以加载完整的动态页面，并从中提取所需的数据。例如，在使用 Selenium 时，爬虫可以模拟打开一个网页，等待 JavaScript 渲染完成，然后获取页面的完整 HTML 代码并进行解析。这样，爬虫就能爬取到原本无法通过简单请求获取的动态内容。

4. 常见的爬虫工具与技术

1) 使用 urllib 库进行网页请求

Python 中使用 urllib 库可以帮助发送 HTTP 请求，并且无须关心 HTTP 底层通信的实现。其中 urllib.request 模块提供了构造 HTTP 请求的办法，示例如图 3-6 所示。

```python
import urllib.request
response = urllib.request.urlopen("http://www.baidu.com")
print(res.read().decode('utf-8'))
```

```html
<meta name="description" content="全球领先的中文搜索引擎、致力于让网民更便捷地获取信息，找到所求。百度超过千亿的中文网页数据库，可以瞬间找到相关的搜索结果。">
<link rel="shortcut icon" href="https://www.baidu.com/favicon.ico" type="image/x-icon">
<link rel="search" type="application/opensearchdescription+xml" href="/content-search.xml" title="百度搜索"><title>百度一下，你就知道</title>
```

图 3-6　某访问网站的首页源码

urllib 是 Python 的标准库之一，主要用于处理与 URL(统一资源定位符)相关的操作，包括发送 HTTP 请求、解析 URL、处理 HTTP 响应等。它提供了一个简单的接口，帮助开发者轻松地进行网络通信，而无须深入了解 HTTP 协议的底层实现。

2) 使用 requests 库进行高级请求处理

requests 是一个非常流行的 Python 库，用于发送 HTTP 请求。与 urllib 相比，requests 提供了更简单、易用的 API，使得网络请求操作更加方便和直观。它被设计为更高层次的 HTTP 库，能够自动处理许多底层细节，如连接保持、Cookie 管理，以及编码问题，极大地简化了网络编程任务。

3) 网页信息提取与解析

获得了网页源码后，应当从中提取出需要的信息，前面提到过用正则表达式来提取，这里进行简单介绍。正则表达式(regular expression)在代码中常简写为 regex、regexp 或 RE，是一种文本模式，包括普通字符(如字母 a～z)和特殊字符(称为“元字符”)。正则表达式使用单个字符串来描述、匹配一系列匹配某个句法规则的字符串，通常用来检索、替换符合某个模式(规则)的文本。比如，URL 可以用正则表达式[a-zA-Z]+://[^\s]*来匹配。也就是说，假如有一个长字符串，如“******http://www.baidu.com####”，那么用上面的正则表达式可以提取出 http://www.baidu.com。这是因为 URL 是有格式规定的，一开始的 scheme 是协议名称，由大小写英文字母组成，之后都是://，然后是域名加路径。因此，a-z 是匹配任意的小写字母，A-Z 是匹配任意的大写字母，\s 是匹配任意空白字符等。正则表达式就是一串匹配规则的集合。常见的匹配规则如表 3-2 所示。

表 3-2　常见匹配规则

模式	描述
\w	匹配字母、数字、下划线
\W	匹配非字母、非数字、非下划线
\d	匹配数字，等价于[0-9]
\D	匹配非数字
\s	匹配空白字符，等价于[\t\n\r\t]
\S	匹配非空白字符
\n	匹配换行符

续表

模式	描述
\t	匹配制表符
^	匹配字符串开头
$	匹配字符串结尾
*	匹配任意个数表达式
+	匹配一个以上表达式

除了正则表达式外，还有 XPath、Beautiful Soup、PyQuery 等工具可以用于提取网页信息，请读者自行了解。

5. 动态页面的处理

前面讲过一种情况，就是网页的内容是基于 JavaScript 渲染的，直接爬取得不到什么信息，遇到这种情况有两种解决方法：第一种是利用模拟工具爬取，采用所见即所得的策略爬取信息；第二种是逆向 JavaScript 代码，直接找出其加密逻辑并实现，这种方法难度很高，但是相较于模拟工具，不需要渲染整个页面，速度会快很多。这里先介绍第一种方法——模拟浏览器操作。此处介绍两个工具，即 Selenium 和 Playwright。

1）使用 Selenium 模拟浏览器操作

首先在 Python 运行环境中使用 pip install selenium 指令安装相应的库，并且还需要下载对应的驱动，比如，使用 Chrome 浏览器，就要下载 Chrome 浏览器的驱动。Chrome 浏览器驱动可以在 ChromeDriver 的官方网站下载得到。注意，要根据 Chrome 的版本来下载对应版本驱动。之后将安装地址加入环境变量中。

使用 Selenium 模拟浏览器搜索“spider”，代码示例如下：

```
import time
from selenium import webdriver
browser = webdriver.Chrome(service=s)
browser.get("https://www.example.com")
browser.find_element(By.ID,'kw').clear()
browser.find_element(By.ID,'kw').send_keys('spider')
browser.find_element(By.ID,'su').click()
time.sleep(20)
browser.quit()
```

上述代码中 find_element(By.ID,‘kw’)结果如图 3-7 所示。

2）使用 Playwright 模拟浏览器操作

Playwrigth 是微软（Microsoft）2020 年时开发的一款自动化测试工具，对主流浏览器都提供了支持，并且 API 功能强大。其安装也更加简单，无须下载驱动程序，这些在安装 Playwright 包时就会自动配置好，十分推荐使用。其具有以下特性。

（1）支持所有主流浏览器：基于 Chromium 内核的 Google Chrome 和 Microsoft Edge 浏览器），WebKit 内核的 Apple Safari 和 Mozilla Firefox 浏览器，不支持 IE11。

（2）跨平台：Windows、Linux 和 macOS。

图 3-7　Selenium 模拟浏览器搜索截图

(3) 基于 WebSocket 协议：可以接收浏览器(服务器端)的信号。Selenium 采用的是 HTTP 协议，只能客户端发起请求。

(4) 浏览器上下文并行：单个浏览器实例下创建多个浏览器上下文，每个浏览器上下文可以处理多个页面。Playwright 是一个进程外自动化驱动程序，它不受页面内 JavaScript 执行范围的限制，可以自动化控制多个页面。

(5) 强大的网络控制：Playwright 引入了上下文范围的网络拦截来存根和模拟网络请求。

(6) 现代 Web 特性：支持 Shadow DOM 选择、元素位置定位、页面提示处理、Web Worker 等 Web API。

其在使用时和 Selenium 类似，但是功能更加强大，读者可以自行了解。

3.2.2　网络数据采集调度技术

1. 会话管理与代理的使用

1) 会话与 Cookie 管理

在一些爬虫任务中，保持会话状态非常重要，尤其是在处理需要登录的网站时。会话管理可以确保在多次请求之间，状态如登录信息、用户偏好等能够被持续保持。

在 Python 的 requests 库中，Session 对象可以自动处理和管理会话。通过 Session，可以在多次请求中共享 Cookie，从而模拟出一个持续的会话。例如，当用户登录某个网站后，再次请求其他页面时，不需要每次都重新登录，这就是会话管理的一个应用场景。

Cookie 是服务器发送到客户端并保存在用户浏览器中的一小段数据，通常用于维护用户的登录状态、个性化设置等。爬虫可以在发送请求时携带 Cookie，从而模拟已经登录的状态。

requests 库允许在请求中添加 Cookie，确保请求包含正确的用户身份信息，从而成功获取到目标页面的数据。

2）代理的基本原理与配置

代理服务器充当爬虫和目标网站之间的中介，能够隐藏爬虫的真实 IP 地址。此外，代理还可以帮助爬虫突破地理位置限制或其他访问限制。代理一般分为以下几种类型。

透明代理：会向目标服务器暴露用户的真实 IP 地址，但可以隐藏用户的身份。

匿名代理：隐藏用户的真实 IP 地址，但目标服务器能够检测到用户正在使用代理。

高匿名代理：完全隐藏用户的真实 IP 地址，并且目标服务器无法检测到用户正在使用代理。

在爬虫工作中，通过设置代理来发送请求是避免 IP 地址封禁的常用手段。当爬虫使用代理发送请求时，目标网站接收到的是代理服务器的 IP 地址，而不是爬虫的真实 IP 地址。通过合理地配置和使用会话与代理，爬虫程序可以更加稳定、有效地进行数据爬取。下面将通过 requests 库和 Selenium 库分别展示如何配置和使用代理。

首先，使用 requests 库来设置代理。在 requests 中，可以通过 proxies 参数来配置 HTTP 和 HTTPS 代理。代理的格式为“协议://代理 IP: 端口号”，配置后，所有请求都将通过指定的代理服务器发送，从而隐藏真实的 IP 地址。

```
import requests
proxies = {
    'http': 'http://10.10.1.10:3128',
    'https': 'http://10.10.1.10:1080',
}
response = requests.get('http://www.example.com', proxies=proxies)
print(response.text)
```

接下来，使用 Selenium 库来设置代理。Selenium 是一个用于模拟浏览器操作的工具，在爬取动态网页时非常有用。通过 Proxy 类，可以为浏览器配置代理，并将其应用到浏览器的会话中。

```
from selenium import webdriver
from selenium.webdriver.common.proxy import Proxy, ProxyType
proxy = Proxy()
proxy.proxy_type = ProxyType.MANUAL
proxy.http_proxy = '10.10.1.10:3128'
proxy.ssl_proxy = '10.10.1.10:1080'
capabilities = webdriver.DesiredCapabilities.CHROME.copy()
proxy.add_to_capabilities(capabilities)
driver = webdriver.Chrome(desired_capabilities=capabilities)
driver.get('http://www.example.com')
driver.quit()
```

在此代码中，首先创建了一个 Proxy 对象，并设置了 HTTP 和 HTTPS 代理。然后，将代理添加到浏览器的能力配置中，确保浏览器在启动时使用该代理。启动浏览器后，所有的网页请求都会通过指定的代理服务器发出，从而隐藏真实 IP 地址。

2. 并发爬虫设计

1) 多线程爬虫设计

多线程爬虫通过同时执行多个线程来提升爬取效率。每个线程在爬虫运行时独立处理不同的任务，如请求网页、解析数据或存储结果。由于线程共享相同的内存空间，因此数据共享相对容易，但需要注意线程安全问题。常见的多线程爬虫应用场景包括访问大量相互独立的网页，或需要并行处理多个数据提取任务的情况。

```python
import threading
import requests
def fetch_url(url):
    response = requests.get(url)
    print(f"Fetched {url} with status {response.status_code}")
urls = ['http://example.com', 'http://example.org', 'http://example.net']
threads = []
for url in urls:
    thread = threading.Thread(target=fetch_url, args=(url,))
    threads.append(thread)
    thread.start()
for thread in threads:
    thread.join()
```

在这个示例中，创建了多个线程，每个线程独立执行 fetch_url() 函数，负责从指定的 URL 获取网页内容。所有线程同时启动，并发地进行 HTTP 请求，最终将结果输出到控制台。这种方式有效提高了爬取效率，特别是在网络 I/O 操作密集的场景下表现十分显著。然而，多线程程序必须考虑线程之间的同步与竞争问题，如共享变量的竞争访问、死锁等，这些问题可能导致程序不稳定或崩溃。因此，在实际应用中，多线程爬虫需谨慎设计，确保线程安全。

2) 多进程爬虫设计

与多线程爬虫不同，多进程爬虫通过在多个独立的进程中同时执行爬取任务来提升效率。由于每个进程都有独立的内存空间，因此多进程适用于 CPU 密集型任务和需要规避全局解释器锁（GIL）限制的场景。多进程爬虫可以充分利用多核 CPU 资源，实现真正的并行计算，但进程间的数据共享和通信较为复杂。

```python
import multiprocessing
import requests

def fetch_url(url):
    response = requests.get(url)
    print(f"Fetched {url} with status {response.status_code}")
urls = ['http://example.com', 'http://example.org', 'http://example.net']
processes = []
for url in urls:
    process = multiprocessing.Process(target=fetch_url, args=(url,))
    processes.append(process)
    process.start()
```

```
    for process in processes:
        process.join()
```

在这个示例中，使用 multiprocessing 模块创建了多个独立的进程，每个进程负责从不同的 URL 获取网页内容。与多线程爬虫相比，多进程爬虫可以绕过 GIL 的限制，适合需要同时处理多个独立任务的场景，如大量网页的并行爬取。每个进程都有独立的内存空间，这虽然提高了计算效率，但也带来了进程间数据共享和通信的难题。实际开发中，可以使用共享内存、队列、管道等方式实现进程间通信。

多进程爬虫的优势在于其可以充分利用多核处理器的能力，实现真正的并行处理，特别适合处理复杂的数据处理任务。然而，进程的创建和销毁开销较大，且进程间的数据传递复杂，因此适合在大规模并行任务中使用。

3) 分布式爬虫设计

分布式爬虫设计的核心在于如何利用多台主机协同工作，以实现大规模、高效率的数据爬取。相比于单机爬虫，分布式爬虫可以大幅提升数据采集的速度和效率。通过多台主机共同工作，分布式爬虫能够在短时间内爬取海量数据，适用于搜索引擎索引构建、社交媒体数据爬取等大规模数据采集任务。

分布式爬虫的基本架构与单机爬虫相似，但最大的不同在于任务调度和数据存储的方式。在分布式爬虫中，所有爬虫实例共享一个爬取队列和去重机制，以确保每个任务都只被处理一次。分布式爬虫架构的核心组成部分如下。

(1) 共享队列：所有爬虫实例从同一个共享队列中获取待处理的 URL，这个队列通常存储在高效的分布式数据库中，如 Redis。共享队列的使用确保了任务的分配和执行能够最大限度地避免重复。

(2) 去重机制：通过在共享的去重集合中存储每个请求的指纹，确保各个爬虫实例不会重复爬取相同的 URL。去重机制的实现依赖于高效的数据结构和算法，通常也使用 Redis 中的集合数据结构。

(3) 调度与执行：每个爬虫实例都有独立的调度器(Scheduler)和下载器(Downloader)。调度器负责从共享队列中提取待处理的 URL，下载器则负责向目标网站发送请求并获取数据。

共享队列是分布式爬虫系统的核心组件，为了实现高效的共享队列，Redis 被广泛应用。Redis 提供了多种强大的数据结构支持，如列表、集合和有序集合，同时还能实现高效的并发访问。列表适用于实现先进先出(FIFO)的队列，爬虫实例可以通过 lpush() 方法将 URL 推入队列，再通过 lpop() 方法从队列中取出 URL 进行处理。集合则适用于去重队列，通过集合这种数据结构，可以确保每个 URL 只被处理一次，有效避免重复爬取数据。而有序集合则用于带有优先级的队列，在某些情况下，不同的 URL 可能具有不同的优先级，有序集合可以确保优先级高的 URL 被优先处理。通过这些数据结构，Redis 可以灵活地管理分布式爬虫任务，提高效率并减少资源浪费。

在分布式爬虫中，去重机制同样依赖于 Redis。爬虫实例计算每个请求的指纹(通常使用 SHA-1 等哈希算法)，并将其存储在 Redis 的集合中。在处理新的 URL 时，爬虫实例首先检查该 URL 的指纹是否已经存在于集合中。如果存在，则跳过该 URL，否则将其加入集合并继续处理。

以下是一个简单的指纹计算示例：

```python
import hashlib

def request_fingerprint(request):
    fp = hashlib.sha1()
    fp.update(request.url.encode('utf-8'))
    return fp.hexdigest()
```

通过这种方式，各个爬虫实例可以高效地共享去重信息，确保整个系统中没有重复爬取的任务。

分布式爬虫系统需要具备应对中断的能力。由于爬虫运行时间可能较长，且任务复杂，难免会出现爬虫中断的情况。在 Scrapy 中，可以通过将爬取队列保存在本地来防止中断后数据丢失。但是在分布式爬虫中，由于爬取队列存储在 Redis 中，即使爬虫中断，队列中的数据也不会丢失，爬虫重启后可以继续从中断处开始爬取。

通过利用 Scrapy-Redis 扩展包，开发者可以轻松实现分布式爬虫。Scrapy-Redis 提供了内置的共享队列和去重机制，并与 Scrapy 无缝集成，使得分布式爬虫的开发和部署变得更加简单。

3. 爬虫调度技术

在大型爬虫系统中，任务调度技术是提高爬虫效率、优化资源利用以及确保数据爬取完整性的重要环节。爬虫调度不仅涉及任务的合理分配，还需要处理失败任务的重试机制和动态调整策略，以应对复杂的网络环境和多样化的数据爬取需求。

1) 任务调度策略

任务调度是爬虫系统的核心，其主要目标是将大量待处理的任务(如 URL 列表)合理分配到各个爬虫实例中，最大化地利用系统资源并提高爬虫的工作效率。

常见的任务调度策略如下。

轮询调度(round-robin scheduling)：最简单的任务调度策略。它按顺序将任务分配给每个爬虫实例，不考虑每个实例的负载情况。这种方法实现简单，但在任务复杂度不均衡时，可能导致部分爬虫实例过载。

基于负载的调度(load-based scheduling)：根据每个爬虫实例的当前负载(如 CPU 使用率、内存占用、任务队列长度等)，将新任务分配给负载较低的实例。这种调度策略能够动态调整任务分配，优化资源利用，提升系统的响应速度和稳定性。

优先级调度(priority scheduling)：当一些任务比其他任务更重要或紧急时，优先级调度可以将高优先级任务优先分配给爬虫实例处理。这种策略确保了关键任务能够在最短时间内得到处理。

随机调度(random scheduling)：为避免任务过于集中在某一实例，随机调度将任务随机分配给各个实例。该策略适用于负载相对均衡的场景，且实现简单。

2) 失败任务的重试机制

在实际网络环境中，任务失败是不可避免的，如网络超时、目标网站临时不可用或数据请求被阻止等问题都会导致任务失败。为了确保数据爬取的完整性，爬虫系统通常需要设计失败任务的重试机制。

常见的重试机制包括固定次数重试、指数退避重试和多渠道重试等方法。固定次数重试是在任务失败时，系统按照预设的次数重新尝试执行该任务，如果达到重试次数仍然失败，则将任务标记为失败，并记录日志供后续处理。指数规避重试则是在每次重试之间增加等待时间，通常等待时间按照指数级别增长，从而减少频繁重试带来的资源浪费，并增加重试成功的概率。多渠道重试适用于任务可通过多个渠道(如不同 IP 地址或代理服务器)执行的情况，当某个渠道失败时，系统可以尝试通过其他渠道重试任务，这在目标网站对某些渠道有访问限制时特别有效。

设计重试机制时，需要合理设置重试次数和等待时间，以确保重试策略的有效性。过多的重试可能浪费资源，而过少的重试可能导致任务丢失。等待时间应根据网络环境和目标网站的响应速度进行调整。此外，无法成功重试的任务应进行详细的日志记录，以便开发者分析原因并优化爬虫策略。重试机制应能够动态调整，例如，根据任务类型和目标网站的特性，在高峰期减少重试次数，或者对特定类型任务加快重试节奏。通过合理设计和应用这些重试机制，爬虫系统可以更好地应对网络波动，确保数据抓取的可靠性。

3)动态爬虫调度

动态爬虫调度是一种智能化的调度方式，能够根据系统运行情况实时调整任务调度和执行顺序。通过对爬虫实例的运行状态、任务进展、网络延迟以及目标网站响应情况的监控，动态调度系统能够实时调整任务的分配频率和优先级。自适应任务分配功能使系统能够根据负载和响应速度自动优化任务分配，而弹性扩展与缩减机制则确保系统在任务量增加时自动增加实例数量，在任务量减少时自动减少实例数量。优先级动态调整则根据任务的紧急程度和执行情况灵活调整任务的优先级，确保重要任务能够得到及时处理。

3.2.3 高级网络信息采集技术

随着互联网技术的发展，网站的结构和数据呈现方式变得越来越复杂，传统的简单爬虫方法往往难以应对现代网页的动态加载、加密通信、跨平台应用等新技术挑战。为此，高级网络信息采集技术应运而生，为开发者提供了强有力的工具和方法，以应对这些复杂的挑战。本节将深入探讨几种关键的高级技术，帮助开发者在复杂的网络环境中高效采集数据。

1. 网络流量拦截与分析

1)mitmproxy 的基本功能与应用场景

mitmproxy 的基本功能包括拦截 HTTP 和 HTTPS 请求与响应、保存会话数据以供分析、模拟客户端和服务器的交互，以及利用反向代理转发流量等。它提供了一种在 PC 上运行的代理服务，通过将流量转发给实际的服务器，并将响应数据返回给客户端，起到中间人的作用，捕获并展示所有的网络流量。mitmproxy 的操作方式主要有两种：控制台操作和 Web 界面操作，前者通过命令行界面实现操作，后者则提供了更直观的图形化界面，如图 3-8 所示。

mitmproxy 在各种应用场景中都有着广泛的应用。对于需要深入了解网络通信的开发者来说，mitmproxy 是分析复杂应用、逆向工程 API、调试网络请求的利器。它常用于拦截移动设备的网络流量、分析动态加载的内容，以及绕过某些网页的反爬虫机制。通过拦截和解析通信数据，开发者可以直接访问通常难以获取的后台数据，甚至可以通过修改请求来模拟不同的用户行为或测试系统的稳定性。

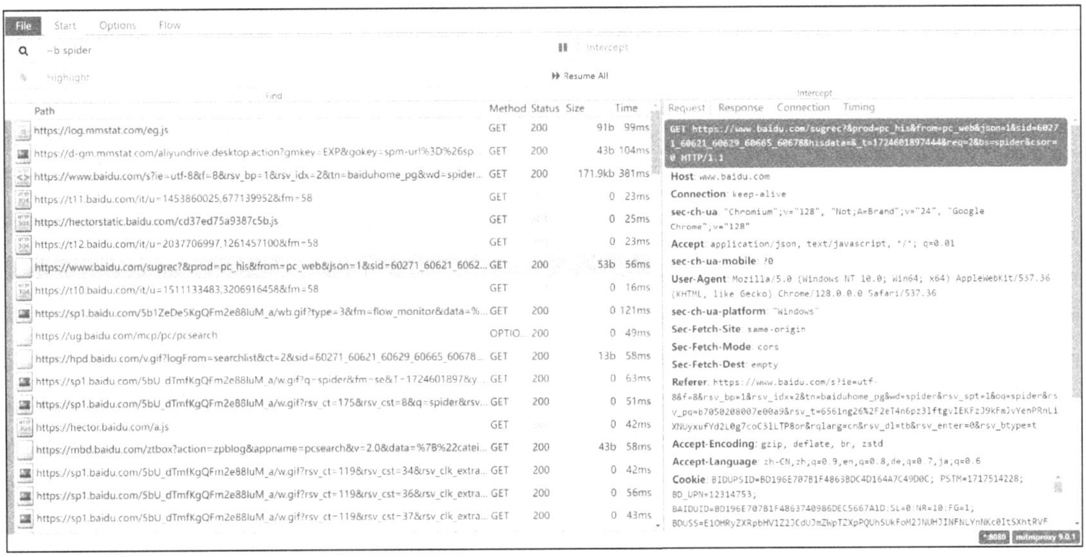

图 3-8　mitmproxy 网页 GUI 界面

2) 通过 mitmproxy 进行数据拦截与修改

mitmproxy 不仅仅是一个被动的流量监控工具，它还支持对拦截到的数据进行实时修改。在使用 mitmproxy 时，开发者可以随时对请求和响应的数据进行编辑，如修改请求头中的 User-Agent 信息、添加或删除 Cookie，或者修改请求的 URL 路径和参数。这种功能特别适用于需要模拟不同网络环境、伪造请求或测试服务器响应的场景。

通过简单的命令行操作，mitmproxy 可以启动一个监听在指定端口的代理服务。当移动设备或其他客户端通过该代理访问互联网时，mitmproxy 就会自动拦截所有的网络流量。在这个过程中，开发者可以使用 mitmdump(mitmproxy 的命令行接口)配合 Python 脚本，进一步处理和分析拦截到的流量。例如，可以编写脚本自动化修改请求中的参数，并重新发起请求，从而观察服务器的不同响应。这种实时修改与重新请求的能力使得 mitmproxy 不仅仅是一个抓包工具，更是一个强大的网络测试和调试平台。

3) 与其他爬虫工具的结合使用

mitmproxy 不仅限于单独使用，它还可以与其他爬虫工具结合，以增强数据采集的效果。在与 Selenium 或 requests 结合使用时，mitmproxy 可以作为一种流量捕获和分析的中间层，帮助开发者更加全面地理解网页的网络请求结构，尤其是在面对复杂的 AJAX 请求和加密传输时。

例如，在使用 Selenium 进行动态网页数据采集时，开发者可以通过 mitmproxy 捕获到浏览器发送的所有请求，并分析这些请求以找出关键数据接口。然后，利用 requests 库直接访问这些接口，绕过不必要的页面渲染，直接提取所需数据，从而提高爬取效率。在这种组合使用方式下，mitmproxy 充当了分析和优化的角色，通过它的辅助，开发者可以更高效地设计和执行爬虫任务。

此外，mitmproxy 还可以帮助开发者在跨平台的数据采集任务中获取隐藏或加密的数据，通过中间人代理的方式解密并分析数据，从而完成更复杂的网络数据采集工作。通过这种方式，mitmproxy 与其他工具形成了一个强大的组合拳，能够应对各种复杂的网络数据采集需求，帮助开发者更高效、更准确地完成任务。

2. 浏览器自动化与模拟

浏览器自动化与模拟是现代爬虫技术中非常重要的组成部分，尤其是在处理动态网页和复杂交互场景时，传统的静态 HTML 解析方式往往力不从心。Selenium 作为一种强大的自动化测试工具，广泛应用于浏览器的自动化操作和网页数据的采集。在这一部分，将深入探讨 Selenium 框架的高级应用，以及它在动态网页处理中的重要角色，并介绍 Headless 浏览器的使用方法。

1) Selenium 框架的高级应用

Selenium 是一个功能强大的工具，它可以通过编程方式控制浏览器，执行如打开网页、填写表单、单击按钮、获取网页内容等操作。Selenium 的强大之处在于它能够处理现代网页中的 JavaScript 动态渲染问题，这使得它成为处理复杂交互网页的最佳选择之一。

使用 Selenium，开发者可以轻松模拟用户在浏览器中的一系列操作。例如，可以使用 webdriver 对象打开浏览器，并通过 get 方法访问特定 URL。节点查找是 Selenium 的一项核心功能，开发者可以通过多种方式(如 ID、名称、XPath、CSS 选择器等)找到网页元素，并对其进行交互操作，如输入文字、单击、拖动等。Selenium 还支持动作链(action chains)功能，能够模拟更复杂的用户行为，如鼠标指针悬停、拖动、键盘按键等。这些功能使得 Selenium 在自动化测试和数据采集中拥有广泛的应用。

2) 浏览器自动化在动态网页中的应用

动态网页的主要特点是页面内容在用户浏览时通过 JavaScript 动态生成，这种情况下，传统的静态爬虫工具往往无法获取到完整的网页内容。而 Selenium 通过真实地模拟用户操作，可以等待 JavaScript 加载完成，确保获取到的网页内容是最终呈现给用户的内容。

在处理动态网页时，Selenium 可以通过隐式或显式等待机制来等待特定元素加载完成，从而提高数据抓取的准确性。隐式等待是设置一个全局的等待时间，当寻找页面元素时，Selenium 会在规定时间内不断尝试，直到找到元素或超时为止；显式等待则允许开发者设置更加灵活的等待条件，如等待特定元素的出现或某个按钮变为可单击状态。在某些情况下，还可以使用 Selenium 的 JavaScript 执行功能，直接在页面上运行 JavaScript 代码，以便处理更加复杂的交互。

Selenium 在处理动态网页时的优势显而易见，它能够克服传统爬虫工具在面对复杂交互和动态内容时的局限性，为数据采集提供了强有力的支持。

3) Headless 浏览器与无头模式的使用

在某些应用场景中，特别是当需要在服务器上批量执行爬虫任务时，弹出浏览器窗口既不必要也不方便。为此，Selenium 支持无头模式。这种模式下，浏览器在后台运行，不会显示任何用户界面，但仍然能够完成所有正常浏览器能做的事情，如加载网页、执行 JavaScript、操作 DOM 等。

使用无头模式，开发者可以通过较低的资源消耗完成数据采集任务，并且其能够更方便地部署在服务器环境中。例如，Chrome 浏览器可以通过添加 headless 参数来启动无头模式。

这种方式非常适合需要大量开发爬取任务的场景，同时也减少了 GUI 渲染的开销，提升了爬虫的运行效率。

无头模式的浏览器虽然没有用户界面，但它依然可以完整地处理 JavaScript，并且具备 Selenium 所有的自动化功能。因此，在需要高效执行批量操作的场合，Headless 浏览器模式成为非常受欢迎的选择。

通过 Selenium 及其无头模式，开发者能够更加高效地应对动态网页和复杂交互的挑战，实现大规模的数据采集，并将这些技术应用于实际的商业和科研场景中。

3. 爬虫框架的应用

爬虫框架的应用是网络爬虫开发中不可或缺的一部分。框架的合理使用能够大幅提升开发效率、代码可维护性以及可扩展性。在本部分，将介绍两个主流的爬虫框架——Scrapy 和 PySpider，分别重点分析 Scrapy 的架构与实现以及 PySpider 的特点与应用场景。同时，还将讨论爬虫框架的扩展与优化，为应对复杂的数据采集任务提供有力的技术支持。

1) Scrapy 的架构与实现

Scrapy 是一个功能强大的 Python 爬虫框架，专为高速和高效的数据爬取任务而设计。Scrapy 基于 Twisted 的异步处理机制，这使得其在处理大量并发请求时表现出色。Scrapy 的架构模块化，设计清晰，每个模块各司其职，易于扩展和维护。

Scrapy 的架构可以分为几个核心组件。

(1) Engine（引擎）：Scrapy 的核心，负责管理整个爬虫的数据流动和处理逻辑。

(2) Scheduler（调度器）：负责接收引擎发来的请求，并将这些请求进行排队处理，确保将其高效有序地发送给下载器。

(3) Downloader（下载器）：负责执行实际的网页请求并将响应返回给引擎。

(4) Spiders（蜘蛛）：定义了具体的爬取逻辑和网页解析规则，通过编写 Spiders，开发者可以灵活地处理不同类型的网页和数据结构。

(5) Item Pipeline（项目管道）：负责清洗、验证和存储爬取到的数据，确保数据的质量和完整性。

(6) Middlewares（中间件）：Scrapy 提供了 Downloader Middlewares 和 Spider Middlewares，分别用于定制化处理请求、响应和爬取结果。

Scrapy 的数据流由引擎统一控制，数据流动的过程分为请求的生成、调度、下载、解析、结果处理等步骤。通过异步调度和组件的高效协作，Scrapy 实现了对网络带宽的最大化利用，极大地提升了爬取速度和效率。

2) PySpider 的特点与应用场景

PySpider 是由国人开发的另一个强大的网络爬虫框架，因其易用的 Web UI、灵活的调度机制以及对 JavaScript 页面的良好支持而广受欢迎。PySpider 的设计初衷是简化爬虫开发的过程，并且为开发者提供更加直观的开发体验。

PySpider 的主要特点如下。

(1) Web UI 支持：PySpider 自带的 Web UI 使得爬虫的编写、调试、监控和管理都可以通过可视化界面完成，这为开发者提供了极大的便利。

(2) 多种后端支持：PySpider 支持多种数据库（如 MySQL、MongoDB、Redis）和消息队列(如 RabbitMQ、Redis)的集成，能够轻松应对不同的数据存储需求。

(3) JavaScript 渲染支持：通过集成 PhantomJS，PySpider 能够处理 JavaScript 动态渲染的网页，这在面对现代网页时尤为重要。

(4) 分布式部署：PySpider 支持分布式部署，能够通过扩展实现对大规模爬取任务的高效处理。

PySpider 非常适合快速实现和部署简单的爬虫任务，尤其是当需要处理 JavaScript 渲染的网页时。其直观的 Web UI 使得项目的管理和监控更加方便，也更适合团队协作。然而，PySpider 在可扩展性和灵活性方面相对不及 Scrapy，特别是在应对复杂和高并发场景时，Scrapy 的模块化设计优势更加明显。

3) 爬虫框架的扩展与优化

爬虫框架的扩展与优化在实际应用中显得尤为重要，通过合理的扩展和优化策略，爬虫可以更高效地应对复杂的场景，实现更加灵活和高效的数据采集。首先，Scrapy 作为一个高效的爬虫框架，通常通过直接发送 HTTP 请求来获取网页内容，但对于通过 JavaScript 动态渲染的页面，Scrapy 的默认下载器无法处理，这时可以通过对接 Selenium 来实现动态页面的抓取。Selenium 能够模拟用户行为，加载完整的网页，获取最终的渲染结果，从而突破传统爬虫无法获取动态内容的限制。对接通常在下载中间件(middleware)中进行，通过拦截 Scrapy 请求，改为使用 Selenium 加载目标网页并获取渲染后的 HTML 内容，再将其转换为 HtmlResponse 对象供 Scrapy 引擎处理。虽然这种方法可以处理复杂的动态网页，但 Selenium 的执行速度较慢，会阻塞 Scrapy 的异步处理，影响整体抓取效率，因此在大规模、高并发的任务中，需结合其他工具或优化策略提高效率。

为了更好地应对多站点的数据抓取需求，爬虫框架的通用化和优化也十分必要。实际应用中，往往需要爬取多个结构各异的站点，如果为每个站点单独编写爬虫，容易导致代码重复，增加维护成本。因此，设计一个通用的爬虫框架将通用部分抽象出来，仅需配置不同站点的规则和解析方式，可以显著提高开发效率和可维护性。Scrapy 提供的 CrawlSpider 类通过配置爬取规则，可以自动处理页面链接的提取和请求调度，简化了爬虫的编写过程；而 Item Loader 则提供了标准化的数据处理机制，可以通过配置文件统一管理字段的提取和处理方式。进一步的通用爬虫框架设计可以将不同站点的爬取规则、数据提取方式抽象为配置文件，并通过动态读取这些配置文件来生成爬虫任务，从而实现一个框架适应多个站点的需求。通过这些扩展和优化策略，爬虫框架不仅能应对复杂的动态网页，还能通过通用化设计提高开发效率，降低代码维护成本。

4. 跨平台信息采集技术

在现代移动应用的发展中，数据的获取和分析变得至关重要。对于移动平台，应用数据的抓取不仅涉及用户界面元素的提取，还包括日志信息、通信数据以及系统状态等多维度的数据采集。本部分将探讨如何利用工具和技术在移动平台上进行有效的数据抓取。

1) 移动平台的应用数据抓取工具

在移动平台上进行数据抓取，常用的工具包括 ADB(android debug bridge)和 Appium。ADB 是一个功能强大的命令行工具，允许用户与 Android 设备进行多种交互，如安装应用、查看设备日志、捕获屏幕截图等。Appium 则是一个跨平台的自动化测试工具，可以在 Android

与 iOS 平台进行自动化测试，能够模拟用户操作来抓取应用内的数据。

ADB 提供了底层的数据抓取方式。通过 ADB，开发者可以直接从 Android 设备中获取大量的实时数据。下面是一个使用 ADB 命令的代码示例，用于实现一个小功能：抓取 Android 设备上的实时日志，以及获取屏幕截图并将其保存在本地。

```
#!/bin/bash
# 1. 检查已连接的设备
echo "检查已连接的设备..."
adb devices
# 2. 抓取设备实时日志并保存到文件
echo "抓取设备实时日志..."
adb logcat > logs.txt &
LOG_PID=$!
echo "日志正在抓取，输出到 logs.txt..."
# 3. 等待一段时间以获取更多的日志信息
sleep 10
# 4. 停止日志抓取
kill $LOG_PID
echo "日志抓取完成。"
# 5. 截取屏幕并保存到设备
echo "截取屏幕截图..."
adb shell screencap -p /sdcard/screenshot.png
# 6. 将截图文件从设备复制到本地
echo "将截图复制到本地..."
adb pull /sdcard/screenshot.png ./screenshot.png
# 7. 删除设备上的截图文件
adb shell rm /sdcard/screenshot.png
echo "截图已复制到本地并删除设备上的文件。"
# 8. 显示文件列表以验证文件已保存
ls -lh logs.txt screenshot.png
```

Appium 则提供了一种更高层次的抓取方式，尤其适合需要模拟复杂用户交互的场景。通过 Appium，可以自动化地执行单击、滑动、文本输入等操作，并抓取这些操作产生的数据。Appium 的一个重要优势是它能够跨应用抓取数据，即使是在需要登录的应用内，也能进行全程自动化操作，Appium 的操作模式与模拟网页的库 Selenium 非常相似，并且可以对接 Selenium 库进行使用，因此可以解决爬取某些应用需要动态加载数据的问题。

下面是一个使用 Appium 模拟单击应用中 button 的示例：

```
from appium import webdriver
desired_caps = {
    'platformName': 'Android',
    'deviceName': 'MyDevice',
    'appPackage': 'com.example.app',
    'appActivity': '.MainActivity'
}
driver = webdriver.Remote('http://localhost:4723/wd/hub', desired_caps)
element = driver.find_element_by_id('com.example.app:id/button')
element.click()
```

2）数据抓取的挑战

在 Android 平台上进行数据抓取时，会面临一些挑战。

(1)数据加密与保护机制：现代应用往往使用加密技术保护用户数据，抓取这些数据时，需要解密处理或通过模拟正常操作来获取解密后的数据。

(2)反抓取措施：部分应用通过代码混淆、检测调试模式、动态加载等方式防止数据抓取。针对这些措施，抓取者需要使用反调试技术或修改环境配置来绕过保护机制。

(3)多样化的应用架构：Android 应用的架构多样，使用不同的框架和库进行开发，这使得数据抓取工具在不同应用间的适应性存在差异。为了解决这一问题，可以通过扩展工具的能力或开发自定义的插件来适应特定的应用架构。

5. 实战示例：爬取示例搜索网站页面

在本部分中，将通过一个实战示例，演示如何爬取某示例搜索结果页面。另外，将探讨如何使用 requests 和 Selenium 两种方式来采集网站信息，并在最后完成数据的提取与存储。

1）使用 requests 获取静态网页

对于大多数简单的网页，requests 是一个非常便捷的选择。requests 允许发送 HTTP 请求，并轻松获取响应内容。

首先，使用 requests 库发送一个 HTTP GET 请求到搜索页面，并获取响应内容。

```
import requests

url = 'https://www.example.com/s'
params = {'wd': 'Python 爬虫'}
headers = {'User-Agent': 'Mozilla/5.0 (Windows NT 10.0; Win64; x64) AppleWebKit/537.36 (KHTML, like Gecko) Chrome/92.0.4515.107 Safari/537.36'}

response = requests.get(url, params=params, headers=headers)
if response.status_code == 200:
    print("请求成功")
    print("响应内容类型:", response.headers['Content-Type'])
    print("响应编码:", response.encoding)
else:
    print("请求失败:", response.status_code)
```

在上面的代码中，向示例搜索页面发送了一个查询关键字为“Python 爬虫”的请求，并添加了一个用户代理头，以模拟浏览器操作。随后检查响应状态，确保请求成功。

接下来，使用 BeautifulSoup 解析返回的 HTML 内容，并提取关心的数据，如搜索结果的标题和链接。

```
from bs4 import BeautifulSoup

data = []
soup = BeautifulSoup(response.text, 'html.parser')
results = soup.find_all('h3')

for result in results:
    title = result.get_text()
```

```
    link = result.find('a')['href']
    print("标题:", title)
    print("链接:", link)
    data.append((title, link))
```

在这段代码中，使用 BeautifulSoup 查找所有<h3>标签(通常包含搜索结果标题)，并从中提取标题文本和链接。

2) 使用 Selenium 处理动态网页

对于包含动态加载内容的网页，如某些搜索结果页面，requests 无法直接获取所有数据。这时，可以使用 Selenium 自动化浏览器工具，来模拟用户操作并处理 JavaScript 渲染的内容。

```
import time
from selenium import webdriver
from selenium.webdriver.common.by import By
from selenium.webdriver.support.ui import WebDriverWait
from selenium.webdriver.support import expected_conditions as EC

driver = webdriver.Chrome()
driver.get("https://www.example.com")

search_box = driver.find_element(By.NAME, 'wd')
search_box.send_keys('Python 爬虫')
search_box.submit()

data = []

try:
    WebDriverWait(driver,  10).until(EC.presence_of_element_located((By.ID,
"content_left")))
    results = driver.find_elements(By.XPATH, '//h3')

    for result in results:
        title = result.text
        link = result.find_element(By.TAG_NAME, 'a').get_attribute('href')
        print("标题:", title)
        print("链接:", link)
        data.append((title, link))

    time.sleep(10)

finally:
    driver.quit()
```

在这段代码中，使用 Selenium 模拟在示例搜索页面的搜索框中输入关键字，并提交搜索请求。WebDriverWait 用于等待页面加载完成，随后提取搜索结果的标题和链接，并将它们存储在列表中，模拟浏览器如图 3-9 所示。

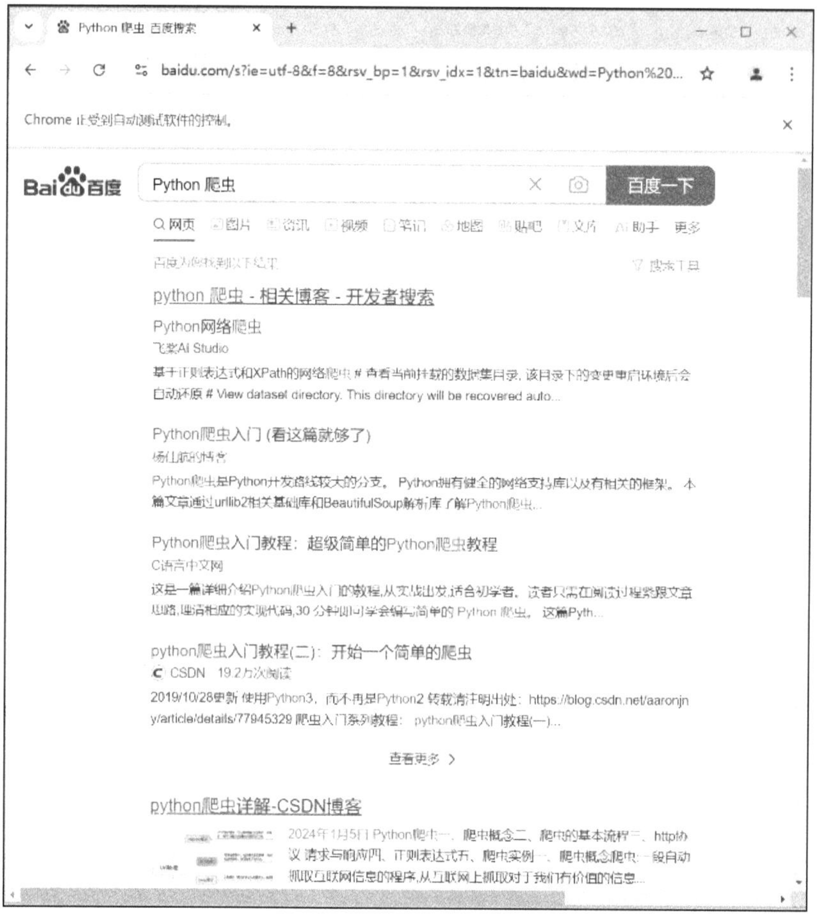

图 3-9　使用 Selenium 爬取示例搜索页面示例

3) 数据的存储

将抓取到的数据保存到 MySQL 数据库中。下面的代码展示了如何使用 pymysql 库将数据保存到 MySQL 数据库。

```
import pymysql

db = pymysql.connect(
    host="127.0.0.1",
    user="root",
    password="123456",
    database="my_spider_db",
    charset="utf8mb4"
)

cursor = db.cursor()

create_table_query = """
CREATE TABLE IF NOT EXISTS search_results (
    id INT AUTO_INCREMENT PRIMARY KEY,
```

```
    title VARCHAR(255) NOT NULL,
    link TEXT NOT NULL
) ENGINE=InnoDB DEFAULT CHARSET=utf8mb4;
"""
cursor.execute(create_table_query)
db.commit()

insert_query = "INSERT INTO search_results (title, link) VALUES (%s, %s)"
cursor.executemany(insert_query, data)

db.commit()
cursor.close()
db.close()
```

在这段代码中，首先连接到 MySQL 数据库，并创建了一个表格来存储搜索结果。然后，使用 executemany 方法批量插入数据，存储的数据如图 3-10 所示。

对象　search_results @my_spider_db (127....

开始事务　文本 · 筛选　排序　导入　导出

id	title	link
1	python 爬虫 - 相关博客 - 开发者搜索	http://www.baidu.com/link?url=k85mt2f9ZIO0tGEV_yHG0DrBrU6ABgwXOK-ZI2BqE3Q5uzurgIPeql57Sm3WwoaTceLZhji_9
2	python爬虫详解-CSDN博客	http://www.baidu.com/link?url=T0RujANaE6P9Y4nRi6uKkfHBAV1ogtgX3FFYW_DrW0BWMEQuN49u_p-ZihPjFICfoE9nIF-8I
3	做一个简单的python爬虫	http://www.baidu.com/baidu.php?url=Ks00000EAMrnIPLIyBsETXswwPy-fhgty-6limf6PE7FTQLvyl-ji-_aqSKzoDu91--1CJbNI
4	Python 爬虫 - 视频大全 - 高清在线观看	https://www.baidu.com/sf/vsearch?pd=video&wd=Python%20%E7%88%AC%E8%99%AB&tn=vsearch&lid=ba82e1c502c
5	python爬虫简述 - 腾讯云开发者社区-腾讯云	http://www.baidu.com/link?url=3jrFE_4UCINvbyXZFTIcTJ4FUG3WqgJdYVn7HAPOtI0kNEDVGZfUeFAJWyFs-xkyLRR1bKPO
6	python爬虫超细详解,小学生也能学的会	http://www.baidu.com/baidu.php?url=Ks00000EAMrnIPLIy_K3aSyeE96G4mSgqzud0zbtdNJISHef5teVsUMK80F0Cj5TVmjp
7	Python爬虫入门详细教程,通俗易懂,看一遍就会!(含实例)	http://www.baidu.com/link?url=pwLZLTVdoQamoSyECObMJCWrixJTsrQv4NDOibEBzQnIYhB2ZSJKe1qyQmqgPOtCBI3vgO
8	Python爬虫详解:原理、常用库与实战案例-CSDN博客	http://www.baidu.com/link?url=3jrFE_4UCINvbyXZFTIcT30owUhjUR3-Q3Zin61Xqqme5Y2SPXVAY632ZB2ckv1aqITBnE7j4F
9	5分钟上手Python爬虫,轻松掌握爬虫技巧	http://www.baidu.com/link?url=pwLZLTVdoQamoSyECObMJ4ZgH4Lb0C8Cc_vzbwGI_UsWMEj47Jx6cw-RzD-5Xn3cHuoEzH
10	Python爬虫大数据采集与挖掘-10反爬虫技术 - 百度文库	http://www.baidu.com/link?url=3jrFE_4UCINvbyXZFTIcT3eU6tLZ8mmCKYESEtKG_Njc3zwQCWaUic9fisG5S9wMdbyTB-dCf
11	Python网络爬虫技术 第1章 Python爬虫环境与爬虫介绍	http://www.baidu.com/link?url=3jrFE_4UCINvbyXZFTIcT3eU6tLZ8mmCKYESEtKG_NivLYEykHFIZWyAzBMmP6KoKB5W1ji9L
12	网络爬虫(python实现)	http://www.baidu.com/link?url=3jrFE_4UCINvbyXZFTIcT3eU6tLZ8mmCKYESEtKG_NkNWQFKISI3VsiXDiApZ6ho5QQemT6p
13	基于python的网页爬虫	http://www.baidu.com/link?url=rTRwddrgH-DasGxWx4jt1LWeJDrT7aOJ8xjILx8pB4UCmYA-778_E1gy0150ETB8pgGoVWpr
14	Python爬虫快速入门:从零到一,简单介绍网页抓取技术	http://www.baidu.com/link?url=pwLZLTVdoQamoSyECObMJ4ZgH4Lb0C8Cc_vzbwGI_UqkqJhm0PjnVtHW5RjOzCMpBBgTc
15	【附源码】超实用的18个Python爬虫实战案例,学完可自己爬...	http://www.baidu.com/link?url=T0RujANaE6P9Y4nRi6uKkIreIzcEsNeaTiZf8haNtFoWm5IDVRArBT5I2elp-F7fECZodPr6O7_-
16	python爬虫-2024新版-中文网站	http://www.baidu.com/baidu.php?url=Ks00000EAMrnIPLIyEWj5J6KTN9AGNiK9dqv-duI-LKprtdRO45uD3RSLDO5NsJW-Ea
17	互联网爬虫可用八爪鱼,一款无需编写代码的爬虫工具	http://www.baidu.com/baidu.php?url=Ks00000EAMrnIPLIyoB0Ju3NZdvFf1ORSotXOt9pmFJwybnXEh3wm8RuFReGPSiJsw
18	python下载-下载-简体中文	http://www.baidu.com/baidu.php?url=Ks00000EAMrnIPLIyWDi7rASMfWjectEXIgLwfLIhbotzk6my2XtM_bqJRdcdycQXikYr

图 3-10　爬取数据存储到 MySQL 数据库中

3.3　网络信息存储技术

本节主要介绍网络信息存储的相关技术。首先介绍用于存储的数据模型，并简要介绍各数据模型所对应的具体实现形式；之后介绍对数据存储的索引技术，即如何存储输入的数据，并在收到查询请求时，怎样重新找到数据；最后介绍用于互联网数据的存储技术。

3.3.1　网络信息存储模型

在一个大型的应用程序中，为了满足程序设计的可读性和可维护性等一系列要求，需要将整个应用程序划分层次，每一层都通过对外提供一个可调用的 API 来供更高层进行调用，并借助该 API 抽象一个简洁的数据模型来隐藏自身的复杂性。

在实际情况中，存在许多种数据模型可供开发者选择，每一种数据模型都有着其最佳实践的条件和场景，选择合适的数据模型可以对隐藏复杂的内部机制、向外提供简洁灵活的调用方式等起到重大的作用。这些不同的数据模型通过采用不同的形式来对网络信息进行传输与存储，只有了解不同数据模型的共性与特性，才能根据实际应用场景来选择最合适的数据模型。

各种各样的数据模型可以根据所组织的形式区分为关系模型、文档模型和图模型，另外，关系模型与文档模型的融合也是近些年来的一个研究趋势。本节将对这些不同的数据模型进行简要的介绍。

1. 关系模型

最著名的 SQL 是在 1970 年由 Edgar Codd 提出的关系模型，在这种模型中，一种关系被建模为一张表(table)，在一张表中存在多行的元组(tuple)。一个建模“Student”关系的表如表 3-3 所示。

表 3-3　Student 关系示例

student_id	name	year	gender	class
00001	John	18	1	1
00002	Alice	20	0	2
00003	Tom	20	1	2

经过多年的竞争，关系模型的数据库已经成为存储和查询具有特定结构的数据的首选模型，这类数据库也往往同时具备事务处理和批处理的能力。到目前为止，大部分的博客、电商网站、社交平台的内容均通过关系模型的数据库所支撑。

2. 文档模型

正是由于关系模型存在的诸多问题，NoSQL 逐渐诞生，它被解释为 Not Only SQL。驱动 NoSQL 诞生的因素有如下几个：

(1)比关系模型的数据库更高的写入吞吐量。

(2)关系模型对类似一对多等关系不能快速查询。

(3)动态且更具表达力的数据模式层。

面向文档的数据库就是一种 NoSQL 类型的数据库，如 MongoDB、RethinkDB、CouchDB 和 Espresso 等。这些数据库均支持对 JSON 这样的数据格式的建模。一个用 JSON 来表示学生个人信息的示例如下(表示一名学生信息的 JSON 文档)：

```
{
   "student_id": "00001",
   "name": "John",
   "year": 18,
   "gender": "男",
   "class": 1,
   "edu_process": [
      {
         "process": "初中",
         "begin": 1441036800,
```

```
            "end": 1561910400
        },
        {
            "process": "高中",
            "begin": 1567267200,
            "end": 1656604800
        }
    ]
}
```

在上面的示例中，edu_process 字段表示学生的教育经历，从这个示例可以看出，JSON 文档格式可以轻易地建模一对多关系。而这种数据如果交由关系模型的数据库进行建模，则会将其拆分到多个数据库中，使得对该文档的查询需要涉及多张表的关联。因此可以看出，JSON 这种将一个文档的数据都存在一处的做法借助于程序局部性原理可以得到更好的查询性能。

文档模型还具备灵活的数据模式。在文档模型的数据库中，几乎都不会对所要存储的文档进行数据模式的校验(如是否存在 name 字段)，因此上层应用程序可以对文档结构进行灵活的改变，这在关系模型中是难以做到的。尽管数据库本身不会对文档的数据模式进行强制校验，但读写数据的代码往往会对所要操作的文档的结构做出一些假设(如约定俗成这些文档具有 gender 字段)，因此文档模型其实存在某种隐式模式，而这种模式只有在读取之后才会得到解释，所以文档模型的数据库是读时模式。与此形成对比的是，关系模型中表的结构是显式的，它确保了所有写入的数据都必须遵从相应的数据模式，因此关系模型是写时模式。

关系模型和文档模型的适用场景各有不同。选择文档模型的主要理由有：灵活的数据模式；由良好的程序局部性带来的较高查询性能；数据组织形式更加适合当前应用程序所使用的数据结构(如一对多关系树)。而选择关系模型的主要理由有：支持更完善的联结操作；对多对一和多对多具有更好的表达方式；存储的数据因具有特定的模式而减少了程序运行出错的隐患。

多年的实践证明，关系模型和文档模型各有所适合的场景，它们所具备的优点在一些复杂的情况下可以形成互补，因此这两种模型的融合是近些年来的一种发展趋势。到目前为止，大多数关系模型的数据库都开始增加对 XML、JSON 格式的数据的支持，从而实现了建模文档模型的数据的功能。

3. 图模型

文档模型适合建模一对多关系或者记录之间不存在关系的数据，关系模型能够建模多对一关系和多对多关系的数据。但这存在一个问题，当应用程序不断演化而变得越来越复杂时，其中所存储的数据将呈现出错综复杂的多对多关系，尽管关系模型能够处理多对多关系，但面对大规模的异构数据和错综复杂的连接关系时，关系模型本身的复杂性在建模写数据时会显得笨拙且不自然，甚至会进一步加大本就庞大复杂的系统。此时，将这些互相关联的数据建模为图模型会更加符合数据组织的形式。

图模型的数据由节点和边组成，每条边能够连接两个节点，所有的节点既可以是同构类型的数据(比如，在社交网中，节点都是人)，也可以是异构数据(比如，有的节点代表人，而有的节点代表城市)，这些边也可以是不同类型的边(比如，有的是“朋友”关系，有的是“所在地”关系)。

目前主流的两种图模型是属性图(property graph)和RDF(resource description framework)模型。下面分别对这两种图模型进行简要的介绍。

1)属性图

属性图是目前工业界中采用最广泛的一种图模型，尽管不同的属性图实现中存在一些核心的共性，但由于缺乏一个统一的标准，所以每种属性图的实现都存在一些差异。属性图示例图如图3-11所示，常见的特征如下：

(1)节点可以有一个或者多个labels，并且可以具有property(以键值对的形式)。

(2)边可以有type和方向，并且也可以具有property。

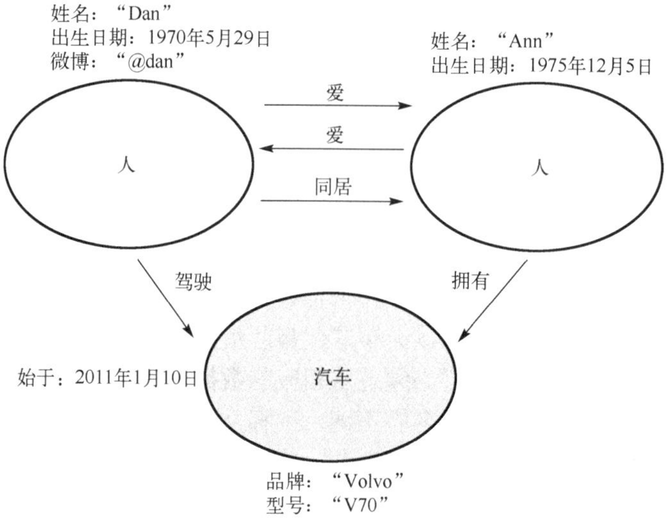

图3-11 属性图示例

常见的属性图数据库有Neo4j、JanusGraph、ArangoDB、TigerGraph等，Cypher是一种适用于属性图的查询语言，感兴趣的读者可以通过查阅相关资料对这部分内容进行更深入的了解。

2)RDF模型

RDF模型的相关标准是由万维网联盟(W3C)进行制定与维护的，每个支持RDF图的数据库都应该以同样的方式支持该模型。RDF模型示例如图3-12所示，主要由以下两个部分组成。

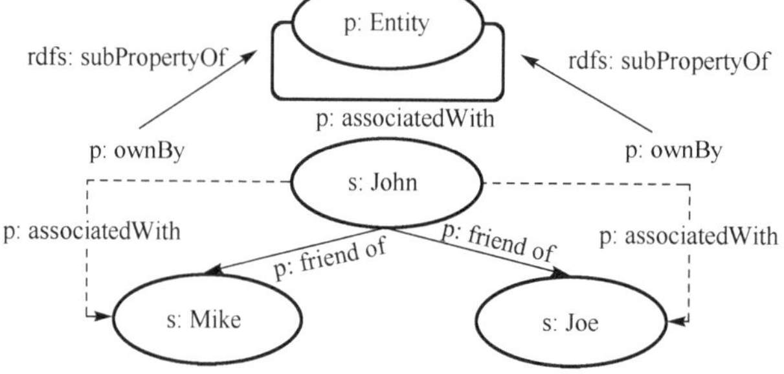

图3-12 RDF模型示例

(1)节点：可以是唯一标识符的资源，也可以是字符串、整数等字面量，甚至可以是空节点。

(2)边：节点之间的单向连接，也称为谓词(predicate)。

一条边的入节点称为主语(subject)，出节点称为宾语(object)，由一条边连接的两个节点形成一个"主语-谓词-宾语"的陈述(statement)，这也称为三元组(triplet)。

常见的RDF模型数据库有Virtuoso、gStore、AllegroGraph、Datomic、Apache Jena TDB等，SPARQL是一种适用于RDF模型的查询语言，感兴趣的读者也可以通过查阅相关资料对这部分内容进行更深入的了解。

3.3.2 网络信息索引技术

为了实现对大量数据的高效查找，需要对数据库建立索引来辅助查找。索引是基于原始数据而额外建立的数据库存储引擎，通过将这些额外的数据库存储引擎作为指引，可以帮助数据库快速查找出目标结果。

常见的数据库存储引擎可以分成两个流派。

(1)log-structured流：能追加数据，所有的修改操作都表现为文件的追加和文件整体的增加或删除。这一流派的数据库存储引擎有Bitcask、LevelDB、RocksDB、Lucene等。

(2)update-in-place流：以页为粒度对磁盘数据进行修改。这一流派的数据库存储引擎有所有的主流关系数据库和一些非关系数据库。

数据库中的数据存储形式均可以抽象为key-value的形式，在关系模型中，key可以是主键，在文档模型中，key可以是文档ID，而所抽象出来的"记录"在关系模型中表现为一行元组，在文档模型中表现为一个文档。因此，接下来的介绍均将数据库抽象为key-value存储形式来进行讲解。

1. 哈希索引

哈希索引呈现为key-value的形式，由于其往往借助于哈希表来实现，因此称为哈希索引。它是log-structured流派的数据库存储引擎所采用的一种索引形式。

在log-structured流派的数据库存储引擎中，数据的存储全部采用文件追加的形式来实现，哈希索引对这些数据进行索引的做法是：在一个位于内存的哈希表中，哈希表的key是数据库中一条记录的key，哈希表的value是这条记录在数据文件中的字节偏移量。哈希索引的示意图如图3-13所示。

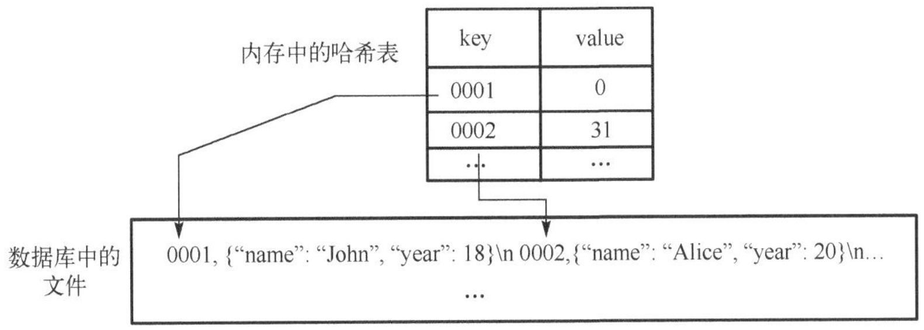

图3-13 哈希索引示例

当数据库需要增加新的 key-value 时，要同时更新内存中的哈希表以体现对数据库的更改，这包括对哈希表增加新的 key-value 或更新已有的 key 所对应的 value 等。

Bitcask 存储引擎采用的就是这种做法，并对外提供了较高的读写性能。但这种做法的限制是要求所有的 key 都能够放到内存中以构建一张哈希表。

数据库的增加数据与修改数据均是通过追加文件来实现的，但随着数据的不断增加，这个数据文件将会越来越大，一种解决方法是将这些数据拆分到多个文件中，每个文件也称为段文件。这样，当有新的数据需要追加时，只追加到最后一个段文件中，当一个段文件的大小超过一定阈值后，就创建一个新的段文件并将后续数据写入到新的段文件中。

每次创建新的段文件时，存储引擎还需要对旧的段文件执行单个段文件的压缩和多个段文件的合并。单个段文件的压缩指的是对于具有重复 key 的记录，仅保留最新的记录。多个段文件的合并指的是将两个旧的段文件合并为一个段文件，同时对于两个文件中具有重复 key 的记录，仅保留最新的记录。这两个过程可以交由一个单独的后台进程来完成。示例如图 3-14 所示。在段文件中，记录的 key 可能会重复，例如，上方的记录为 a:01,b:01,a:02,c:01。其中，同一个 key a 出现了两次，分别对应值 01 和 02。在段文件的压缩过程中，存储引擎会保留具有最新值的记录(通常依据时间顺序或记录的逻辑顺序)。经过压缩后，段文件仅保留每个 key 的最新记录，结果为 a:02,b:01,c:01。

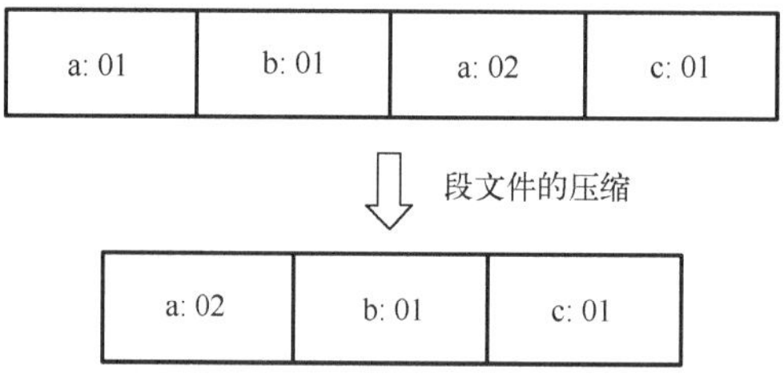

图 3-14　段文件的压缩

以上所介绍的仅是这类存储引擎的核心思想，在具体实现中，还需要考虑删除记录的做法、宕机恢复、突然断电的应对、并发控制等情况。

哈希索引的优点：适合每个 key 的 value 频繁更新的场景；所采用的追加式读写比随机读写更快，因此性能更高；顺序写的实现方式可以让并发控制和宕机恢复变得简单；可以避免随着数据的增长而出现磁盘碎片的问题。

哈希索引的缺点：必须将全部 key 同时放入内存；由于存储不维护键的顺序，因此区间查询效率不高(如查询 0005～0020 区间的所有学生)。

2. SSTable 与 LSM-Tree

在哈希索引中，key-value 是按照它们的写入顺序进行排序的，并且后出现的新值优于先出现的旧值。SSTable(sorted string table)则要求 key-value 记录按照 key 来进行排序，在有多个段文件的情况下，每个段文件都按照 key 进行排序。

查找操作。由于 SSTable 要求记录之间按 key 进行排序，因此内存中的哈希表不再需要像之前介绍的哈希索引那样保存所有 key 的索引，而是只需要保存一组记录的界限[startkey, endkey]和对应的区间位置即可。当需要查找某个 key 时，只需要在哈希表中通过比较来找到这个 key 所在的区间位置，然后定位到这个区间进行查找。

合并操作。相较于哈希索引的方式，SSTable 由于维护了 key 的顺序而使得合并段文件更加简单。由于待合并的两个段文件内都是有序的 key，因此段文件合并算法的实现类似于归并排序中的合并操作。

构建和维护 SSTable。尽管 SSTable 想要让按照 key 的顺序来组织所有数据，但新数据却是以任意顺序到来的，这样怎么在写入新数据的同时维护好 key 的顺序就成为一个关键问题。SSTable 在磁盘中维护了排序结构，相比于在磁盘中进行排序，在内存中维护一个有序的数据则是容易的，其中比较典型的有红黑树和 AVL 树(以下以红黑树举例)，这些数据结构可以以任意到来的顺序插入 key-value 记录并按照排序后的顺序来读取这些记录。因此，可以借助于这些数据结构来完成对 SSTable 的构建与维护，具体的工作流程如下：

(1) 当需要插入一个新记录时，先将该记录插入到一个位于内存中的红黑树中。

(2) 当所建立的红黑树大小超过一定阈值时，将该红黑树转化为一个 SSTable 文件并写入磁盘中。

(3) 当数据库需要查询某个 key 时，首先在红黑树中查找这个 key，命中则返回，否则再从磁盘中最新的 SSTable 文件中查找，命中则返回，否则继续到次新的 SSTable 中查找。

(4) 单独一个后台进程会每隔一段时间执行一次 SSTable 文件(即段文件)的压缩与合并。

以上所述的这种 log-structured 数据库存储引擎的索引方法就称为 Log-Structured Merge-Tree(LSM-Tree)，基于此原理而实现的存储引擎就是 LSM 存储引擎。这种算法被使用到了 LevelDB、RocksDB 等数据库存储引擎中。

3. B-Tree

在另一个数据库存储引擎的流派——update-in-place 流派中，最常见的索引结构就是 B-Tree，它是几乎所有关系数据库存储引擎的实现原理。准确地说，B-Tree 是一个系列，最原始的 B Tree 经过实践中各种不同的改造，已经形成了多种多样的 B-Tree 变种，本部分只对最简单的 B-Tree 进行介绍，这些不同变种的核心思想都是一样的。

本节讲的 B-Tree 与之前所讲述的索引结构有着很不一样的设计思想，它也维护了数据库中所有 key-value 记录的 key 的顺序，由此可以实现高效的 key 查询和区间查询。数据库可以分成一个个固定大小的块，这些“块”作为数据库读写的最小单元，每个块可以用其地址进行唯一标识，因此 B-Tree 将这些用于标识不同块的标识符组织成一棵树的形式，当需要寻找一个 key-value 记录时，要先去 B-Tree 中找到这个记录所在的块的标识符，进而找到这个块，然后从这个块中继续寻找这个 key-value 记录。

一个 B-Tree 可以看成一种多叉树，一个节点所能拥有的最多子节点的个数称为分支因子。比如，一个 B-Tree 的分支因子是 3，那么这个 B-Tree 中一个节点最多分出 3 个子节点。

图 3-15 所示是一个分支因子为 3 的 B-Tree 示例。在这里，将“标识符”标记为一个 ref，代表它是一个对某个块的引用。根据所要查询的 key 大小，程序可以在这个 B-Tree 中找到 key 所在的块的 ref，进而通过 ref 定位到块的位置，再对这个块进行检索。

具体关于 B-Tree 如何插入节点和删除节点，可以参考相关数据结构的资料，此处不再详细展开。

在实际存储引擎的实现中，分支因子往往可以达到上百，借助于 B-Tree 的特性，在一共

有 n 个块的数据库中，B-Tree 可以将这 n 个块的 ref 组织成一棵深度为 $O(\log n)$ 量级的树，在实际存储引擎中，一棵 B-Tree 往往只有三四层，这极大地降低了数据库查询所需要遍历的深度。

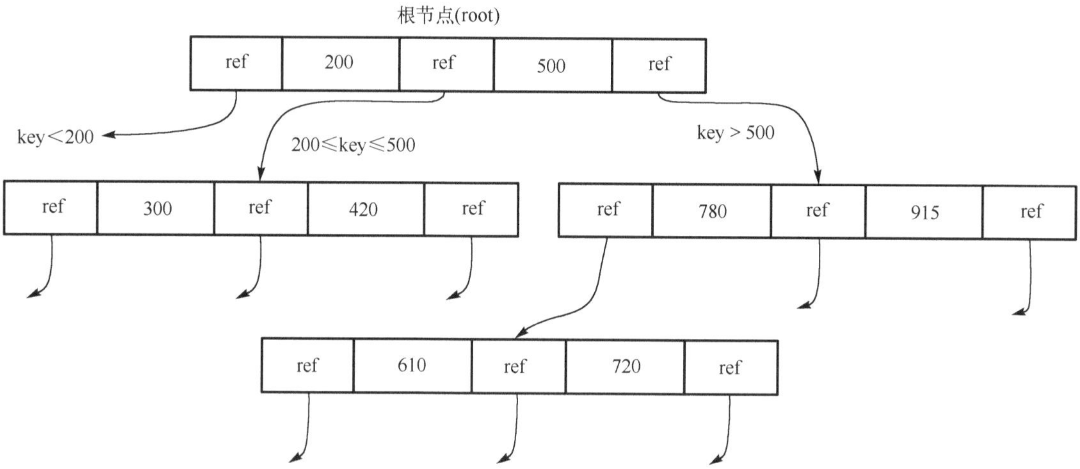

图 3-15　分支因子为 3 的 B-Tree

以上所介绍的 B-Tree 还有更多的变种，如 B+ Tree、Bw-Tree 等，它们都对原始的 B-Tree 进行了优化。同时为了支持崩溃恢复等特性，在 B-Tree 基础上实现的数据库存储引擎还需要采取其他措施，感兴趣的读者可以对相关资料进行更深一步的拓展阅读。

4. 多列索引

以上所讨论的索引方式都是将一个 key 映射到一个 value，这里的 key 只是一个字段值，是 int 型或者 string 型，这种情况是一种单列索引。但如果面对 key 中有多个字段的情况，那么就需要多列索引。比如，在一个关系数据库中，有时可能将两列字段共同作为一行元组的主键，这种情况下就需要建立多列索引。以下是两种多列索引的情况。

(1) 级联索引：将多个 key 字段通过组合视为一个 key 字段，这也就转换成了之前的单列索引。

(2) 多维索引：需要建立专门的索引结构，如广义搜索树索引等，此处不再进行展开。

5. 全文索引

全文索引的目标是使得能够根据所要检索的关键词，从所有文档中找出提及了所要检索的关键词的文档。这种技术是实现搜索引擎的核心思想。

Lucene 是 ElasticSearch 和 Solr 等中间件所使用的索引引擎，它实现了倒排表来作为全文索引的核心。倒排表在形式上也是 key-value 的结构，其中的 key 是单词，value 是含有这个单词的所有文档，如图 3-16 所示。Lucene 会将倒排表保存在一个类似于 SSTable 的文件中来作为索引。

6. 模糊索引

前面所讲述的哈希索引、LSM-Tree 和 B-Tree 等索引方式都做了这样一个假设：所要查询的 key 是一个准确的值。但有些情况下需要去搜索与 key 类似的结果，比如，当一个人在搜索“pythom”时，这个人大概率是想得到“python”的结果。用于应对这种查询的索引技术称为模糊索引。

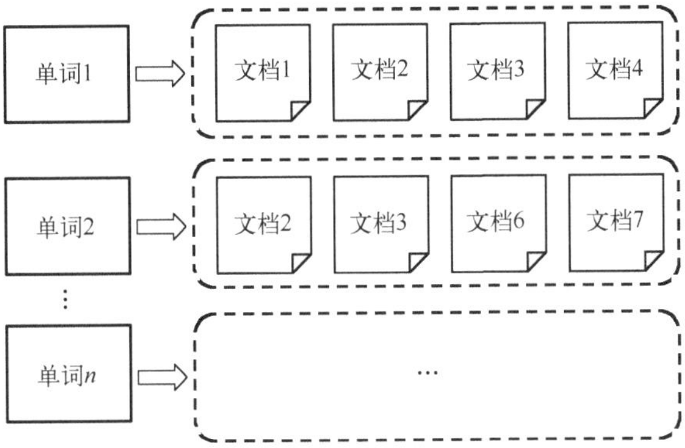

图 3-16　倒排表示例

编辑距离可以用来衡量两个字符串的相似性。一个字符串替换、插入、删除一个字符的操作视为一次编辑操作，由一个字符串转为另一个字符串所需要的最少编辑操作次数称为编辑距离。

在执行全文搜索时，为了能够得到与 key 相近似的查询结果，Lucene 事先设定一个编辑距离的阈值，并在这个编辑距离的阈值内执行查询。比如，如果设定编辑距离的阈值为 1，那么在搜索“pythom”时，模糊索引可以帮助找到“python”相对应的查询结果。

具体模糊索引的实现技术可以查询更多的相关文档，本部分不再对此展开。

3.3.3　互联网数据的存储技术

根据互联网数据查询的场景和类型，存储引擎存在两种架构：服务于事务处理的架构和服务于分析处理的架构。这两种架构在访问模式和存储模式上都存在很大的不同。本节将主要围绕这两种架构来介绍相关的存储技术。

1. 事务处理与分析处理

在企业中，对数据的操作通常有两种场景：一种是业务系统(如电商平台)的用户与业务系统进行互动(如购物)而产生的数据插入或更新等操作；另一种是专业的数据分析师将系统数据库中的数据批量查询出来并进行统计分析，进而辅助管理层进行商业决策。

第一种场景称为在线事务处理(online transaction processing，OLTP)，数据的操作往往只涉及少量的记录，但要求这些操作是低延迟的，否则会让业务系统的用户产生不好的使用体验。

第二种场景称为在线分析处理(online analytic processing，OLAP)，一次操作往往就涉及大量的记录，数据规模的量级远大于第一种场景，但对操作延迟特别宽容，并不要求数据分析立刻产生结果。

正是因为这两种场景具有较大的不同，所以这两种操作需要在不同的数据库上进行，否则它们矛盾的特点会产生问题，比如，OLAP 的操作可能占用过多资源，导致 OLTP 的操作无法及时响应。常见的 MySQL、PostgreSQL 等数据库所采用的存储架构是服务于事务处理的架构，通常用于 OLTP 的数据操作，后面称它们为面向 OLTP 的数据库。用于第二种场景的分析处理的数据库也称为数据仓库，它们使用了服务于分析处理的架构。

2. 面向 OLTP 的数据库和数据仓库

面向 OLTP 的数据库和数据仓库往往都是用 SQL 语言或类 SQL 语言获取数据，尽管如此，它们的内部架构却差异巨大，它们都针对所适合的场景进行了大量的架构上的优化。

将数据载入数据仓库的过程称为 ETL (extract-transform-load)。图 3-17 展示了将数据由面向 OLTP 的数据库载入数据仓库的过程。

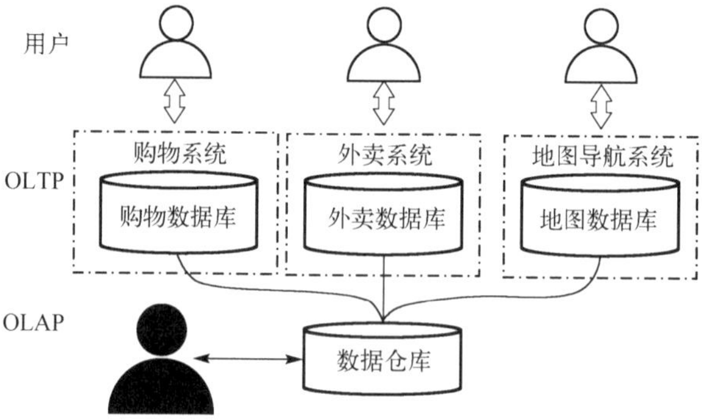

图 3-17　面向 OLTP 的数据库与数据仓库

数据仓库通过多张表来存储数据，一种经典设计数据仓库表的方法是星型模式。如图 3-18 所示，星型模式的中心是一个事实表，它的每一行存储了一个发生在某一时间的事件。星型模式的外围是众多维度表，这些维度表中的每一行是对一个实体的具体描述。

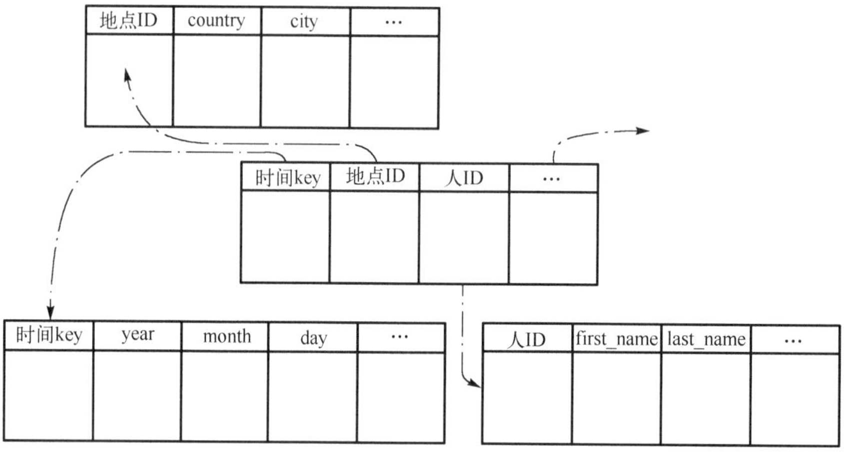

图 3-18　星型模式示例

3. 行式存储和列式存储

在实际情况中，数据仓库中的表都是宽表，一张表通常有上百列，当数据仓库存储数万亿行记录的数据时，对这些庞大的数据进行高效的存储和查询就成为一个关键问题。

一个对数据仓库的典型使用场景是：尽管一张表有上百列，但对它的一次查询仅需要访问其中的若干列。因此，对数据仓库的查询中绝大多数列并不会出现在输出结果中，针对这种场景，数据仓库的架构往往与面向 OLTP 的数据库有着很大的差异。

(1)在面向 OLTP 的数据库中，将每行记录的数据以连续的形式存储在一起，这种存储称为行式存储。

(2)在数据仓库中，将每列的所有数据以连续的形式存储在一起，这种存储称为列式存储。

像 MySQL、MongoDB 等面向 OLTP 的数据库都采用了行式存储，比如，MongoDB 将整个文档视为一个连续的字节序列存储于磁盘中。在 OLTP 中，由于大多数查询都是需要同时获取一整行记录或一行记录的大部分列，根据计算机的空间局部性原理，这种行式存储能够大大提高数据读取的性能。

而在 OLAP 的场景中，一次对数据仓库的查询往往只涉及其中很少的几列，按照行式存储的思想，取出一整行的数据会导致在后面需要丢弃大多数无用数据，从而造成了计算资源的浪费。而按照列式存储的思想，查询过程只需要读取在本次查询中所需要使用的列所对应的磁盘部分，因此可以避免让计算机做大量无用功。典型的采用列式存储方式的数据库有 HBase、ClickHouse 等。

3.4　网络信息预处理技术

3.4.1　半结构化数据抽取技术

半结构化数据是非关系型的、有基本固定结构的数据，如 XML 文档、JSON 文件等。

1. XPath 匹配抽取

XPath 是一种用于在 XML 文档中选择节点的语言。它可以使用路径表达式来选择 XML 文档中的节点或节点集合。路径表达式由节点名称、属性名称、运算符和函数组成。下面是一些常见的路径表达式。

(1)选择所有节点：//*。

(2)选择所有名为“node_name”的节点：//node_name。

(3)选择所有名为“node_name”的子节点：/node_name。

(4)选择所有名为“node_name”的后代节点：//node_name//*。

(5)选择所有名为“node_name”的父节点：/*/node_name。

(6)选择所有名为“node_name”的兄弟节点：//*/node_name。

(7)选择所有名为“node_name”的属性：//@node_name。

此外，XPath 还具有丰富的函数库，可以在 XPath 表达式中使用。使用这些函数可以执行各种操作，如计算节点数量、比较字符串、获取子字符串等。

下面是一些常见的 XPath 函数。

(1) count()：计算节点数量。例如，count(//node_name)计算所有名为“node_name”的节点数量。

(2) string()：将节点转换为字符串。例如，string(//node_name)获取名为“node_name”

的节点的字符串值。

(3) concat()：将多个字符串连接起来。例如，concat('a', 'b', 'c') 返回 "abc"。

(4) substring()：获取字符串的子字符串。例如，substring('abc', 1, 2) 返回 "bc"。

(5) contains()：检查字符串是否包含指定的字符串。例如，contains('abc', 'b') 返回 TRUE。

这些只是 XPath 函数的一小部分，可以在 XPath 文档中找到更多函数的信息。

在 Python 中使用 XPath 时，需要使用一个 XPath 解析器。最常用的 XPath 解析器是 lxml 库，它可以解析 XML 和 HTML 文档。

首先，需要安装 lxml 库，可以使用 pip 命令安装：pip install lxml。

然后，可以使用以下代码来解析 XML 文档并使用 XPath 查询它：

```
from lxml import etree
# 解析 XML 文档
doc = etree.parse("document.xml")
# 使用 XPath 查询节点
nodes = doc.xpath("//node_name")

# 遍历查询结果
for node in nodes:
# 处理节点
print(node.text)
```

以上简单示例输出文档中每个 node 节点的文本信息，下面研究一个更为复杂的示例：

```
import lxml.html

# 解析 HTML 文档
doc = lxml.html.fromstring("""
<html>
<head>
<title>My Page</title>
</head>
<body>
<h1>Welcome to my page</h1>
<p>Here is some content</p>
</body>
</html>
""")

# 使用 XPath 寻找第一个 title 节点
title = doc.xpath("/html/head/title")[0]

# 输出 title 节点的文字内容
print(title.text)
```

这个示例的最终输出结果为"My Page"，此外，XPath 语法还有很多不同的操作符和功能，以更精确地查询文档中的元素。可以在 lxml 文档中了解有关 XPath 语法的更多信息，或者查看 W3Schools 的 XPath 教程以了解更多信息。

2. CSS 选择器抽取

CSS 选择器是一种用来确定 HTML 文档中某部分位置的语法。CSS 选择器语法较 XPath 而言更为简单，二者在不同的场景下各有适用优势。

在以下 HTML 文档中，使用 h1.framework 将选择第二和第三个 h1 标题节点，使用#1 选择 id=‘1’的节点。

```
<html>
<body>
<h1 class='hello''>Hello World</h1>
<h1 class='framework''>Hello Scrapy</h1>
<h1 class='framework>Hello Feapder</h1>
<ul>
<li id='1'>C++</li>
<li id='2'>Java</li>
<li id='3'>Python</li>
</ul>
</body>
</html>
```

以上的例子遵循一定的选择器模式规律，表 3-4 列出了常见的 CSS 选择器模式。

表 3-4　常见的 CSS 选择器模式

模式	例子	结果
.class	.hello	选取 class=‘hello’的所有节点
#id	#2	选取 id=‘2’的节点
element	li	选取所有<li>节点
element.class	h1.hello	选取 class=‘hello’的<h1>节点

3. 正则表达式抽取

正则表达式丰富的模式匹配为处理文本提供了强大、灵活且高效的方法。正则表达式的主要用途有：

(1) 查找特定字符模式，如查找文本中的手机号码。

(2) 验证文本是否符合预定义模式，如输入密码的大小写要求、电子邮件地址格式要求。

(3) 提取、编辑、替换或者删除文本中的字串。

使用正则表达式处理文本至少要向正则表达式引擎提供：

(1) 要匹配的字符串的正则表达式模式。

(2) 要被正则表达式分析的文本。

假设要在一篇英文小说里查找“my”，可以直接使用正则表达式“my”，这个几乎是最简单的正则表达式，可以精确地匹配第一个字母是“m”且第二个字母是“y”字符串。此外，通常正则表达式处理工具会提供忽略大小写的选项，如果选择了这个选项，这个表达式就可以匹配“my”、“My”、“mY”和“MY”这四种情况。

但是，很多单词里包含“my”这两个连续的字符，如“mysterious”、“myself”和

“myriad”等。如果用“my”直接来查找，这些单词里的“my”也会被查找出来。为了更加精确地查找“my”这个单词，应该使用“\bmy\b”这个表达式。“\b”代表着单词的开头或结尾，即单词分界处。

假如要查找的是“my”后面不远处跟着一个“book”，这种情况应该使用“\bmy\b.*\bbook\b”。这里“.”表示匹配除了换行符以外的任意字符，“*”表示前面的内容可以连续重复任意次，因此“.*”连在一起表示匹配任意数量的不包含换行符的字符。那么“\bmy\b.*\bbook\b”就先匹配一个单词“my”，然后是任意字符(但不能是换行符)，最后是“book”这个单词。

如果同时使用其他匹配规则，就能构造出符合其他条件的表达式，比如，使用“0\d\d-\d\d\d\d\d\d\d\d”匹配以 0 开头，然后是两个数字，接着是一个符号“-”，最后是 8 个数字(如中国区号是 3 位的电话号码)。在这个例子中，“\d”匹配一位数字(0～9)，但是需要注意“-”并不是语法规则，只匹配它本身(连字符、减号等)。此外，为了避免表达式中出现许多的重复，还可以修改为“0\d{2}-\d{8}”，这里“\d”后面{2}和{8}的意思是前面的“\d”必须连续重复 2 次和 8 次。

3.4.2　中文文本处理技术

当得到一个中文文本的资料并需要对其进行分析时，往往需要首先对文本进行预处理，相关的技术包括分词、*n*-gram 以及关键词提取等，需要根据实际需求来选择使用哪些技术对文本进行处理。

1. 中文分词

中文的文本往往都是一整段连续的文本，而中文语境下，语义的表达是以词语为基本单位的。为了将这些连续的文本切分成词语的序列，从而便于接下来的分析，需要对所得到的中文文本进行分词，比如，将“我正在阅读一本书”转换为“我|正在|阅读|一本|书”。

中文分词的主流技术可以分成两类。

(1) 基于词典匹配的分词方法：如正向最大匹配法、逆向最大匹配法和双向匹配法。这种方法首先需要有一个单词词典，然后借助这个词典从连续文本中找到有语义的单词并将它们切分出来，从而实现分词。

(2) 基于统计的分词方法：从连续文本到单词序列可以视为是经过一个函数映射来完成的，当拥有一定的训练数据时，可以通过对训练数据进行统计分析的方法拟合出一个可以完成这个任务的函数映射，如隐马尔可夫模型、条件随机场模型以及深度学习的相关技术。

Python 开发中常使用 jieba 库来实现中文分词，使用示例如下：

```
>>> import jieba
>>> seg_list = jieba.cut("我正在阅读一本书")
>>> list(seg_list)
['我', '正在', '阅读', '一本', '书']
```

2. TF-IDF

在寻找一个文章中哪些词比较重要时，最简单的方法是对这个文档进行词频(word

frequency，TF）的统计，词频指的是在一个文档中某个词汇出现的频率或次数。但是这种方法存在明显的缺点，当对一个文档进行分析时，像“我们”和“的”这种词语往往都会有很高的词频，但由于这类词语在大多数文档中都具有较高的词频，因此这类词语的高词频往往无法体现出该文档的特征，相反，某些词语如“篮球”和“卧推”等虽然词频并没有很高，但却集中出现在了某些文档中，这类词语就可以很明显地体现出这些文档的特点。

为了解决上面所说的问题，人们又引入了逆文档频率（inverse document frequency，IDF）这个概念，将词频与逆文档频率进行结合，组成了 TF-IDF 这个指标，一个词语的 TF-IDF 计算方式为

$$\mathrm{TF}\cdot\mathrm{IDF}=\mathrm{TF}\times\mathrm{IDF}$$

式中，词频（TF）的计算方式如图 3-19 所示。

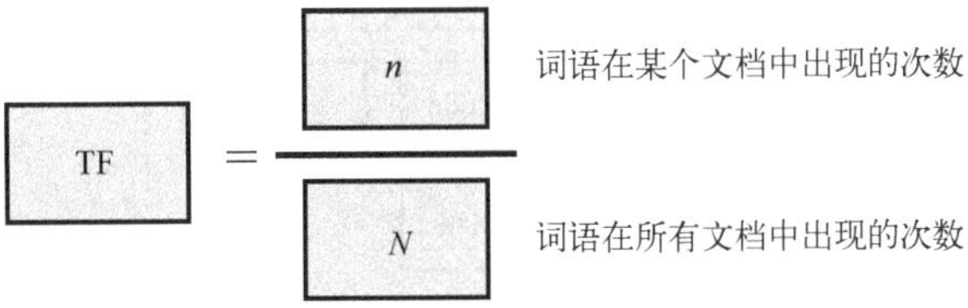

图 3-19　TF 的计算方式

逆文档频率（IDF）的计算方式如图 3-20 所示。

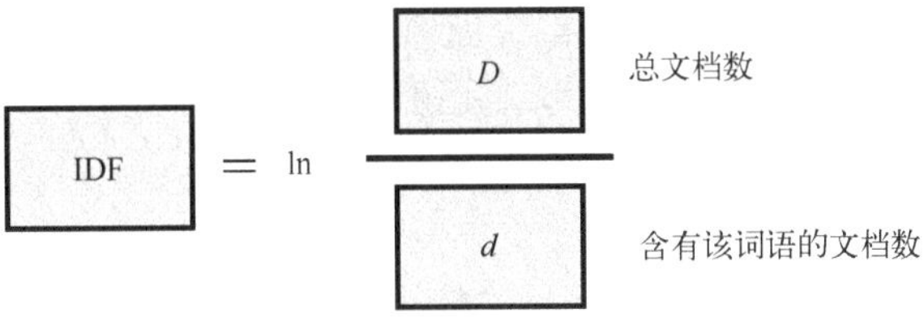

图 3-20　IDF 的计算方式

可以看出，对于给定分析的语料库，总文档数 D 是一个固定值，因此一个词语的 IDF 值取决于含有该词语的文档数 d，所以包含这个词语的文档越多，这个词语的 IDF 值将越小。

综合来看 TF 与 IDF 两个指标，当一个词语在一个文档中出现次数越多时，它的 TF 值将越大，但随着它在更多文档中出现，它的 IDF 值将变小。将 TF 与 IDF 结合起来的 TF-IDF 指标就由此实现了突出重要词语，而抑制次要词语的效果。

当然，TF-IDF 也有一些缺点。比如，一些语境下可能并不符合 TF-IDF 指标所做的假设，这时计算得到的 TF-IDF 指标可能对词语重要性的衡量出现误差。同时，TF-IDF 没有考虑文档的上下文语境，无法区分一词多义等情况。

以上所介绍的 TF-IDF 指标计算方式是一种经典的计算方式，在具体实现中可能会在归一化、平滑处理等方面存在少许计算上的差异，但这些计算方式的所蕴含的本质思想都是共通的。

3.4.3　文本向量化表示技术

在对文本进行分析时，原始文本序列往往是一个字符序列或者单词序列，但是通常的机器学习模型并不会把原始文本序列作为输入数据，它只能处理数值数据，因此将文本中的字

符序列或单词序列转化为向量就成了对文本进行分析的关键一步。本节将从最开始的 *n*-gram 词袋，逐渐过渡到以 Transformer 为基础的 BERT 模型。

1. *n*-gram 词袋

将一个文本序列通过分词得到的单元称为 token，在中文语境下它往往是一个字符，如“我”，在英文语境下它往往是一个单词，如“we”。

n-gram 是对一个语料库进行提取的 *n* 个连续 token 的集合。图 3-21 展示了一个 2-gram 的示例。

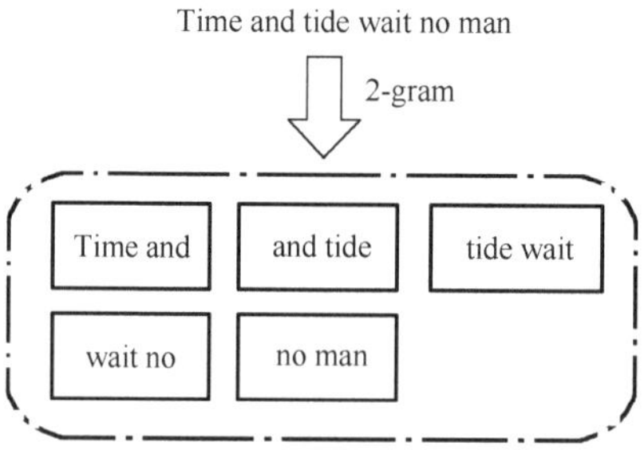

图 3-21　2-gram 示例

词袋(bag-of-words，BOW)指的是一种分词方法，这种分词方法生成由 token 组成的集合，这些 token 之间不存在顺序关系，这样的集合也称为袋(bag)。图 3-21 所展现的分词过程其实也是一种词袋，得到的 2-gram 集合也称为二元语法袋。

2. one-hot 编码

one-hot 编码是将一个 token 转化为向量的最基本的方法，它的具体做法是：假设一共有 L 个 token，为每个 token 赋予唯一的整数索引 idx（$0\leqslant \text{idx}<L$），同时为其构建一个长度为 L 的向量，这个向量中只有第 idx 个元素为 1，其余元素均为 0。按照上面的方式可以为每个 token 都构建唯一的向量，这样就实现了将 token 转化为向量。图 3-22 展示了一个 one-hot 编码的示例。

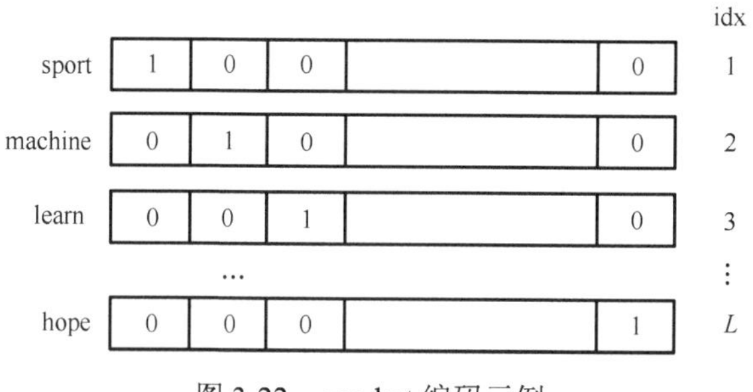

图 3-22　one-hot 编码示例

当词表过大时，会导致每个向量过长，因此在实际使用时，通常只考虑语料库中前 N 个最常见的单词来构建 one-hot 向量。

3. Word2vec 模型

上面所述的 one-hot 编码得到的结果中，一个向量的绝大部分元素均为 0，这样的向量非常稀疏。Word Embedding 技术实现了将一个 token 转化为稠密的向量，即这个向量的长度远小于 one-hot 向量，同时每个元素的值都是非 0 值。比如，在使用 RGB 方式来表示颜色时，一个三维向量就代表了一个颜色，这个三维向量的取值范围为 0～255，如果想用 one-hot 编码来实现相同的效果，每个颜色就需要用 256^3 长度的向量来表示，由此可以体现出稠密向量的好处。

在自然语言处理领域，用于表示一个 token 的稠密向量往往称为分布式表示，或者 Embedding 向量。为了得到一个 token 的分布式表示，绝大多数方法都基于一个分布式假设（distributional hypothesis），这个假设认为一个 token 的含义是由它周围的 token 所形成的，也就是说必须将一个单词或词语放到它所在的上下文中，才能理解出这个单词所表达的含义。

有一类神经网络模型称为 Word2vec 模型，它就是基于这个分布式假设所构建的一种简单的神经网络。对于一个训练好的 Word2vec 模型，将一个 token 的 one-hot 编码输入这个模型，就可以得到这个 token 的分布式表示。

一种 Word2vec 模型是 CBOW（continuous bag-of-words），这个模型的训练方法如图 3-23 所示：给出一个 token 的上下文，让模型来预测这个 token 是什么。

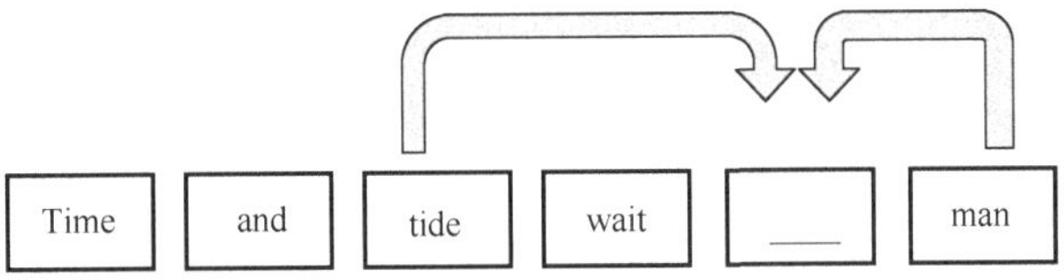

图 3-23 CBOW 的训练方法

通过这种方式，模型可以最终学习到每个 token 的分布式表示，同时人们期望这种分布式表示是具有一定的语义的，一个著名的例子是“king – man + woman = queen”。目前已经有许多 Word2vec 模型部分地实现了这种目标。

4. Contextualized Word Embedding

前面所讲的 Word2vec 模型实现了将一个 token 转换成了一个稠密的向量，但是这种模型在面对一词多义的情况时就出现了问题，因为模型所期望的目标是通过转化得到的向量能够蕴含 token 本身的语义，但像“Apple”这种单词既可以代指一个水果，也可以代指苹果公司，而 Word2vec 却无视了这种区别，统统将它们转换为一个相同的向量。

为了解决这种问题，人们对一个 token 的分布式表示提出了这样的要求：一个 token 的分布式表示应当取决于它的上下文。也就是说，当同一个 token 处在不同的上下文时，它所转化而成的向量应当是不同的。这种对 Word Embedding 进行加强的技术称作 Contextualized Word Embedding。

语言模型 ELMo 就是实现了 Contextualized Word Embedding 的模型之一，它借助于双向 LSTM 模型实现了这种目标，具体的实现细节可以参考相关论文。通过向 ELMo 模型输入一个 token 序列，它可以将这个 token 序列转换成向量序列，每个向量对应一个 token 的分布式表示，这样得到的 token 的分布式表示可以应用到机器翻译、人机对话等任务中。

5. 语言模型

给定一个由 n 个 token 组成的句子 $W = w_1, w_2, \cdots, w_n$，能够给出这个句子出现的概率 $P(w_1, w_2, \cdots, w_n)$ 的模型，称为语言模型。借助于语言模型，可以得到两个句子谁更合理，示意图如图 3-24 所示。

目前在自然语言处理领域中著名的 BERT、GPT 系列等模型都是语言模型，这些模型也都实现了 Contextualized Word Embedding，但相比于 ELMo 等模型，这些模型都更加庞大，同时也能更好地将一个 token 转化为分布式表示。这些大模型的训练成本特别高昂，由此衍生成了“预训练+微调”的范式，即先通过大量的语料来对模型进行预训练，之后当在某个任务中需要使用这些模型时，只需要使用少量任务相关的数据对已经预训练好的模型进行微调，使之更加符合当前任务的需要。

以 BERT 为例，它的输入就是一个 token 序列，BERT 可以考虑这个序列的全文信息，并将这些 token 转化为向量作为 token 的分布式表示，示意图如图 3-25 所示。通过 BERT 得到的分布式表示也是 Contextualized Word Embedding，同样可以将其应用到下游任务中，如机器翻译、情感分析等。

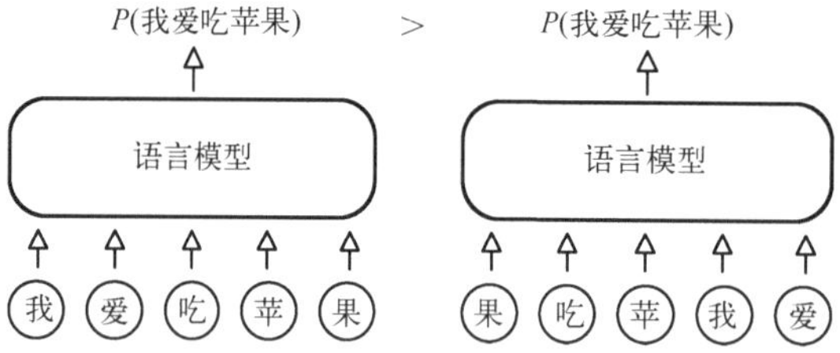

图 3-24　语言模型示意图

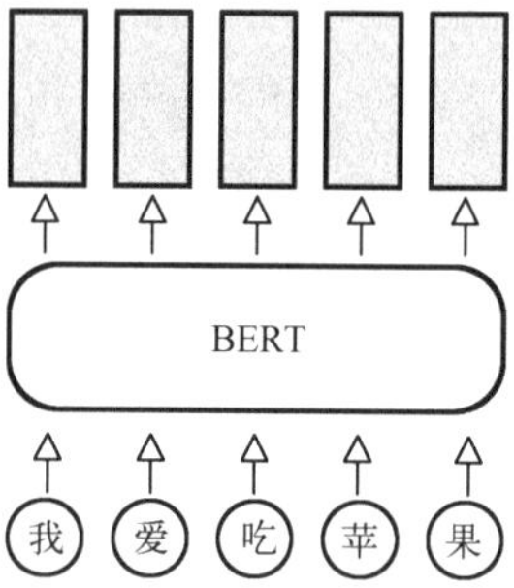

图 3-25　BERT 示意图

除了 BERT 以外，还存在其他各种各样的语言模型，如 GPT 系列模型，感兴趣的读者可以阅读相关资料对其进行理解。

3.5　本章小结

本章首先介绍了网络信息发布平台的发展，回顾 Web 三十多年的发展历程，并展望未来二十年，可能实现通证化和一切数据皆资产的 Web，在此之后，所有数字资产都可分发、可清算，同时在这个过程中将建立新的市场形态。其次介绍了 Python 爬虫相关的基础知识，从 Web 网页基础开始，介绍网页的构成、HTTP 协议、爬虫的基本原理；通过介绍线程、进程的概念，引出了分布式爬虫和常用的框架 Scrapy；介绍了一些常用的技术，如模拟工具、逆向 JS 等；引入了一个开源项目，即微博爬虫，让读者可以了解爬虫的真正魅力与强大之处。之后主要对当前互联网对数据的存储模型进行了介绍，包括关系模型、文档模型和图模型；对数据存储后的索引技术进行了介绍，主要介绍了在不同的场景下各种索引技术是如何提高数据查询效率的；根据数据库的使用场景对面向 OLTP 的数据库和数据仓库进行了介绍，并对比了行式存储和列式存储这两种数据存储的组织方式。最后介绍了网络信息预处理技术，阐述了半结构化数据抽取技术，通过这些技术可以得到半结构化的数据模型；对中文文本的相关处理技术进行了介绍，包括中文分词和使用 TF-IDF 来寻找文章关键字；介绍了如何将一段文本转化为向量，从而便于机器学习、深度学习等模型的进一步处理，该领域的技术正在日新月异地发展，感兴趣的读者可以进一步阅读相关文献进行了解。

习　题

1．Web 3.0 的去中心化特点如何实现用户对数据的所有权和控制权？请描述其基本原理。

2．Web 2.0 和 Web 3.0 之间最显著的区别是什么？请列举至少三个方面的差异。

3．传统的数据存储方式和大数据背景下的数据存储方式有何区别？请比较行式存储和列式存储的优缺点。

4．本章介绍了 Python 爬虫的基础知识和常用框架 Scrapy，如何利用多线程和分布式爬虫提高爬取效率？请给出一个简要的实例或说明。

5．数据存储模型中的图模型在哪些应用场景中具有优势？请举例说明。

6．哈希索引、LSM-Tree、B-Tree 以及全文索引是常见的数据存储后的索引技术，请比较它们的特点和适用场景。

7．在网络信息预处理技术中，*n*-gram 词袋、one-hot 编码、Word2vec 模型和语言模型都是常用的文本向量化方法，请比较它们的原理和应用场景。

8．语言模型在自然语言处理中起到什么作用？请简要介绍一种常见的语言模型，并说明其应用领域。

第 4 章　信息内容识别与分析技术

经过高性能数据捕获和协议分析还原后，数据可以被转换成相应的内容形式。例如，通过 HTTP 协议还原的数据可能成为一个完整的网页，而经 SMTP 协议还原的数据则可能成为一封完整的电子邮件。此后，根据分析需求，可能需要运用识别与分析技术对信息内容进行进一步的数据处理和分析。

常用的信息内容识别与分析技术包括对文本内容的字符串匹配、文本分类与聚类和文本情感分析技术等，以及对音视频内容的视频与特征分析等技术。本章首先介绍一些典型的字符串匹配算法，包括单模式匹配的 KMP 和 BM 算法，以及多模式匹配的 AC 和 WM 算法；接着介绍典型的分类与聚类算法，包括分类方法中的规则归纳、基于决策树和朴素贝叶斯分类，以及聚类方法中的 *k*-均值聚类和层次聚类；然后介绍文本情感分析和立场分析技术；最后介绍音频内容的识别技术。

4.1　字符串匹配技术

4.1.1　字符串匹配技术概述

字符串匹配问题是计算机科学中最古老且研究最为广泛的领域之一。近年来，随着计算机技术在众多应用领域的快速发展，对高效的字符串匹配算法的需求日益增长。字符串匹配在本章简称为串匹配，本质上是模式匹配(pattern matching)的一种形式，通常定义为在给定的字符流中搜索满足特定属性的字符串，即在一个符号序列中寻找另一个或多个符号序列的过程。

在信息内容安全方面，字符串匹配算法发挥着重要作用。它可以用于识别和阻止不适当或有害的网络内容，如垃圾邮件、网络钓鱼等。通过分析网络通信中的关键字和模式，字符串匹配技术有助于维护网络环境的安全与清朗。随着网络攻击手段的不断演变，开发更高效、更智能的字符串匹配算法成为网络安全领域的一个持续挑战。

4.1.2　单模式匹配

单模式匹配指的是在一个文本(text)中查找一个特定的模式(pattern)。单模式匹配算法的研究历史悠久，许多单模式匹配算法也为多模式匹配算法的发展奠定了基础。在本节中，将重点介绍两种著名的单模式匹配算法：Knuth-Morris-Pratt(KMP)算法和 Boyer-Moore(BM)算法。KMP 算法通过充分利用已经比较过的字符信息来提高匹配效率，而 BM 算法则侧重于利用匹配失败时获得的信息来提高效率。这两种策略是提高模式匹配效率的两条主要途径。

1. Knuth-Morris-Pratt 算法

1970 年，S.A. Cook 从理论上证明了串匹配问题可以在 $O(m+n)$ 的线性时间内解决。在此基础上，D.E. Knuth、J.H. Morris 和 V.R. Pratt 分别独立发展了一种算法，这种算法后来被命名为 Knuth-Morris-Pratt 算法，成为第一种线性时间复杂度的模式匹配算法。

KMP 算法的时间复杂度优势显著。它通过巧妙地使用已匹配的部分信息，来避免在文本串中的不必要回溯，实现了线性时间内的匹配。这种特性使得 KMP 算法在处理实时输入的文本时尤为高效，因为它可以在一次遍历中完成匹配，无须重新检查已经扫描过的字符。

KMP 算法主要基于对字符串暴力匹配算法的改进，暴力匹配算法在匹配过程中每次只简单地将模式串向前移动一个字符位置，并未充分利用已匹配成功部分的信息。KMP 算法通过有效利用这些信息来优化匹配过程，这些信息称作“前缀模式”，即模式串中不同部分存在的相同子串。利用前缀模式，模式串可以一次向前推进多个字符位置(具体取决于前缀模式的长度)，而非仅仅一个字符，从而避免重复比较，并实现文本串指针的无回溯移动。

例如，如图 4-1 所示，假设在试探文本串的第 j 个位置时，匹配失败发生在模式串中的字符 $x[i]$=a 和文本串中的字符 $y[i+j]$=b。此时有 $x[i+1\cdots m-1]=y[i+j+1\cdots j+m-1]=u$，但 $x[i]\neq y[i+j]$。在这种情况下，当模式串发生移动时，可以找到模式串中的某个前缀 v，它与文本串中的 u 的某些后缀相匹配。将这个最长的匹配前缀 v 定义为 u 的“边界标记”(tagged border)。在 KMP 算法中，数组 kmpNext[i] 用于存储 $x[0\cdots i-1]$ 的边界标记的长度，而 kmpNext[0]则定义为−1。

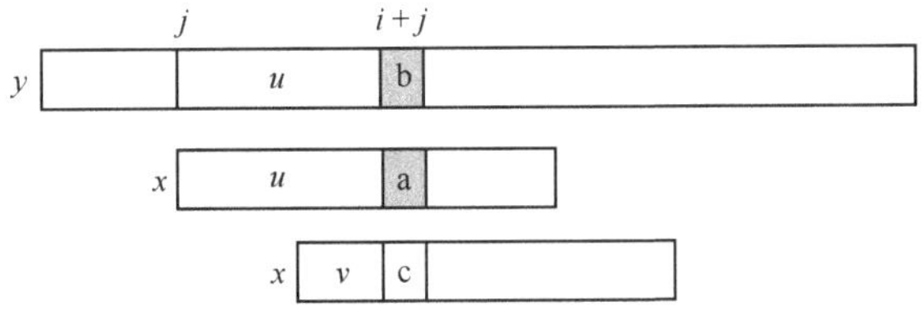

图 4-1　KMP 算法的模式串移动

下面对 KMP 匹配的详细过程进行分析。

1) 文本串指针无回溯的可能性分析

以图 4-2 所示的文本串 S 和模式串 T 的匹配过程为例。假设在图 4-2(a)中，文本串 S 和模式串 T 的前五个字符“abcab”已经成功匹配，但第 6 个字符在 S 中是“c”，而在 T 中是“d”，于是发生不匹配。如果使用暴力匹配算法，下一步是将模式串 T 向右移动一位，然后重新开始比较 T 的第一个字符和 S 的第二个字符。

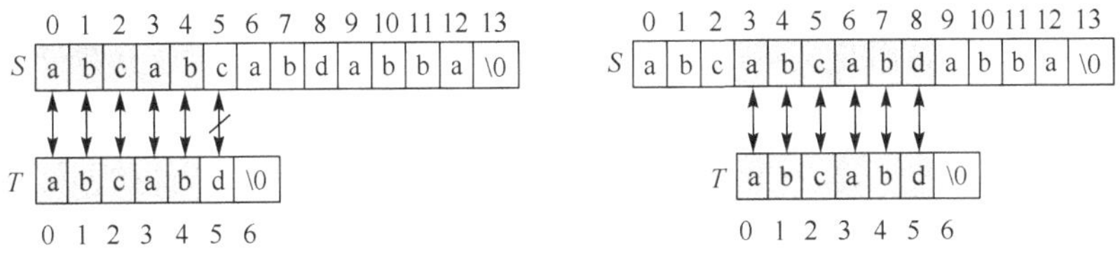

(a)　(b)

图 4-2　模式串右滑示例

然而，如果按照更高效的比较逻辑(即 KMP 算法的思维方式)来思考，会发现 S 的第 5 个字符和 T 的第 5 个字符都是“b”，而 T 的第 4 个字符是“a”。如果将 T 向右移动一位，那么 T 的第 4 个字符(“a”)将与 S 的第 5 个字符(“b”)对齐，这显然会导致不匹配。因此，可以直接得出结论，向右移动一位不会产生匹配，同样，向右移动两位也不会产生匹配。

如果串匹配算法能够模仿人类的思维过程，变得更加智能化，那么在特定情况下它可以更有效地进行匹配。以图 4-2(a)中的情景为例，当在文本串 S 的第 6 个字符处(S 的第 5 位)发现匹配失败时，算法能够意识到 S 的第 3、4 位与模式串 T 的第 3、4 位是相同的。考虑到模式串 T 的长度较短，可以在匹配开始前就分析出 T 的第 0、1 位与第 3、4 位是相同的。因此，可以直接将模式串 T 的第 0、1 位与文本串 S 的第 3、4 位对齐，然后从比较 $S[5]$和 $T[2]$开始，如图 4-2(b)所示。

这意味着，当在文本串 S 的第 6 个字符处发现失配时，可以保持文本串 S 的指针在当前位置($S[5]$)，而将模式串 T 的指针从 $T[5]$位置回退到 $T[2]$位置，继续进行匹配。这种方法的关键在于利用已匹配字符的信息来优化匹配过程。通过识别模式串中的重复模式，可以在发生失配时准确地确定模式串的指针应该回退到哪个位置，从而避免不必要的重复比较，并加快匹配进度。这种思路正是 KMP 匹配算法的基础，它通过预先计算一个部分匹配表(也称为“失败函数”)来实现这种智能化的匹配过程。

2)模式串规律分析

从上述分析中可以看出，在匹配不成功时，可以实现文本串 S 的指针无回溯。这意味着在发生失配时，文本串 S 的指针保持不动，而模式串 T 的指针不会回到其起始位置，而是移动到一个恰当的位置继续匹配。这是因为如果简单地将模式串指针每次都回溯到起始位置，就可能错过文本串中的有效匹配。

因此，确定模式串指针在失配后应该移动到的位置成为关键问题。这一位置的确定需要做到两点平衡：一方面，不能将模式串右移太多，从而错过有效的匹配；另一方面，需要利用之前成功匹配的信息，尽可能地将模式串向右移动，以提高匹配的效率。

通过深入分析可以看出，实现文本串 S 的指针无须回溯且模式串 T 能够向右移动的关键在于：S 串中某个位置的字符与 T 串中相应位置的字符相同，而这些字符又与 T 串起始位置的字符相同。例如，在上述例子中，S 串的第 3、4 位与 T 串的第 3、4 位相等，同时这两位又与 T 串的第 0、1 位相同，这使得可以将 T 串向右移动，使其[0,1]位与 S 串[3,4]位对应。这样的移动基于模式串 T 中存在的重复子串。因此，实现无回溯匹配方法需要识别并利用模式串自身的这种重复模式。

更进一步的分析表明，如果在模式串 T 的第 5 位字符处发生失配(此时 T 的第 0～4 位字符与 S 已匹配)，模式串 T 可以直接向右移动 3 个字符以进行新的匹配尝试。这种移动的距离与 T 的具体内容有关，而与文本串 S 的内容和当前位置无关。这种模式串 T 在特定位置失配时应该向右移动多少个字符的对应关系正是 KMP 算法的核心所在，通常称为 next(j)关系，即当在 T 的第 j 位发生失配时，T 的指针应该退回到第 next(j)位重新开始匹配。

上述分析可推广到一般情况，具体表述如下。

设有文本串 S 为 $s_1 s_2 \cdots s_n$，模式串 T 为 $t_1 t_2 \cdots t_m$。在匹配过程中，当字符 s_i 与字符 t_j 不匹配时(即 $s_i \neq t_j$，且 $1 \leqslant i \leqslant n-m+1$，$1 \leqslant j \leqslant m$)，此时前 $j-1$ 个字符已匹配成功，即有

$$s_{i-j+1} \cdots s_{i-1} = t_1 t_2 \cdots t_{j-1} \tag{4-1}$$

如果在模式串 T 中存在一个最长的可重叠真子串，满足条件：

$$t_1 t_2 \cdots t_{k-1} = t_{j-k+1} t_{j-k+2} \cdots t_{j-1} \tag{4-2}$$

式中，这个真子串至少包含一个字符(即从 t_1 开始)，最短可以是 t_1，最长可以达到 $t_1 \cdots t_{j-1-1}$，

则可以得出 k 满足 $1<k<j$。

根据式(4-1)，知道模式串中的子串 $t_1\ t_2\cdots t_{k-1}$ 已经与文本串中的相应部分 $s_{i-k+1}\ s_{i-k+2}\ \cdots\ s_{i-1}$ 匹配成功。因此，在下一次匹配中，可以直接比较 s_i 和 t_k。如果不存在符合式(4-2)的情况，那么结合式(4-1)可以得出，在模式串 $t_1\ \cdots\ t_{j-1}$ 中不存在以 t_1 为起始字符的子串能够与文本串子串 $s_{i-j+1}\ s_{i-j+2}\ \cdots\ s_{i-1}$ 中以 s_{i-1} 为末尾字符的部分匹配。因此，下一次匹配可以直接比较 s_i 和 t_1。这种方式实现了文本串指针的无回溯移动。

总的来说，KMP 算法通过在模式串中寻找可重叠的最长真子串，并利用这些信息来指导模式串在匹配过程中的正确移动，来避免文本串指针的不必要回溯，提高了匹配效率。这种智能化的匹配策略使得 KMP 算法在实际应用具有显著的效率优势。

3) 求解 next 函数

基于上述讨论，关于模式串向右移动的最大距离，有以下定理。

定理 4-1　已知文本串 $T=t_0\cdots t_{n-1}$ 和模式串 $P=p_0\ \cdots\ p_{m-1}$。如果模式串 P 出现在 T 的第 l 个字符开始的子串中，即对所有 $0\leqslant k<m$，都有 $t_{l+k}=p_k$，且定义模式串 P 的最长前缀 LongestPrefix 如下：

$$\text{LongestPrefix}=\max\left\{j\mid \text{对于所有}0\leqslant k<j<m,\text{有}p_k=p_{m-j+k},\text{且}p_j\neq p_m\right\}$$

则根据此定义，文本串 T 从第 $l+1$ 个字符开始的子串到第 $l+m-\text{LongestPrefix}-1$ 个字符开始的子串都不与模式串 P 中的子串匹配，即 $\forall\ (0<j<m-\text{LongestPrefix})$，对于所有 $0\leqslant k<m$，$p_k\neq t_{l+j+k}$ 均成立。

此定理指出，如果文本串 T 和模式串 P 在某一位置失配，那么可以确定文本串 T 中从失配位置至 $l+m-\text{LongestPrefix}-1$ 位置之间的子串均不可能与模式串 P 匹配。这一发现允许在匹配过程中跳过这些不可能匹配的子串，从而提高匹配的效率。

基于这个定理，可以建立 KMP 算法中的 next 函数的求解算法。next 函数提供了失配后模式串应该向右移动的位置信息，从而使模式串可以在不必要的位置避免重复比较，实现更加高效的匹配。

模式串 P 的 next 函数的定义如下：

$$\text{next}(j)=\begin{cases}-1, & j=0\\ \max\{k\mid 1<k<j,\text{且}t_0\cdots t_{k-1}=t_{j-k}\cdots t_{j-1}\}, & 1\leqslant j\leqslant m\\ 0, & \text{其他}\end{cases}$$

求 next 函数的步骤如下。

(1) 初始值 next(0)=−1。

(2) 设 next$(j)=k$，这意味着模式串中存在下列关系：$t_0\ \cdots\ t_{k-1}=t_{j-k}\ \cdots\ t_{j-1}$，且 k 是满足 $0<k<j$ 的最大的 k 值。

①若 $t_j=t_k$，则表明 $t_0\ \cdots\ t_{k-1}t_k=t_{j-k}\ \cdots\ t_{j-1}t_j$，所以 next$(j+1)=k+1$，即 next$(j+1)=$ next$(j)+1$。

②若 $t_j\neq t_k$，则表明 $t_0\ \cdots\ t_{k-1}t_k\neq t_{j-k}\ \cdots\ t_{j-1}t_j$，此时的问题又变成了新的模式匹配的问题，只是这时的文本串和模式串都是原来的模式串，又因为 next$(k)=k'$，这表明 $t_0\ \cdots\ t_{k'-1}=t_{k-k'}\ \cdots\ t_{k-1}$。

a. 若 $t_j=t'_k$，则表明 $t_0\cdots t_{k'-1}t_k=t_{j-k'}\cdots t_{j-1}t_j$，所以有 next$(j+1)=k'+1=$next$(k)+1=$next(next$(j)$)$+1$。

b. 若 $t_j \neq t'_k$，则继续这个过程，直到找到满足条件的 $k'(0<k'<j)$，如果不存在这样的 k'，则 next$(j+1)=0$。

下面通过一个例子详细解释 KMP 算法的匹配过程。

例 4-1　采用 KMP 算法对如下文本串和模式串进行串匹配。

文本串：GCATCGCAGAGAGTATACAGTACG。

模式串：GCAGAGAG。

首先，需要计算 kmpNext[*i*]表，这是 KMP 算法的核心部分。根据先前分析的 kmpNext 的构造过程，得到如表 4-1 所示的结果。

表 4-1　kmpNext[*i*]表

i	0	1	2	3	4	5	6	7	8
x[*i*]	G	C	A	G	A	G	A	G	
kmpNext[*i*]	–1	0	0	0	1	0	1	0	1

其中，*x*[*i*]表示模式串的第 *i* 个字符，*i* 的顺序为模式串从左到右的顺序，且 *i* 的取值从 0 开始。根据 kmpNext[*i*]表的值，可以进行字符串匹配的尝试。在第一次尝试时，在第 3 位出现失配，由于 kmpNext[3]=0，所以模式串向右移动 3–0=3 位。以此类推，图 4-3(a)～(i)列出了所有的 9 次匹配尝试的过程。

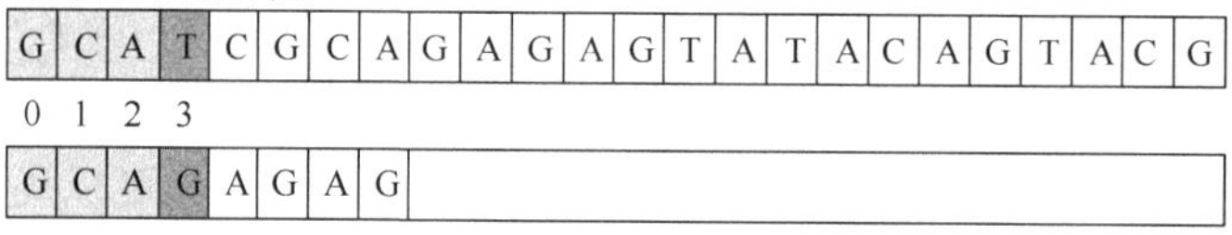

(a) KMP算法示例第1次尝试，向右移：3(*i* – kmpNext[*i*] = 3 – 0)

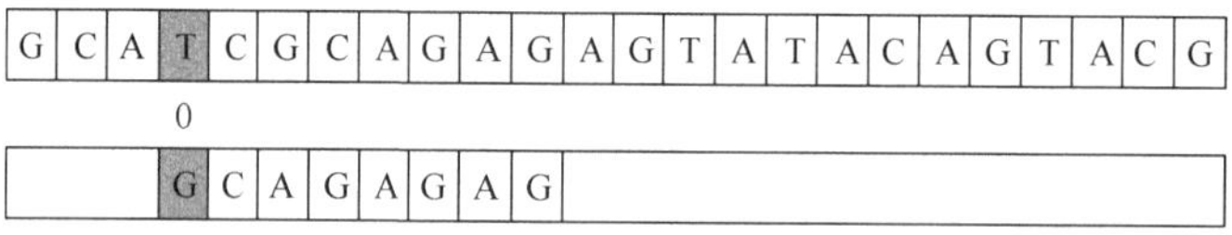

(b) KMP算法示例第2次尝试，向右移：1(*i* – kmpNext[*i*] = 0 – (–1))

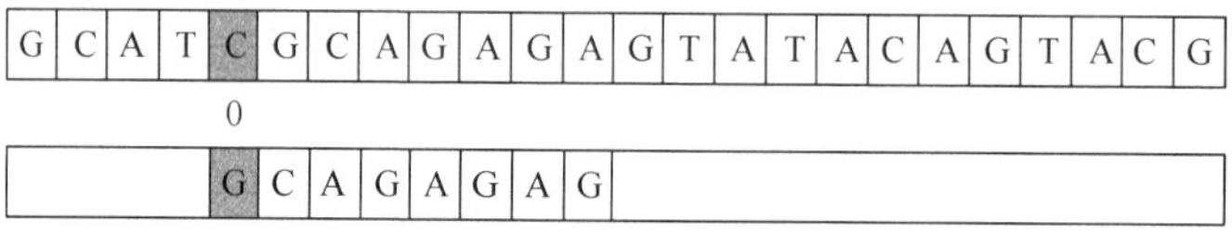

(c) KMP算法示例第3次尝试，向右移：1(*i* – kmpNext[*i*] = 0 – (–1))

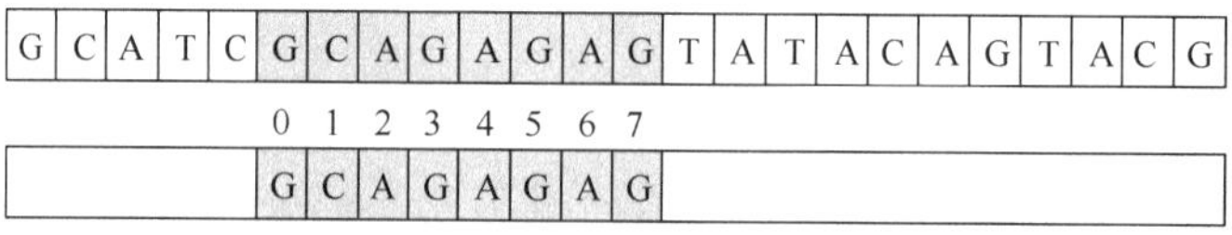

(d) KMP算法示例第4次尝试，向右移：7(*i* – kmpNext[*i*] = 8 – 1)

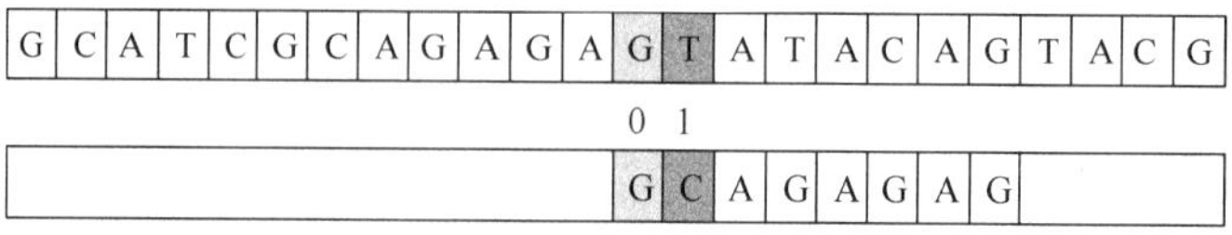

(e) KMP算法示例第5次尝试，向右移：1(*i* – kmpNext[*i*] = 1 – 0)

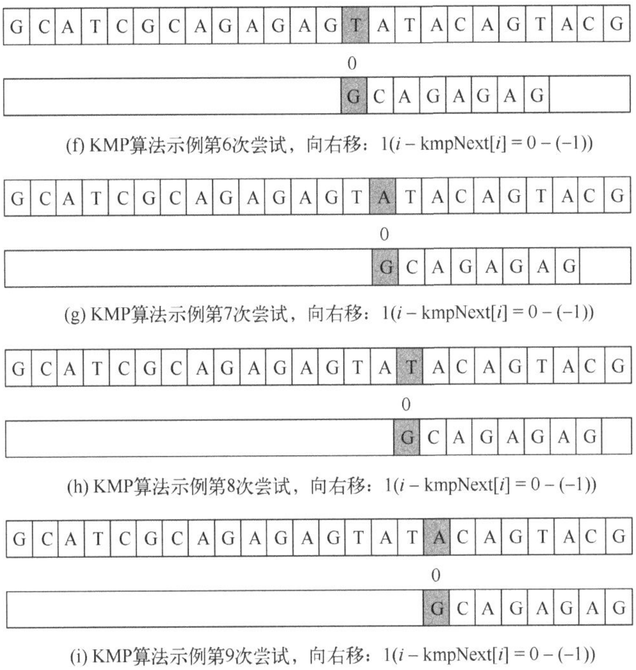

图 4-3　KMP 算法示例

KMP 算法的主要特点是消除了文本串指针的回溯，通过利用已经得到的部分匹配结果来将模式串向右滑动尽可能远的一段距离，然后继续进行比较。这种方法特别适用于这样的场景：给定一个模式串和多个不同的文本串，需要判断模式串是否是这些文本串中的某些子串。

在搜索阶段，KMP 算法的最坏时间复杂度和平均时间复杂度都是 $O(n)$。内层 while 循环的执行次数因 i 值的变化而变化。可以通过摊还分析来评估这一复杂度。摊还分析主要是通过跟踪特定变量或函数值的变化，来对不规则的执行次数进行累计和分析。在 KMP 算法中，每次执行内层 while 循环都会导致 i 值减小(但不会小于 0)，而 i 值的增加只发生在 i++ 语句中。由于 i 在整个过程中最多只增加 n 次(每次增加 1)，所以 i 最多减小 n 次(因为 i 始终是非负整数)。因此，内层 while 循环总共最多执行 n 次。根据摊还分析，将这 n 次执行次数平均分摊到每次外层 while 循环中，每次外层 while 循环的复杂度为 $O(1)$，整个过程的时间复杂度为 $O(n)$。

KMP 算法的预处理阶段时间复杂度为 $O(m)$。在预处理阶段，需要进行两方面的计算：首先，对于模式串的每个前缀 u，计算 u 的边界标记 v，使得 $P|u|+1 \neq P|v|+1$；其次，对于模式串本身，计算其边界标记。当逐个读入模式串 $P = p_1 \cdots p_m$ 的字符，并计算 $p_1 \cdots p_{i+1}$ 的边界标记时，需要找到既是 $p_1 \cdots p_{i+1}$ 的后缀，又是 P 的前缀的最长字符串。因此，可以使用 KMP 算法自身来在 P 中搜索这些前缀。由此，KMP 算法的预处理阶段可以通过 KMP 算法本身完成，其时间复杂度为 $O(m)$。

2. Boyer-Moore 算法

在匹配过程中，KMP 算法能够使模式串向右移动若干位，但存在一个局限，即模式串的移动距离通常不会超过一次匹配操作中进行的字符比较次数。这一局限的根本原因在于 KMP

算法的匹配操作必须按照从左向右的顺序进行。相比之下，Boyer-Moore 算法则可以实现更大幅度的“跳跃式”查找。

1977 年，R.S. Boyer 和 J.S. Moore 共同设计了这种新的字符串匹配算法，简称为 BM 算法，它是一种基于后缀的单模式匹配算法。BM 算法的显著特点是在匹配窗口内部从右向左进行匹配。这种方法允许算法在大多数情况下跳过文本串中的许多字符，仅扫描文本串的一部分就能实现高效匹配。BM 算法因其高效的性能，广泛应用于监控系统和入侵检测系统中进行模式匹配。虽然从理论上看，BM 算法的时间复杂度并不是最优的，但在实际应用中，它常常是执行速度最快的算法之一。

Boyer-Moore 算法通过从右向左进行匹配，实现了跳跃式查找，这种方法相比从左向右的传统匹配方法有显著优势。具体的匹配过程可以根据不同情况进行讨论。

(1) 当文本串中正在比较的字符在模式串中不存在，并且也不存在部分匹配时，模式串应向右移动的位置数等于模式串的长度。这是因为当前字符在模式串中找不到匹配，所以无须与模式串前面的字符比较。如图 4-4(a) 所示，如果在文本串中遇到字符“e”，而“e”在模式串中不存在，那么模式串直接向右移动整个模式串的长度。

(2) 当文本串中正在比较的字符在模式串中不存在，但存在部分匹配时，模式串向右移动的位置数应等于模式串长度减去部分匹配的字符个数。如图 4-4(b) 所示，这种情况下的移动类似于 KMP 算法的移动策略，即模式串向右移动，使模式串最左边的“ab”和已匹配的“ab”字符对齐即可。

(3) 当文本串中正在比较的字符在模式串中出现时，模式串向右移动的位置数应为从模式串的最右端到该字符的距离。如图 4-4(c) 所示，在这种情况下，算法会找到模式串中最右端的该字符，并将其与文本串中的对应字符对齐，比如，样例中将模式串右移两个字符，将模式串的“c”和文本串的“c”对齐，并以此进行下一步的匹配尝试。

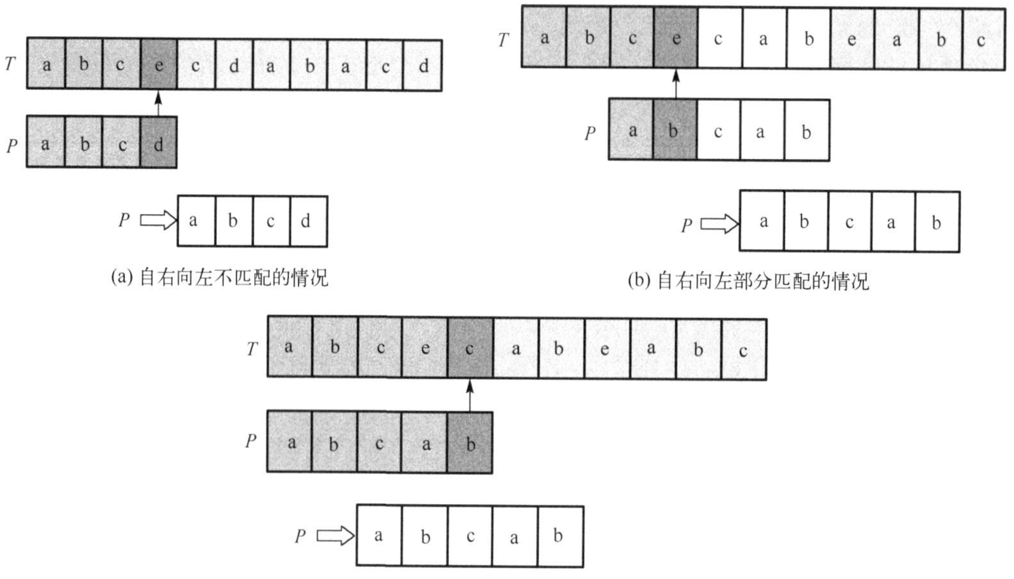

图 4-4　比较的字符

在具体实现 BM 算法时，通常会构建一张表，这张表包含了每个可能出现在文本串中的字符，每个表项记录了相应字符在模式串中的位置信息，以便快速决定模式串在不匹配时应该向右移动的位置数。如图 4-5 所示，对于未出现在模式串中的字符，表中存储的移动计数等于模式串的整体长度。这是因为如果一个字符在模式串中没有出现，那么模式串可以安全地跳过整个长度而不遗漏任何潜在的匹配。对于出现在模式串中的字符，移动计数则等于该字符在模式串中最右出现位置到模式串右端的距离。这样，在匹配过程中，如果某个字符与文本串中的字符不匹配，只需简单地查询这张表，就可以立即知道模式串需要向右移动的位置数。

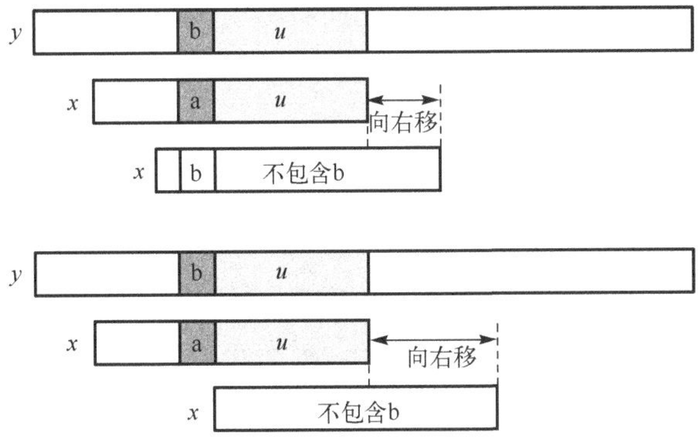

图 4-5　BM 算法模式串右移示例

BM 算法主要包括两个阶段：预处理阶段和查找阶段。在预处理阶段，算法首先对模式串 *P* 进行分析，计算出两条关键的偏移函数规则：坏字符规则(BadChar)和好后缀规则(GoodSuffix)。这些偏移函数规则用于确定在不匹配的情况下模式串 *P* 应该向右移动的距离。在查找阶段，算法将模式串 *P* 与文本串 *T* 进行对齐，并从模式串的右端开始向左进行匹配。当遇到文本串中的某个字符与模式串中的字符不匹配时，算法会分别根据坏字符规则和好后缀规则计算出偏移量，并取这两个偏移量中的较大者，以此确定模式串下一步应该向右移动的位置数。如果匹配成功，则记录下匹配的位置。

BM 算法的核心在于它的两条启发式规则：坏字符规则和好后缀规则。这两条规则用于指导模式串在匹配过程中的移动，以加快查找速度和提高效率。在实际的匹配过程中，第一个不匹配的字符被视为“坏字符”，而已经匹配的部分则被视为“好后缀”。如图 4-6 所示，第一个不匹配的字符(标记为深色阴影)即为坏字符，而已匹配的部分(标记为浅色阴影)则为好后缀。通过这种方式，BM 算法能够在不匹配的情况下快速确定模式串的移动距离，从而提高整个匹配过程的效率。

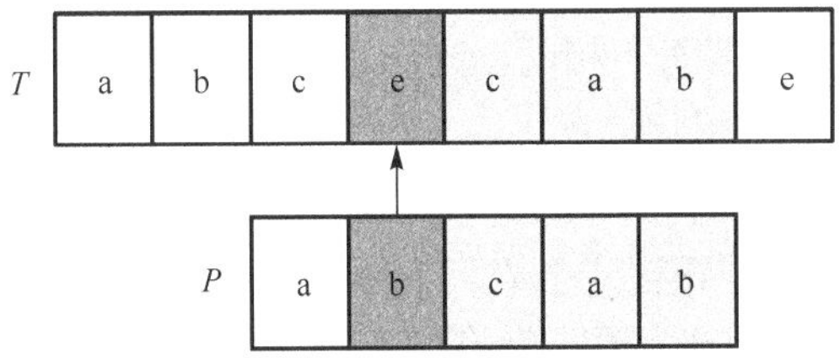

图 4-6　坏字符和好后缀示例

(1) 坏字符规则(BadChar)。

在 BM 算法从右向左扫描时，如果发现某个字符 x 与模式串 P 中的对应字符不匹配，则根据以下两种情况来处理。

①如果字符 x 在模式串 P 中没有出现，那么可以安全地假定从该字符开始的 m 个字符(m 为模式串 P 的长度)都不可能与模式串 P 匹配。因此，模式串 P 可以跳过这个区域，向右移动 m 个位置。

②如果字符 x 在模式串 P 中出现过，则模式串 P 应该向右移动，直到模式串中最右边的 x 字符与文本串中的 x 字符对齐。

用数学公式来表示，设 skip(x)为模式串 P 向右移动的距离，m 为模式串 P 的长度，max(x)为字符 x 在模式串 P 中最右出现位置。

$$\text{skip}(x)=\begin{cases} m, & x\neq P[j](1\leqslant j\leqslant m)\text{，即}x\text{在}P\text{中未出现} \\ m-\max(x), & \{k\mid P[k]=x,1\leqslant k\leqslant m\}\text{，即}x\text{在}P\text{中出现} \end{cases}$$

这个公式表明，如果 x 不在 P 中，skip(x)就等于 m，即模式串 P 的整体长度；如果 x 在 P 中，skip(x)就等于模式串 P 的长度减去 x 在 P 中最右出现位置。

例 4-2　在 BM 算法匹配过程中，如图 4-7(a)所示，深色阴影部分发生了一次不匹配。计算移动距离 skip(c) = 5 − 3 = 2，则 P 向右移动 2 位。移动后如图 4-7(b)所示。

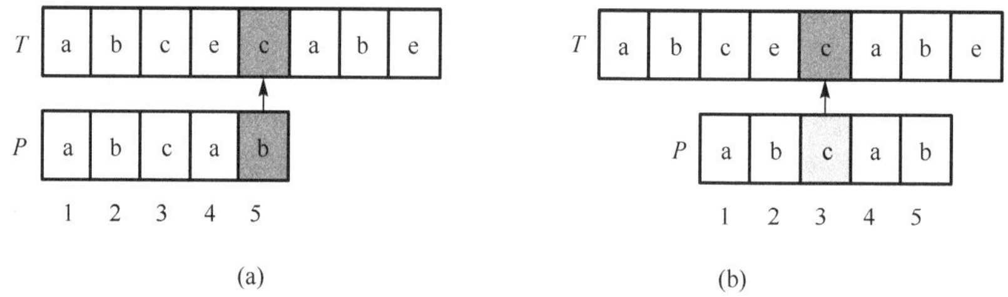

图 4-7　坏字符匹配实例

计算出字符集中每个字符的偏移量 bmBC[i]，对于未在模式串中出现的字符，偏移量为 m，否则取 $m-i-1$(其中 i 为字符在模式串中的位置)，即取此字符在模式串中出现的最右位置和文本串中此字符位置对齐，若字符未在模式串中出现，则可将模式串向前推 m 个字符位置。但是，在某些情况下，这种偏移量可能是负的。实际的偏移量取的是两者中值较大者。

(2) 好后缀规则(GoodSuffix)。

若某个字符匹配失败的同时，已有部分字符匹配成功，即形成了"好后缀"，则按照以下两种情况来处理。

①如果已匹配部分 P'在模式串 P 中除当前位置 t 外的其他位置 t'也出现，并且在位置 t'之前的字符与在位置 t 之前的字符不相同，则应将模式串 P 向右移动，使 t'位置的字符对齐到刚才与 P'匹配的文本串中的相应位置。

②如果模式串 P 中不存在与已匹配部分 P'相同的其他子串，则在模式串 P 中寻找与 P'的后缀 P''相同的最长前缀 x，并将模式串 P 向右移动，使 x 与文本串中 P''所对应的位置对齐。

用数学公式表示，设 shift(j)为模式串 P 向右移动的距离，m 为模式串 P 的长度，j 为当前已匹配的字符位置，s 为情况①中 t'与 t 的距离或情况②中 x 与 P''的距离。那么，shift(j)的计算公式为

$$shift(j)=\min\{s|(P[j+1\cdots m]=P[j-s+1\cdots m-s])\&\&(P[j]\neq P[j-s]),j>s;P[s+1\cdots m]=P[1\cdots m-s],j\leqslant s\}$$

这个公式意味着在不同的情况下，模式串 P 需要根据已匹配部分 P'或 P''的出现位置和特性来确定向右移动的距离。

对于情况①，当 P 中的一个部分子串($P[j+1\cdots m]$)已经匹配，且 P 中的另一个相同子串($P[j-s+1\cdots m-s]$)的前一个字符 $P[j-s]$与当前比较字符 $P[j]$不同时，寻找满足该条件的最小 s 值，然后将 P 向右移动 s 个位置。

对于情况②，当模式串 P 中没有再次出现匹配的部分子串时，寻找 P 中与已匹配后缀 P''($P[s+1\cdots m]$)相同的最长前缀($P[1\cdots m-s]$)，并将 P 向右移动 s 个位置。

例 4-3　在 BM 算法匹配过程中，如图 4-8(a)所示，深色阴影部分发生了一次不匹配，浅色阴影部分为"好后缀"。再看图 4-8(b)，好后缀的后缀 T'(深色阴影部分)与 P 中前缀 P'(浅色阴影部分)匹配，则将 P'移动到 T'的位置。移动模式串后的情况如图 4-8(c)所示，通过这种方式，模式串跳过了已经检查过且不匹配的部分。

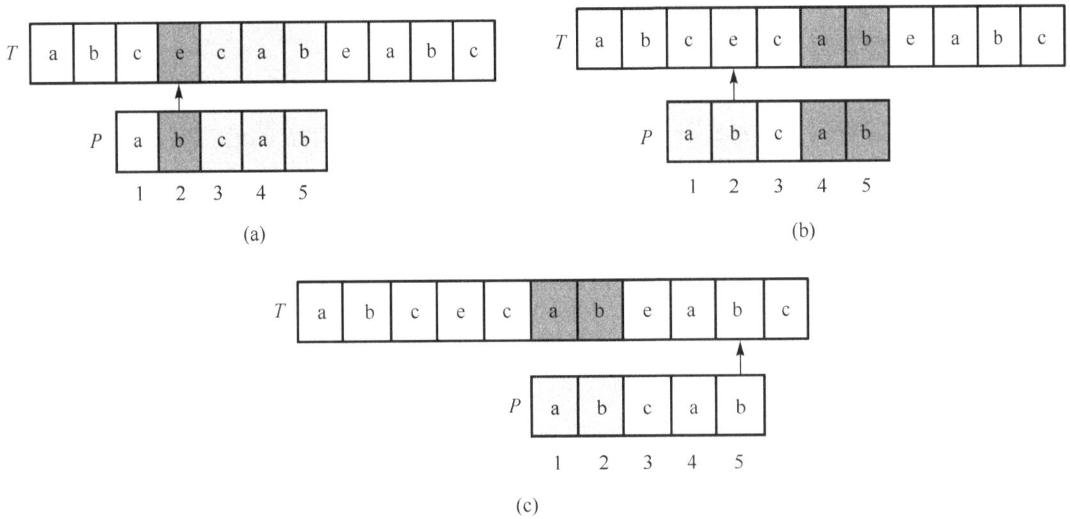

图 4-8　好后缀匹配实例

好后缀规则在 BM 算法中的应用，实际上是借鉴了 KMP 算法中利用已匹配子串的思想。在 KMP 算法中，通过前缀数组(也称为失败函数)来利用模式串中重复出现的前缀子串，以减少在文本串上的不必要的比较次数。类似地，如图 4-9 所示，在 BM 算法中，好后缀规则利用已匹配的后缀子串信息来决定模式串向右移动的距离。不同于 KMP 算法中构造的是前缀数组，BM 算法中构造的是后缀数组，用以存储与好后缀相关的信息。后缀数组记录了模式串中每个后缀与模式串其余部分的匹配情况，以此来决定在遇到不匹配时模式串应该向右移动的距离。

在 Boyer-Moore 算法的查找阶段，模式串 P 首先与文本串 T 在左端对齐。然后，从模式串的最右端开始，与文本串进行匹配。每次匹配过程遵循以下步骤。

(1) 从模式串 P 的右端向左端进行逐字符比较。设文本串中的当前比较字符是 $T[i+j]$，而模式串中的相应字符是 $P[j]$。

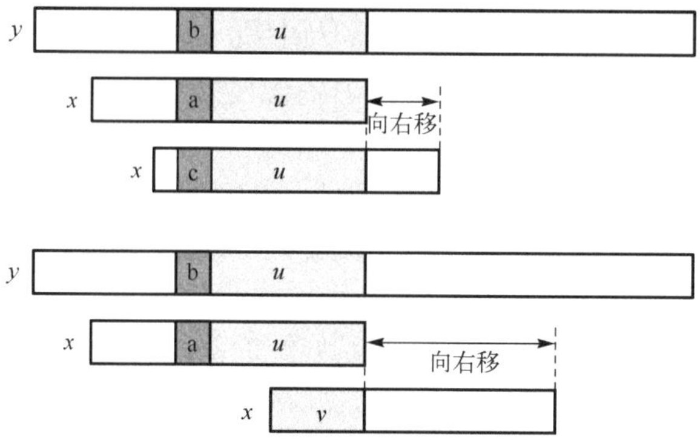

图 4-9　好后缀规则模式串移动图示

(2) 当 $T[i+j]$ 与 $P[j]$ 匹配不成功时，在 BM 算法中，需要计算跳跃的距离。这是通过比较坏字符规则和好后缀规则得出的偏移量来实现的。

①坏字符规则计算的偏移量是 $\text{BadChar}[T[i+j]]-m+1+j$。

②好后缀规则计算的偏移量是 GoodSuffix[j]。

其中，m 是模式串的长度。在两者中，选择较大的值作为最终的偏移量。

(3) 将文本串指针 i 向右移动计算出的偏移量，并重新从模式串 P 的最右端开始进行比较。

(4) 如果模式串 P 完全匹配了文本串 T 中的某个子串，则记录这个匹配的位置。完成匹配后，文本串指针 i 再次根据好后缀规则向右移动 GoodSuffix[0]的距离。

(5) 重复上述步骤，直到文本串 T 的末尾，这样就可以找出模式串 P 在文本串 T 中的所有出现位置。

以下是一个使用 BM 算法进行匹配的实例。

例 4-4　采用 BM 算法对如下文本串和模式串进行串匹配。

文本串：GCATCGCAGAGAGTATACAGTACG。

模式串：GCAGAGAG。

首先，对模式串进行预处理，计算坏字符表(bmBc[c])和好后缀表(bmGs[i])，分别见表 4-2、表 4-3。

表 4-2　坏字符 bmBc[c]表

c	A	C	G	T
bmBc[c]	1	6	2	8

表 4-3　好后缀 bmGs[i]表

i	0	1	2	3	4	5	6	7
$x[i]$	G	C	A	G	A	G	A	G
bmGs[i]	7	7	7	2	7	4	7	1

接下来进行匹配尝试。

第一次尝试，如图 4-10(a)所示，当文本串和模式串对齐后，从右向左进行匹配，第一个字符出现匹配失败，分别计算坏字符规则和好后缀规则的移动距离：skip(‘A’)=bmBc[‘A’]−0=1，shift(7)=bmGs[7]=1，取最大值为 1，模式串右移 1 位。

第 2 次尝试，如图 4-10(b)所示，第 3 个字符匹配失败，计算坏字符规则和好后缀规则的移动距离：skip('C')=bmBc['C']−2=4，shift(5)=bmGs[5]=4，取最大值为 4，模式串右移 4 位。

第 3 次尝试，如图 4-10(c)所示，匹配成功，按坏字符规则仅仅应该右移 1 位，而按好后缀规则应该右移 7 位继续匹配。

第 4 次尝试，如图 4-11(d)所示，第 3 个字符匹配失败，计算坏字符规则和好后缀规则的移动距离：skip('C')=bmBc['C']−2=4，shift(5)=bmGs[5]=4，取最大值为 4，模式串右移 4 位。

第 5 次尝试，如图 4-10(e)所示，第 2 个字符匹配失败，计算坏字符规则和好后缀规则的移动距离：skip('C')=bmBc['C']−1=5，shift(6)=bmGs[6]=7，取最大值为 7，模式串右移 7 位。此时，文本串已经到达边界，匹配结束。

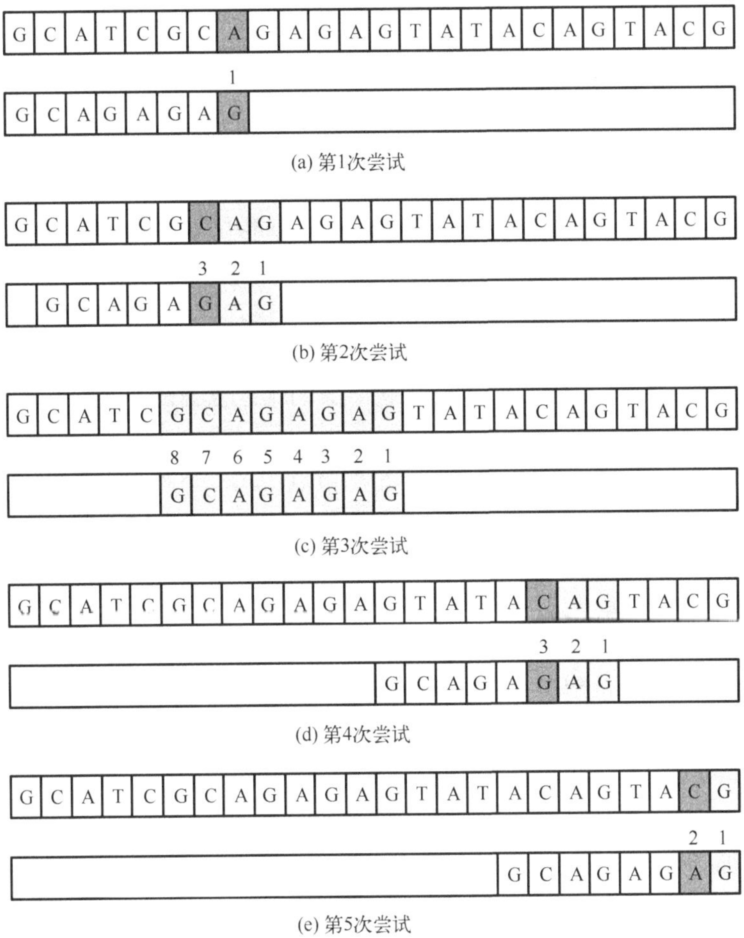

图 4-10　BM 算法示例

4.1.3　多模式匹配

多模式匹配指的是在一个文本(text)中查找一组特定的模式集(patterns)。多模式匹配问题在生物计算、信息检索及信号处理等领域具有极其重要的应用价值。对于这一问题，历史上出现了许多有效的解决算法。

1975 年，Aho 和 Corasick 提出了一种名为 AC75 的算法，它是首个以线性时间复杂度解决多模式匹配问题的算法，至今仍被广泛使用。AC75 算法通过构建一种特殊的状态机数据结构，有效地同时处理多个模式串。

与此同时，单模式匹配领域中的 BM 算法因其高效的跳跃式搜索策略而被广泛认可。这种跳跃思想也衍生出了多种变体，被应用于单模式和多模式匹配中。Commentz-Walter 算法就是一种结合了 AC 算法和 BM 算法思想的多模式匹配算法，它融合了 AC 算法的多模式匹配能力和 BM 算法的高效跳跃式搜索策略。1992 年，Wu 和 Manber 提出的 agrep 算法是另一种在多模式匹配领域中表现出色的算法，它具有良好的实际应用效果。

随着后缀树(suffix tree)和后缀自动机(suffix automaton)的引入，多模式匹配算法领域又迎来了新的发展。例如，DAWG-MATCH 算法和 MultiBDM 算法都是在这些新的数据结构基础上发展起来的，它们在处理复杂的多模式匹配问题时显示了优越的性能。

总体来看，多模式匹配算法的发展历程展示了从基础理论到实际应用的不断深入和优化，各种算法在不同应用场景下有着不同的优势和局限。

1. Aho-Corasick 算法

Aho-Corasick 算法(简称 AC 算法)由 Alfred V. Aho 和 Margaret J. Corasick 于 1975 年在贝尔实验室开发，是一种用于多模式匹配的高效算法。该算法通过构建一个有限自动机(通常称为 AC 自动机)，实现了快速并且高效地同时匹配多个模式串。

AC 算法的实现包括两个阶段，分别为预处理阶段和查找阶段。

在预处理阶段，算法构建了一个基于关键字集的树，也就是确定性有限自动机(DFA)。这个树型结构包含了三个核心的函数。

(1) 转向函数(goto)：用于在树中导航，每个节点代表一个关键字的前缀。转向函数定义了从一个节点到另一个节点的转移，这些转移是基于输入字符串的下一个字符来运转的。

(2) 失效函数(failure)：当在树中某个节点上的字符与文本中的下一个输入字符不匹配时，失效函数用来决定自动机的下一个状态。这个函数将算法导向一个最长可能匹配的前缀节点。

(3) 输出函数(output)：用于标记在树中某些节点上的输出。当自动机到达这些节点时，将输出一个或多个匹配的关键字。

在查找阶段，AC 自动机以线性时间遍历文本字符串。对于文本中的每个字符，它执行以下操作。

(1) 使用转向函数根据当前字符转移到下一个状态。

(2) 如果转向函数未定义，即在树中没有对应的转移，则使用失效函数回退到较短的前缀，直到找到合适的转移或回退到根节点。

(3) 在每个状态下，通过输出函数检查是否有关键字匹配。

AC 算法的一个关键特点是其高效性。它能够在 $O(n)$ 的时间内完成搜索，其中 n 是文本的长度。这意味着算法的运行时间与输入文本的长度呈线性关系，而与关键字的数量或长度无关。这使得 AC 算法非常适用于在大量文本中搜索多个关键字的场景，如网络内容过滤、生物信息学序列分析等领域。

例如，对模式集{he, she, his, hers}的树型有限自动机的三个函数如图 4-11(a)～(c)所示。

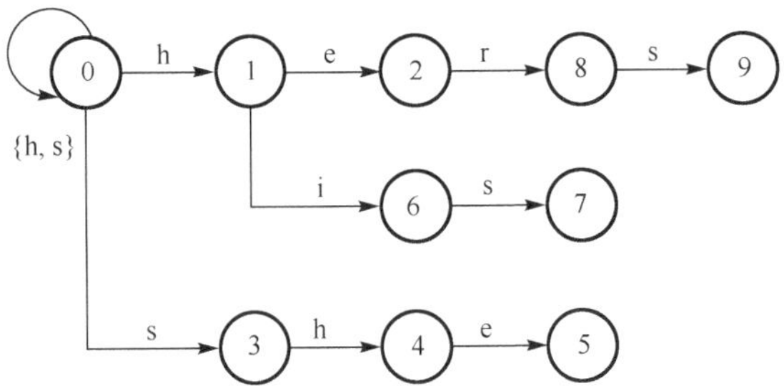

(a) AC自动机的转向函数goto

i	1	2	3	4	5	6	7	8	9
failure (i)	0	0	0	1	2	2	3	0	0

(b) AC自动机的失效函数failure

i	output(i)
2	{he}
5	{she,he}
7	{his}
9	{hers}

(c) AC自动机的输出函数output

图 4-11　AC 自动机关键数据结构

根据关键字集构建 AC 自动机的转向函数、失效函数和输出函数的过程可以分为两个主要部分，在第一部分确定状态和转向函数，在第二部分计算失效函数。输出函数的计算则是穿插在第一部分和第二部分中完成的。

1）构建转向函数

为了构建转向函数，需要建立一个状态转移图。开始时，这个图只包含一个代表起始状态 0 的节点。然后，通过添加一条从起始状态出发的路径，依次向图中输入每个关键字 p。这一过程涉及将新的顶点和边加入到图中，从而形成一条能够拼写出关键字 p 的路径。关键字 p 随后会被添加到这条路径的终止状态的输出函数中。只有在新的顶点或边对于表示当前的关键字是必需的情况下，才会在图表中增加新的元素。这样，状态转移图逐步扩展，每个关键字的加入都精确地反映在图的结构和转向函数中。

例 4-5　对关键字集{he, she, his, hers}建立状态转移图和转向函数。

向转向函数 goto 添加第一个关键字“he”需要创建 3 个状态，得到图 4-12(a)的自动机。从状态 0 到状态 2 的路径拼写出了关键字“he”，把输出“he”和状态 2 相关联。

添加第二个关键字“she”，需要在已有的图结构上进行修改以包含这个新关键字。首先，从状态 0 开始，沿着路径“s”进入一个新的状态，这里设为状态 3，同样依次增加状态 4、5，得到图 4-12(b)。

添加第三个关键字“his”，得到图 4-12(c)。注意到当增加关键字“his”时，已经存在一条从状态 0 到状态 1 标记着“h”的边了，所以不必另外添加一条同样的边。接着，从状态 1，需要添加一个新的状态，这里取状态 6，通过一条标记着“i”的边连接状态 1。最后添加状态 7，和输出“his”关联。通过这种方式，有效地利用了现有的路径和状态，使得状态转移图更加紧凑和高效。

同样地，添加第四个关键字“hers”，可以得到图 4-14(d)，输出“hers”和状态 9 相关联。在这里，能够使用已有的两条边：一条是从状态 0 到 1 标记着“h”的边；另一条是从状态 1 到 2 标记着“e”的边。

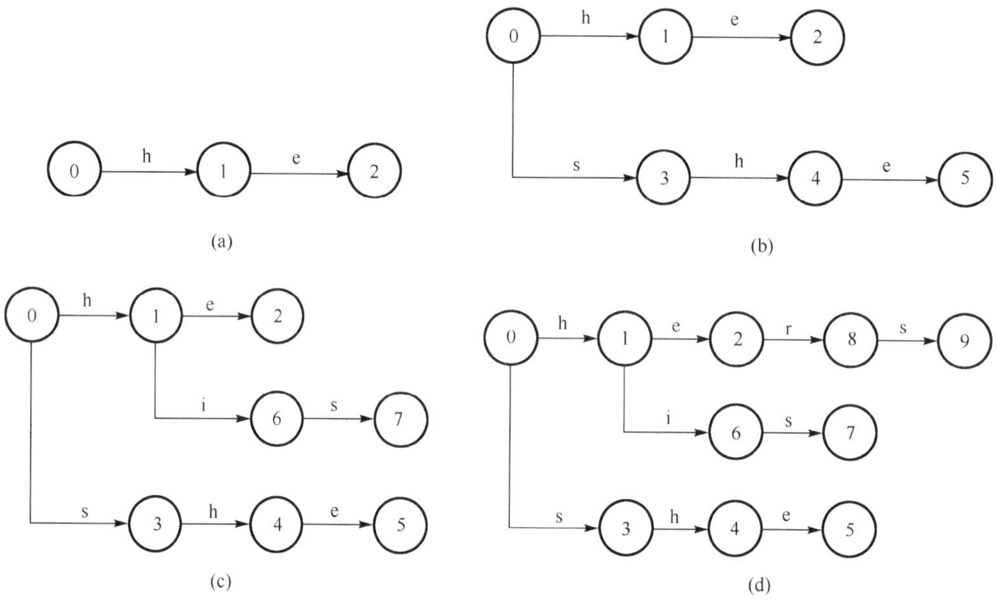

图 4-12　转向函数构建

这样，图已经成为一棵带根的树。为了完成转向函数的构建，对除了“h”和“s”外的其他每个字符，都增加一个从状态 0 到状态 0 的循环。这样就得到了如图 4-11(a)所示的状态转移图，这个图就代表转向函数。

2) 构建失效函数

失效函数是基于转向函数构建的。首先，在状态转移图中为每个状态 s 定义深度 $d(s)$，这表示从状态 0 到状态 s 的最短路径长度。例如，图 4-11(a)中的起始状态(状态 0)的深度为 0，状态 1 和 3 的深度为 1，状态 2、4 和 6 的深度为 2，状态 5、7 和 8 的深度为 3，状态 9 的深度为 4。因此，所有状态的深度可以表示为：$d(0)=0$；$d(1)=d(3)=1$；$d(2)=d(4)=d(6)=2$；$d(5)=d(7)=d(8)=3$；$d(9)=4$。

计算失效函数值的方法在概念上相对简单。首先，所有深度为 1 的状态 s 的失效函数值 failure(s) 设置为 0。假设已经计算出所有深度小于 d 的状态的失效函数值，那么可以根据这些已知的失效函数值来计算深度为 d 的状态的失效函数值。这种方法确保了失效函数值的计算是有序和系统化的，依赖于从浅层状态到深层状态的递进式计算。

为了计算深度为 d 的状态的失效函数值，考虑每个深度为 d–1 的状态 r，并执行以下步骤。

步骤 1：检查状态 r，如果对所有字符 a，转向函数 goto(r, a) 都失败，即 goto(r, a) = fail，则不执行任何操作。

步骤 2：如果存在某些字符 a 使得 goto $(r, a)= s$（其中 s 是一个状态），则对每个这样的状态 s 执行以下操作：设定初始状态 state = failure (r)（这里 failure (r) 是状态 r 的失效函数值），反复更新 state = failure (state)，直到找到一个满足 goto (state, a) ≠ fail 的状态。值得注意的是，由于对于任意字符 a，goto (0, a) 总是不失败的（即 goto (0, a) ≠ fail)，因此总能找到这样的状态。

步骤 3：设置深度为 d 的状态 s 的失效函数值 failure (s)=goto (state, a)。

这种方法的关键在于，它使用已经计算好的失效函数值来为更深层的状态计算失效函数值。通过这种方法，算法能够逐步建立起一个完整的失效函数，它对于状态机在模式匹配过程中快速跳过不匹配的字符序列至关重要。

例 4-6　以例 4-5 的关键字集为例，构建失效函数 failure。

首先，由于状态 1 和 3 是深度为 1 的状态，设置 failure (1) = failure (3) = 0。

接下来，计算深度为 2 的状态 2、4 和 6 的失效函数。

(1) 计算 failure (2) 时，先令 state = failure (1) = 0。因为 goto (0, ‘e’) = 0，所以得出 failure (2) = 0。

(2) 计算 failure (6)，设置 state = failure (1) = 0。因为 goto (0, ‘i’) = 0，所以得出 failure (6) = 0。

(3) 计算 failure (4)，先令 state = failure (3) = 0。因为 goto (0, ‘h’) = 1，所以得出 failure (4) = 1。

依照这种方法继续计算，最终可以构建出如图 4-11 (b) 所示的失效函数 failure。

在计算失效函数的过程中，同样更新了输出函数。当计算出某个状态 s 的失效函数值 failure (s) = t 时（其中 t 是另一个状态），将状态 t 的输出集合合并到状态 s 的输出集合中。例如，从图 4-11 (a) 计算出 failure (5) = 2，这时，将状态 2 的输出集合，即{he}，加入到状态 5 的输出集合中，从而形成了新的输出集合{he, she}。最终，所有状态的非空输出集合如图 4-11 (c) 所示。

3) 搜索查找

文本扫描开始时，初始状态置为状态机的当前状态，而输入文本 y 的首字符作为当前输入字符。然后，树型有限自动机通过对文本的每个字符都做一次操作循环的方式来处理文本。通过转向函数 goto、失效函数 failure 和输出函数 output 这三个函数的交叉使用扫描文本，定位出关键字在文本中的所有出现位置。

此算法有两个特点，一个是扫描文本时完全不需要回溯，另一个是时间复杂度为 $O(n)$，时间复杂度与关键字的数目和长度无关。

例 4-7　以例 4-5 和例 4-6 中生成的树型有限自动机为基础，该自动机包括转向函数、失效函数和输出函数，来处理输入文本“ushers”。

图 4-13 展示了使用当前的树型有限自动机 M 来处理这个文本所产生的状态转移情况。

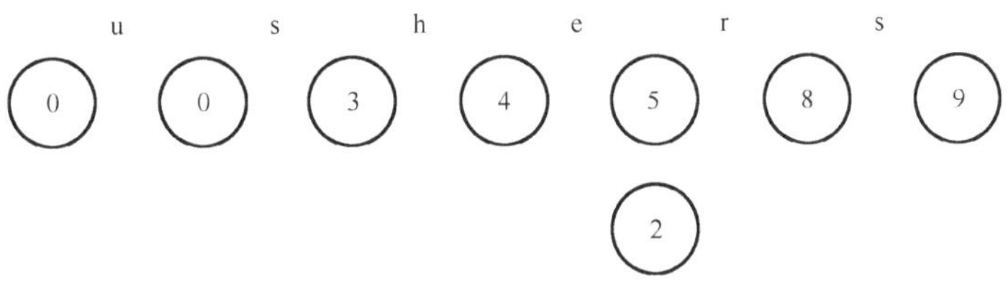

图 4-13　扫描文本“ushers”的状态转换序列

这里举例解释操作的过程，比如，考虑树型有限自动机 M 在状态 4 且当前输入字符为“e”时的操作循环。由于 goto(4, “e”) = 5，状态机进入状态 5，同时文本串指针前进到下一个输入字符，输出 output(5)。此输出表示状态机已经识别出输入文本的第四个位置是“she”和“he”出现的结束位置。当输入字符“r”在状态 5 上时，状态机 M 将在这个操作循环中执行两次状态转移。因为 goto(5, ‘r’) = fail，M 进入 f(5)所指的状态 2。然后由于 goto(2, ‘r’) = 8，M 进入状态 8，并前进到下一个输入字符。在这次操作循环中没有产生输出。

记 s 为状态机的当前状态，a 为输入文本 y 的当前输入字符。树型有限自动机的一次操作循环可以定义如下。

(1) 转向动作：如果 goto(s, a) ≠ fail，树型有限自动机将执行转向动作。自动机进入状态 goto(s, a)，同时文本 y 的下一个字符成为当前的输入字符。此外，如果 output(goto(s, a)) 不为空，则状态机将输出与当前输入字符位置相对应的关键字集。

(2) 失效转移：如果 goto(s, a) = fail，状态机将询问失效函数 failure 并执行失效转移。状态机将转移到 failure(s) 指示的状态，并以该状态为当前状态，当前输入字符 a 继续执行操作循环。如果 failure(s) 仍然等于 s，则状态机将重复这个操作循环，直到找到一个有效的转移状态。

2. Wu-Manber 算法

在多模式匹配算法领域，除了基于自动机的传统方法外，哈希(Hash)技术也是一种高效的匹配方法。串查询中的 Hash 方法最早在 1971 年由 Harrison 提出，之后它受到了广泛的关注和深入的分析。特别是在 1992～1996 年，台湾学者 Sun Wu 及其导师 Manber 发表了一系列的论文，这些论文详细介绍了他们设计的一种新型匹配算法，即 Wu-Manber 算法(WM 算法)。基于这一算法，他们还开发了一个类似于 UNIX 下 fgrep 的工具：agrep。

WM 算法实际是单模式匹配 BM 算法在多模式匹配上的推广。而将 BM 算法的思想应用到多模式匹配问题时，面临一个挑战：当存在成千上万个模式时，文本中的大多数字符可能与某些模式的最后一个字符相匹配，这导致原本的 BM 算法中基于坏字符的移动机制可能不再有效。

为了解决这个问题，一种方法是将多个模式“合并”考虑，换言之，是将所有模式的长度统一，并采用按块处理的方式，而不是按单个字符处理。这种方法的具体实施步骤如下。

(1) 计算最短模式串长度：确定模式集 P 中最短的模式串长度 m。这样，在处理模式集时，只关注每个模式串的前 m 个字符。

(2) 模式串的统一：在后续的讨论中，仅考虑所有模式的前 m 个字符组成的模式串，即确保所有匹配的模式串长度是相等的。

(3) 分组比较：为了提高比较的速度，对长度为 m 的模式串进行分组处理。每组包含长度为 B 的子串，每次比较都是针对长度为 B 的这样的子串。

(4) 确定 B 的值：为了选取合适的 B 值，可以使用公式 $B = \log_c 2M$，其中 $M = k \times m$(k 为模式数目，m 为最短模式串长度)，c 为字符集的大小，即 $c = |\Sigma|$。在实践中，B 的取值通常是 2 或 3。

通过这种方法，可以有效地处理大量模式的匹配问题，同时保持了较高的效率。这种按块处理的策略减少了每次比较所需的时间，从而使得多模式匹配算法在处理大数据集时更为高效。

WM 算法在其预处理过程中，主要依赖于三个核心的数据结构：SHIFT 表、HASH 表和 PREFIX 表。SHIFT 表用于在扫描文本时，根据读入的字符串决定可以跳过的字符数。如果相应的跳跃值为 0，表明在当前位置可能发生匹配，此时就需要使用 HASH 表和 PREFIX 表来进行进一步的判断。HASH 表用来快速确定哪些模式可能与当前的文本串相匹配。它通过计算模式集中每个模式的哈希值来实现快速匹配，从而减少需要进行详细比较的模式数量。在 HASH 表确定了可能匹配的模式后，PREFIX 表用于进一步验证这些模式。它包含了模式集中每个模式的前缀信息。通过比较当前文本块与这些前缀，算法能够确定具体哪个或哪些模式是完全匹配的候选模式。

这三张表共同作用，使得 WM 算法能够在处理大规模多模式匹配问题时，有效地跳过不可能的匹配位置，同时快速确定可能的匹配模式，从而显著提高匹配效率。

1) SHIFT 表

SHIFT 表在 WM 算法中的功能与常规 BM 算法中的坏字符表在某种程度上相似，都是用于在搜索文本时决定文本串指针应该移动(跳过)多少个字符。但它们之间存在着一个关键的区别，就是在 WM 算法中，SHIFT 表的移动距离计算是基于模式的最后 B 个字符的组合，而不是单个字符。这意味着算法在每次匹配尝试中会考虑文本中的一个长度为 B 的子串，并根据这个子串在模式集中的出现情况来决定跳跃距离。

例如，在 WM 算法中，如果文本中当前长度为 B 的子串在所有模式中(这里假设所有模式的长度均为 m)未出现，则可以将文本串指针向前移动 $m-B+1$ 个字符。这是因为在这种情况下，当前的文本块不可能与任何模式匹配，因此可以安全地跳过一定数量的字符，以加快搜索速度。

现在考虑 SHIFT 表的构建。假设对于每一个长度为 B 的子串，SHIFT 表中都有一个对应的入口。那么，考虑到字符集的大小为 c，SHIFT 表的大小将是 c^B。这表明如果字符集较大或 B 值较高，SHIFT 表的大小会急剧增加。

为了解决这个问题，算法中实际使用了一种压缩的 SHIFT 表。这种压缩方法允许将多个子串映射到 SHIFT 表的同一个入口，从而节省空间。在实际应用中，每个长度为 B 的子串通过哈希函数映射为一个整数，这个整数作为 SHIFT 表的索引。表中的值则决定了在搜索文本时可以向前移动(跳跃)的字符数。

当在搜索过程中遇到当前文本串指针所指的 B 个字符组成的子串 $X=x_1\cdots x_B$ 时，该子串 X 被映射到 SHIFT 表的第 i 个入口。根据 X 与模式的匹配情况，可以区分两种情况。

(1) 子串 X 未在任何模式中出现：在这种情况下，X 不可能与任何模式匹配，可以移动 $m-B+1$ 个字符，这是因为模式的最短长度为 m，而 B 是子串的长度。因此，SHIFT 表中第 i 个入口的值 SHIFT[i]被设为 $m-B+1$。

(2) 子串 X 在某些模式中出现：这种情况下，需要找到 X 在这些模式中的最右出现位置。假设 X 在模式 P_j 中以位置 q 结束，且 X 在其他模式中的结束位置不会超过 q，则 SHIFT[i]的值应为 $m-q$。这意味着可以跳过 $m-q$ 个字符，直接移动到 X 的最右出现位置。

为了计算 SHIFT 表的值，首先将 SHIFT 表的所有值初始化为 $m-B+1$。接着，依次考虑每一个模式 $P_i = p_1\cdots p_m$。对于模式 P_i 中的每一个长度为 B 的子串 $p_{j-B+1}\cdots p_j$，将其映射到 SHIFT 表，并更新该入口的值为当前值(所有初始值均为 $m-B+1$)和 $m-j$(这是到达该子串所需的距离)中的较小值。

通过这种方式，SHIFT 表能够有效地指导文本串指针的移动，使得搜索过程能够跳过不可能匹配的部分，从而提高了整个模式匹配过程的效率。这种预处理步骤是 WM 算法能够高效处理多模式匹配问题的关键。

2) HASH 表

当 SHIFT 表的移动值大于 0 时，可以安全地向前移动文本串指针，并继续扫描。实际上，在大多数情况下，SHIFT 表的移动值确实大于 0。曾经有研究人员做过实验，当模式的数量为 100 个时，SHIFT 表中值为 0 的概率仅为 5%；当模式数量增加到 1000 个时，这个概率上升到 27%；而在模式数量为 5000 个时，概率进一步增加到 53%。

当 SHIFT 表的移动值为 0 时，意味着文本中当前的子串可能与模式列表中的某个模式相匹配。为了确定究竟匹配哪一个模式，不是与模式列表中的每一个模式都进行一次比较，而是使用了哈希技术来将需要比较的模式数量减少到最少。这就是 HASH 表的作用。

在这个过程中，已经将 B 个字符映射为一个整数，这个整数不仅作为 SHIFT 表的索引，也作为 HASH 表的索引。HASH 表中的第 i 个入口 HASH[i]包含了一个模式列表的指针。这个指针指向的模式是其最后 B 个字符的哈希值为 i 的模式。

通常，HASH 表是非常稀疏的，因为它只包含实际出现在模式集中的模式，而与此相对，SHIFT 表则包含了所有可能的长度为 B 的子串。这种设计虽然可能导致内存使用效率不是特别高，但它使得算法可以重用哈希函数的结果，从而节省了大量的计算时间。这种权衡使得 WM 算法在处理大规模多模式匹配问题时既高效又实用。

3) PREFIX 表

注意到自然语言文本并非完全随机，特别是在像英语这样的语言中，某些后缀(如“ion”和“ing”等)非常常见。这些常见后缀不仅频繁出现在文本中，也可能出现在多个模式中。这种情况会导致 HASH 表的冲突，即所有具有相同后缀的模式都会映射到 HASH 表的同一入口。

当在文本中遇到这样的子串(后缀)时，如果其 SHIFT 值为 0(假设它是某些模式的后缀)，必须检查所有具有此后缀的模式，以确定它们是否与文本子串匹配。为了加快这一匹配过程，算法引入了 PREFIX 表。

对于 SHIFT 表，映射了所有模式的最后 B 个字符。而对于 PREFIX 表，则映射了所有模式开始的 B 个字符。当发现 SHIFT 值为 0，且需要在 HASH 表入口所指的模式列表中检查匹配时，首先检查 PREFIX 表中的值。对于每个后缀，HASH 表入口不仅指向具有此后缀的所有模式的列表，还指向子串前缀在 PREFIX 表中的哈希值。

在搜索阶段，首先计算当前文本子串(从向左移动 $m-B$ 个字符位置开始)的前缀哈希值，然后使用这个哈希值来过滤掉后缀哈希值相同而前缀哈希值不同的模式。

在英语中，不同模式具有相同的前缀和后缀哈希值的情况很少见，因此这种过滤方法非常有效。在中文中，对于某些情况(比如，当 B=2 时，模式的第一个汉字相同)，这种方法也同样有效。实际上，PREFIX 表的使用是基于实际情况做出的一种工程决策。

当使用 HASH 表和 PREFIX 表时，通常需要比对完整的模式串，并且需要找到模式串对应的内存地址。这里，PAT_PTR 表用于提供所有模式串的内存地址指针。这样的设计使得算法在处理大量模式时更加高效，尤其是在需要频繁访问和比较模式串时。

总的来说，这几个主要数据结构(SHIFT 表、HASH 表、PAT_PTR 表、PREFIX 表)之间的关系见图 4-14。

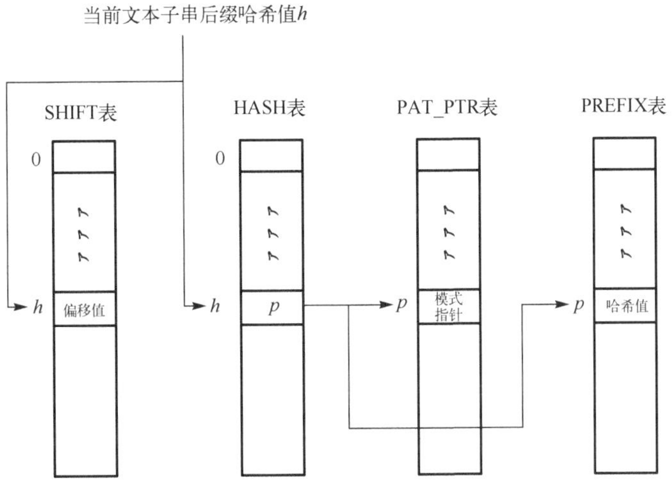

图 4-14　SHIFT 表、HASH 表、PAT_PTR 表、PREFIX 表关系图

下面来讨论通过扫描文本进行比较匹配的过程。在 WM 算法中，匹配过程是从文本 $T=t_1t_2\cdots t_n$ 的第 m 个字符开始进行的，且文本的扫描是从左向右进行的；对于模式的匹配，则是从模式的后面向前进行的，即从右向左。每次扫描长度为 B 的字符串 $t_{m-B+1}\cdots t_m$，并按照以下步骤进行。

(1) 计算哈希值：计算这 B 个字符的哈希值，得到 h。

(2) 查找 SHIFT 表：查找 SHIFT 表以找到 SHIFT[h]。如果 SHIFT[h]的值大于 0，则根据这个值向右移动文本相应的长度，并返回到步骤(1)；如果 SHIFT[h]的值为 0，则继续下一步。

(3) 计算前缀哈希值：计算当前指针往左 $m-B$ 个字符的长度为 B 的前缀哈希值。

(4) 查找 HASH 表：找到 HASH[h]的指针 p。遍历与这个哈希值相关联的模式链表，找到前缀哈希值也相同的模式串。随后，逐一将文本串和这些模式串进行比较，以判断是否匹配。如果发现匹配，则输出匹配的模式串，并将文本向右移动一位，然后返回到步骤(1)。这个过程持续进行，直到文本扫描结束。

例 4-8　使用 WM 算法对给定的文本和模式集进行多模式匹配。

文本：Tomisthinkinghowtobethinner。

模式集：{thinner, shining, church, touching, thinking}。

(1) 查看所有字符，并构建一个字符编码表。这个字符编码表如表 4-4 所示，为 26 个字母分别赋予了一个数字编码。在这个编码中，字母“a”被赋予编码 0，而字母“z”则被赋予编码 25。通过这种方式，每个字母都映射为唯一的数字，这对于后续的哈希计算和字符串处理至关重要。

表 4-4　例 4-8 的字符编码表

0	1	2	3	4	5	6	7	8	9	10	11	12
a	b	c	d	e	f	g	h	i	g	k	l	m
13	14	15	16	17	18	19	20	21	22	23	24	25
n	o	p	q	r	s	t	u	v	w	x	y	z

(2) 将所有模式按照最短模式串长度 $m=6$ 为标准进行截断，得到的模式集为{thinne, shinin,

church, touchi, thinking}。

(3)对这些截断后的模式进行分块处理，每块大小为 B=2。这意味着将每个模式的两个连续字符作为一个单元进行处理。对于每个字符块，采用之前创建的字符表中的编码，将这些字符的编码相加，并对 29 进行取模运算，作为 HASH 函数的计算方法。这样，为每个分块计算出唯一的哈希值，得到了一个分块字符串编码的 HASH 表，如表 4-5 所示。

表 4-5　例 4-8 的模式集分块字符串编码的 HASH 表

th	hi	in	nn	ne	sh	ni	ch	hu	ur	rc	to	ou	uc	nk	ki
26	15	21	26	17	25	21	9	27	8	19	4	5	22	23	18

(4)计算 SHIFT 表的值。在默认情况下，SHIFT 表的移动值设为 $m-1$，即 5，这是基于最短模式串长度 m=6 得到的，意味着如果一个特定的文本块(长度为 B 的字符组合)与任何模式都不匹配，可以安全地将文本串指针向前移动 5 个字符。

在处理过程中可能会出现哈希冲突的情况，即不同的文本块可能会映射到同一个哈希值。当这种情况发生时，需要选择最小的移动距离作为 SHIFT 表中对应哈希值的实际移动值。这是为了确保算法不会跳过任何潜在的匹配模式。每当算法在文本中遇到一个哈希值对应的文本块时，它会查看 SHIFT 表中这个哈希值对应的移动值，然后根据这个值移动文本串指针。最后得到的 SHIFT 表如表 4-6 所示。

表 4-6　例 4-8 的 SHIFT 表

0	1	2	3	4 to	5 ou	6	7	8 ur	9 ch	10	11	12	13	14
5	5	5	5	4	3	5	5	2	0	5	5	5	5	5
15 hi	16	17 ne	18 ki	19 rc	20	21 in/ni	22 uc	23 nk	24	25 sh	26 th/nn	27 hu	28	
0	5	0	0	1	5	0	2	1	5	4	1	3	5	

(5)计算 HASH 表的值。HASH 表用于存储每个模式相应的编号，这些编号范围为 0～4，对应于截断后的 5 个模式。例如，模式“thinner”的编号是 0，在截断后，它变为“thinne”。关注这个截断模式的最后两个字符“ne”，然后计算它们的哈希值等于 17。类似地，对模式集中的每个模式都执行这个计算，得到如表 4-7 的 HASH 表。

表 4-7　例 4-8 的 HASH 表

0	1	2	3	4	5	6	7	8	9	10	11	12	13	14
null	null	null	null	null	null	null	null	null	2	null	null	null	null	null
15	16	17	18	19	20	21	22	23	24	25	26	27	28	
3	null	0	4	null	null	1	null	null	null	null	null	null	null	

(6)计算 PREFIX 表的值。PREFIX 表的作用是存储与每个模式的前缀相关的信息。与 HASH 表类似，PREFIX 表中的每个条目也对应着 5 个模式的编号，这些编号范围同样是 0～4。以模式“thinner”为例，它的编号是 0。其前缀是“th”，计算出哈希值是 26。同样的计算过程将应用于模式集中的其他模式。每个模式的前缀字符对的哈希值作为索引，存储在 PREFIX 表中(表 4-8)。这样，当算法在文本中遇到符合特定哈希值的前缀时，它可以快速查找 PREFIX 表以确定可能匹配的模式。

表 4-8　例 4-8 的 PREFIX 表

模式(pattern)	前缀(prefix)	前缀 HASH 值
0	th	26
1	sh	25
2	ch	9
3	to	4
4	th	26

(7) 在模式匹配阶段，首先将文本串指针定位到与最短模式串长度 m=6 相对应的位置。考虑文本“Tomisthinkinghowtobethinner”，指针最初指向第 6 位字符，即“t”，其后两位字符组合为“st”。计算得到“st”的 HASH 值为 8。接着，查看 SHIFT 表，找到与 HASH 值 8 对应的 SHIFT 值，发现它是 2。这意味着指针可以向右移动 2 位，以跳过不可能匹配的区域。

随后，指针移动到第 8 位字符“i”，其后两位字符组合为“hi”。计算“hi”的 HASH 值，得到 15。查看 SHIFT 表，发现与 HASH 值 15 对应的 SHIFT 值是 0，这表明可能存在匹配。接下来，继续查看 HASH 表，找到与 HASH 值 15 对应的模式序号为 3。此时，计算前缀“mi”的 HASH 值，得到 20。然而，当查看 PREFIX 表时，发现与 HASH 值 20 对应的 PREFIX 表 HASH 值为 4，这两个值不相等。因此，文本串指针向右移动一位，以继续搜索。

这个过程持续进行，直到文本串指针移动到第 11 位字符“i”，此时后两位字符为“ki”。计算“ki”的 HASH 值，得到 18。查看 SHIFT 表，发现与 HASH 值 18 对应的 SHIFT 值是 0，提示再次查看 HASH 表。在 HASH 表中，找到与 HASH 值 18 对应的模式序号是 4。此时，计算前缀“th”的 HASH 值，得到 26。查看 PREFIX 表，发现对应的 PREFIX 表 HASH 值也是 26，这意味着可能存在匹配。随后，逐字符比较原始模式“thinking”的字符串，最终发现匹配成功。

最后，对 WM 算法的性能进行简单的分析。Wu-Manber 算法在平均情况下的时间复杂度是 $O(BN/m)$。这里，B 代表块字符的长度，N 是文本的总长度，而 m 是模式集中的最短模式串长度。需要注意的是，该算法对最短模式串长度较为敏感。由于 SHIFT 函数的最大值受到最短模式串长度的限制，如果最短模式串长度相对较短，那么算法能够实现的位移距离也较短，这在一定程度上限制了匹配过程的加速效果。

4.2　文本分类与聚类

4.2.1　文本分类与聚类概述

随着 Internet 技术的飞速发展，互联网上的电子文档信息每天都在急剧增加。然而在互联网给人们带来信息共享的同时，由于信息快速膨胀，人们发现如何有效、快速利用这些信息已经成为一个新的问题。文本的分类与聚类就是常用的对数据进行分析和利用的技术手段。

文本分类包括分类和预测两个重要的过程。其中，分类是预测类标号(或离散值)，预测是建立连续值函数模型。利用分类可以从数据集中提取描述数据类的模型，并把数据集中的每个对象归入到某个已知的对象类中。描述数据类的模型可以是显式的，如决策树或一组分类规则，也可以是隐式的，如一个数学模型或公式。分类在许多领域都有应用，如信用评分、医疗诊断等。

数据分类一般分两步实现：第一步，对一个类别已经确定的数据集创建模型。用于创建模型的数据集称为训练集，训练集中单个元组称为训练样本。训练集中每一个元组都属于一个确定的类别，类别用类标号标识。第二步，使用创建的模型将类别未知的元组归入某个或某几个类中。使用模型进行分类需要评估分类模型的预测准确率。评估方法有多种，通常使用创建的模型在一个测试集上进行预测，并将结果和实际值进行比较，得出预测准确率。测试集是随机选取的样本集，并独立于训练集。

与关联规则的挖掘一样，数据分类也需要进行数据准备，包括数据清洗、属性选择、数据转换等处理过程。数据清洗的任务是对数据进行预处理、消除或减少噪声、处理空缺值。属性选择的任务是通过相关性分析，找出与分类任务相关的属性，去掉不相关的或者冗余的属性，以提高学习的速度、防止学习过程被误导。数据转换的任务是对数据进行标准化或者对数据进行概化。

评估分类模型可以根据下列标准来进行：预测准确率；模型的创建速度和使用速度；强壮性，模型对具有噪声或空缺值的数据的适应能力；伸缩性，数据大量增加时模型的适应能力；可解释性，对模型的可理解程度。

分类方法可以分为有监督学习和无监督学习两种类型。有监督学习的训练集带有类标号，且新的数据基于训练集进行分类。而无监督学习的训练集没有类标号，训练集中存在的类别需要通过算法找出。基于无监督学习的分类方法又称为聚类分析方法，因此本节中的分类方法专指有监督学习的分类方法。目前有很多种分类方法。本节将介绍几种常用的分类方法：规则归纳分类、基于决策树的分类和朴素贝叶斯分类。

聚类(clustering)是数据挖掘领域中另一种常见且关键的技术，主要用于发现数据库中未知的对象类。聚类的基本思想是根据“物以类聚”的原则，即通过考察个体或数据对象间的相似性，将相似的个体或数据对象归为一组，而不相似的则分配到不同的组中。通过聚类过程形成的每个组称为一个“簇”(cluster)。

聚类是现实世界中普遍存在的现象。例如，人们从小就能够通过不断改进内在的聚类模型来学会区分猫和狗，或者动物和植物。聚类分析已经广泛应用于多个领域，包括模式识别、数据分析、图像处理和市场研究等。通过聚类，能够识别出数据中的密集和稀疏区域，从而揭示全局的分布模式和数据属性间的相关性。

聚类与数据挖掘中的分类有显著的区别。在分类任务中，存在已知类标号的样本数据，目的是从这些训练样本中提取出分类规则，以便对其他未知类标号的对象进行分类。相比之下，聚类是一种无监督学习过程，即在聚类开始之前，并不知道任何有关目标数据类别的信息。聚类的目标是根据某种相似度或距离度量标准，将数据对象分配到不同的簇中。因此，聚类分析也称为无指导的学习或观察式学习。

目前，存在许多不同的聚类算法，其选择取决于数据的特性、聚类的目的和具体应用场景。现有的主要聚类算法可以分为以下几种。

(1)划分方法：如 k-均值(k-means)算法，它试图将数据划分为预先指定数量的簇。

(2)层次方法：如凝聚的层次聚类，它通过逐步合并数据点或分裂更大的簇来构建聚类的层次结构。

(3) 基于密度的方法：如 DBSCAN 算法，它根据数据点的密集程度来形成簇，能够识别任意形状的簇，并处理噪声和离群点。

(4) 基于网格的方法：将空间划分为有限数量的单元(网格)，然后快速聚类。

(5) 基于模型的方法：如高斯混合模型(GMM)，它基于数据拟合出的统计模型来确定簇的分配。

每种算法都有其优势和局限性，需要根据具体的数据特点和应用需求来选择合适的算法。

4.2.2　基于决策树的分类

决策树(decision tree)模型是数据建模中常用的一种方法，它通过一系列规则对数据进行分类或预测。决策树的基本思想是从训练数据中选取一个最能区分不同类别样本的属性，将其作为树的根节点，并基于这个属性将训练样本集分成几个子集。接下来，算法从每个子集中选出区分度较大的属性作为下一层的节点。这个过程一直重复，直到达到某个停止条件，如所有的叶节点都只包含单一类别的样本，或达到预设的树的最大深度。

决策树的基本组成部分包括决策节点、分支和叶节点。树中的每个内部节点(非叶节点)代表一个属性上的测试，这些测试的结果决定了样本将走向哪个分支。每个叶节点代表一个类别，表示从根节点到该叶节点的路径对应的决策规则所归纳的类别。

如图 4-15 所示，以购房贷款申请的风险评估为例，决策树可以帮助银行或金融机构快速有效地做出判断。在这种应用中，决策树的每个节点可能代表贷款申请人的不同属性，如年龄、收入、信用历史等。通过对这些属性进行一系列的判断，决策树最终将每个申请分类为高风险或低风险。例如，树的一个节点可能是“年收入是否超过 5 万美元”，根据是或否的答案，样本将被分到不同的子节点。最终，每个叶节点代表了一种风险评估的结果。

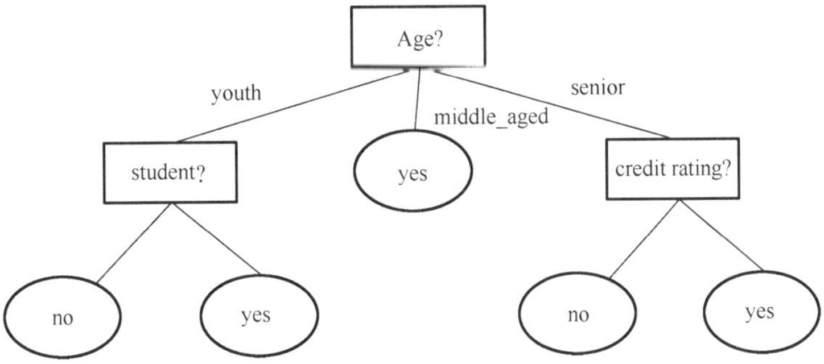

图 4-15　决策树原理演示图

决策树的优点是模型直观且易于理解，不需要复杂的数学知识即可解释模型的决策过程。然而，决策树也存在一些缺点，如容易过拟合、对数据中的小变化敏感等，因此在实际应用中通常需要通过剪枝等技术来优化模型的泛化能力。

在决策树模型中，最顶端的节点称为根节点，它标志着整个决策过程的开始。根节点基于选定的属性将数据集分成子集，这些子集由根节点的子节点(或分支)表示。决策树中每个节点可以拥有的子节点数取决于所使用的决策树构建算法。例如，在某些算法(如 CART，即分类与回归树算法)中，每个节点产生两个分支，形成的是一种二叉树结构。而在其他算法(如

ID3 或 C4.5)中，一个节点可能产生多于两个的分支，形成的则是多叉树结构。

在决策树中，每个分支可以是一个新的决策节点，或者是一个叶节点。叶节点(也称为终端节点)表示分类决策的最终结果，即数据的类别。当从根节点沿着树向下搜索时，在每个决策节点上都会根据某个属性的不同值选择不同的分支。这个过程一直持续，直到达到叶节点。到达叶节点时，就完成了对一个数据实例的分类。在这个过程中，每个决策节点上的问题对应一个属性，而每个叶节点代表一个可能的类别。

决策树中一个重要的环节是如何选择具有高区分度的属性。在许多决策树算法中，通常认为具有最高信息增益(information gain)的属性是最具区分度的。信息增益是一种基于信息论的度量，用来评估每个属性在分类过程中提供的“信息量”。选择信息增益最高的属性作为决策节点，可以最大限度地减小分类时的不确定性。因此，通过计算每个属性的信息增益，可以确定属性的重要性排序，进而有效地构建决策树。以下是根据一个数据划分 D 的训练元组产生决策树的算法伪代码。

```
算法：Generate__decision__tree，由数据划分 D 的训练元组产生决策树
输入：数据划分 D 是训练元组和对应类标号的集合；
     attribute__list，候选属性的集合；
     Attribute__selection__method，一个确定“最好”地划分数据元组为个体类的分裂准则
的过程。这个准则由分裂属性和分裂点或分裂子集组成。
输出：一棵决策树。
方法：
创建一个节点 N ；
if  D 中的元组都是同一类 C  then
返回 N 作为叶节点，以类 C 标记；
if  attribute__list 为空 then
返回 N 作为叶节点，标记为 D 中的多数类；//多数表决
使用 attribute__selection__method(D, attribute__list)，找出“最好的” splitting
__criterion;
用 splitting__criterion 标记节点 N ；
if  splitting__attribute 是离散的并且允许多路划分 then            //不限于二叉树
attribute__list ← attribute__list − splitting__attribute ；  //删除划分属性
for splitting__criterion 的每个输出 j                  //划分元组并对每个划分产生子树
设 Dj 是 D 中满足输出的 j 的数据元组的集合；               //一个划分
if  Dj 为空 then
加一个树叶到节点 N，标记为 D 中的多数类；
else 加一个由 Generate__decision__tree(Dj,attribute__list)返回的节点到节点 N ；
end for
返回 N;
```

决策树算法的核心是“贪心”算法，它采用自上而下的“分而治之”方法。在构建决策树的过程中，初始时刻，所有的数据都集中在根节点。随后，算法递归地使用选定的属性对数据集进行分割，形成树的各个分支。这一分割过程会持续进行，直到达到某个停止条件。通常这些条件包括：所有位于当前节点的数据都属于同一类别，没有更多的属性可用于进一步分割数据，或者达到了树的预设最大深度。

在每次分割过程中，算法都会尽力确保所生成的子组之间的“差异”最大化。这种“差

异”可以通过各种统计度量来衡量，如信息增益、增益率(gain ratio)或基尼不纯度(Gini impurity)。不同的决策树算法(如 ID3、C4.5 或 CART)之间的主要区别在于它们衡量“差异”的方式。

在选择用于分割数据的属性时，通常会基于某种启发式规则或统计度量。例如，信息增益是一种衡量属性分割数据有效性的统计度量。通常，选取的属性是分类属性(离散的)，但如果遇到连续的属性，则需要先进行离散化处理，如通过设定阈值将其划分为不同的类别。

由于决策树的构建过程通常只需要对数据集进行有限次数的扫描，因此它们可以相对快速地建立，适用于大型数据集的分类任务。这种快速构建的特性，加上决策树模型的易解释性，使得它们在各种应用场景中都非常受欢迎。

4.2.3　朴素贝叶斯分类

朴素贝叶斯(naive Bayes)分类是一种基于贝叶斯定理的简单概率分类，它假设在给定类别的情况下，每个特征之间相互独立。这种算法特别适用于大量数据的分类，可以有效地预测给定样本属于特定类别的可能性。下面是朴素贝叶斯分类器的关键概念解释。

(1)先验概率：在没有考虑任何特征影响前，一个样本属于某一类别 C_k 的概率。它是基于训练集中的类别分布直接计算得出的，表示为 $P(C_k)$，其中 C_k 表示第 k 个类别。

(2)后验概率：在考虑了特征 x 影响后，一个样本属于某一类别 C_k 的概率。它是结合先验概率和类条件概率，通过贝叶斯公式计算得出的，表示为 $P(C_k|x)$。

(3)类条件概率：在已知样本属于某一类别 C_k 的条件下，它具有某些特征 x 的概率。这个概率是基于特征在该类别的训练样本中的分布来计算的。

(4)贝叶斯公式：贝叶斯定理是整个朴素贝叶斯分类的核心，它的公式为

$$P(C_k|x)=(P(x|C_k)\times P(C_k))/P(x)$$

式中，$P(C_k|x)$是后验概率；$P(x|C_k)$是类条件概率；$P(C_k)$是先验概率；$P(x)$是特征 x 的概率。在具体应用中，每个 $P(x|C_k)$ 和 $P(C_k)$ 需要从训练数据中计算得出，而 $P(x)$ 通常通过对所有类别的 $P(x|C_k)\times P(C_k)$ 求和获得。

朴素贝叶斯分类器的“朴素”之处在于它假设各特征之间相互独立，这使得类条件概率 $P(x|C_k)$ 的计算简化为各个独立特征的概率的乘积。

朴素贝叶斯分类的具体步骤如下。

(1)数据准备：收集数据，准备好训练集，其中每个样本都是特征-类别对。

(2)计算先验概率：计算训练集中每个类别的先验概率。

(3)计算类条件概率：对于每个类别，计算其下每个特征的概率分布。

(4)分类决策：对于一个新的样本，计算其属于每个类别的后验概率。这涉及将该样本的特征值代入到贝叶斯公式中。

(5)结果输出：选择具有最高后验概率的类别作为该样本的预测分类。

朴素贝叶斯分类器因其简单性和高效性，在文本分类、垃圾邮件检测等领域得到了广泛应用。使用朴素贝叶斯方法进行数据分类的具体算法流程如下。

(1)每个数据样本用一个 n 维特征向量 $X=[x_1, x_2, \cdots, x_n]$表示，分别描述对 n 个性质 $A_1, A_2, \cdots, A_n$ 产生的 n 个度量。

(2)假定有 m 个类 $C_1, C_2, \cdots, C_m$。给定一个未知的数据样本 X(即没有类标号)，分类算

法将预测 X 属于具有最高后验概率(条件 X 下)的类。也就是说，朴素贝叶斯分类将未知的样本分配给类 C_i，这样将最大化 $P(C_i|X)$。其中 $P(C_i|X)$ 最大的类 C_i 称为最大后验假定。

(3) 由于 $P(X)$ 对于所有类为常数，只需要 $P(X|C_i)P(C)$ 最大即可。如果类的先验概率未知，则通常假定这些类是等概率的，即 $P(C_1)=P(C_2)=\cdots=P(C_m)$，并据此使 $P(C_i|X)$ 最大化，否则最大化 $P(X|C_i)P(C_i)$。注意，类的先验概率可以用 $P(C_i)=s_i/s$ 计算，其中 s_i 是类 C_i 中的训练样本数，而 s 是训练样本总数。

(4) 给定具有许多属性的数据集，计算 $P(X|C_i)$ 的开销可能非常大。为降低计算 $P(X|C_i)$ 的开销，可以做类条件独立的朴素假定。给定样本的类标号，假定属性值相互条件独立，即在属性间不存在依赖关系。

(5) 对未知样本 X 进行分类，对每个类 C_i，计算 $P(X|C_i)P(C_i)$。样本 X 被指派到类 C_i，换言之，X 被指派到 $P(X|C_i)P(C_i)$ 最大的类 C_i。

理论上与其他所有分类算法相比，朴素贝叶斯分类具有最小的出错率。然而，实践中并非总是如此。这是由于对其应用的假定(如类条件独立性)的不准确性，以及缺乏可用的概率数据。然而，种种实验研究表明，与决策树和神经网络分类算法相比，在某些领域，该分类算法可以与之媲美。

例 4-9 给定如表 4-9 所示的数据样本集，为一组顾客是否购买计算机的调查数据，数据样本用属性“年龄”、“收入”、“是否为学生”和“信用评级”来描述。类标号属性“是否购买计算机”具有两个不同值，即{yes,no}。根据该样本集，通过朴素贝叶斯分类对一个具有属性{youth,medium,yes,fair}的未知样本 X 进行分类。

表 4-9 例 4-9 的数据样本集

序号	年龄	收入	是否为学生	信用评级	是否购买计算机
1	youth	high	No	fair	no
2	youth	high	No	excellent	no
3	middle_age	high	No	fair	yes
4	senior	medium	No	fair	yes
5	senior	low	Yes	fair	yes
6	senior	low	Yes	excellent	no
7	middle_age	low	Yes	excellent	yes
8	youth	medium	No	fair	no
9	youth	low	Yes	fair	yes
10	senior	medium	Yes	fair	yes
11	youth	medium	Yes	excellent	yes
12	middle_age	medium	No	excellent	yes
13	middle_age	high	Yes	fair	yes
14	senior	medium	No	excellent	no

首先，设 C_1 对应于类是否购买计算机=“yes”，而 C_2 对应于类是否购买计算机=“no”。每个类别的先验概率 $P(C_i)$ 可以根据训练样本计算：

$$P(C_1)=9/14=0.643,\quad P(C_2)=5/14=0.357$$

继续计算下面的条件概率：

$$P(\text{年龄}=\text{youth} \mid C_1)=2/9=0.222$$
$$P(\text{年龄}=\text{youth} \mid C_2)=3/5=0.600$$
$$P(\text{收入}=\text{medium} \mid C_1)=4/9=0.444$$
$$P(\text{收入}=\text{medium} \mid C_2)=2/5=0.400$$
$$P(\text{是否为学生}=\text{yes} \mid C_1)=6/9=0.667$$
$$P(\text{是否为学生}=\text{yes} \mid C_2)=1/5=0.200$$
$$P(\text{信用评级}=\text{fair} \mid C_1)=6/9=0.667$$
$$P(\text{信用评级}=\text{fair} \mid C_2)=2/5=0.400$$

计算类条件概率：

$$P(X \mid C_1)=0.222\times0.444\times0.667\times0.667=0.044$$
$$P(X \mid C_2)=0.600\times0.400\times0.200\times0.400=0.019$$

根据贝叶斯定理得到后验概率：

$$P(C_1 \mid X)=P(X \mid C_1)P(C_1)=0.044\times0.643=0.028$$
$$P(C_2 \mid X)=P(X \mid C_2)P(C_2)=0.019\times0.357=0.007$$

因此，根据朴素贝叶斯分类预测，是否购买计算机=“ yes”，即该顾客会购买计算机。

4.2.4　*k*-均值聚类

划分方法是一种常用的聚类算法，它通过创建数据集的一个单层划分来对数据进行聚类。给定一个包含 n 个对象的数据集和希望构建的划分数目 k，划分方法首先生成一个初始划分，然后采用一种迭代的重定位技术，通过在划分间移动对象来提高划分的质量。换句话说，该方法将数据划分为 k 个组，同时满足以下要求：每个组至少包含一个对象，且每个对象必须属于且只属于一个组，这称为“硬划分”。为了达到全局最优，基于划分的聚类理论上需要穷举所有可能的划分，但这在实际应用中通常是不可行的。因此，实践中的算法，如 *k*-means 和 *k*-medoids，通常寻求局部最优解。

k-means 算法由 J.B. MacQueen 于 1967 年提出，是一种经典的聚类算法，在科学研究和工业应用中得到了广泛的应用。*k*-means 算法的基本过程如下。

(1) 初始化：随机选择 k 个对象作为初始聚类中心。

(2) 分配：将每个对象分配给最近的聚类中心所代表的类。

(3) 更新：重新计算每个聚类的中心，通常是类内所有点的均值。

(4) 迭代：重复分配和更新步骤，直到满足某个停止条件，通常是聚类中心不再发生变化，或达到预设的迭代轮数。

k-means 算法的目标是优化一个聚类准则函数，该函数通常是误差平方和准则：

$$J_e=\sum_{i=1}^{C}\sum_{x\in D_i}\|x-m_i\|^2 \tag{4-3}$$

式中，D_i 是第 i 个聚类；m_i 是 D_i 的聚类中心；x 是 D_i 中的某个点；$\|x-m_i\|^2$ 是点 x 到聚类中心 m_i 的欧氏距离的平方。

k-means 算法简单高效，但它也有一些局限性，例如，对初始中心的选择敏感，可能陷入局部最优，且要求预先指定聚类数 k。此外，*k*-means 更适用于发现球形或凸形簇，对于非凸形簇或大小、密度差异较大的簇可能不够有效。下面给出 *k*-means 算法的伪代码。

```
初始化：样本数 n，聚类数 c，初始聚类中心 m1，…，mc；
begin
   do 按照最近邻 mi 分类 n 个样本；
重新计算聚类中心 m1，…，mc；
   until mi 不再改变；
return m1，…，mc；
end
```

例 4-10　用 k-means 算法进行聚类，假设给定如下要进行聚类的元组：{2,4,10,12,3,20,30,11,25}，要求的簇的数量为 k=2。

应用 k-means 算法具体如下。

第一步：用前两个数值作为簇的质心，这两个簇的质心是 $m_1=2$，$m_2=4$。

第二步：对剩余的每个对象，根据其与各个簇中心的距离，将它赋予最近的簇，可得 K_1={2,3}，K_2={4,10,12,20,30,11,25}，数值 3 与两个均值的距离相等，所以任意选择一个簇作为其所属的簇。

第三步：计算新的质心，$m_1=(2+3)/2=2.5$，$m_2=(4+10+12+20+30+11+25)/7=16$；重新对簇中的成员进行分配可得 K_1={2,3,4}和 K_2={10,12,20,30,11,25}，不断重复这个过程可得到表 4-10 的结果。

表 4-10　k-means 算法样例计算结果

m_1	m_2	K_1	K_2
3	18	{2,3,4,10}	{12,20,30,11,25}
4.75	19.6	{2,3,4,10,11,12}	{20,30,25}
7	25	{2,3,4,10,11,12}	{20,30,25}

注意，在最后两步中簇的成员是一致的。由于均值不再变化，所以均值已经收敛了。因此该问题的答案为 K_1={2,3,4,10,11,12}和 K_2={20,30,25}

传统的 k-均值聚类算法在每一步迭代中将每个样本完全归属于一个特定的类别。作为一种改进，模糊 k-均值聚类算法引入了模糊集合理论中的概念，即每个样本以不同的隶属度属于各个类别。这意味着一个样本可以按不同程度，同时属于多个类别。

k-均值聚类是一种对平方误差准则函数的贪心搜索算法，聚类结果对初始聚类中心的选择非常敏感，不同的初始聚类中心可能导致不同的聚类结果。此外，该算法易于实现，计算效率较高，但可能陷入局部最优解。该算法适用于发现凸形簇，且假设簇的大小大致相等。该算法对离群点敏感，离群点可能会对聚类中心的计算产生较大影响。总体而言，k-均值聚类因其简单性和效率而广泛应用于各种数据集，但在处理非球形簇、不同大小或密度的簇时，其性能可能不如其他更复杂的聚类方法。

4.2.5　层次聚类

基于划分的聚类算法产生的是单级聚类，其中数据被直接划分成几个不相交的群组。相比之下，层次聚类算法则将数据集分解成多个层次进行聚类，形成一个层级结构，这种结构通常用树状图(称为树型图或者树型结构)来表示。层次聚类方法可以根据层次分解的形成方式分为两类：凝聚型(agglomerative)和分裂型(divisive)。

1) 凝聚型方法

凝聚型方法也称为自底向上方法，最初将每个对象视为一个单独的聚类，然后逐渐将相近的对象或聚类合并。在每一步中，最相似或最“接近”的两个聚类被选中并合并，这个过程重复进行，直到所有的对象都被合并成一个大的聚类，或者达到某个预设的阈值条件。

2) 分裂型方法

分裂型方法也称为自顶向下方法，初始时将所有对象置于一个大的聚类中。在迭代的每一步中，一个聚类被分裂为两个更小的聚类。分裂的标准通常是使得分裂后的子聚类中的对象尽可能地“远离”对方。这个过程不断重复，直到每个对象各自成为一个聚类，或者满足某个预设的阈值条件。

层次聚类算法不需要预先指定聚类数目，这与基于划分的聚类算法不同。然而，在凝聚或分裂的层次聚类算法中，用户可以根据需要定义希望得到的聚类数目作为一个约束条件，从而指导聚类过程。层次聚类算法的伪代码可以表示为：

```
begin
   initialize c, c' = n, Di = {xi} for i = 1 to n;
   do
      c' = c' - 1;
找到最接近的两个聚类，如 Di 和 Dj;
合并 Di 和 Dj 成为一个新的聚类;
   until c' = c;
   return c 个聚类;
end
```

无论是凝聚型算法还是分裂型算法，两者都可以通过树型图直观地表示出聚类过程。如图 4-16 所示，在树型图中，每个节点代表一个聚类，节点之间的连接表示聚类之间的关系(合并或分裂)。凝聚型算法的树型图是由底部的单一对象逐渐向上合并而成的，而分裂型法的树型图则是由顶部的单一聚类逐渐向下分裂而成的。

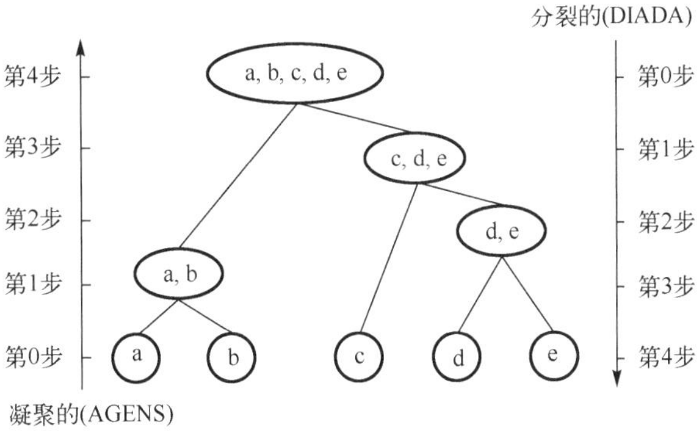

图 4-16　层次聚类树型图

4.3　文本情感与立场分析

近年来，在线社交媒体和用户生成的内容呈现出爆炸性的增长。这些文本数据不仅数量庞大，而且蕴含着丰富的情感和立场信息，对于理解公众情绪、预测市场趋势、分析政治动态等具有不可估量的价值。

情感分析(sentiment analysis)旨在自动识别文本中的情感倾向，如积极、消极或中性。它能够帮助企业和组织了解消费者对其产品或服务的看法，评估品牌声誉，以及监测危机公关的效果。情感分析能够用于产品评价、客户服务、市场营销等多个领域。

立场分析(stance analysis)关注的是文本作者对于某一目标(人、事、物等)的立场，如支持、反对、其他。它能够挖掘文本中的隐含意义，更准确地把握信息的本质和深层含义，有助于决策者在复杂的信息环境中做出更加明智和精准的判断。立场分析已用于谣言检测、公共政策制定、政治分析等多个领域。

情感分析与立场分析是自然语言处理领域的两个重要任务，它们在理解和解释文本数据方面发挥着关键作用，尽管它们的目的和方法存在差异，但也存在一定的联系。情感分析可以作为立场分析的前置步骤，帮助识别文本的情感色彩，立场分析则在此基础上进一步挖掘文本的深层含义。随着人工智能技术的不断进步，情感分析与立场分析的方法也在不断创新，为解决实际问题提供了更加精准和高效的工具。

4.3.1　情感分析

视频

情感分析的目的是揭示文本背后的情感极性，并将这些主观信息转化为可量化的数据，以便于进一步的分析和利用。在社交网络分析中，文本情感极性一般分为积极、消极或中性，有助于立场分析、水军识别以及谣言检测等任务。然而，情感的复杂性、语境的依赖性以及长距离依赖都使得情感分析成为一项充满挑战的任务。传统的机器学习方法虽然在某些情况下能够提供有效的解决方案，但在处理长距离依赖和捕捉深层语义信息方面往往显得力不从心。

长短期记忆(long short-term memory，LSTM)网络作为循环神经网络的一种特殊类型，以其独特的门控机制，能够有效地处理长序列数据时的梯度消失或爆炸问题。本节将学习 LSTM 的基本原理以及探讨如何利用 LSTM 来捕捉文本数据中的情感极性。

LSTM 情感分析模型通过深入分析文本序列，利用其内部的门控单元来识别和记忆与情感表达相关的重要信息。这一机制允许模型动态地调整文本对应的情感表征，从而能让分类器更准确地捕捉文本的情感极性。

LSTM 的输入与输出如下。

输入：文本序列 $\text{Text}=[w_1,w_2,\cdots,w_N]$ 和词嵌入矩阵 E。

输出：文本序列 Text 的情感极性 y。

LSTM 情感分析算法框架如图 4-17 所示，主要包括初始化、文本情感表征以及文本情感分类 3 个模块。

1) 初始化

假设已有一个预训练的词嵌入矩阵 E，每个词向量维度为 d。

根据词嵌入矩阵 E，初始化文本序列 Text 的词向量，即文本序列 Text 对应的词向量矩阵 $X=[x_1,x_2,\cdots,x_N]$，其中 x_i 表示文本中第 w_i 个单词对应的词向量。

2) 文本情感表征

将文本对应的词向量矩阵 X 输入 LSTM 中，得到文本的隐含向量 $H=[h_1,\cdots,h_i,\cdots,h_N]$，其中 h_i 表示在第 i 个时间步中将第 i 个单词输入 LSTM 时得到的文本初始表征。LSTM 的计算单元结构如图 4-18 所示。

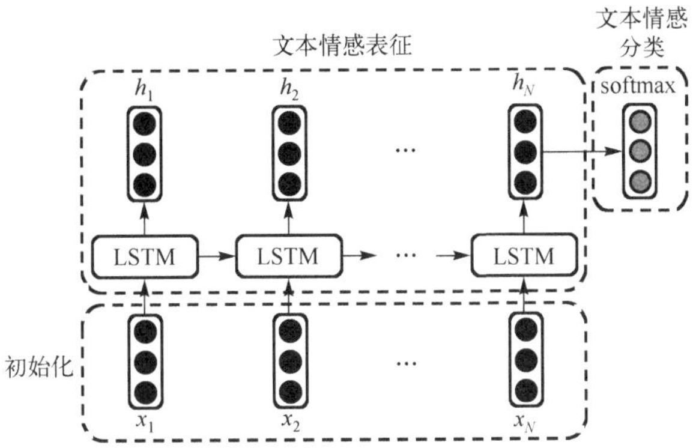

图 4-17　LSTM 情感分析算法框架

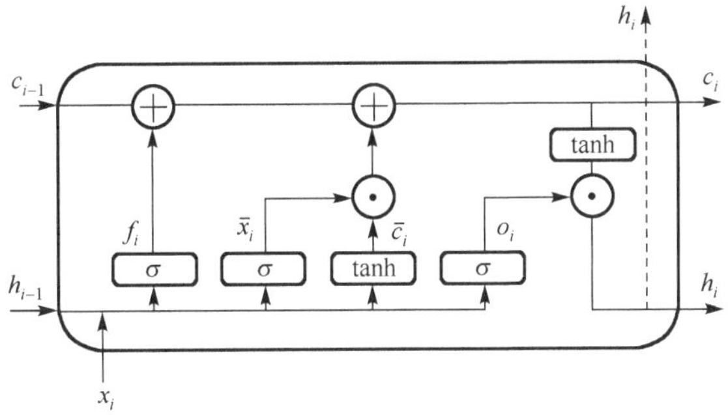

图 4-18　LSTM 的计算单元结构图

图中，x_i 表示第 i 个时间步输入 LSTM 的词向量，h_i 表示第 i 个时间步 LSTM 输出的文本情感表征。c_{i-1} 和 h_{i-1} 表示第 i–1 个时间步 LSTM 的记忆单元和文本情感表征。$\overline{c}_i$ 和 c_i 分别表示第 i 个时间步 LSTM 的候选状态和记忆单元。输入门 $\overline{x}_i$、遗忘门 f_i、输出门 o_i 是 LSTM 用于控制信息传递路径的门控机制，每个门的作用如下。

(1) 输入门 $\overline{x}_i$ 控制当前时刻的候选状态 $\overline{c}_i$ 有多少信息需要保存。

(2) 遗忘门 f_i 控制上一个时刻的记忆单元 c_{i-1} 需要遗忘多少信息。

(3) 输出门 o_i 控制当前时刻的内部状态 c_i 有多少信息需要输出给文本情感表征 h_i 。

LSTM 计算单元中每个变量的具体计算过程如下：

$$\overline{x}_i = \sigma(W_0 x_i + U_0 h_{i-1} + b_0)$$

$$f_i = \sigma(W_1 x_i + U_1 h_{i-1} + b_1)$$

$$o_i = \sigma(W_2 x_i + U_2 h_{i-1} + b_2)$$

$$\overline{c}_i = \tanh(W_3 x_i + U_3 h_{i-1} + b_3)$$

$$c_i = f_i \odot c_{i-1} + \overline{x}_i \odot \overline{c}_i$$

$$h_i = o_i \odot \tanh(c_i)$$

式中，σ 为 Logistic 函数；“$\odot$”为向量的元素乘积。当 i=1 时，c_0 和 h_0 使用零向量初始化。

3) 文本情感分类

根据文本的情感表征 h_N，使用分类器完成文本情感分析：

$$y = \text{softmax}(W_4 \cdot h_N + b_4)$$

例 4-11　假设给定的文本序列 Text、词向量，以及 LSTM 中的各参数值如下。

文本序列 Text：[The, solar, powered, lamp, is, amazing]。

文本序列 Text 中的词在预训练词嵌入矩阵 E 中的词向量如表 4-11 所示。

表 4-11　词向量列表

词	词向量
The	[0.1, 0.4, 0.1]
solar	[0.6, 0.2, 0.8]
powered	[0.7, 0.3, 0.2]
lamp	[0.5, 0.8, 0.3]
is	[0.3, 0.1, 0.2]
amazing	[0.2, 0.1, 0.4]

LSTM 中 b_0、b_1、b_2、b_3 均为 0，h_{N-1}、c_{N-1}、W_0、W_1、W_2、W_3、U_0、U_1、U_2、U_3 的值如下：

$$h_{N-1} = [0.1, 0.2, 0.3]^{\mathrm{T}}, \quad c_{N-1} = [0.2, 0.4, 0.7]^{\mathrm{T}}$$

$$W_0 = \begin{bmatrix} 0.3 & 0.8 & 0.0 \\ 1.3 & 0.8 & 1.3 \\ 2.1 & 0.7 & 2.4 \end{bmatrix}, \quad W_1 = \begin{bmatrix} 1.9 & 0.0 & 0.0 \\ 2.5 & 0.8 & 0.0 \\ 3.5 & 0.0 & 0.2 \end{bmatrix}$$

$$W_2 = \begin{bmatrix} 1.0 & 0.0 & 0.0 \\ 0.5 & 1.0 & 1.0 \\ 1.0 & 0.0 & 2.0 \end{bmatrix}, \quad W_3 = \begin{bmatrix} 2.3 & 0.0 & 0.0 \\ 0.2 & 0.2 & 2.0 \\ 0.2 & 0.2 & 3.0 \end{bmatrix}$$

$$U_0 = \begin{bmatrix} 2.6 & 0.0 & 0.0 \\ 0.0 & 2.8 & 0.0 \\ 0.2 & 0.0 & 2.8 \end{bmatrix}, \quad U_1 = \begin{bmatrix} 1.0 & 0.5 & 0.2 \\ 0.0 & 2.0 & 0.2 \\ 2.0 & 2.0 & 0.2 \end{bmatrix}$$

$$U_2 = \begin{bmatrix} 0.0 & 0.0 & 1.2 \\ 0.4 & 0.0 & 2.4 \\ 0.1 & 0.5 & 3.5 \end{bmatrix}, \quad U_3 = \begin{bmatrix} 0.0 & 2.3 & 0.0 \\ 0.2 & 0.0 & 2.8 \\ 0.1 & 1.0 & 3.5 \end{bmatrix}$$

(1) 当第 N 个单词输入时，LSTM 模型中输入门 $\overline{x}_N$、遗忘门 f_N、输出门 o_N 的计算过程如下：

$$\begin{aligned} \overline{x}_N &= \sigma(W_0 x_N + U_0 h_{N-1}) \\ &= \sigma([0.14, 0.54, 0.94]^{\mathrm{T}} + [0.26, 0.56, 0.86]^{\mathrm{T}}) \\ &= \sigma([0.40, 1.10, 1.80]^{\mathrm{T}}) \\ &= [0.60, 0.75, 0.86]^{\mathrm{T}} \end{aligned}$$

式中，$\overline{x}_N$ 向量中每行元素的含义为候选状态 $\overline{c}_N$ 中对应行的信息有多少输入到记忆单元 c_N 中。

$$
\begin{aligned}
f_N &= \sigma(W_1 x_N + U_1 h_{N-1}) \\
&= \sigma([0.38,0.58,0.78]^{\mathrm{T}} + [0.26,0.46,0.66]^{\mathrm{T}}) \\
&= \sigma\left([0.64,1.04,1.44]^{\mathrm{T}}\right) \\
&= [0.65,0.74,0.81]^{\mathrm{T}}
\end{aligned}
$$

式中，f_N 向量中每行元素的含义为上一个时刻的记忆单元 c_{N-1} 对应行的信息有多少输入到记忆单元 c_N 中。

$$
\begin{aligned}
o_N &= \sigma(W_2 x_N + U_2 h_{N-1}) \\
&= \sigma([0.20,0.60,1.00]^{\mathrm{T}} + [0.36,0.76,1.16]^{\mathrm{T}}) \\
&= \sigma([0.56,1.36,2.16]^{\mathrm{T}}) \\
&= [0.64,0.80,0.90]^{\mathrm{T}}
\end{aligned}
$$

式中，o_N 向量中每行元素的含义为记忆单元 c_N 对应行的信息有多少输入到文本情感表征 h_N 中。

(2) 候选状态 $\overline{c}_N$ 和记忆单元 c_N 分别的计算过程如下：

$$
\begin{aligned}
\overline{c}_N &= \tanh(W_3 x_N + U_3 h_{N-1}) \\
&= \tanh([0.44,0.84,1.24]^{\mathrm{T}} + [0.46,0.86,1.26]^{\mathrm{T}}) \\
&= \tanh([0.90,1.70,2.50]^{\mathrm{T}}) \\
&= [0.72,0.94,0.99]^{\mathrm{T}}
\end{aligned}
$$

式中，$\overline{c}_N$ 向量表示当前时刻的 x_N 和上一个时刻的文本情感表征 h_{N-1} 输入 LSTM 时，生成的候选状态信息，该信息将会根据输入门 $\overline{x}_N$ 来确定有多少信息输入到记忆单元 c_N 中。

$$
\begin{aligned}
c_N &= f_N \odot c_{N-1} + \overline{x}_N \odot \overline{c}_N \\
&= [0.65,0.74,0.81]^{\mathrm{T}} \odot [0.2,0.4,0.7]^{\mathrm{T}} + [0.60,0.75,0.86]^{\mathrm{T}} \odot [0.72,0.94,0.99]^{\mathrm{T}} \\
&= [0.55\times 0.2,0.74\times 0.4,0.81\times 0.7]^{\mathrm{T}} + [0.60\times 0.72,0.75\times 0.94,0.86\times 0.99]^{\mathrm{T}} \\
&= [0.56,1.01,1.42]^{\mathrm{T}}
\end{aligned}
$$

式中，记忆单元 c_N 表示当前时刻的 x_N、上一个时刻的文本情感表征 h_{N-1} 和记忆单元 c_{i-1} 输入 LSTM 时，生成的当前时刻记忆单元信息。

(3) 根据输出门 o_N 和记忆单元 c_N 的值，计算文本情感表征 h_N：

$$
\begin{aligned}
h_N &= o_N \odot \tanh(c_N) \\
&= [0.64,0.80,0.90]^{\mathrm{T}} \odot \tanh([0.56,1.01,1.42]^{\mathrm{T}}) \\
&= [0.64,0.80,0.90]^{\mathrm{T}} \odot [0.51,0.77,0.89]^{\mathrm{T}} \\
&= [0.33,0.62,0.80]^{\mathrm{T}}
\end{aligned}
$$

(4) 假设情感分析结果包括“消极”、“中性”和“积极”三种类别，$b_4 = 0$，W_4 的值如下：

$$
W_4 = \begin{bmatrix} 0.1 & 0.2 & 0.3 \\ 0.4 & 0.5 & 0.1 \\ 0.7 & 0.8 & 0.9 \end{bmatrix}
$$

则可以根据文本情感表征的计算结果 h_N，分析文本对应的情感分析结果 y，具体计算过程如下：

$$
\begin{aligned}
y &= \mathrm{softmax}(W_4 \cdot h_N + b_4) \\
&= \mathrm{softmax}([0.40, 0.52, 1.45]^{\mathrm{T}}) \\
&= [0.20, 0.23, 0.57]^{\mathrm{T}}
\end{aligned}
$$

式中，y 向量中第 1～3 行的值分别表示文本属于“消极”、“中性”和“积极”类别的概率，因此，根据该分类器的结果，该文本大概率属于“积极”类别。

4.3.2　立场分析

视频

与通用的文本分类任务不同，立场分析任务面临着独有的各种挑战。一方面，立场分析任务中同一个文本对不同目标表达的立场未必相同，而通用的文本分类方法未考虑特定目标信息，导致通用文本分类方法在立场分析任务上的效果不佳。另一方面，立场分析任务中特定目标可能在文本中没有明确提及，需要模型能够推断出来。例如，在分析对某个政治人物的立场时，文本可能不会直接提到该人物的名字，而是通过讨论相关政策或事件来表达立场。针对上述问题，本节介绍一种基于目标注意力网络的立场分析方法(stance classification with target-specific neural attention network，TAN)，该方法是一种经典的立场分析方法，在英文和中文数据集上都取得了可观的立场分析性能。

TAN 通过结合文本内容和目标信息，利用注意力机制来识别文本中与目标相关的部分。然后，根据注意力权重使用加权求和的方式获取文本的向量表征。最后，根据文本向量表征，利用分类器实现文本的立场分类。

TAN 算法的输入和输出如下。

输入：文本序列 $\mathrm{Text} = [w_1, w_2, \cdots, w_N]$、目标序列 $\mathrm{Tar} = [tw_1, tw_2, \cdots, tw_M]$ 和词嵌入矩阵 E。

输出：文本序列 Text 相对于目标序列 Tar 的立场类别 y。

TAN 算法的算法步骤如下。

TAN 算法框架如图 4-19 所示，主要包括初始化、目标增强嵌入、目标注意力生成、文本初始表征以及文本立场表示与分类 5 个模块。

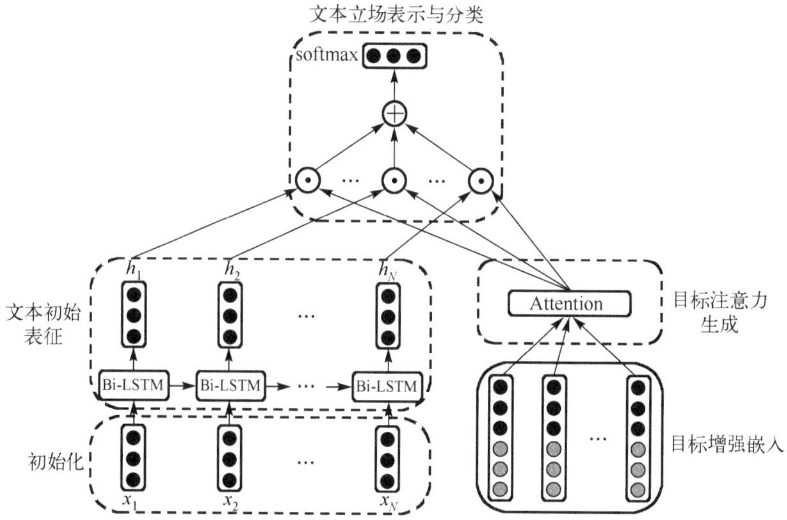

图 4-19　TAN 算法框架

1) 初始化

假设已有一个预训练的词嵌入矩阵 E，每个词向量维度为 d。

根据词嵌入矩阵 E，初始化文本序列 Text 和目标序列 Tar 的词向量，即文本序列 Text 对应的词向量矩阵 $X=[x_1,\cdots,x_i,\cdots,x_N]$，其中 x_i 表示文本中第 i 个单词 w_i 对应的词向量，以及目标序列 Tar 对应的词向量矩阵 $Z=[z_1,\cdots,z_j,\cdots,z_M]$，其中 z_j 表示目标中第 j 个单词 tw_i 对应的词向量。

2) 目标增强嵌入

计算目标中每个词的词向量均值作为目标嵌入向量 $\overline{z}$：

$$\overline{z}=\frac{1}{M}\sum_{m=1}^{M}z_m$$

将文本中每个词的词向量 x_i 与目标嵌入向量 $\overline{z}$ 进行拼接得到目标增强嵌入 e_i^z：

$$e_i^z=x_i\,|\,\overline{z}$$

式中，“|”表示拼接操作。

3) 目标注意力生成

首先，根据目标增强嵌入计算注意力分数：

$$S=[s_1,\cdots,s_i,\cdots,s_N]$$

$$s_i=W_0\cdot e_i^z+b_0$$

式中，s_i 代表第 i 个单词对立场分析任务的重要程度得分。

然后，根据 softmax 函数，将注意力分数 S 变换为元素和为 1 的注意力分布 α，计算过程如下：

$$\alpha=[\alpha_1,\cdots,\alpha_i,\cdots,\alpha_N]$$

$$\begin{aligned}\alpha_i&=\text{softmax}(S)\\&=\frac{\exp(s_i)}{\sum_{1}^{N}\exp(s_k)}\end{aligned}$$

4) 文本初始表征

将文本对应的词向量矩阵 X 输入双向长短期记忆网络(Bi-LSTM)中，得到文本的隐含向量 $H=[h_1,\cdots,h_i,\cdots,h_N]$，其中 h_i 表示在第 i 个时间步中将对应的单词输入 Bi-LSTM 时得到的文本初始表征。其中，Bi-LSTM 的计算过程如下。

(1) 正向 LSTM：从左到右处理文本序列 Text，每个时间步 i 的输入是当前词的词向量 x_i。正向 LSTM 在每个时间步生成一个隐含状态 h_i^f。

(2) 反向 LSTM：从右到左处理文本序列 Text，每个时间步 i 的输入是序列中相应位置的词向量 x_{N-i}。反向 LSTM 在每个时间步生成一个隐含状态 h_i^b。

(3) 合并隐含状态：对于每个时间步 i，将正向和反向的隐含状态合并(通常使用拼接或者求和的方式)以生成最终的隐含状态 h_i。

5) 文本立场表示与分类

首先，根据文本的隐含向量 H 和注意力分布 α，计算文本的立场表征 P：

$$P=\sum_{i=1}^{N}\alpha_i \cdot h_i$$

然后，根据文本的立场表征 P，使用分类器完成文本立场分析：

$$y=\text{softmax}(W_1 \cdot P+b_1)$$

例 4-12　假设给定的文本序列 Text、目标序列 Tar 以及词向量如下。

文本序列 Text：[The, solar, powered, lamp, is, amazing]。

目标序列 Tar：[environmental, protection]。

文本序列 Text 和目标序列 Tar 中的词在预训练词嵌入矩阵 E 中的词向量如表 4-12 所示。

表 4-12　词向量列表

词	词向量	词	词向量
The	[0.1, 0.4, 0.1]	is	[0.3, 0.1, 0.2]
solar	[0.6, 0.2, 0.8]	amazing	[0.2, 0.1, 0.4]
powered	[0.7, 0.3, 0.2]	environmental	[0.5, 0.3, 0.2]
lamp	[0.5, 0.8, 0.3]	protection	[0.1, 0.1, 0.8]

(1) 目标增强嵌入的计算过程如下：

$$\overline{z}=\frac{1}{2}\sum_{m=1}^{2}z_m=[0.3,0.2,0.5]^{\mathrm{T}}$$

接下来，使用 $\overline{z}$ 与每个 x_i 进行拼接得到 e_i^z：

$$e_1^z=x_1 \mid \overline{z}=[0.1,0.4,0.1,0.3,0.2,0.5]^{\mathrm{T}}$$

$$e_2^z=x_2 \mid \overline{z}=[0.6,0.2,0.8,0.3,0.2,0.5]^{\mathrm{T}}$$

$$e_3^z=x_3 \mid \overline{z}=[0.7,0.3,0.2,0.3,0.2,0.5]^{\mathrm{T}}$$

$$e_4^z=x_4 \mid \overline{z}=[0.5,0.8,0.3,0.3,0.2,0.5]^{\mathrm{T}}$$

$$e_5^z=x_5 \mid \overline{z}=[0.3,0.1,0.2,0.3,0.2,0.5]^{\mathrm{T}}$$

$$e_6^z=x_6 \mid \overline{z}=[0.2,0.1,0.4,0.3,0.2,0.5]^{\mathrm{T}}$$

(2) 假设 LSTM 模型中 $W_0=[0.8,0.1,0.6,0.8,0.1,0.6]$，$b_0=0$，则根据目标增强嵌入的结果 e_i^z，可以得到目标注意力，具体过程如下：

$$s_1=W_0 \cdot e_1^z+b_0=[0.8,0.1,0.6,0.8,0.1,0.6]\cdot[0.1,0.4,0.1,0.3,0.2,0.5]^{\mathrm{T}}=0.74$$

$$s_2=W_0 \cdot e_2^z+b_0=[0.8,0.1,0.6,0.8,0.1,0.6]\cdot[0.6,0.2,0.8,0.3,0.2,0.5]^{\mathrm{T}}=1.54$$

$$s_3=W_0 \cdot e_3^z+b_0=[0.8,0.1,0.6,0.8,0.1,0.6]\cdot[0.7,0.3,0.2,0.3,0.2,0.5]^{\mathrm{T}}=1.27$$

$$s_4=W_0 \cdot e_4^z+b_0=\left[0.8,0.1,0.6,0.8,0.1,0.6\right]\cdot\left[0.5,0.8,0.3,0.3,0.2,0.5\right]^{\mathrm{T}}=1.22$$

$$s_5=W_0 \cdot e_5^z+b_0=[0.8,0.1,0.6,0.8,0.1,0.6]\cdot[0.3,0.1,0.2,0.3,0.2,0.5]^{\mathrm{T}}=0.93$$

$$s_6=W_0 \cdot e_6^z+b_0=[0.8,0.1,0.6,0.8,0.1,0.6]\cdot[0.2,0.1,0.4,0.3,0.2,0.5]^{\mathrm{T}}=0.97$$

根据注意力分数，计算注意力分布，具体如下：

$$\alpha_1 = \frac{\exp(s_1)}{\sum_1^N \exp(s_k)} = \frac{2.10}{2.10+4.67+3.56+3.39+2.54+2.64} = 0.11$$

$$\alpha_2 = \frac{\exp(s_2)}{\sum_1^N \exp(s_k)} = \frac{4.67}{2.10+4.67+3.56+3.39+2.54+2.64} = 0.25$$

$$\alpha_3 = \frac{\exp(s_3)}{\sum_1^N \exp(s_k)} = \frac{3.56}{2.10+4.67+3.56+3.39+2.54+2.64} = 0.19$$

$$\alpha_4 = \frac{\exp(s_4)}{\sum_1^N \exp(s_k)} = \frac{3.39}{2.10+4.67+3.56+3.39+2.54+2.64} = 0.18$$

$$\alpha_5 = \frac{\exp(s_5)}{\sum_1^N \exp(s_k)} = \frac{2.54}{2.10+4.67+3.56+3.39+2.54+2.64} = 0.13$$

$$\alpha_6 = \frac{\exp(s_6)}{\sum_1^N \exp(s_k)} = \frac{2.64}{2.10+4.67+3.56+3.39+2.54+2.64} = 0.14$$

(3) 假设 Bi-LSTM 输出的隐含向量如表 4-13 所示。文本立场分析结果包括“支持”、“反对”和“其他”三种类别，$b_1 = 0$，W_1 的值如下：

$$W_1 = \begin{bmatrix} 0.3 & 0.4 & 0.5 \\ 0.5 & 0.1 & 0.2 \\ 0.2 & 0.3 & 0.1 \end{bmatrix}$$

表 4-13　隐含向量列表

时间步 i	隐含向量 h_i	时间步 i	隐含向量 h_i
1	[0.1, 0.4, 0.1]	4	[0.5, 0.8, 0.3]
2	[0.6, 0.2, 0.8]	5	[0.3, 0.1, 0.2]
3	[0.7, 0.3, 0.2]	6	[0.2, 0.1, 0.4]

文本立场表示与分类的具体计算过程如下。

首先，根据注意力分布、隐含向量值以及文本的立场表征的计算公式，可以得到文本的立场表征为

$$P = \sum_{i=1}^{N} \alpha_i \cdot h_i = [0.45, 0.56, 0.66]^{\mathrm{T}}$$

然后，根据文本立场表征的计算结果，分析文本对应的立场分析结果：

$$
\begin{aligned}
y &= \mathrm{softmax}(W_1 \cdot P + b_1) \\
&= \mathrm{softmax}([0.69, 0.41, 0.32]^{\mathrm{T}}) \\
&= [0.41, 0.31, 0.28]^{\mathrm{T}}
\end{aligned}
$$

式中，y 向量中第 1～3 行的值分别表示文本属于“支持”、“反对”和“其他”类别的概率，因此，根据该分类器的结果，该文本最大概率属于“支持”类别，即文本内容支持目标[environmental, protection]。

4.4 音频内容识别技术

4.4.1 信息内容安全领域的音频内容识别

声音是承载信息的重要介质，在人类的世界中无处不在。它不但是人类互相交流的主要方式，也是人类感知外界环境的重要途径。声音的数字表示称为音频。在网络环境下，音频信息广泛存在于语音通信、网络会议、在线视频、在线音乐、即时通信、有声读物、语音消息和各种多媒体流媒体文件中，在网络数据中占据着颇为可观的比重。

面向音频的信息内容安全技术大体上分成五个模块：信息内容安全监测、音频内容识别、音频数据剥离、多媒体解码还原、网络协议解析。

本节重点关注音频内容识别模块。该模块依据解码还原后的音频数据，识别出它所承载的各种信息，包括听懂语音内容、依据声音理解周边环境和正在发生的事情等。音频内容识别技术归根到底是对人类听觉功能的仿真，而人类的听觉功能是通过耳朵和大脑这两个器官合作完成的，它们分别承担了部分功能。对计算机而言，首先需要通过特定的声音采集设备，将在空气或其他介质中传播的声音转化为能够被计算机存储和处理的数字音频。数字音频这种表示形式对识别任务而言并不直观，可辨识度不高，因而还需要一个声学特征提取环节，从数字音频中提取出具有可辨识性的声学特征。声音采集和特征提取这两个环节可以看作对人耳听觉感知功能的仿真，从形式上看，所提取的声学特征就对应了从人耳向大脑传送的听觉神经发放。最后，通过一个识别算法环节，对所提取的声学特征进行识别和分类，从功能上看，它是对人类大脑听觉信息处理功能的仿真。

可以从多个角度对信息内容安全领域的音频内容识别技术进行分类。首先，监测任务不同，所需要的音频内容识别技术就不同，面向监测任务需求，可以将音频内容识别技术分成如下五大类。

1. 语音意图识别

语音意图识别技术可以实现对人类语音所蕴含语言语义的识别及理解。一般情况下，它被分解成语音识别和文本意图识别两个步骤加以实现，也就是说，先采用语音识别技术将语音信号转化为对应的文本，然后通过文本意图识别技术提炼其所表达的意图。有些场景下，可以通过关键词检出技术判断语音中是否包含特定词汇，若包含，则可以粗略地认为该语音存在着特定意图。

2. 基于属性的音频分拣

音频信息监测系统常常包含多个自动的或人工的监测子系统，以针对不同属性的音频分别进行处理。一个典型的例子是根据语种或方言的不同，将待识别音频数据送入不同的识别子系统。音频分拣所依据的是音频自身所具备的某种属性，如语种属性、情感属性、音频场景属性、音乐风格属性等，其所涉及的关键技术如下。

(1) 语种识别(language recognition)：分析给定语音的特性并判断其所属语种类别的过程。目前世界上拥有书面文字的语言有 2000 多种，而有时候不同类型的方言也可以看作不同的语种。

(2) 情感识别(emotion recognition)：人类可以根据语音中所蕴含的一些特殊信息，如特殊的语气词、语调语速的变化等，识别说话人的情感状态或情感倾向。情感识别就是计算机对人类上述情感感知和理解过程的模拟，它的任务是从采集到的语音信号中提取表达情感的声学特征，并找出这些声学特征与人类情感间的映射关系。

(3) 音频场景识别(audio scenes recognition)：主要判断一段音频信号所属的场景类别，如公园场景、办公室场景、恐怖骚乱场景等。该技术模仿人类根据声音感知和理解周边环境的能力，关注于如何从整段音频信号包含的诸多声音中抽象出人类可以理解的高层场景语义。

(4) 音乐风格识别(music style recognition)：根据音乐旋律辨识其风格。在信息内容安全领域，人们更多地将关注点聚焦在对某些具有黑暗色彩、宗教性质的音乐风格的识别上。

3. 目标说话人识别

语音总有其说话人，语音信号有其身份属性。信息内容安全系统往往关注许多目标人物，因而说话人身份是一种非常关键的监测线索，其所依赖的主要是说话人识别技术。

4. 语音鉴伪

目前，随着人工智能生成内容(artificial intelligence generated content，AIGC)技术以跨越式的速度发展，犯罪分子开始利用 AIGC 技术对音频进行超现实数字伪造，从而生成较为逼真的虚假语音。直面新型网络诈骗行为的防治难题，音频信息内容安全技术必须具有语音鉴伪能力。

5. 音频样例匹配

信息内容安全系统可能掌握了很多曾经在网络上出现过的有害的多媒体信息。为了防止它们继续危害网络安全，可以将这些多媒体中的音频信息或其片段制作为样例，通过音频样例匹配来发现有害多媒体信息的再现。其技术难点主要在于如何在百万级别样例库的条件下，在海量多媒体数据流中实现快速精准的匹配。

此外，还可以根据音频内容识别算法在实现机理上的不同，对音频信息内容安全技术进行分类。目前的音频内容识别算法往往依赖一个深度网络模型实现从输入音频到输出信息的映射。输入音频一般情况下是以声学特征序列的形式存在的。有的识别算法，如语音识别算法，实现的是输入声学特征序列到文本符号序列的映射，是序列到序列(Seq2seq)类型的任务；有的识别算法则实现输入声学特征序列到属性类别符号的映射，将其统称为音频属性识别算法，这类算法是序列到标签(Seq2lab)类型的任务。语种识别、情感识别、音频场景识别和音乐风格识别都属于这一类算法，它们所采用的识别模型在实现机理上有很多相似之处，都重点关注如何从音频数据中提取出对属性类有可辨识性的段级表示。说话人识别模型提取语音的段级说话人特征，语音鉴伪模型则从一段语音中提取伪造痕迹特征，所以这两个技术也可以看作音频属性识别的范畴。音频样例匹配判断待识音频与样例库中哪个样例是完全一致或部分一致的，本质上是检索类任务，如何构建精确刻画音频内容的音频指纹是其研究重点。

4.4.2 音频表示

1. 音频的时域表示

信息领域声音的采集主要是通过麦克风和声卡来完成的。麦克风也称为传声器或话筒，是将声音信号转换为电信号的能量转换器件。以动圈式麦克风为例说明信号转换的原理，空气中声波的振动被传到麦克风的振膜上，使振膜上的电磁线圈绕组和环绕在动圈麦头的磁铁形成磁力场切割，就形成了微弱的波动电流。振动越强，电流越大。

然而，计算机无法直接对这一电信号进行处理，还需要声卡将模拟的电信号转化为可以被计算机处理和存储的离散数字信号，即通过采样和量化实现模拟声音到数字声音的转换。这一过程有两个非常重要的参数：采样频率和量化位数。

采样频率定义了每秒采样点的个数，单位为赫兹(Hz)。根据奈奎斯特采样定理，采样频率应该大于或等于声波最大频率的两倍。对人类的语音而言，要保证语音的内容能够被听辨，至少要保留 4000Hz 及以下的频率内容，也就说语音信号的采样频率至少为 8000Hz，即采样所得到的数字音频信号每秒至少要有 8000 个采样点，可见数字音频的数据规模是十分庞大的。声音采集时所采用的采样频率越大，保留下来的频率内容就越多，数字音频的音质也就越接近真实声音。对语音数据而言，16kHz 的数字语音已经具有非常好的音质，而音乐数据多采用 22kHz、44.1kHz 等采样频率。

经过采样和量化后得到的声音数据通常称为数字音频，它是采样点的序列，每个采样点记录了原始声波在麦克风处的瞬时声压级，一般也称其为振幅，而等时间间隔的采样点序列连接在一起就描述了一段声波。在计算机中，音频内容识别算法需要从这种数字音频形式中提取和分析出其蕴含的属性和语义内容。

2. 音频的频域表示

尽管音频的时域表示直观，但很难从这种表示中辨识出其承载的语义内容。以语音为例来解释其原因。肺部的气流引起的声带振动一般称为声门波，但声门波还不是语音。声门波必须经过喉、咽、口腔和鼻腔等发音器官的频率调制后才成为语音，调制主要是通过共振效应来实现的。而且，人类可以通过控制发音器官形变来改变共振效应，达成不同的调制效果，从而得到不同的发音内容。另外，人耳也是通过对不同频率成分分别进行感知来识别语音内容的。因而可以认为，声音的可辨识性主要体现在声音所蕴含的频率信息上，为此，研究者提出了音频的频域表示。

绝大多数声音是复合音，但可以将其看作许多不同频率的简单周期信号(纯音)的线性加权(叠加)。利用这一思想，可以通过离散傅里叶变换(discrete Fourier transform，DFT)对一段语音信号进行频率分析。

4.4.3　音频特征分析

由于构成数字音频的采样点序列数据规模巨大，且不易直接辨识，因而需要提取一些能够对声音波形进行压缩表示且具有辨识度的声学特征。这是一种底层特征，主要是依据声音的声学特性或者人类的发音机理和听觉感知机理得到的，可以看作对数字音频信号的压缩表示，与具体的分类任务无关。

1. 短时分析和时域特征

目前，底层声学特征都是在非常短且长度固定的音频片段上，通过声学特性分析得到的，这称为短时分析。将以声音中的语音信号为例来解释这种短时分析的必要性。首先，由于不能从语音数据中事先获取音素、音节、词等发音基元的边界，为了保证一致性，就必须在定长的语音段上进行声学特征的分析和提取。此外，通过考察语音数据的产生过程不难发现，由于人类发音器官在发音过程中不断变化，所产生的语音数据的声学特性也在不断改变，这种改变的速度是非常快的，一般仅在几十毫秒的短语音段内，才可以认为其内容是相对一致的、稳定的。因而只能在 10～30ms 的短语音段上进行声学特性的分析和声学特征的提取，这种短语音段称为“帧”。在帧上提取得到的声学特征也经常称为“短时特征”。

在特征提取环节，连续的语流被顺序切割成若干帧，每帧提取一组声学特征以刻画帧内的波形数据。为了保证帧级特征间的连续性，通常会让各短时帧间有一定的重叠。如果每帧得到一个声学特征向量，原来的数字音频就被转换成了声学特征向量的序列，这个向量序列就是后面音频内容识别算法的输入。

对每一帧数据，基于不同的观察角度和分析方法，能够得到不同的声学特征向量。在音频内容识别领域，目前常采用的声学特征表示有许多种，提取方法也有简有繁。有的可以从数字音频信号中直接分析提取，这样的特征称为时域特征。常用的时域特征主要包括能量和过零率两种。能量取为短时帧内各采样值的平方的累加和，它反映该帧信号的强度，能量越大，信号越强。过零率为信号在帧内穿越零点的比率，它是对信号振动快慢的度量。信号振动越快，过零率越大，反之则越小。过零率本质上反映的是信号的频率特性。这两个时域特征常用于区分语音段和背景音，即语音的端点检测任务。它们也可以用来区分是元音还是辅音，但它们对更精细地分辨具体的发音内容就无能为力了。在很多音频内容识别任务中，时域特征常作为短时声学特征向量的一维出现。

目前，在听觉智能研究领域，通过仿真人类的发音机理和听觉感知机理得到的被压缩表示的频域特征是主流。其过程概述如下：首先为人类相关的生理过程建立数学模型，然后基于该数学模型在频域提取出少量的特征参数作为声学特征。

2. 语音的产生系统模型

人类用来产生语音的发音器官自下而上包括肺、气管、喉、咽、鼻腔、口腔和口唇。它们作为整体形成了一个连续的管道。其中喉部以上的部分称为声道，随着发出语音的不同，其形状是变化的。喉部的声带是一个振动部件，两片声带形成了一个阀门，称为声门。说话时腹肌收缩使横膈膜向上，挤出肺部的空气，形成气流，这是语音产生的原动力。平时合拢的声带受声门下气流冲击而张开，由于声带具有一定的韧性，其又会迅速闭合。这样声带在气流的持续冲击下不断地张开和闭合产生振动，形成准周期性的声门波。声带振动的周期称为基音周期。振动的声门波通过声道的调制后就产生语音信号。声道是由咽腔、口腔和鼻腔三个空气腔体组成的，可以看作一根从声门延伸至口唇的非均匀截面的声管，其外形变化是时间的函数。人类的这一发音过程可以用如图 4-20 所示的模型刻画。

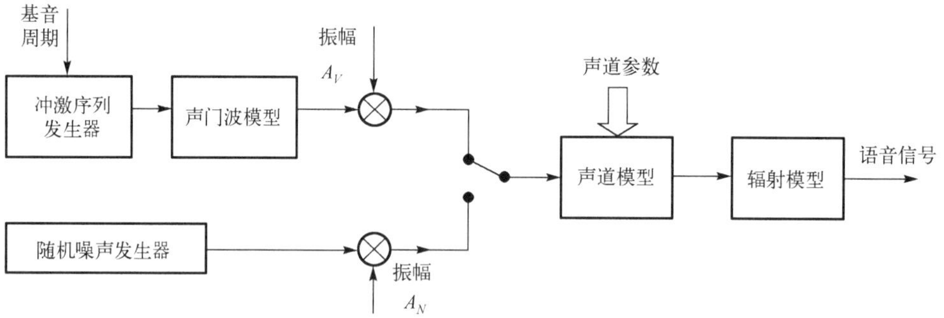

图 4-20　语音信号产生系统线性模型

图 4-20 中右侧为激励部分，在基音周期控制下产生声门波。由于人类发辅音时，肺部并未送气，可以看作利用残存在声道中的气流经声道调制而产生声音，因而在图中增加了下面的一个分支，即发辅音时激励可以看作随机噪声。

声道对发音内容起决定性作用，当人类想要将大脑中的意向转化成语音时，就会通过神经控制不断调整声道的形状，从而对声门波产生不同的调制作用。从信号处理的角度，声道可以看作对声门波进行加工的滤波器，因而声道滤波器的参数就可以看作对语音内容的直接刻画。声道是一个截面积不等的管子，这样的管子的声学特性很难用简单的数学模型进行描述。因而在对声道滤波器建模时，把它近似为若干节均匀截面积的无损声管的级联，从而将声道滤波器的频率特性简化为全极点模型的形式。

全极点模型仅受少量系数的制约，这些系数很适合作为声学特征。然而，全极点模型的系数极难确定，在分析时不得不又引入了另一个假定。最佳线性预测器的逆滤波器是一种特殊的全极点模型，可以假定声道模型就是这种模型。当采用此最佳线性预测器假定时，全极点模型的系数就是最佳线性预测器的系数，而最佳线性预测器的系数容易计算。线性预测器是指用前面时刻若干个采样点的线性组合来预测当前的采样点，组合系数即为线性预测系数。对一帧数据而言，最佳线性预测系数就是综合预测误差最小的那组线性预测系数。计算最佳线性预测系数是一个求极值问题，有许多快速算法。

4.4.4　语音识别

信息内容安全领域涉及的语音识别技术主要指大词表连续语音识别（LVCSR）技术，它是一种不限制说话人的发音方式和内容的语音识别技术。其所使用的语音识别模型主要实现从声学特征序列到文本符号序列的映射，是 Seq2seq 模型。Seq2seq 模型总是基于时序处理模型构建，为此，后面将首先介绍语音识别常用的各种时序处理模型。

音素是发音的最小单位，每一帧语音的长度只有几十毫秒，一般应该从属于某一个音素。

然而，人类无法听辨几十毫秒语音所蕴含的内容，在连续的语流中也听不出各音素起始和结束的时间位置。这意味着，人类无法找到输入的特定语音帧与输出的特定文本符号间的对应关系，无法对训练语料进行帧级标注，只能给出句子级标注，从而无法训练语音识别模型从一个输入基元映射到一个输出基元，而只能以序列为单位进行整体映射，从输入序列完整地映射到输出序列。这是语音识别算法不得不面对的技术难点。目前，能够实现这种 Seq2seq 映射的语音识别模型主要有两类：基于 CTC 的语音识别模型和基于注意力机制的编码器-解码器模型。

1. 基于 CTC 的语音识别模型

时序处理模型本质上仍旧是分类器。为了训练这个分类器，需要为训练语料中每帧语音的声学特征向量 x_t 赋予一个对应的输出符号 y_t 作为类别标签。然而，由于人类无法对一帧语音进行精确听辨，这一标注过程实际上无法完成。无法给出帧级标注，就只能给出句子级标注，即标注一段语音所对应的文本符号序列。在句子级标注条件下，如何训练作为识别器的时序处理模型就成为一个难题。

解决这个问题的一个思路是采用基于神经网络的连接时序分类器(connectionist temporal classification，CTC)，CTC 可以实现从输入序列到输出序列的整体映射，不要求序列基元间的对应关系。CTC 解决问题的思路与人类的听辨方式是完全一致的。人类是在累积到若干帧语音后，才做出是哪个发音的判决的，在此之前不做出任何判决(分类)。类似地，在基于 CTC 的语音识别算法中，引入了一个称为“blank”的类别标签，记为“－”，表示当前时刻还未累积到足够的语音，无法做出判决。

举例说明，若输入 6 帧语音，其特征向量序列 $X=[x_1, x_2,\cdots,x_6]$，对应的句子级标注 $Y=\{a, b, c\}$，共包含三个发音符号。不知道特定输入对应哪个符号，这是一种多对一的关系。引入“blank”后，时序处理模型的输出可以是 $\{-, a, -, b, -, c\}$、$\{a, -, -, b, -, c\}$、$\{a, a, \ , b, -, c\}$、$\{a, -, b, -, -, c\}$、…。

某一帧语音输出非 blank 符号是依据之前若干帧语音给出的综合判决，因此不需要对每帧语音属于哪个发音内容进行假设。传统的语音识别模型经常需要做出这样的假设，因而不得不在其模型中制造出一些实际不存在的比音素还要小的发音基元。

即使推广到一般的 X 和 Y，带 blank 符号且满足 Y 中时序关系的输出序列也是有限的，即可以遍历的。定义串映射函数 B，它能去掉输入串中的重复项和 blank，如 $B(\{-, a, -, -, b, b, -, -, c, -\})=\{a, b, c\}$。因此满足要求的输出序列的集合可以表示为 $B^{-1}(Y)$。

然而，能够事先确定语音识别模型实际输出的应该是集合 $B^{-1}(Y)$ 的哪一个序列吗？显然不能，模型优化时，只能以 $B^{-1}(Y)$ 中所有序列的概率和为优化目标。

CTC 损失可以表示为如下交叉熵的形式：

$$
\begin{aligned}
\mathrm{CTC}(\theta) &= \sum_{(X,Y)\in S} -\log P(Y \mid X,\theta) \\
&= \sum_{(X,Y)\in S} -\log \sum_{\pi\in B^{-1}(Y)} P(\pi \mid X,\theta)
\end{aligned}
\tag{4-4}
$$

式中，S 为语料集；θ 为要学习的时序处理模型的参数；常称 $B^{-1}(Y)$ 中的序列为 CTC 路径。

因为 $B^{-1}(Y)$ 可以遍历，所以理论上 CTC 损失可以被计算出来，也可以计算其梯度。然而，由于集合 $B^{-1}(Y)$ 的规模非常大，通过遍历来计算会相当耗时，无法满足使用需求。为此，研究者提出了一个动态规划算法来解决这一问题。

首先，在 Y 中头尾各插入一个 blank，在每两个符号间也插入一个 blank，这样就定义了一个新的序列 $\bar{Y}$，如果 Y 中原有 N 个符号，$\bar{Y}$ 就有了 $2N+1$ 个符号。例如，对 $Y=\{a,b,c\}$，有 $\bar{Y}=\{-, a, -, b, -, c, -\}$。而且规定 $\bar{Y}$ 中各 blank 意义不同，是不同的符号。

将模型输出时相邻出现的两个符号称为由前一个符号转移到后一个符号，同时规定 $\bar{Y}$ 中各符号相互转移的限制条件：每个 blank 符号只能转移到本身和下一个非 blank 符号；非 blank 符号可以转移到本身、下一个 blank 符号和下一个非 blank 符号。这种对转移的限制如图 4-21 所示，图中横轴为时间，纵轴为 $\bar{Y}$ 中各符号，黑色为 blank 符号，白色为非 blank 符号。显见，如果按照这样的限制条件进行转移，得到的序列就能够满足 Y 中的时序关系，且不会遗漏任何非 blank 符号，是属于集合 $B^{-1}(Y)$ 中的一个合法输出序列。

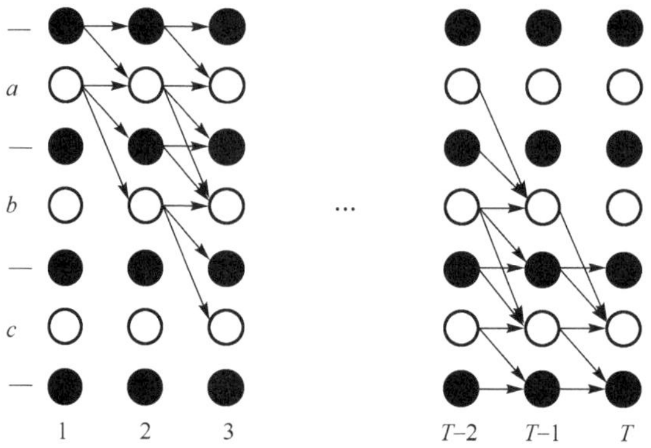

图 4-21　CTC 符号转移规则示意图

接着，定义一个中间函数 $\alpha_t(l)$，称为前向变量，表示观察到截至 t 时刻输入序列为 $[x_1, x_2, \cdots, x_t]$，且 t 时刻的输出符号在 $\bar{Y}$ 中的序号是 l 的概率：

$$\alpha_t(l)=P(x_1,x_2,\cdots,x_t,l)=\sum_{B(\pi(1:t))=B(\bar{Y}(1:l))}\prod_{m=1}^{t}o_{\pi_m}^{m} \tag{4-5}$$

o_k^t 为 t 时刻符号 k 上的网络输出(softmax 之后)，是分类到 k 的概率，$k \leqslant N$。这里假设不同时刻的 o_k^t 是相互独立的。因而式中，一个局部 CTC 路径的联合概率就等于各时刻网络输出的累乘，而前向变量就是所有以序号为 l 的符号结尾的局部 CTC 路径的概率和。

可以证明，前向变量具有如下性质。

初值易求：

$$\alpha_1(1)=o_b^1 \tag{4-6}$$

$$\alpha_1(2)=o_{y_1}^2 \tag{4-7}$$

$$\alpha_1(l)=0, \quad l>2 \tag{4-8}$$

式中，y_1 是 Y 中第一个符号。CTC 路径要么以第一个 blank 符号开始，要么以第一个非 blank 符号开始，其他的情况概率为 0，不被允许。

根据图 4-21 规定的转移规则，可以推导出如下递推关系：

$$\alpha_t(l)=\begin{cases}(\alpha_{t-1}(l)+\alpha_{t-1}(l-1))o_l^t, & \overline{y}_l=\text{blank或}\overline{y}_{l-2}=\overline{y}_l\\ (\alpha_{t-1}(l)+\alpha_{t-1}(l-1)+\alpha_{t-1}(l-2))o_l^t, & \text{其他}\end{cases} \tag{4-9}$$

式中，$\overline{y}_l$ 是 $\overline{Y}$ 中的第 l 个符号。式(4-9)中第一个分支的第二项条件意味着，如果 Y 中真的有两个相邻符号是完全相同的，应该禁止从第一个符号直接转移到第二个符号，两者中间必须出现 blank 符号，否则按照 B 映射的规则就会把这两个重复的符号合并成一个符号。

由于 CTC 路径的结尾必须是最后一个非 blank 符号或最后一个 blank 符号，所以有

$$P(Y\mid X,\theta)=\alpha_T(2N+1)+\alpha_T(2N) \tag{4-10}$$

相比较于遍历 CTC 路径，这一动态规划算法有较小的计算量。递推后，可以直接由式(4-4)和式(4-10)计算出 CTC 损失。

显然，模型的优化还需要计算 CTC 损失对参数 θ 的梯度，而这需要计算出 $P(Y\mid X,\theta)$ 对 θ 的梯度，依据链式法则有

$$\frac{\partial P(Y\mid X,\theta)}{\partial\theta}=\sum_{t=1}^{T}\sum_{k=1}^{N+1}\frac{\partial P(Y\mid X,\theta)}{\partial o_k^t}\cdot\frac{\partial o_k^t}{\partial\theta} \tag{4-11}$$

为了计算式(4-11)，可以参照前向变量，定义一个后向变量 $\beta_t(l)=P(x_t,x_{t+1},\cdots,x_T,l)$。类比于前向变量，可以推导出后向变量的初值 $\beta_T(l)$ 和其递推关系，且易证存在如下性质：

$$\alpha_t(l)\beta_t(l)=\sum_{\substack{\pi\in B^{-1}(Y)\\ \pi_t=y_l}}o_{y_l}^t\prod_{m=1}^{T}o_{\pi_m}^m \tag{4-12}$$

从而推知

$$\frac{\alpha_t(l)\beta_t(l)}{o_{y_l}^t}=\sum_{\substack{\pi\in B^{-1}(Y)\\ \pi_t=y_l}}\prod_{m=1}^{T}o_{\pi_m}^m \tag{4-13}$$

$$\sum_{l=1}^{2N+1}\frac{\alpha_t(l)\beta_t(l)}{o_{y_l}^t}=\sum_{l=1}^{2N+1}\sum_{\substack{\pi\in B^{-1}(Y)\\ \pi_t=y_l}}\prod_{m=1}^{T}o_{\pi_m}^m=P(Y\mid X,\theta) \tag{4-14}$$

则有

$$\frac{\partial P(Y\mid X,\theta)}{\partial o_k^t}=\frac{-\alpha_t(k)\beta_t(k)}{(o_k^t)^2} \tag{4-15}$$

按照上述公式，就可以完成所采用时序处理模型的训练过程。测试时，可以如式(4-16)所示逐时刻进行推理，以得到语音识别结果：

$$k^*=\arg\max_k o_k^t \tag{4-16}$$

基于 CTC 的语音识别模型的一个不足是它仅基于语音的声学表示来得到识别结果，没有参考语言知识，没有充分利用词与词之间在语句上下文上的依赖关系。解决此问题有两种途径：一是在识别器后端再加入一个统计语言模型，用语言模型来约束词与词的转移概率，然

后基于 Viterbi（维特比）算法对 o_k^t 进行重新解码，以得到语音识别结果；二是对基于 CTC 的语音识别模型进行改进，采用如图 4-22 所示的 RNN Transducer（RNN-T）模型。

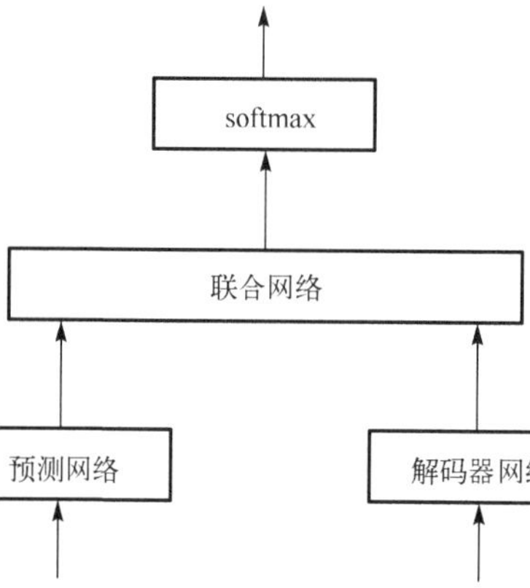

图 4-22　RNN-T 模型结构示意图

如图 4-22 所示，基于 RNN-T 的语音识别模型不再只有一个时序处理模型，而是两个时序处理模型的联合。图中右侧的模型为解码器网络，它把输入语音特征序列 $[x_1, x_2, \cdots, x_T]$ 映射为隐含向量序列 $[h_1, h_2, \cdots, h_T]$，此部分就相当于原有的 CTC 模型，完成的是声学模型的功能。图中左侧的模型为预测网络，以上一个输出标签 y_{u-1} 为输入，并预测下一个标签 y_u，此部分相当于语言模型。这两个网络的输出被串接在一起送入联合网络作为输入，输出联合隐含向量 $z_{t,u}$，最后通过 softmax 层输出下一个标签 $\hat{y}_{t,u}$ 的概率。请注意，由于不会将输出中的 blank 符号输入到预测网络，最后输入的一定是一个非 blank 输出符号，所以 u 和 t 并不一致。

对基于 RNN-T 模型的语音识别模型，当然可以用 CTC 损失直接进行训练，但难度较大。一般情况下，先分别训练解码器网络和预测网络，解码器网络采用 CTC 损失，预测网络采用交叉熵损失。然后，在维持这两个模型参数不改变的条件下，基于 CTC 损失训练联合网络。

当有足够的训练语料时，预测网络能够得到充分的训练，真正发挥语言模型的作用。而且，由于 CTC 和 RNN-T 语音识别模型在推理时，都是针对每帧输入特征进行输出符号的预测，不用等语音全部说完才给出识别结果，因此可以应用于流式识别，这一特点让它们在嵌入式设备的语音识别任务中得到了非常广泛的采用。

2. 基于注意力机制的编码器-解码器模型

除了基于 CTC 的语音识别模型外，面对语音识别任务所提出的没有基元间的对齐关系，只能从输入声学特征序列整体映射到输出文本符号序列的问题，还存在着另一套解决方案：编码器-解码器模型。该模型的结构如图 4-23 所示。

该模型由编码器（Encoder）和解码器（Decoder）两个网络构成，这两个网络一般都采用前面介绍过的时序处理模型。首先，将声学特征序列 $[x_1, x_2, \cdots, x_T]$ 输入到编码器网络的时序处理模型中，经过时序分析后，得到了一个隐变量序列 $[h_1, h_2, \cdots, h_T]$。然后，通过对该隐变量序列的平均池化计算得到一个指定长度的编码向量 h。解码器网络以编码向量 h 和上一个时刻的输出符号 y_{u-1} 为输入，推理出当前时刻的输出符号 y_u。图中的“SoS”为语句的起始符号，“EoS”为语句的结束符号，只有当解码器网络输出了“EoS”符号时，解码器网络才会停止工作。

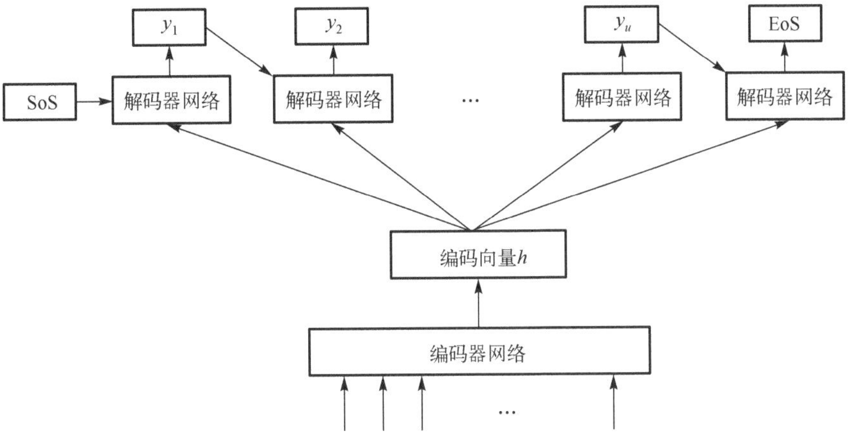

图 4-23　编码器-解码器模型结构示意图

从图 4-23 不难看出，编码器网络主要扮演声学模型的角色，提取输入声学特征序列中蕴含的全部信息，并将其保存在编码向量 h 之中。解码器网络主要扮演语言模型的角色，依据编码向量 h 和上文，预测下一个输出符号。编码器网络和解码器网络仅通过一个编码向量相连接，完全不需要考虑输入序列中基元与输出序列中基元间的对齐关系问题。

这种语音识别模型显然不适合流式识别任务，必须等待语音全部说完后，编码器网络才能输出编码向量 h。一般情况下，编码器网络在计算隐变量序列时不仅会参考上文内容，也会参考下文内容，如采用双向 LSTM 模型或 Transformer 模型等。

在这种网络架构中，编码器网络和解码器网络仅通过一个编码向量相连接的确带来了很大的灵活性，但也带来了一个严重的问题，即它对编码向量 h 有过高的质量要求。首先，编码向量必须包含序列$[x_1, x_2, \cdots, x_T]$中全部的声学内容；其次，它还要体现该序列的时序信息，其所蕴含的时序信息还应该很容易地被解码器网络解译和利用。如果编码器网络无法输出如此高质量的编码向量，就会成为制约语音识别性能的瓶颈。

为此，研究者引入了注意力机制来解决这一问题。其思想是在每一个解码步，不再采用一成不变的编码向量 h，而是采用随着解码步改变的上下文向量 c_u，它可以通过隐变量序列如下计算得到：

$$c_u = \sum_{t=1}^{T} \alpha_{ut} h_t \tag{4-17}$$

式中，α_{ut} 为注意力得分，表示在第 u 个解码步对 h_t 的关注程度有多大，有 $\sum_{t=1}^{T} \alpha_{ut} = 1$。

通过改变注意力得分，解码器网络在不同的解码步就得到了不同的输入 c_u。理想情况下，c_u 应该对应输入语音中与 y_u 匹配的那部分声音内容。因此，在每个解码步应该如何计算注意力得分就成为这种语音识别模型需要解决的一个关键问题，它包含如下几个步骤。

首先，解码器网络可以估计一个隐状态 s_u，它是对下一个识别输出的预测，可以看作预测输出的语义表示，一般也通过一个时序处理模型来实现预测，这里不妨假设采用的是 LSTM 模型，有

$$s_u = \text{LSTM}(s_{u-1}, y_{u-1}, c_{u-1}) \tag{4-18}$$

接着，计算隐状态 s_u 与各个时刻编码器隐变量 h_t 之间的相似度 e_{ut}，有许多种计算方法，式(4-19)是通过一个神经网络计算的，式中 V、W 和 U 为权重矩阵，也是可学习的参数；式(4-20)和式(4-21)分别为点积和缩放点积，d 为维度；式(4-22)则采用了双线性模型，矩阵 W 可以通过优化得到：

$$e_{ut} = V^{\mathrm{T}} \tanh(Wh_t + Us_u) \tag{4-19}$$

$$e_{ut} = h_t^{\mathrm{T}} s_u \tag{4-20}$$

$$e_{ut} = \frac{h_t^{\mathrm{T}} s_u}{\sqrt{d}} \tag{4-21}$$

$$e_{ut} = h_t^{\mathrm{T}} W s_u \tag{4-22}$$

最后，注意力得分就可以通过如下计算得到：

$$\alpha_{ut} = \frac{\exp(e_{ut})}{\sum_{t=1}^{T} \exp(e_{ut})} \tag{4-23}$$

注意力机制本质上是根据预测的输出来选择输入的一部分，以生成真实的输出。

采用注意力机制后有时也会出现过度灵活的现象，如后面的发音内容会被提前输出等，因此也有研究者提出一系列改进的注意力机制，以实现对注意力位置的单调性限制。

4.4.5　音频属性识别

音频属性识别技术都是在一段语音数据上提取属性表示，然后进行分类判决，看其是否具有特定的属性。下面列出的各项属性识别技术既有共性的内容，也有各自不同的考虑，将分别加以叙述。

1．说话人识别

说话人识别(speaker recognition)又称为声纹识别、话者识别等，是指通过对说话人语音信号的分析处理，提取能够表征说话人身份的声纹信息，实现自动身份认证的技术。每个人都有自己的发音器官，人与人之间在发音器官上存在着差异，如在声带和声管形状上的差异。不同人之间在讲话时也存在着发音习惯上的差异，包括方言、抑扬顿挫、常用词汇及讲话上的怪僻语等。这些发音器官和发音习惯上的差异都以复杂的形式反映在说话人语音的波形中，使得每个人的语音都带有强烈的个人色彩，这是能对说话人进行识别的客观保证。

说话人识别技术在几十年的研究历程中，经历了从早期基于底层声学特征的浅层识别到目前以高层抽象表示为代表的深层识别，从早期基于帧级模型的识别到目前基于段级模型的识别，其理论与技术已经取得了长足的进步。多年来国内外学术界和产业界都对说话人识别研发十分重视。美国国家标准与技术研究院(NIST)自 1997 年起一直组织说话人识别比赛 NIST SRE，吸引了一大批著名的科研机构和企业参赛。从近年的研究进展看，说话人识别在 VoxCeleb 数据集等下的错误率已降至 1%以下，达到了可实用化的水平。然而，在网络环境下，不仅存在着海量的目标说话人，而且存在着声学环境、采集方式、语言差异、说话方式等诸多因素的影响，从而对说话人识别技术提出了许多新的挑战。

说话人识别是一个典型的开集识别任务，无论训练语料库的规模有多大，都不可能包含所有的说话人，在实际应用中总是会遇到新的说话人。为此，说话人识别系统一般采用两阶段的解决方案：首先，在大规模说话人语料库上采用机器学习方法习得一个提取语音说话人属性的段级特征表示模型，通过该模型得到的表示就称为声纹；然后，需要一个度量不同语音段声纹间相似性的测度模型。声纹提取和相似度计算这两个阶段既互相独立，又紧密相联。

2. 语种识别

语种识别系统广泛地应用于各领域，在语音翻译系统中，语种识别可以看作语音识别技术的前端，即先识别语音的语言或方言种类，然后采用对应的语音识别系统进行识别。另外，在情报搜集和语音监控等领域，语种识别技术也有重要的应用。

语音的语种属性也是一种段级表示，X-vector 这样的模型结构显然也适用于语种识别任务。而且语种识别是闭集分类任务，不需要像说话人识别那样将识别技术分成声纹提取和相似度计算两个阶段，只需要在训练语料上训练一个分类器即可。

语种识别还有另一条技术路线，即并行构建多个语种的音素识别器或语音识别器作为语种识别系统的前端，测试时将待测语音信号同时输入多个识别器来得到语音识别结果。从语音识别结果中可以提取音素配位信息、词法信息、句法信息等，并基于这些信息计算属于相应语种的似然度。这种自动语种识别方法与人类利用语言背景知识来识别语种类别的机制非常相似。

3. 音频场景识别

从单个声音事件到整体声场，都包含各种有助于人类理解周围环境的信息，音频场景识别就是通过分析音频信号来提取其蕴含的信息。音频场景识别技术在近十几年取得广泛关注，在国务院 2017 年 7 月印发的《新一代人工智能发展规划》中，“自然声学场景的听知觉感知及计算”作为人工智能基础理论，被列为未来重点研究任务之一。

从机器学习的角度，音频场景识别技术与说话人识别和语种识别技术非常类似，可以看作一个简单的分类问题，提供了一组场景类标签和相关的训练语料，习得的音频场景识别模型必须为任何给定的输入音频准确地选择一个场景类别。

然而，音频场景识别在实现机理上也存在有别于语种识别的一面。现实世界的声学环境往往是极其复杂的，既包含与目标场景有关的声音，也混入了大量的无关的声音，两者混合在一起很难加以有效分离。而且，目标场景所包含的声学事件种类繁多，它们之间的时序依赖关系也非常复杂，很难用 RNN 这样的时序处理模型对这种呈现多样性的时序关系加以有效建模。基于上述原因，研究者往往不采用关注整体声音的时序处理模型，而是更多地采用能关注局部声音模式的 CNN 模型及其变体来构建分类器。

一些音频场景被认为存在与之强关联的关键声学事件，例如，恐怖骚乱场景就可能包含爆炸声、枪声、人群的尖叫声等声学事件。通过检测出这些关键的声学事件，并合理地综合利用，可对场景进行识别。基于关键声学事件建模法的音频场景识别技术中，一般首先对声音进行分割，再检测音频信号中的关键声学事件，然后基于检测结果对场景建模，最后使用得到的场景模板对场景分类。

4.4.6　音频样例匹配

音频样例匹配技术从待分析数据源中搜索与用户提交的音频片段具有相似声学内容的音频数据，用户提交的音频片段称为音频样例。音频样例匹配技术不识别、不理解音频的具体内容或属性，而是利用音频的声学表示，按某种测度计算待分析数据源与音频样例之间的相似程度，并据此做出匹配与否的判决。它是一种检索类技术，有时也称为音频样例检索。

根据数据源的不同，所采用的音频样例匹配方法也会有所差异。在信息内容安全领域，有时面对的数据源是网络上实时流动的音频流。这种音频流具有实时性强、流过的数据无法重现，且事先不能预知等特点。匹配时必须实时地获取音频数据，计算其声学特征，然后进行流式匹配计算。由于实时音频流具有不可预知性，无法利用索引技术实现快速检索。

可以采用 4.4.3 节中介绍的声学特征提取方法，将音频样例转换为一个声学特征向量的序列，设其帧数为 N。对实时的音频流，设置一个长度为 N 的滑动窗口，每滑动一次就进行一次匹配计算。匹配时，将样例与滑动窗口内的声学特征向量按帧序号对齐，然后对应帧计算欧氏距离或余弦距离，并在整个滑动窗口上进行平均，以此作为两段音频间的距离度量。最后，将此距离与判决阈值进行比较，以做出是否匹配成功的决策。这是一种类似子串搜索的简单匹配方法。

如果用户登记的音频样例比较长，则可以将其分割成若干段，或选择其中几小段，并按先后次序编号。匹配时，先在实时音频流中匹配第一段，只有当第一段匹配成功后(累积距离小于判决阈值)，才会去匹配第二段，并让滑动窗口向后跳跃两段间隔的帧数，以此类推。这样的分段匹配，一方面可以减少计算量，加快检索速度；另一方面可以检索到存在部分缺失的音频数据。当有噪声干扰时，这种分段匹配也比整段匹配有更好的鲁棒性。

音频样例匹配面对的数据源也可能是文件这种静态的数据形式，此时就可以通过预先构建索引来实现更加快速的检索。通过构建索引来实现快速音频检索的方法有 Philips 音频检索算法、Shazam 音频检索算法等。

4.4.7　语音大模型及其应用

语音大模型是指在大规模语料上训练的语音预训练模型。目前，在各种音频应用研究中，语音大模型已经表现出了惊人的潜力：

(1) 基于语音大模型微调出来的语音识别、说话人识别等模型在各种下游任务中表现出了更加优秀的性能。

(2) 通过语音大模型得到的语音潜在表示已经广泛应用于语音鉴伪、语音情感识别等研究领域，识别算法使用这些潜在表示替代传统的声学特征，众多研究成果已经表明这种替代能显著提高算法的泛化性和鲁棒性。

目前，在训练语音大模型方面存在着两种截然不同的技术路线：一种是采用大量无标注的语音语料，通过自监督学习的方式来训练大模型，其代表性模型如 CPC、Wav2vec、Vq-Wav2vec、Wav2vec 2.0、HUBERT 等；另一种是采用多个来自不同任务的有标注语料，通过多任务学习的方式来训练预训练模型，其代表性模型如 Whisper、SenseVoice 等。

4.5 本 章 小 结

信息内容的识别与分析技术是信息内容安全学科中非常重要的单元内容，对信息内容的分析和处理都需要高性能算法的支撑。本章首先介绍了字符串匹配的基本概念和相关算法的分类；接着介绍了常用文本分类与聚类算法；然后介绍了文本情感与立场分析技术；最后介绍了音频内容识别技术。通过本章的学习，希望读者对信息内容分析与识别算法有深入的掌握，能够熟练使用字符串匹配算法和文本分类与聚类算法，对于难度较高的文本情感与立场分析算法、音频内容识别算法的基本概念和原理有简单的了解。

习 题

1．分别用 KMP、BM 算法处理写出如下串匹配的过程。

文本串：ASSE ASDSSSDAAADSASD ASDSASDA。

模式串：ASDSASDA。

2．设文本为"HIT_annual_conference_announce"，模式集为{announce，annual，annually}，根据 AC 匹配算法给出转向函数、失效函数和输出函数。

3．假设多模式匹配算法的字符集为{'a','b','c','d','e'}；每个字符映射为整数的映射函数 f 满足 f('a')=0，f('b')=1，f('c')=2，f('d')=3，f('e')=4；SHIFT 表中字符块的长度 B 为 2，一个字符块"ij"映射为一个整数的哈希函数 HASH('ij')=f('i')*5+f('j')(例如，字符块"cd"可以映射为 HASH('cd')=f('c')×5+ f('d')=13)；前缀表 PREFIX 表中前缀长度也为 2。给出如下的文本和模式集。

文本串：dcbacabcde。

模式集：P={'abcde', 'bcbde', 'abcabe'}。

根据 WM 算法给出：

(1) SHIFT 表、HASH 表、PREFIX 表结构。

(2) 文本匹配的推导过程。

4．决策树是怎样进行分类的？

5．聚类和分类有何区别和联系？

6．假设使用一个 LSTM 模型来进行电影评论的情感分析，模型输出层(softmax)有三个神经元，分别对应"消极"、"中性"和"积极"情感。

(1) 对于一个给定的电影评论，模型的输出结果为 $S=[0.20,0.23,0.57]^{\mathrm{T}}$，请解释这个输出代表的含义。

(2) 将模型输出层改为使用 tanh 或 sigmoid 激活函数的线性层。在这种情况下，模型的输出将不再是 3 行 1 列的向量，而变为一个实数值。请提出一种方案，根据模型的输出(使用 tanh 或 sigmoid 激活函数后的结果)来确定文本的情感类别，包括如何根据输出值划分预测区间以确定情感类别。

7．假设一个情感分析模型 LSTM 在一个领域(如酒店评论)上训练后，在另一个领域(如餐厅评论)上表现不佳。解释为什么会出现这种现象，并讨论可能的解决方案。

第 5 章　社交网络实体分析技术

在前面章节的信息内容分析中，介绍了相关的信息内容识别与分析的方法，这类分析方法与内容相关实体和传播网络无关。而当前互联网已经完全改变了人们传统的信息内容交互方式，社交网络在这中间起到了重要作用，接下来继续学习社交网络中的实体分析技术。首先，将学习如何从社交内容中分析实体，包括实体识别及关系抽取技术。实体识别技术能够自动地从文本中识别出具有特定意义的实体，而关系抽取技术则进一步挖掘这些实体之间的语义关系。这两项技术的结合不仅能够帮助更好地理解社交网络上的内容，揭示用户之间的潜在联系，还能够为社交网络的信息组织、检索和安全分析提供强有力的支持。

因此，深入理解和学习实体识别及关系抽取技术，对于推动社交网络内容分析的发展，以及挖掘社交网络背后的深层价值，具有至关重要的意义。本章将首先介绍实体识别及关系抽取的基本概念和技术原理，探讨这两项技术在社交网络内容分析中的具体应用，以及它们如何助力更好地理解和利用社交网络上的海量信息。

在社交网络中，信息内容本身的传播除了与信息实体相关外，还与信息发布和传播的主体有关。在关注了实体内容的分析之后，本章的后半部分将关注在社交网络中的个人影响力计算以及社区发现算法。个体影响力分析旨在对用户间的影响机制进行建模，并定量刻画用户的影响力。社区发现技术旨在挖掘个体形成的关联紧密社区，它对信息内容的推荐、检索和传播预测具有重要的应用。

5.1　实体识别技术

本节将介绍社交网络中实体识别的相关技术。首先，阐述社交网络中实体识别的任务定义，分析其所面临的主要挑战，并介绍相关的核心概念。之后，详细介绍实体识别的常用方法，包括基于预定义模式的实体识别方法、基于统计的实体识别方法、基于深度学习的实体识别方法。最后，对实体识别相关技术的未来发展趋势进行展望。

5.1.1　社交网络中的实体识别

命名实体识别(named entity recognition，NER)是自然语言处理(natural language processing，NLP)中的一项关键任务(本书简写为实体识别)，一般指从文本中自动识别并分类具有特定意义的实体，如人名、地名、组织名等。在社交网络中，实体识别的作用更为广泛和重要，主要表现在信息过滤、情感分析、用户行为分析等方面。

社交网络中的实体识别主要针对社交媒体内容，这类内容具有高度非结构化、语言多样化、信息噪声多等特点。社交媒体上大量的短文本、口语化表达和缩写等使得传统的实体识别技术面临诸多挑战。例如，用户发布的内容往往语法不规范、缺乏上下文，且包含模糊、含混的实体。这些特点使得传统的基于规则和词典的实体识别方法难以应对。

此外，社交网络中的实体识别还面临一些独特的挑战，如多义性、同名异义问题、实体链接问题等。例如，“Apple”可能指代水果，也可能指代科技公司；不同用户可能使用同一个实体词汇来指代不同的事物。因此，在社交网络环境中，实体识别不仅需要识别出实体本身，还需要在不同的语境中准确地识别实体的实际含义。

5.1.2　实体识别中的核心概念

下面介绍实体识别中的一些核心概念。

定义 5-1（**实体**）　实体是实体识别中的核心对象，指在文本中具有特定意义的词汇或短语。形式化地，可以将实体定义为集合 $E=\{e_1, e_2, \cdots, e_n\}$ 中的元素，其中每个 e_i 表示一个实体。通常，实体包括但不限于人名、地名、组织名、时间、日期、货币等。在社交网络中，实体的范围可以更广泛，包括用户名、标签、表情符号等。

例 5-1　抽取以下社交媒体文本中的实体：“Huawei released its new smartphone, Pura 70.”，则其中的实体可以表示为

$$e_1= \text{Huawei}$$

$$e_2= \text{Pura 70}$$

定义 5-2（**类别**）　类别是实体识别中用于分类实体的一种标签，定义为一个映射函数 $C: E\rightarrow L$，其中 L 是类别集合。常见的类别包括人名（PER）、地名（LOC）、组织名（ORG）等。根据应用场景的不同，类别可以进一步细分或扩展。例如，在金融领域，类别可能包括公司名、股票代码等。

例 5-2　对于示例 5-1 中的实体，类别可以表示为

$$C(e_1)=\text{ORG}（\text{Huawei 为组织名}）$$

$$C(e_2)=\text{PROD}（\text{Pura 70 为产品名}）$$

定义 5-3（**上下文**）　上下文是指围绕一个实体的文本片段，可以表示为文本序列：$S=[w_1, w_2, \cdots, w_n]$，它在实体识别中起着关键作用。社交网络中的短文本往往缺乏上下文信息，这使得准确识别实体的类别更加困难。因此，如何利用有限的上下文信息提高实体识别的准确性是一个重要的研究方向。

定义 5-4（**实体识别**）　实体识别是对文本中的命名实体进行定位和分类的过程。如图 5-1 所示，对给定文本的标注序列 $S=[w_1, w_2, \cdots, w_n]$，经过 NER 过程后得到三元组列表，如 $<I_s, I_e, c>$，每一个三元组都包含一个实体的信息。在三元组 $<I_s, I_e, c>$ 中，$I_s\in[1, n]$，$I_e\in[1, n]$，分别指代实体的开始索引和结束索引，c 是预定义类别集合中的实体类型。

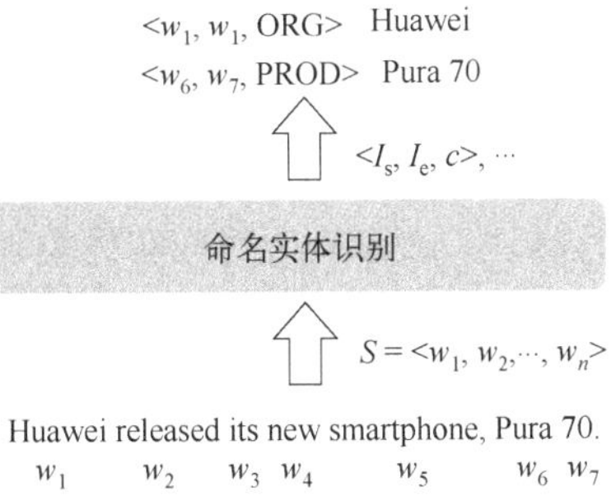

图 5-1　实体识别任务示意图

5.1.3 实体识别常用方法

实体识别可以通过多种方法来实现，以下介绍几种经典方法，包括基于预定义模式的方法、基于隐马尔可夫模型的方法、基于条件随机场的方法、基于深度学习的方法等。

1. 基于预定义模式的实体识别方法

基于预定义模式的方法依赖于预定义模式或词典，用于识别特定的实体。这种方法是最早最简单的实体识别方法，但其局限性在于需要手工制定大量规则，且规则的适应性较差。

例如，可以基于正则表达式预定义模式进行实体识别。正则表达式是一种强大的文本模式匹配工具，它允许用户定义搜索模式，这些模式描述、识别符合特定规则的字符串。在编程和文本处理中，正则表达式广泛用于搜索、替换、分割字符串等任务。

例 5-3 假设有一段文本："John Doe works at Google."，由于人名和组织名一般均为大写，可以用简单的正则表达式来匹配人名和组织名。

人名：\b[A-Z][a-z]+ [A-Z][a-z]+\b。

(1) \b 表示单词边界，确保匹配的是完整的单词而不是单词的一部分。

(2) [A-Z] 匹配任何一个大写字母，这里用来匹配人名的首字母。

(3) [a-z]+ 匹配一个或多个小写字母，表示人名中除了首字母之外的部分。

(4) 空格表示两个名字之间的分隔。

(5) 最后一组 [A-Z][a-z]+ 与前面的相同，用来匹配第二个名字的首字母和随后的小写字母。

组织名：\b[A-Z][a-zA-Z]+\b。

(1) 同样使用 \b 来确定单词边界。

(2) [A-Z] 匹配组织名的第一个字母，假设它是一个首字母大写的单词。

(3) [a-zA-Z]+ 匹配一个或多个字母(包括大写和小写)，表示组织名中剩余的部分。

正则表达式虽然强大，但它们可能需要针对不同的文本和语言环境进行调整。此外，正则表达式可能无法很好地处理复杂的命名模式，如包含缩写、特殊字符或非标准命名结构的实体。

2. 基于统计的实体识别方法：隐马尔可夫模型

基于统计的方法依赖于从大量标注数据中学习统计规律，然后利用这些统计规律来定位并判断实体类型，典型方法有隐马尔可夫模型(HMM)和条件随机场(CRF)等。本部分首先对隐马尔可夫模型基本思想进行介绍。

HMM(RABINER，1989)是概率图模型的一种，属于生成模型。在将 HMM 用于实体识别时，实质就是对每个词语进行标注，表示它为对应实体类别的开头(B)、中间/结尾(I)或其他非实体部分(O)。而 HMM 建模的就是由这些隐状态序列(字词标记)生成可观测状态(可读文本)的过程。下面对 HMM 模型中的关键要素进行介绍。

(1) 隐状态序列(S)：系统可能处于的状态的集合，例如，在 NER 中可能是{B-ORG, I-ORG, O,⋯}。

(2) 观测序列(O)：可以观察到的事件的集合，通常对应于文本中的单词或标记。

(3) 状态转移概率 (A)：表示从一个状态转移到另一个状态的概率矩阵，即

$$A_{ij} = P(s_{t+1} = S_j \mid s_t = S_i) \tag{5-1}$$

(4) 观测概率 (B)：也称为发射概率，表示在某个状态（如 S_i）下生成某个观测（如 O_k）的概率矩阵，即

$$B_i(k) = P(o_t = O_k \mid s_t = S_i) \tag{5-2}$$

在 NER 任务中，设字典里共有 M 个字，则每种实体标签隐状态（共 N 种）可以生成 M 种不同的汉字，观测概率矩阵维数为 $N \times M$。

(5) 初始状态概率 (π)：系统开始时各个状态的概率分布，即

$$\pi_i = P(s_1 = S_i) \tag{5-3}$$

(6) HMM 的两个基本假设：第一个是 HMM 具有马尔可夫性质，即系统在某一时刻的状态只依赖于前一时刻的状态，而与之前的历史状态无关。这可以表示为

$$P(s_t \mid s_{t-1}, s_{t-2}, \cdots, s_1) = P(s_t \mid s_{t-1}) \tag{5-4}$$

第二个是观测独立假设，即在任意时刻观测只依赖于当前时刻的隐状态，与其他状态无关。这可以表示为

$$P(o_t \mid s_T,\ o_T,\ s_{T-1},\ o_{T-1}, \cdots,\ s_{t+1},\ o_{t+1},\ s_t,\ o_t, \cdots,\ s_1,\ o_1) = P(o_t \mid s_t) \tag{5-5}$$

根据隐马尔可夫模型定义，可以将一个长度为 T 的观测序列 O 的生成过程描述如下：

基于 HMM 的观测序列生成算法

输入：隐马尔可夫模型 $\lambda=(A,B,\Pi)$，观测序列长度 T。

输出：观测序列 $O = [o_1, o_2, \cdots, o_T]$。

(1) 按照初始状态分布 Π 生成状态 s_1。

(2) 设定时间索引 $t = 1$。

(3) 根据观测概率分布矩阵 B 中当前状态 s_t 生成观测 o_t。

(4) 根据状态转移概率分布矩阵 A 中当前状态 s_t 生成下一个状态 s_{t+1}。

(5) 更新时间索引 $t = t+1$。如果 $t<T$，则返回步骤(3)；否则，终止。

---

(7) HMM 的三个基本问题。

①概率计算问题：给定模型 $\lambda=(A, B, \Pi)$ 和观测序列 $O=[o_1, o_2,\cdots, o_T]$，计算在模型 λ 下观测序列 O 出现的概率 $P(O|\lambda)$。常用算法有前向-后向算法。

②学习问题：已知观测序列 $O=[o_1, o_2,\cdots, o_T]$，估计模型 $\lambda=(A, B, \Pi)$ 参数，使在该模型下观测序列概率 $P(O|\lambda)$ 最大。常用算法有 Baum-Welch 算法（基于 EM 算法思想）。

③预测问题：也称为解码问题。已知模型 $\lambda=(A, B, \Pi)$ 参数和观测序列 $O=[o_1, o_2,\cdots, o_T]$，求对给定观测序列条件概率 $P(S|O)$ 最大的状态序列 $S = [s_1, s_2,\cdots, s_T]$。常用算法有近似算法与维特比算法。

下面，将对 HMM 应用于实体识别的关键流程进行详细介绍。在将 HMM 用于实体识别时，整个流程可以分为两个主要阶段：参数学习（学习问题）和序列标注（预测问题）。

1) 参数学习

参数学习即解决 HMM 的学习问题，是一个有监督学习过程。首先，基于观测序列集合，

通过最大似然估计或最大后验概率估计来学习 HMM 的模型参数。这包括：①状态转移概率 A。在实体识别中，状态通常对应于实体的标签，如 B-PER（人名开始）、I-PER（人名内部）、O（非实体）等。②观测概率 B。在文本任务中，观测通常是单词。③初始状态概率 π。

2）序列标注

序列标注即解决 HMM 的预测问题。最直接的方法为对于给定的观测序列 O（长度为 T），穷举所有可能对应的状态序列 S（共 N 种状态），则需要计算 N^T 种可能的状态序列并进行比较，时间复杂度非常高。因此，一般采用近似算法或维特比算法解决。近似算法的思想较为直接简单，它在每个时刻 t 都选择在该时刻最有可能出现的状态，从而得到状态序列作为预测结果。其缺点是不能保证预测的状态序列整体是最有可能的状态序列。维特比算法是一种动态规划算法，即用动态规划求概率最大路径（最优路径）。具体来说，对于 t 时刻所有可能的状态，记录到达这个状态的所有路径中概率最大的那条路径。以此类推，每一步都计算从上一步到下一步所有可能路径中的概率最大路径，一共有 N^2 条可能路径。对于长度为 T 的观测序列来说，总的时间复杂度为 $O(N^2T)$。

在实际操作中，通过构建一个路径概率表来追踪到达每个状态的概率最大路径，具体步骤如下。

（1）初始化：对于每个状态 i，计算在时间步 $t=1$（序列的第一个元素）达到状态 i 的概率，通常由初始状态概率 π_i 和第一个发射概率 $b_i(o_1)$ 决定。

（2）递推（逐时间步更新）：对于每个时间步 t 和每个状态 j，计算在时间步 $t-1$ 从任何状态 i 转移到时间步 t 处于状态 j 的概率，并选择概率最大的路径，即

$$V_t(j)=\max_i[V_{t-1}(i)\times a_{ij}\times b_j(o_t)] \tag{5-6}$$

式中，$V_t(j)$ 是在时间步 t 达到状态 j 的最大概率；a_{ij} 是状态 i 转移到状态 j 的概率；$b_j(o_t)$ 是在状态 j 观测到 o_t 的概率。

（3）终止：在最后一个时间步 $t=T$，找出概率最大的最终状态和其路径概率。

（4）路径回溯：从终止步骤确定的最终状态开始，回溯路径以确定整个序列的最优路径。

例 5-4　假设有一个简单的实体识别任务，目标是标注人名（PER）、地名（LOC）和其他（O）。给定句子：“Bob visited China.”，希望使用维特比算法和已求出的 HMM 参数来标注实体。

参数设置如下。

视频

状态序列：[PER, LOC, O]。

观测序列：[Bob, visited, China]。

初始状态概率：π ={PER: 0.3, LOC: 0.2, O: 0.5}。

状态转移概率：

$$A=\begin{bmatrix}\text{PER}\to\text{PER} & \text{PER}\to\text{LOC} & \text{PER}\to\text{O}\\ \text{LOC}\to\text{PER} & \text{LOC}\to\text{LOC} & \text{LOC}\to\text{O}\\ \text{O}\to\text{PER} & \text{O}\to\text{LOC} & \text{O}\to\text{O}\end{bmatrix}=\begin{bmatrix}0.3 & 0.1 & 0.6\\ 0.4 & 0.5 & 0.1\\ 0.6 & 0.3 & 0.1\end{bmatrix}$$

观测概率（简化，假设仅考虑词表中的“Bob”、“visited”和“China”三个词）：

$$b_{\text{PER}}(\text{Bob})=0.9,\quad b_{\text{PER}}(\text{visited})=0.1,\quad b_{\text{PER}}(\text{China})=0.2$$

$$b_{\text{LOC}}(\text{Bob})=0.1,\quad b_{\text{LOC}}(\text{visited})=0.3,\quad b_{\text{LOC}}(\text{China})=0.8$$

$$b_{\text{O}}(\text{Bob})=0.2,\quad b_{\text{O}}(\text{visited})=0.9,\quad b_{\text{O}}(\text{China})=0.1$$

应用维特比算法过程：

(1) 初始化：

$$V_1(\text{PER}) = \pi_{\text{PER}} \times b_{\text{PER}}(\text{Bob}) = 0.3 \times 0.9 = 0.27$$
$$V_1(\text{LOC}) = \pi_{\text{LOC}} \times b_{\text{LOC}}(\text{Bob}) = 0.2 \times 0.1 = 0.02$$
$$V_1(\text{O}) = \pi_{\text{O}} \times b_{\text{O}}(\text{Bob}) = 0.5 \times 0.2 = 0.1$$

(2) 递推（以“visited”词为例）：对于第二个词“visited”，计算每个状态的 V_2 值：

$$V_2(\text{PER}) = \max\{V_1(\text{PER}) \times a_{\text{PER}\to\text{PER}}, V_1(\text{LOC}) \times a_{\text{LOC}\to\text{PER}}, V_1(\text{O}) \times a_{\text{O}\to\text{PER}}\} \times b_{\text{PER}}(\text{visited})$$

以此类推，计算 V_2(LOC) 和 V_2(O)。

(3) 终止：找到 V_3 中最大值，确定终点状态。

(4) 回溯：从终点状态回溯以确定整个序列的最优路径。

基于 Python 语言的维特比算法示例：

```
def Viterbi_HMM(sentence， tags， emissions， transitions):
    # 假设 emissions、transitions 是预先定义好的观测(发射)概率和状态转移概率矩阵
    V = [[0] * len(tags) for _ in sentence]                # 存储路径概率
    backpointer = [[0] * len(tags) for _ in sentence]      # 存储最优前驱标签

    # 初始化
    for i， tag in enumerate(tags):
        V[0][i] = emissions[sentence[0]， tag]

    # 递归计算
    for t in range(1， len(sentence)):
        for j， tag in enumerate(tags):
            max_prob = float('-inf')
            max_index = 0
            for i in range(len(tags)):
                prob = V[t-1][i] * \
                          transitions[i][j] * \
                       emissions[sentence[t]， tag]
                if prob > max_prob:
                    max_prob = prob
                    max_index = i
            V[t][j] = max_prob
            backpointer[t][j] = max_index

    # 路径追踪
    last_tag = max(enumerate(V[-1])， key=lambda x: x[1])[0]
    best_tags = [last_tag]
    for t in range(len(sentence) - 1， 0， -1):
        last_tag = backpointer[t][last_tag]
        best_tags.append(last_tag)

    return best_tags[: : -1]                   # 反转列表以获得正确的顺序
```

3. 基于统计的实体识别方法：条件随机场

CRF（LAFFERTY，et al.，2001）是一种无向图统计模型，常用于标注序列数据。与 HMM 不同，CRF 模型能够考虑整个序列的信息，而不仅仅是当前状态和下一个状态之间的关系，避免了生成式模型的一些局限性。它特别适用于实体识别任务。

条件随机场是在给定随机变量 X 的条件下，随机变量 Y 的马尔可夫随机场。实体识别任务主要依赖于线性链条件随机场，即定义在线性链上的特殊条件随机场，亦即建模条件概率模型 $P(S|O)$，其中 O 是观测序列（词语），S 是状态序列（实体标记）。学习时，基于训练数据用极大似然估计得到条件概率模型的参数；预测时，对于给定的输入序列 X，求出条件概率最大的输出序列 Y。下面对 CRF 模型中的关键定义进行介绍。

（1）条件随机场：设 X 与 Y 是随机变量，$P(Y|X)$ 是在给定 X 的条件下 Y 的条件概率分布。图 5-2 所示为条件随机场示意图。

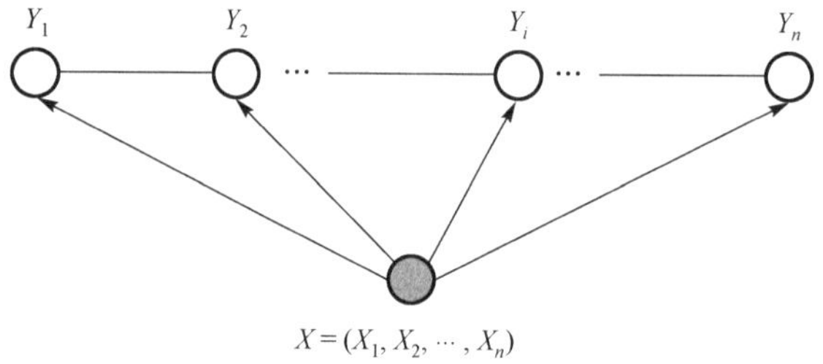

图 5-2　条件随机场示意图

若随机变量 Y 构成一个由无向图 $G=(V, E)$ 表示的马尔可夫随机场，需满足

$$P(Y_v \mid X, Y_w, w \neq v) = P(Y_v \mid X, Y_w, w \sim v)$$

对任意节点 v 成立，则称条件概率分布 $P(Y|X)$ 为条件随机场。式中 $w \sim v$ 表示在图 $G=(V, E)$ 中与节点 v 有边连接的所有节点 w，$w \neq v$ 表示节点 v 以外的所有节点。

（2）线性链条件随机场：若 G 为线性链，则称条件概率分布 $P(Y|X)$ 为线性链条件随机场。图 5-3 所示为线性链条件随机场示意图。

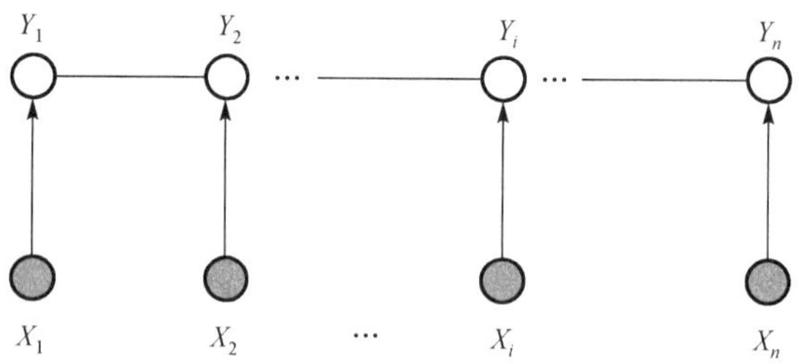

图 5-3　线性链条件随机场示意图

一般假设 X 和 Y 具有相同的图结构，表示为

$$P(Y_i \mid X, Y_1, \cdots, Y_{i-1}, Y_{i-1}, \cdots, Y_n) = P(Y_i \mid X, Y_{i-1}, Y_{i+1}) \tag{5-7}$$

（3）线性链条件随机场的参数化形式：线性链条件随机场 $P(Y|X)$ 在随机变量 X 取值为 x 的条件下，随机变量 Y 取值为 y 的条件概率为

$$P(y|x)=\frac{1}{Z(x)}\exp\left(\sum_{i,k}\lambda_k t_k(y_{i-1},y_i,x,i)+\sum_{i,l}\mu_l s_l(y_i,x,i)\right) \tag{5-8}$$

式中，$Z(x)$是规范化因子，对所有可能的y的取值概率进行求和，即

$$Z(x)=\sum_y \exp\left(\sum_{i,k}\lambda_k t_k(y_{i-1},y_i,x,i)+\sum_{i,l}\mu_l s_l(y_i,x,i)\right) \tag{5-9}$$

式中，t_k是定义在边上的转移特征函数，依赖于当前和前一个位置；s_l是定义在节点上的状态转移特征函数，依赖于当前位置。通常情况下，特征函数 t_k和 s_l取值为 1 或 0。在实际应用中，t_k和 s_l通常根据人工经验设定。

(4) 条件随机场的三个基本问题。

①概率计算问题：给定条件随机场$P(Y|X)$、输入序列 x、输出序列 y，计算条件概率$P(Y_i=y_i|x)$、$P(Y_{i-1}=y_{i-1}, Y_i=y_i|x)$及相应的数学期望。常用算法有前向-后向算法，递归地计算以上概率及期望值。

②学习问题：给定训练数据，估计条件随机场模型参数的问题。常用算法有极大似然估计和正则化的极大似然估计。具体的优化算法有改进的迭代尺度法(IIS)、梯度下降法及拟牛顿法等。

③预测问题：也称为解码问题。给定条件随机场$P(Y|X)$、输入序列 x，求条件概率最大的输出序列 y*。常用算法有维特比算法。

在将 CRF 用于实体识别时，X为观测序列O，Y为待求的状态序列S。具体流程如下。

1) 数据准备

首先，选择或构建一个包含文本及其对应命名实体标注的数据集。例如，数据集可能包含新闻文章，每篇文章的单词都被标注为不同的实体类型(如人名、地名、机构名等)或非实体。然后，对文本执行分词、去除停用词、词干提取或词形还原等预处理步骤，以简化模型输入。

2) 特征提取

提取可能对标注实体类型有帮助的特征，举例如下。

(1) 词级特征：当前词、前一个词、后一个词、词性、词嵌入等。

(2) 字级特征：当前字、前一个字、后一个字等。

(3) n-gram 特征：连续的 n 个词或字。

(4) 形状特征：是否大写、是否包含数字等。

3) 模型训练

(1) 定义 CRF 模型：根据数据集和特征集，定义一个线性链条件随机场模型。设置转移特征函数(t_k)和状态特征函数(s_l)，这些函数基于上述提取的特征来设计。

(2) 极大似然估计：使用训练集中的标注文本和特征，通过极大似然估计(或正则化的极大似然估计)来估计 CRF 模型的参数。这涉及一个优化过程，如梯度下降法或 IIS，以最小化负对数似然函数。

(3) 模型评估：在训练过程中，定期使用验证集评估模型的性能，通过计算准确率、召回率和 F1 分数等指标来评估模型的表现。

4) 模型预测

对于新的输入序列，使用训练好的模型进行解码，即找到最可能的标签序列。这通常通过维特比算法实现。

在实际应用过程中，可以调用 sklearn_crfsuite 库来实现 CRF 实体识别，Python 代码示例如下：

```
import numpy as np
from sklearn_crfsuite import CRF
from sklearn.model_selection import train_test_split
from sklearn.feature_extraction.text import CountVectorizer
from sklearn.preprocessing import LabelEncoder

# 示例数据
sentences = [
    ["John", "lives", "in", "New", "York", "."],
    ["She", "works", "at", "Google", "."],
    ["They", "visit", "Paris", "every", "year", "."]
]

# 标注数据，B 表示实体的开始，I 表示实体的内部，O 表示非实体
tags = [
    ['B-PER', 'O', 'O', 'B-LOC', 'I-LOC', 'O'],
    ['O', 'O', 'O', 'B-ORG', 'O'],
    ['O', 'O', 'B-LOC', 'O', 'O', 'O']
]

# 将句子和标签转换为 ID 列表
word2id = {w: i + 1 for i, w in enumerate(set(word for sentence in sentences for word in sentence))}
word2id['<START>'] = 0
word2id['<END>'] = len(word2id)

tag2id = {t: i for i, t in \
          enumerate(set(tag for tags_ in tags for tag in tags_))}
tag2id['<START>'] = 0
tag2id['<END>'] = len(tag2id)

# 转换数据
X = [[word2id[w] for w in ['<START>'] + sentence + ['<END>']] for sentence in sentences]
y = [[tag2id[t] for t in ['<START>'] + tags_ + ['<END>']] for tags_ in tags]

# 划分训练集和测试集
X_train, X_test, y_train, y_test = train_test_split(X, y, test_size=0.2)

# 特征提取(这里只是简单地使用了词袋模型，实际应用中可能需要更复杂的特征)
```

```
vectorizer = CountVectorizer(binary=TRUE， ngram_range=(1， 3))
X_train = vectorizer.fit_transform(X_train).toarray()
X_test = vectorizer.transform(X_test).toarray()

# CRF 模型训练
crf = CRF(algorithm='lbfgs'， c1=0.1， c2=0.1， \
          max_iterations=100， all_possible_transitions=TRUE)
crf.fit(X_train， y_train)

# 预测
y_pred = crf.predict(X_test)

# 将预测结果转换回标签
y_pred_tags = [[tag2id_inverse[pred_id] for pred_id in (list(pred) + [tag2id['<END>']])[1： -1]] for pred in y_pred]
```

4. 基于深度学习的实体识别方法

近年来，深度学习模型在实体识别任务中取得了显著成效。典型的方法包括使用双向长短时记忆网络(LSTM)、卷积神经网络(CNN)以及预训练语言模型(如 BERT)。

双向 LSTM(HUANG，et al.，2015)利用两个 LSTM 网络分别捕捉前向和后向的序列依赖关系，这使得模型能够同时考虑上下文信息。Bi-LSTM 常与 CRF 层结合使用，以利用序列标注任务中的标签依赖性。

卷积神经网络 CNN(STRUBELL，et al.，2017)能够通过卷积层学习局部特征，适用于捕捉文本中的局部依赖特征，如前缀、后缀和词根等。在自然语言处理中，卷积层通常应用于词嵌入的滑动窗口上，提取固定长度的词序列的特征。每个卷积操作涉及一个小型的权重矩阵(称为滤波器或核)，这个滤波器在输入数据上滑动，计算窗口内数据和滤波器的点积。通过这种方式，网络可以捕捉局部依赖性(如相邻词之间的关系)和语义特征。

预训练语言模型依赖于 Transformer(VASWANI，et al.，2017)架构及其自注意力(self-attention)机制来捕捉序列中的长距离依赖关系。以 BERT(bidirectional encoder representations from transformers)(DEVLIN，et al.，2019)为例，它是基于 Transformer 的预训练语言模型，通过在大规模语料上预训练，然后在特定任务上进行微调来优化性能。BERT 的核心思想是通过预训练中的掩码语言模型(MLM)和下一个句子预测(NSP)任务来学习通用语言表示，然后通过微调来适应具体的下游任务。将预训练语言模型应用于实体识别时，语言模型利用其多层 Transformer 架构和自注意力机制为每个词语生成一个依赖于上下文的高维向量表示。在实际预测时，模型基于词向量及上下文依赖关系对输入序列中的每个词语实体标记做出预测，生成一个标签序列。

5. 方法比较与总结

这些方法各有优劣，适用于不同的场景。基于预定义模型的方法快速简单，但适用性差、维护成本高，适用于数据量较小，且实体类型相对固定的情况，如面向法律、医疗等特定领域的实体识别。基于统计的方法通过从大量标注数据中学习到的模型来预测实体，但其对于长距离依赖的捕捉能力有限，适用于资源有限但有足够标注数据支持情况下的实体识别。基于深度学习的方法无须手动设计特征，能够捕捉长距离依赖和复杂的语言现象，但需要大量的计算资源和训练数据、可解释性较差，适用于需要模型泛化能力强的场景。

5.1.4 实体识别相关技术展望

目前，随着大语言模型（LLMs）的快速发展（如 GPT（FLORIDI，et al.，2020）、Llama（TOUVRON，et al.，2023）、chatGLM（ZENG，et al.，2022）等），实体识别技术正经历一场前所未有的变革。这些模型通过海量文本数据的预训练，掌握了较强的语义关联能力，这使得它们在实体识别任务上展现出了较高的准确性和鲁棒性，即使是在面对少量样本或零样本的情况时。

然而，在社交网络这一复杂多变的领域，实体识别技术仍面临着诸多挑战。社交网络的多模态特性，即文本、图像、视频等多种数据类型的共存，要求实体识别模型不仅要理解语言，还要能够处理和整合视觉和听觉信息。此外，社交网络内容的高度动态性及短文本特点也对实体识别模型的实时更新和自适应能力提出了更高的要求。目前，实体识别技术还面临以下几方面的挑战。

（1）多模态融合技术（ZHANG，et al.，2021）：为了实现更全面的上下文理解，并提高实体识别的准确性和可靠性，需要研究能够整合不同模态信息的技术，例如，将文本的语义信息与图像的视觉内容、音频的听觉线索进行有机融合。

（2）实时更新和自适应学习：鉴于社交网络的快速变化性，实体识别模型需具备实时更新知识库的能力，以适应新兴的语言用法和表达方式。这要求开发具有自适应学习能力的实体识别技术，使模型能够根据最新数据动态调整其参数和策略。

（3）知识增强的实体识别（HE，et al.，2020）：将外部知识资源，如知识图谱、领域特定数据库等，有效融入实体识别模型中，从而提升识别性能。

（4）可解释性和透明度（LIN，et al.，2020）：提高模型的可解释性，使人们能够深入理解模型的决策过程，对于建立用户对技术的信任以及促进技术的健康发展至关重要。

（5）低资源语言和小众领域的实体识别（FRITZLER，et al.，2019）：针对低资源语言和小众领域，需要开发专门的模型和算法以有效处理这些场景下的实体识别问题，从而拓宽实体识别技术应用范围。

5.2 关系抽取技术

本节将介绍社交网络中关系抽取的相关技术。首先，阐述社交网络中关系抽取的任务定义，分析其所面临的主要挑战，并介绍相关的核心概念。之后，详细介绍关系抽取的常用方法。根据是否限定关系类别，关系抽取可被分为预定义关系抽取（又称为关系分类）及开放式关系抽取两类。其中，预定义关系抽取包括基于预定义模式的关系抽取方法、基于机器学习的关系抽取方法、基于深度学习的关系抽取方法、基于 bootstrapping 的关系抽取方法。

5.2.1 社交网络中的关系抽取

在社交网络中，除了识别出文本中的实体（如人名、地名、机构名等），还需要进一步抽取这些实体之间的关系，这称为关系抽取(relation extraction)。关系抽取对于理解社交网络的用户行为、社交结构以及构建知识图谱等应用至关重要。关系抽取能够帮助理解社交网络中的用户如何相互连接、交互，从而进行社交网络分析、情感分析、趋势预测等。社交网络中的关系种类繁多，包括朋友关系、家庭关系、合作关系等，每种关系的表述方式都具有多样性和隐晦性，需依赖于上下文环境进行准确判断。社交网络语言的非正式性、信息的不完整性以及实体和关系的多样性都给关系抽取带来了显著的挑战。

5.2.2　关系抽取中的核心概念

下面介绍关系抽取中的一些核心概念。

定义 5-5(实体对)　实体对是关系抽取任务中的基本元素，表示为一个有序对(e_i, e_j)，其中 e_i 和 e_j 都是从同一文本中识别出的实体。这种有序对形式允许区分关系的方向性，即从 e_i 指向 e_j 的关系。例如，在句子"Bill Gates founded Microsoft."中，可以识别出实体对(Bill Gates, Microsoft)。

定义 5-6(关系类型)　关系类型 R 定义为实体对之间的语义连接，表示为 r_k，其中 $r_k \in R$。关系类型一般是预定义好的，取决于特定的应用或领域，如"创立者"、"位于"或"雇佣"等。

定义 5-7(关系抽取分类)　预定义关系抽取及关系抽取一般可分为开放式关系抽取(open relation extraction，Open RE)。预定义关系抽取侧重于更准确地识别和分类预定义的关系类型，而开放式关系抽取则提供了更灵活的关系识别方式。

(1)预定义关系抽取：为文本中的每个实体对分配一个关系类型的过程。这可以视为一个分类任务，其中输入是实体对及其上下文，输出是关系类型 r_k。对于同样的句子，预定义关系抽取会识别出实体对(Huawei, Pura 70)并将其关系分类为"发明者"，这是根据预先定义的关系类型确定的。

(2)开放式关系抽取：不依赖于预定义的关系类型。它旨在从文本中自动识别出实体对以及它们之间的任何可能的关系，通常通过抽取含有实体和动词短语的三元组来实现。在句子"Huawei introduced Pura 70."中，开放式关系抽取可能抽取出以下三元组：(Huawei, introduced, Pura 70)，而不预先定义"introduced"的具体语义类别。

定义 5-8(特征提取)　特征提取是关系抽取任务中的一个重要步骤，旨在从文本中提取有助于关系标注的特征。这些特征可能包括如下类型。

(1)词汇特征：主要指实体对之间或周围的特定词汇，如实体之间的词袋信息、左实体及右实体的窗口大小为 k 的词袋信息、词袋词性标注结果信息、实体类型信息等。

(2)句法特征：基于依存分析器句法解析结果获得的特征，如实体对之间的依存关系(如主谓、修饰等)、实体的句法角色(如主语、宾语、定语等)、句法结构模式等。

(3)位置特征：实体对在句子中的绝对位置或相对位置信息等。

(4)语义特征：使用词嵌入技术(如 Word2vec)等计算出的实体语义向量。

5.2.3　预定义关系抽取常用方法

本节介绍几种预定义关系抽取的常用方法，包括基于预定义模式的关系抽取方法、基于机器学习的关系抽取方法、基于深度学习的关系抽取方法、基于 bootstrapping 的关系抽取方法。

1. 基于预定义模式的关系抽取方法

基于预定义模式的关系抽取方法依赖于预定义的模式规则来识别实体间的关系。例如，使用正则表达式来匹配特定的词序列模式；使用已识别出的实体类型来帮助关系抽取。此外，还可以利用依存语法树（TESNIÈRE，2015）来构建规则，通过词性和依存关系来限定实体间的关系。

下面给出一个基于正则表达式进行关系抽取的例子。

例 5-5　使用基于正则表达式的关系抽取方法抽取 founder-of 关系。给定例句“Jobs was the CEO of Apple in 1976.”和“Ren founded Huawei.”。

规则举例：为了更准确地抽取 founder-of 关系，可以使用以下正则表达式来匹配文本中可能描述创始人关系的句子结构。

(1) ([A-Z][a-z]+) was the new CEO of ([A-Z][A-Za-z]+)。

(2) ([A-Z][a-z]+) founded ([A-Z][A-Za-z]+)。

(3) ([A-Z][a-z]+) established ([A-Z][A-Za-z]+)。

抽取结果：使用第一条规则抽取 founder-of(Jobs, Apple)，使用第二条规则抽取 founder-of(Ren, Huawei)。

虽然正则表达式能够从给定文本中成功抽取出目标关系，但它们的精确性和适用性依赖于文本的具体表达方式。正则表达式需要不断调整和完善，以覆盖更多的变体和确保高准确率。此外，由于正则表达式基于硬编码的模式，它们可能无法很好地泛化到未见过的文本结构上。由于关系抽取极大程度上依赖于实体类型标签信息，在实际应用中正则表达式常与实体类型结合来帮助关系抽取。

例 5-6　举例说明结合实体类型定义关系抽取典型模式，如表 5-1 所示。

表 5-1　结合实体类型定义关系抽取典型模式

模式	例子
Located_in (ORG, LOC)	Google, headquartered in Mountain View.
Founded (PERSON, ORG)	Microsoft was founded by Bill Gates.
Cures (DRUG, DISEASE)	Aspirin cures headaches.
Serves_as (PERSON, POSITION)	Angela Merkel serves as the Chancellor of Germany.

此外，词性标注及词语间的依存句法树对关系抽取也至关重要。依存语法树是一种表示句子结构的工具，其关注词与词之间的依存关系，即一个词语如何通过语法功能与其他词语连接。利用依存语法树构建规则可以有效地提高实体识别和关系抽取的准确性，因为它允许基于词性标注和语法结构来精确定义和识别实体间的关系。以下面的例子来说明如何通过依存句法树进行关系抽取。

例 5-7　假设有这样一个句子：“Zhang founded ByteDance in Beijing.”，希望抽取出创始人和公司之间的关系。

分析步骤如下。

(1) 词性标注，结果如图 5-4 所示。

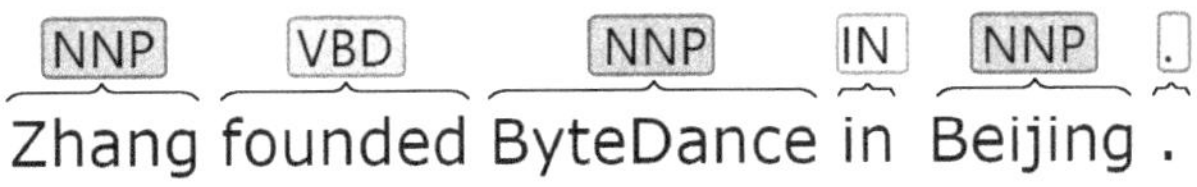

图 5-4 例句的词性标注结果

① “Zhang”：NNP（专有名词）。

② “founded”：VBD（过去时动词）。

③ “ByteDance”：NNP（专有名词）。

④ “in”：IN（介词）。

⑤ “Beijing”：NNP（专有名词）。

⑥ “.”（标点符号）。

(2) 依存句法分析，结果如图 5-5 所示。

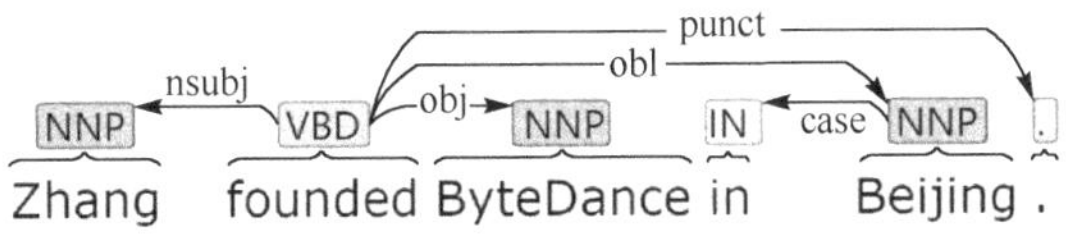

图 5-5 例句的依存句法分析结果

重点看目标词语“Zhang”及“ByteDance”间路径涉及的两条依存关系：

①founded -[nsubj]-> Zhang（“Zhang”是“founded”的主语）。

②founded -[obj]-> ByteDance（“ByteDance”是“founded”的直接宾语）。

(3) 规则构建。

如果一个动词（如“founded”）有一个专有名词作为其主语（nsubj）和直接宾语（obj），则可以构建一条规则来抽取两者之间的 founder-of 关系。这种方法不仅适用于抽取简单的创始人关系，还可以扩展到更复杂的情况，如抽取投资关系、合作关系等。通过调整依存路径和词性的组合，可以适应各种不同的关系类型。利用依存语法树构建规则是一种强大的方法，因为它结合了语言的深层结构信息，使得规则不仅依赖于表层的词汇匹配，还能理解句子的语法结构，从而提高关系抽取的精度和可靠性。

2. 基于机器学习的关系抽取方法

基于机器学习的关系抽取方法中最常见的是基于支持向量机（SVM）（VAPNIK，2006）的关系抽取方法。基于支持向量机（SVM）的关系抽取方法是一种有监督学习技术，它将数据特征视为向量，通过找到数据之间的最优边界（称为超平面）来区分不同的类别。基于 SVM 的关系抽取方法通常包含以下步骤。

1) 文本预处理

假设训练数据中包含一系列已完成关系对标注的句子，这些句子中包含两个实体，并且已知这两个实体之间的关系。例如，输入句子为“Google was founded by Larry Page and Sergey Brin.”，已知的关系对为 Founded_by（Google, Larry Page）和 Founded_by（Google, Sergey Brin）。 视频

首先，对句子进行分词处理，得到

[Google, was, founded, by, Larry, Page, and, Sergey, Brin.]

接着，从分词后的句子中去除掉对关系抽取作用不大的标点、介词等，得到

[Google, founded, Larry, Page, Sergey, Brin]

2) 特征提取

从预处理后的文本中提取特征。常见的特征如下。

(1) 词汇特征：词袋模型、TF-IDF、*n*-gram 等。

(2) 句法特征：句法依存关系树、POS 标注、实体间的句法路径。

(3) 语义特征：基于词向量的语义表示(如 Word2vec)。

(4) 实体特征：实体类别、命名实体识别(NER)等。

例如，对上述句子中的实体对(Google, Larry Page)，可以提取如下特征。

(1) 距离特征：实体间的词汇距离，如 distance=3。

(2) 目标实体词性特征：[NNP, NNP]。

(3) 目标实体类型特征：[ORG, PER]。

(4) 句法路径特征：nsubj: pass(founded, Google) – obl: agent(founded, Larry)。

3) 训练 SVM 模型

以训练集句子为基础，对提取的特征进行数值化处理后使用提取的特征向量作为输入，构建 SVM 模型。SVM 的核心是通过核函数(如线性核、多项式核、RBF 核)将输入特征映射到高维空间，通过优化算法(如 SMO 算法)迭代优化，调整模型参数，使得误分类样本的惩罚最小化以找到一个最大化分类间隔的超平面。

4) 使用训练好的模型进行关系抽取

在训练好模型后，将新数据的特征向量输入模型，预测实体对之间的关系类型。

基于 SVM 的关系抽取方法在自然语言处理中有着广泛的应用。其高效的抽取性能和鲁棒性使其成为关系抽取任务的一个重要选择。然而，它需要依靠人工提取特征且对输入特征的选择非常敏感，特征工程的质量直接影响模型的性能。

3. 基于深度学习的关系抽取方法

传统方法存在特征提取误差传播问题，极大地影响了实体关系抽取效果。随着近些年深度学习技术的发展，越来越多的研究者将深度学习应用到实体关系抽取中。基于深度学习的关系抽取方法以其强大的特征提取能力和自动化水平，正在逐步取代传统方法成为主流。根据数据集标注量级的差异，基于深度学习的关系抽取任务分为有监督和远程监督两类。

在有监督学习场景下，卷积神经网络(CNN)因其强大的特征提取能力，被广泛应用于关系抽取任务中(ZENG，et al.，2014)。CNN 通过卷积操作捕捉局部特征，通过池化操作提取关键信息，最终实现对关系的分类。具体来说，CNN 可以对实体及其周围的词 *n*-gram 特征进行卷积操作，提取出包含丰富语义和句法信息的特征。然后，将提取到的特征输入到全连接层进行分类。CNN 的优势在于能够自动学习特征，无须人工设计特征，并且对文本的变长具有较好的鲁棒性。例如，CNN 可以通过多个卷积核学习到不同粒度的文本模式，这些模式可能对应于不同的句法或语义信息，从而提高关系抽取的准确性。

在有监督学习框架下，研究者依赖于大量已标注的数据集来训练模型，虽然这种方法能够取得较高的准确率，但标注数据集成本高昂且耗时。因此，为了突破这一限制，研究者开始探索远程监督这一新的学习范式。远程监督利用已有的知识库(如 Freebase、DBpedia 等)与未标注的文本数据自动对齐，生成大量弱标注的训练样本(SMIRONVA，et al.，2019)。这种方法极大地扩展了训练数据的规模，减少了对人工标注的依赖。然而，远程监督也面临着噪声数据多、关系重叠等问题，对模型的鲁棒性和泛化能力提出了更高的要求。为了应对这些挑战，研究者提出了多种基于深度学习的远程监督实体关系抽取方法，例如，利用注意力机制来减少噪声数据的影响。注意力机制的引入旨在学习不同句子对关系抽取的贡献程度，从而减少噪声数据的影响。具体而言，模型会为每个句子计算一个注意力权重，表示该句子对最终抽取结果的贡献程度。通过将注意力权重与句子表示进行加权求和，得到更准确的表示。这些方法在一定程度上减小了远程监督的局限性，提高了实体关系抽取的准确性。

近年来，随着 BERT 等预训练语言模型的出现，自然语言处理领域迎来了新的革命。预训练语言模型通过在大规模语料上进行无监督训练，学习到了丰富的语言知识和表示能力。这些模型可以作为强大的特征提取器，为下游任务提供高质量的文本表示。在关系抽取任务中，基于预训练语言模型的方法通常首先利用预训练语言模型对输入文本进行编码，得到每个词的上下文表示；然后，通过特定的策略(如平均池化、注意力机制等)得到实体对或整个句子的表示；最后，基于这些表示进行抽取(SHI et al.，2019)。这种方法充分利用了预训练语言模型的优势，不仅提高了关系抽取的准确率，还显著降低了对标注数据的依赖程度，但是所消耗计算资源较多。

4. 基于 bootstrapping 的关系抽取方法

基于 bootstrapping 的关系抽取方法是一种半监督学习方法，它利用少量的初始标注数据来启动学习过程，并通过迭代的方式逐渐扩大标注数据集，从而实现关系抽取。这种方法在商业、政治等专用领域标注数据不足的情况下具有显著的优势。以下是关于基于 bootstrapping 的关系抽取方法的通用步骤。

1) 初始标注数据集构建

通过人工标注或基于预定义模式的关系抽取方法，标注一小部分数据作为初始的标注数据集。这部分数据包含了明确的关系实例，例如，“张三”和“北京大学”之间存在“毕业于”的关系。

2) 迭代增加标注数据

首先，基于标注的数据集，训练模型。将模型应用到未标注的数据集上，识别出潜在的关系实例。

然后，对标注数据进行评估与筛选，对识别出的潜在关系实例进行机器或人工评估，筛选出高置信度的关系实例加入到标注数据集中。

接着，基于增加的标注数据集，更新模型参数：基于新的标注数据集，更新模型参数，使模型能学会更多新的模式，这些模式中可能包含了更多的信息，能够更准确地表示关系。

最后，重复迭代进行上述过程。随着标注数据集的不断扩大，关系模式的准确性和泛化能力也会逐渐提高。

基于 bootstrapping 的关系抽取方法不需要大量的初始标注数据，能够利用少量的数据启动学习过程，并通过迭代逐步扩大标注数据集。这种方法在自然语言处理领域，特别是当标注数据稀缺时，具有显著的优势。然而，该方法也存在一些局限性。例如，初始标注数据集的质量对后续的学习过程有很大影响；在迭代过程中，可能会引入噪声数据，影响关系模式的准确性和泛化能力。此外，对于复杂的关系，可能需要更多的迭代轮数和人工干预才能取得良好的效果。

5.2.4 开放式关系抽取常用方法

开放式关系抽取(Open IE)是一种从文本中自动提取实体间关系的技术。与传统的关系抽取相比，开放式关系抽取不依赖于预先定义的关系类型，而是尝试识别文本中的所有可能的二元关系。

开放式关系抽取的基本方法包括以下几个步骤。

(1)关系短语识别：利用预训练的模型、词法关系、句法依存关系等定义规则，从文本中识别出可能的关系短语。这些短语往往能够表达两个实体之间的关联。

(2)实体提取：从文本中提取出与关系短语相关联的实体。

(3)关系短语归一化：对识别出的关系短语实体进行匹配与规范化处理，如去除时态、语态等语法特征，以统一表达形式。

5.2.5 关系抽取相关技术展望

随着 ChatGPT、Llama 等大语言模型的兴起，关系抽取迎来了新的范式。大语言模型不仅能够处理更复杂的文本结构，还能通过预训练学习到的语言知识，更准确地理解文本中的实体及其关系。此外，通过有监督微调(SFT)和检索增强(RAG)技术，大语言模型可以快速适应不同领域和场景下的关系抽取任务。尽管大语言模型在关系抽取中展现出巨大潜力，但其在实际应用中仍面临诸多挑战，如大规模高质量标注数据的缺乏、模型对特定领域知识的依赖性，以及对噪声和复杂关系的处理能力不足等。这些问题都需要在未来研究中进一步探索和解决。此外，在社交网络中，关系抽取还存在以下尚未被很好地解决的问题。

(1)篇章级关系抽取：在社交网络中，大量文本信息以篇章形式存在，其复杂性远高于句子级文本。篇章级关系抽取(YAO，et al.，2019)需要处理更长的文本、更复杂的上下文关系以及跨句子的关系推理。目前，该任务是自然语言处理领域内一大研究热点，如何有效地从篇章级文本或大规模语料库中抽取隐含关系成为亟待解决的问题。

(2)多模态关系抽取：随着多媒体内容的日益丰富，多模态关系抽取(ZHENG，et al.，2021)逐渐成为研究热点。在社交网络中，文本、图像、视频等多种模态的数据共同传递着丰富的信息。多模态关系抽取旨在从多种模态的数据中抽取实体间关系，这要求模型能够跨模态地理解和融合信息。当前，多模态关系抽取面临的主要挑战包括多模态数据的表示与融合、跨模态语义理解及推理等。

(3)n 元关系抽取：传统的关系抽取主要关注二元关系(即两个实体之间的关系)，但在实际应用中，很多情况下需要处理更加复杂的多元关系(即 n 个实体之间的关系)。n 元关系抽取(PENG，et al.，2017)要求模型能够识别出更多的实体及其属性，还需要准确地理解它们之间的复杂 n 元关系。

(4)噪声数据处理：社交网络中的数据往往包含大量的噪声数据和冗余信息，这对关系抽取的准确性造成了很大影响。如何在保证召回率的同时降低噪声数据的影响成为关系抽取领域的一个重要课题。未来，可以通过引入图模型、注意力机制等技术来优化噪声数据的处理策略，提高关系抽取的鲁棒性。

5.3　个体影响力计算

在社交网络中，个体影响力分析旨在对用户间的影响机制进行建模，并定量刻画用户的影响力，相关技术方法在社会学、政治学、通信学等众多领域被广泛研究，在信息传播预测与舆情引导等方向起着重要的支撑作用。随着互联网的逐步完善，社交网络已成为人们信息传递、交友互动的主要平台，显著改变了人们的日常生活方式。其中，面向社交网络的个体影响力分析技术在多个重要领域得到广泛应用，例如，在抖音、微信视频号等常见社交网络平台中，高影响力个体发布的内容被系统推荐给更多的人，容易将意见、观点等传递给其他人，更容易被大众关注与接受，对信息的传播和扩散具有重要影响；针对网络舆论，意见领袖的转发与评论常可显著促进舆论的传播，其观点常常显著影响舆论走向；在广告投放中，高影响力的个体常常对应更好的营销效果。因此，个体影响力分析技术具有重要的科研价值和实际意义。

根据个体影响力分析的核心任务，本节内容主要从三个方面进行介绍。为使读者理解用户之间的影响机制，首先从网络结构的角度介绍两个用户之间影响强度的度量方式，包括基于共同好友数量的影响强度测量和基于边介数的影响强度测量（方滨兴等，2014）；然后介绍度量个体影响力的经典方法，包括节点度、节点聚集系数、节点介数（FREEMAN，1977）等节点的网络属性，以及 HITS（KLEINBERG，1999）、PageRank（PAGE et al.，1999）等经典算法；最后介绍个体影响力分析中的经典问题——影响力最大化问题，使读者了解包含多个影响力个体集合的发现方法。

5.3.1　个体间的影响强度

在社交网络中，两个个体间的影响强度常被描述为个体间相互影响的定量大小，也常称为关系强度，本书将影响强度表示为如下定义。

定义 5-9（影响强度）　给定网络拓扑 $G(V, E)$，对于任意节点 $x, y \in V$，定义 $I(x, y) \in \mathbb{R}$ 为节点 x 对节点 y 的影响强度，若 $(x, y) \in E$，则称 $I(x, y)$ 为节点 x 对节点 y 的直接影响强度，否则称为间接影响强度。

社交网络中的影响强度常具有有向性，即 $I(x, y)$ 与 $I(y, x)$ 常不相等，例如，明星用户对普通用户的影响常远大于普通用户对明星用户的影响。度量个体间的影响强度可通过网络结构、个体与关系的属性、个体的行为等多方面网络信息进行，这里仅介绍基于网络结构的影响强度计算。

基于共同好友数量的影响强度。在社交网络中，关系密切的个体常具有大量的共同好友，交互稀少的个体之间则难以形成致密的三元关系。因此，大量的共同好友常对应较高的影响强度，可利用杰卡德相似系数（Jaccard coefficient）度量个体之间的影响强度（GRANOVETTER，1973）：

$$JC(x, y) = \frac{|N(x) \cap N(y)|}{|N(x) \cup N(y)|} \tag{5-10}$$

式中，$N(x)$ 和 $N(y)$ 分别表示个体 x 与 y 的好友集合；$JC(x, y)$ 表示个体 x 对个体 y 的影响强度。显然上述定义具有对称性，即 $JC(x, y) = I(y,x)$，若该值较大，则称两个个体具有强连接关系，否则具有弱连接关系。

除杰卡德相似系数外，也可利用余弦相似度度量个体间的影响强度。给定网络的邻接矩阵 A，若节点 x 与 y 之间存在边，则 $A(x, y) = 1$，否则 $A(x, y) = 0$，以 $A(x)$ 表示节点 x 对应的向量，则节点 x 与 y 之间的余弦相似度定义为

$$\cos(x,y)=\frac{A(x)\cdot A(y)}{|A(x)||A(y)|}=\frac{|N(x)\cap N(y)|}{\sqrt{|N(x)|}\sqrt{|N(y)|}} \tag{5-11}$$

基于共同好友数量的影响强度的主要优势在于其计算过程一般仅依赖网络的局部结构信息，时间需求很低。然而，由于缺乏对网络宏观信息的利用，该定义方式无法捕获网络其他区域带来的个体之间的相互影响。

基于边介数的影响强度。在社交网络中，某条边 (x, y) 的介数用于刻画该边对网络中信息传递的承载能力，常被定义为网络中任意两个节点间所有最短路径中经过该边的概率之和。由于网络信息倾向于通过短社交路径进行传递，较高的边介数常对应端点之间更多的交互，因此相关研究也常用边介数度量节点之间的影响强度：

$$I(x,y)=\sum_{u<v}\frac{S_{x,y}(u,v)}{S(u,v)} \tag{5-12}$$

式中，$S(u, v)$ 表示节点 u 和 v 之间所有最短路径的数量；$S_{x,y}(u, v)$ 表示其中经过边 (x, y) 的路径数量。边介数的计算依赖网络的全局结构，对应较高的时间需求，然而基于边介数的影响强度同时也被融入了更多网络信息。

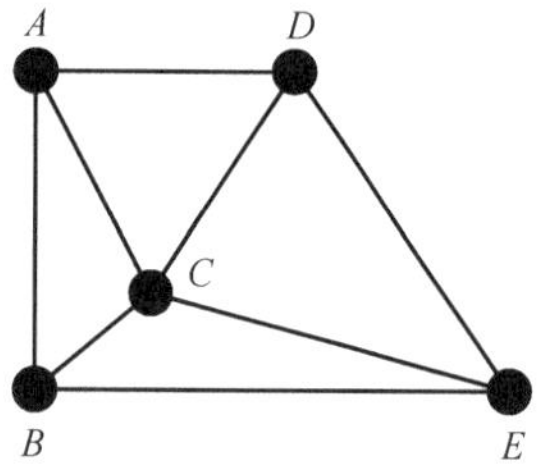

图 5-6　简单社交网络示例

例 5-8　分别利用杰卡德相似系数和余弦相似度计算图 5-6 所示网络中节点 A 与 B 之间的影响强度。

在图 5-6 中，节点 A 的邻节点包括节点 B、C、D，即 $N(A)=\{B, C, D\}$，节点 B 的邻节点包括节点 A、C、E，即 $N(B)=\{A, C, E\}$。根据杰卡德相似系数和余弦相似度的公式，有

$$JC(A, B) = |\{B, C, D\} \cap \{A, C, E\}|/|\{B, C, D\} \cup \{A, C, E\}|=1/5$$

$$\cos(A,B)=\frac{|N(A)\cap N(B)|}{\sqrt{|N(A)|}\sqrt{|N(B)|}}=1/3$$

5.3.2　个体影响力

在社交网络中，个体影响力可简单通过个体的结构属性进行度量，如节点的度、介数、聚集系数等，现对节点的聚集系数和介数等概念进行介绍。

节点聚集系数。节点的聚集系数描述网络中个体的好友之间也互为好友的程度，即个体的邻节点之间存在边的概率。以 d_x 表示节点 x 的度，即邻节点数量，则其邻节点之间可容纳边数量的上限为 $d_x(d_x-1)/2$，以 e_x 表示其邻节点间实际存在的连接数量，则节点 x 的聚集系数定义如下：

$$C(x)=\frac{2e_x}{d_x(d_x-1)} \tag{5-13}$$

与节点度类似，节点的聚集系数为节点的局部特征，计算的时间需求较低。由于用户在社交网络中的好友一般多为现实中的朋友，如家庭成员、同学和同事等，他们彼此间互为好友的概率较高，因此社交网络常表现出较强的聚集性。节点的聚集系数也刻画了节点在网络中的重要程度，常用于定义个体的影响力。

节点介数。与边介数类似，在社交网络中，节点介数用于刻画节点在信息传递过程中的重要程度，定义为网络所有最短路径中经过该节点的路径所占的比例，较大的节点介数预示该节点对信息传递的中介能力较强。以 $S(u,v)$ 表示节点 u 和 v 之间所有最短路径的数量，$S_x(u,v)$ 表示节点 u 和 v 之间最短路径中经过节点 x 的路径数量，则节点介数常被定义为：

$$I(x)=\sum_{u<v,u\neq x,v\neq x}\frac{S_x(u,v)}{S(u,v)} \tag{5-14}$$

与边介数类似，节点介数计算的时间复杂度也很高。然而，节点介数融合了网络的全局结构信息，与节点度和聚集系数等局部结构特征相比，对节点影响力的刻画更加全面。

例 5-9　计算图 5-6 所示网络中节点 A 的聚集系数与介数。

在图 5-6 中，节点 A 包含三个邻节点，即 B、C、D，邻节点之间存在两条边，即 (B, C) 和 (C, D)，节点 A 的聚集系数为 $2\times2/(3\times(3-1))=2/3$。

视频

图 5-6 中仅有节点 B 和 D 之间的最短路径包含节点 A，节点 B 和 D 之间的最短路径包括 (B, A, D)、(B, C, D) 和 (B, E, D)，因此节点 A 的介数为 1/3。

除节点的结构属性外，也有一些计算个体影响力的经典方法，包括 HITS 算法和 PageRank 算法等。

HITS (hypertext induced topic search) 算法。HITS 算法（KLEINBERG，1999）最早应用在搜索引擎中，由康奈尔大学的 Jon Kleinberg 提出。算法为每个网页定义枢纽度(hub)和权威度(authority)两个基本属性，可直接用于分析社交网络中个体的影响力。该算法主要面向有向网络，给定节点 x，用 $H(x)$ 表示节点的枢纽度，用 $A(x)$ 表示节点的权威度，则节点 x 的枢纽度与权威度可通过对网络中的所有节点反复迭代下面两个公式计算，直到结果稳定：

$$A^{t+1}(x)=\sum_{y\in N_{\text{in}}(x)}H^t(y) \tag{5-15}$$

$$H^{t+1}(x)=\sum_{y\in N_{\text{out}}(x)}A^{t+1}(y) \tag{5-16}$$

式中，$N_{\text{in}}(x)$ 表示指向节点 x 的邻节点集合；$N_{\text{out}}(x)$ 表示节点 x 指向的邻节点集合。从迭代方程中可以看到，一个用户的权威度由指向他的节点的枢纽度决定，而枢纽度由他所指向节点的权威度决定。例如，在图 5-7 所示的有向网络中，节点 D 的权威度为节点 A 和 B 的枢纽度之和，即 $A(D)=H(A)+H(B)$，节点 D 的枢纽度为节点 C 和 E 的权威度之和，即 $H(D)=A(C)+A(E)$。

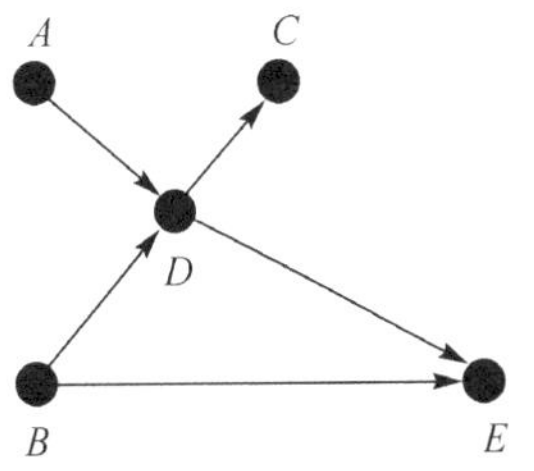

图 5-7　简单有向网络示例

在社交网络中，常将权威度和枢纽度较高的节点称为权威节点和枢纽节点。一般有大量节点或重要节点指向权威节点，其对应较高的影响力，如抖音平台上的影视明星多具有大量粉丝；枢纽节点本身可能不是重要节点，但常指向大量重要节点，也常认为它为高影响力节点。

PageRank 算法。PageRank 算法同样为搜索引擎设计，根据网页之间的指向关系计算网页的影响力和排名，适用于有向网络和无向网络，现以无向网络为例进行介绍。

给定无向网络 $G=(V, E)$，用 n 和 m 分别表示网络中节点数量和边的数量，即 $n=|V|$，$m=|E|$，用 A 表示网络的邻接矩阵，用 D 表示邻接矩阵的对角矩阵，即 $D_{ii}=1$，对于 $i \neq j$，$D_{ij}=0$，在此基础上，算法的状态转移矩阵常定义为 $P=D^{-1}A$，则 PageRank 算法旨在获取以下线性方程的解：

$$p(s)=\alpha s+(1-\alpha)p(s)P \tag{5-17}$$

式中，$p(s)$ 为方程的目标向量，常称为 PageRank 向量，包含网络中所有节点的 PageRank 值，即节点的影响力；参数 α 称为转移概率；参数 s 为 PageRank 方程的起始向量，常被定义为 $\left(\frac{1}{n},\cdots,\frac{1}{n}\right)$。

幂迭代法（power iteration）是计算 PageRank 向量的基础方法，将方程（5-17）的解初始化为一随机向量，如 $\left(\frac{1}{n},\cdots,\frac{1}{n}\right)$，并反复迭代该公式，即

$$p(s)^{t+1}=\alpha s+(1-\alpha)p(s)^{t}P \tag{5-18}$$

$p(s)^t$ 将随 t 值增大而收敛于真实的 PageRank 向量，可利用近似向量在相邻时间点的变化量设定迭代的终止条件。

5.3.3　影响力最大化问题

前面介绍了个体之间的影响强度和个体影响力的计算方式，而在实际场景中，常常需要获取网络上固定规模的个体集合，使集合整体上具有最大的影响力，例如，在市场营销中，选取哪些用户进行商品推广才能使商品的推广效益最大。鉴于个体的影响范围常存在大量重叠，简单选择个体影响力最大的若干节点组成集合显然难以达到预期效果。除市场营销外，影响力最大化问题的相关方法在水质监测、舆情预警和疫情监控等众多领域也有着广泛的应用，本节将对该问题和相关方法进行介绍。

影响力最大化问题也称为信息传播最大化问题，一般基于某种信息传播模型进行定义，即需给定网络的拓扑结构，并假设网络中的信息服从某种特定的传播模式。基于网络拓扑结构的信息传播模型在影响力最大化问题中最为常见，这里进行简要介绍，包括线性阈值模型、独立级联模型、加权级联模型、触发模型和选举模型等。

线性阈值模型（linear threshold model）（GRANOVETTER，1978）。给定网络拓扑，线性阈值模型为网络中每个节点 x 预设定一个激活阈值 $\delta(x)\in[0, 1]$，表示节点被影响的难易程度，例如，是否容易接受一项新产品。非活跃节点 x 的每个活跃邻节点 y 对 x 都将产生一定影响，用 $\varphi(y, x)$ 表示，称为影响值。线性阈值模型的核心思想是：若非活跃节点的活跃邻节点对它的影响值之和大于或等于节点自身的激活阈值，即

$$\sum_{y\in N(x)}\varphi(y,x)\geqslant\delta(x) \tag{5-19}$$

则节点 x 将激活。给定初始活跃节点集合 S，线性阈值模型的信息传播过程如下。

步骤 1：将 S 中节点的所有非活跃邻节点加入候选节点集合 T。

步骤 2：利用式(5-19)确定集合 T 中被激活的节点，并移入集合 S。

步骤 3：重复上述步骤，直到没有新增活跃节点为止。

例 5-10　在图 5-8 所示的简单社交网络中，初始活跃节点集合仅包含节点 A，网络中的信息传播服从线性阈值模型，图中标注的边的权重为节点之间的影响值，网络中所有节点的激活阈值均为 0.5，计算信息传播停止后网络中的活跃节点集合。

视频

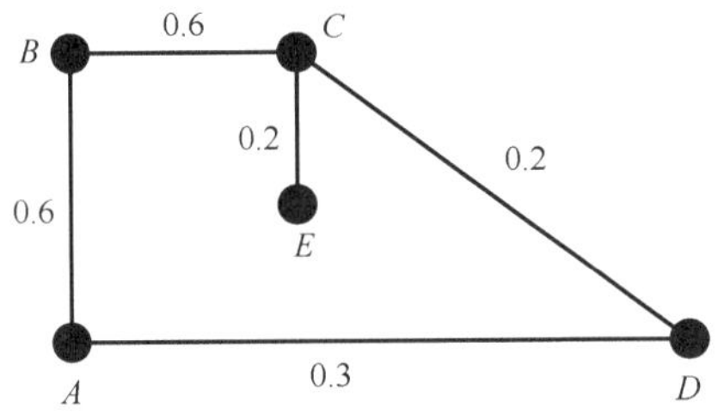

图 5-8　信息传播示例图

t_0 时刻，节点 A 处于活跃状态，其余节点处于非活跃状态。

t_1 时刻，节点 A 尝试激活非活跃邻节点 B 和 D，根据激活阈值和影响值之间的大小关系，节点 B 成为新增活跃节点。

t_2 时刻，节点 B 尝试激活非活跃邻节点 C，激活成功，节点 C 成为新增活跃节点。

t_3 时刻，节点 C 尝试激活非活跃邻节点 D 和 E，此时节点 D 有两个活跃邻节点 A 和 C，它们将尝试共同激活节点 D，影响值 $0.3 + 0.2 = 0.5$ 和激活阈值相等，激活成功，节点 E 激活失败，节点 D 成为新增活跃节点，信息传播停止。

因此，网络的最终活跃节点集合为 $\{A, B, C, D\}$。

独立级联模型(independent cascade model)(GOLDENBERG，et al.，2001)。显然，线性阈值模型是一个确定性模型，若网络拓扑结构、初始活跃节点确定，则信息的最终传播范围确定。与之不同，独立级联模型是一个概率模型，一个活跃节点 y 是否能激活一个非活跃节点 x 是一个随机事件，用 $\varphi(y, x)$ 表示激活概率，模型同时假设非活跃节点的所有活跃邻节点对其激活的过程相互独立，且每个节点成为活跃节点后仅有一次机会尝试激活其每个非活跃邻节点，无论激活是否成功，该节点后续将不再对其邻节点产生影响。给定初始活跃节点集合 S，独立级联模型的信息传播过程如下。

步骤 1：在 t 时刻，每个在 $t-1$ 时刻被激活的节点尝试激活其每个邻节点。

步骤 2：重复执行步骤 1，直到网络中没有新增活跃节点为止。

线性阈值模型和独立级联模型是基于网络结构的代表性信息传播模型，分别从激活阈值和传播概率的角度定义了信息传播的规律。针对社交网络的特点，相关研究人员也构建了一些其他传播模型。

例 5-11　在图 5-8 所示的社交网络中，初始活跃节点集合仅包含节点 A，网络中的信息传播服从独立级联模型，图中标注的边的权重为节点之间的影响概率，计算信息传播停止后，节点 E 处于活跃状态的概率。

t_0 时刻，节点 A 处于活跃状态，其余节点处于非活跃状态。

t_1 时刻，节点 A 尝试激活非活跃邻节点 B 和 D，节点 B 成为活跃节点的概率为 0.6，节点 D 成为活跃节点的概率为 0.3。

t_2 时刻，若节点 B 或 D 已成为活跃节点，则将尝试激活节点 C，节点 C 成为活跃节点的概率为 $1-(1-0.6\times0.6)\times(1-0.3\times0.2)=0.3984$。

t_3 时刻，若节点 C 已成为活跃节点，则将尝试激活节点 E，节点 E 成为活跃节点的概率为 $0.3984\times0.2=0.07968$。

加权级联模型(weighted cascade model)(CHEN，et al.，2009)。在独立级联模型中，用户可基于网络的拓扑结构或节点的属性行为等自行设定节点之间的影响概率。加权级联模型是一种特殊的独立级联模型，在独立级联模型的基础上定义了节点之间影响权重的设定方式。在加权级联模型中，非活跃节点 x 被其活跃邻节点 y 激活的概率与节点 x 的节点度成反比，即某非活跃个体在网络中的好友越少，则其被某个活跃好友激活的概率越高。具体地，如果节点 y 在 t 时刻成为新的活跃节点，则 $t+1$ 时刻，节点 y 将以 $1/d_x$ 的概率尝试激活其每个非活跃邻节点 x。

触发模型(triggering model)(KEMPE，et al.，2003)。触发模型为每个节点 x 构建一个触发集合 $T(x)\in N(x)$，定义触发集合中的每个节点均能成功激活节点 x，触发集合以外的节点对节点 x 没有影响，也就是说某非活跃节点 x 被成功激活当且仅当对应触发集合中至少包含一个活跃节点。与线性阈值模型类似，触发模型同样是确定性的信息传播模型，即若网络结构、初始活跃节点集合、每个节点的触发集合确定，则信息传播的最终结果确定。

选举模型(voter model)(EVEN-DAR，et al.，2007)。在基于网络结构的信息传播模型中，一般假设节点只能从非活跃状态转化为活跃状态，节点一旦被激活将永远处于活跃状态，而不能反向转化。然而现实中存在很多个体状态常反复变化的场景，如对某个商品的喜好，相关学者为此定义了选举模型。选举模型是描述社交网络中意见、观点传播的基本概率传播模型之一，在粒子系统领域也得到广泛应用。在选举模型中，网络中每个节点在每一时刻均从邻节点中随机选择一个，并将自身的活跃状态修改为该邻节点的状态。若一个节点的大部分邻节点都处于同一活跃状态，则该节点也倾向于变为该状态，选举模型的这个特点与经典的线性阈值模型和独立级联模型相同。

定义 5-10(影响力最大化)　给定网络拓扑 $G=(V,E)$、网络遵循的信息传播模型和参数 k，影响力最大化问题旨在获取包含 k 个节点的集合 S，使以 S 为网络的初始活跃节点集合时，最终活跃节点数量的期望值 $\sigma(S)$ 最大。

定义中的期望值 $\sigma(S)$ 也常称为相对于集合 S 的影响力函数。简单来说，影响力最大化问题旨在发现网络中影响范围最大的规模为 k 的节点集合，选择个体影响力最大的 k 个节点组成集合常与问题的最优解差异巨大，因为个体的影响范围常存在大量重叠。实际上，基于线性阈值模型和独立级联模型的影响力最大化问题已被证明是 NP-hard 问题(KEMPE，et al.，2003)，也出现了众多近似方法，可分为启发式算法和贪心算法。

影响力最大化的启发式算法。影响力最大化的启发式算法多独立于网络所服从的信息传播模型，一般基于个体的影响力属性进行初始活跃节点集合构建，例如，度启发式算法选取网络中度值最大的 k 个节点作为初始活跃节点，中心度启发式算法选取网络中与其他节点平均距离最小的 k 个节点作为初始活跃节点，随机启发式算法则从网络中随机选取 k 个节点作为初始活跃节点。影响力最大化的启发式算法思路简单，时间需求很低，但忽略了信息传播的具体过程，准确性常很低，适合对最终传播范围要求不高的应用场景。

启发式算法准确性较差的一个直接原因是个体影响范围之间的重叠，例如，若两个个体在网络中具有最高的影响力，而二者能够影响的节点基本一致，则影响力最大化问题的最优解常仅包含其中一个个体，与基础启发式算法的结果存在差异。针对该问题，相关研究对上述启发式算法进行了优化，度折扣(DegreeDiscount)算法(CHEN，et al.，2009)是其中的代表性工作之一。该算法以基本的度启发式算法为基础，若节点 x 已有邻节点被选为初始活跃节点，则对节点 x 的度“打折”，以降低互为相邻的节点同时被选为初始活跃节点的概率。度折扣算法有效减少了初始活跃节点影响范围之间的重叠，提高了度启发式算法的准确性。

影响力最大化的贪心算法。贪心算法依托网络所遵循的信息传播模型，通过模拟信息传播过程，迭代地选取能够提供最大影响范围增量的个体加入初始活跃节点集合，涉及一些基本概念与理论(KEMPE et al.，2003)。

定义 5-11(边际收益，marginal gain)　给定将有限集合映射为非负实数的函数 $f(\cdot)$，函数的边际收益指在某集合 S 中加入单一元素 x 所带来的函数值的增量，即

$$f_x(S)=f(S\cup\{x\})-f(S) \tag{5-20}$$

定义 5-12(单调递增)　给定将有限集合映射为非负实数的函数 $f(\cdot)$，若对于任意集合 S 和元素 x，均有 $f_x(S)\geqslant 0$，则称 $f(\cdot)$ 单调递增。

定义 5-13(子模函数，submodular function)　给定将有限集合映射为非负实数的函数 $f(\cdot)$，如果函数满足收益递减，则称 $f(\cdot)$ 为子模函数。这里收益递减指对任意集合 S 和 T ($S\subseteq T$)，在集合 S 中增加任意元素 x 对应的边际收益大于或等于在集合 T 中增加该元素所带来的边际收益，即

$$f_u(S)\geqslant f_u(T) \tag{5-21}$$

定理 5-1　对于任意单调递增子模函数 $f(\cdot)$，迭代地选择边际收益最大的元素加入初始为空的集合 S，使 S 最终包含 k 个元素，定义 S^* 为使 $f(\cdot)$ 最大的 k 元素集合，则 $f(S)\geqslant(1-1/e)\cdot f(S^*)$，即集合 S 为函数 $f(\cdot)$ 最大值的 $1-1/e$ 近似最优解。

定理 5-2　若目标网络中的信息传播服从线性阈值模型或独立级联模型，则影响力函数 $\sigma(\cdot)$ 为子模函数。

上述两个定理的证明请参见相关文献(KEMPE，et al.，2003)，同时，影响力函数 $\sigma(\cdot)$ 显然单调递增。因此，若目标网络中的信息传播服从线性阈值模型或独立级联模型，则贪心算法在影响力最大化问题中具有较高的精度保障。2003 年提出的 Greedy 算法(KEMPE et al.，2003)是贪心算法中的代表性工作之一，在空集 S 的初始条件下，执行 k 轮迭代，每轮选择边际收益最大的节点 x 加入集合。为评估每个节点 x 的边际收益，算法模拟以 $S\cup\{x\}$ 为初始活跃节点集合的多轮信息传播过程，以信息传播范围的平均值为参考。

Greedy 算法有严格的准确性保证，常远优于启发式算法，然而时间复杂度很高，难以处理大规模社交网络。算法的时间消耗主要用于对每轮迭代中的所有节点进行边际收益评估，而研究发现，其中的大量评估可以省略，CELF 算法(LESKOVEC，et al., 2007)以此为出发点对基础的贪心算法进行了优化。由于影响力函数 $\sigma(\cdot)$ 为子模函数，随着初始活跃节点集合 S 规模的不断增大，任意节点 x 能带来的边际收益逐渐减小，若节点 x 在之前轮次的边际收益小于节点 y 在当前轮次的边界收益，则节点 x 在当前轮次的边际收益小于节点 y，节点 x 在

当前轮次的边际收益不需计算。利用影响力函数的子模特性，CELF 算法大幅度减少了基础贪心算法的计算量。

影响力最大化问题的变形。影响力最大化方法的应用场景众多，面向实际需求，影响力最大化问题也出现了相应的变形。基础的影响力最大化问题基于单一信息的传播，而社交网络中一般存在众多信息同时传播，若各种信息的传播互不影响，则仍对应基础的影响力最大化问题。然而，同类信息的传播常出现相互竞争，分别争取自身最大的传播范围，也可能相互促进，共同争取最大的传播范围(方滨兴等，2014)。其中，竞争关系信息传播对应的实际场景更多，相应的影响力最大化问题也吸引了更多关注。

竞争关系的影响力最大化问题按实际目标可分为两类，即最大化自己的传播范围和最小化对手的传播范围。两个目标看似一致，然而对应的最优初始活跃节点集合常差异巨大。例如，图 5-9 所示有向网络包括两个连通区域，网络中的信息传播遵循独立级联模型，其中每条有向边的传播概率都是 1，网络中存在两个处于竞争传播状态的信息 A 和 B，且信息 B 的传播能力更强，能够覆盖已被信息 A 影响的节点(但不能覆盖信息 A 的初始活跃节点)。假设信息 A 已选择节点 x 作为初始活跃节点，信息 B 可在剩余节点中任意选择一个进行信息传播。若信息 B 的目标是最大化自身的影响范围，则最优解为节点 y，最终可影响 6 个节点；若信息 B 想最小化对手的影响范围，则可选择节点 z 作为初始活跃节点，此时信息 B 仅可影响 1 个节点，信息 A 的最终影响范围将减小 1。

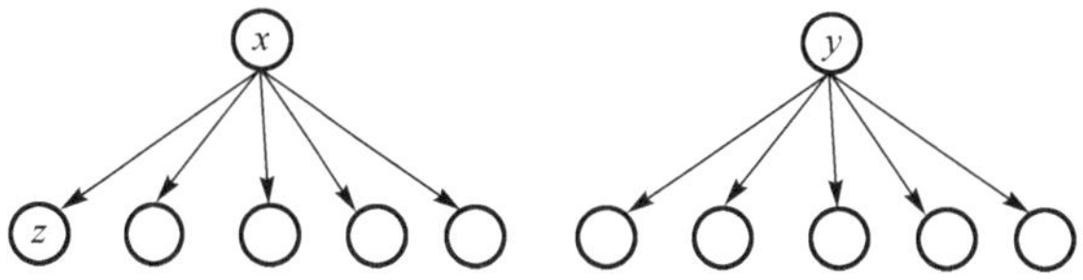

图 5-9　多信息竞争传播示例图

基础的影响力最大化问题旨在发现指定规模的初始活跃节点集合，使信息传播的最终范围最大。在实际场景中，有时仅需指定的影响范围，如何使代价最小，即如何识别最小数量的初始活跃节点，是基础的影响力最大化问题的又一变形。相关研究(GOYAL et al.，2013)表明，该问题的目标函数也是子模函数，利用贪心算法求解同样具有准确性保证。与此类似，也出现了信息传播时间的最小化问题(GOYAL et al.，2013)，即指定所需的影响范围和初始活跃节点集合的规模 k，如何选择 k 个初始活跃节点能尽快达到预设的影响范围。团队组成问题(LAPPAS et al.，2009)是影响力最大化问题的又一重要变形，给定任务 T，需要不同技能组合才能完成，备选人才集合 X，其中每个人才都有一项技能储备，人才之间具有指定的关联关系，团队组成问题旨在从集合 X 中识别子集 Y，使集合 Y 能够执行任务 T，且集合 Y 中人才之间的交互代价之和最小。

5.4　社区发现算法

在社交网络中，个体具有很强的聚集性，形成了关联紧密的社区。网络的社区结构揭示了网络的结构特点，有助于理解网络不同区域的属性功能，在信息推荐、信息检索、广告投放、信息传播预测等众多领域具有重要的应用。本节主要介绍社区发现中的基本概念和经典算法。

在社交网络中，社区可简单描述为内部连接紧密的个体集合，集合之间的连接相对稀疏，如网络用户自行组建的各种群体。同一社区内的个体常具有相同的社会属性或相似的兴趣爱好，例如，学校的课程群所包含的个体多为同一专业的同学，各种游戏群的成员常关注同一游戏。因此，可基于社区的属性特征实现个性化的信息推荐与广告投放。社区发现旨在识别网络中的所有社区。在研究初期，社区发现也称为图分割问题，认为同一个网络用户仅属于一个社区，社区间不存在共有节点，这类社区发现方法一般称为非重叠社区发现(高阳等，2023)。

定义 5-14(非重叠社区发现)　给定社交网络 $G=(V, E)$，非重叠社区发现指将网络的节点集合 V 分割为多个内部连接紧密的个体集合，使所有集合的并集等于 V，且任何两个集合不包含共有节点。

相关研究发现，真实网络多包含重叠的社区结构。在社交网络中，一个用户常具有多个角色，从而属于多个社区，例如，一个学生属于自己的班级群、每门课程群，也同时属于自己的家庭群和各种兴趣爱好群等。

定义 5-15(重叠社区发现)　给定社交网络 $G=(V, E)$，重叠社区发现旨在识别网络的重叠社区结构，不要求社区结构覆盖网络的全部节点。

依据识别结果，社区发现可分为非重叠社区发现和重叠社区发现。社交网络多包含重叠的社区结构，重叠社区发现难度更高，也常具有更高的时间需求，是当前的研究热点，现介绍常见的重叠社区发现方法。

CPM 算法(PALLA et al.，2005)。CPM 算法将社区定义为连接紧密的完全子图构成的集合，通过识别这种特定结构来获取网络中的社区。算法以完全子图为基本结构进行构建，将网络中具有 k 个节点的完全子图定义为 k-clique，以此为基础定义了一系列概念：若两个 k-cliques 包含 $k-1$ 个相同节点，则称它们是邻接的；多个邻接的 k-cliques 构成的集合称为 k-clique 链；若两个 k-cliques 在同一个 k-clique 链上，则它们 k-clique 连通；相互 k-clique 连通的所有 k-cliques 组成的 k-clique 链称为网络的 k-clique 连通部分，也称为网络的 k-clique 社区。现以图 5-10 为例说明以上概念，参数 k 设定为 3。

在图 5-10 中，3-clique 有$\{A, B, C\}$、$\{B, C, D\}$、$\{C, D, E\}$、$\{E, F, G\}$等，其中$\{A, B, C\}$和$\{B, C, D\}$是邻接的，$\{B, C, D\}$和$\{C, D, E\}$是邻接的，$\{A, B, C\}$、$\{B, C, D\}$和$\{C, D, E\}$组成了一个3-clique链，也是一个3-clique社区，$\{E, F, G\}$构成了另一个 3-clique 社区，节点 E 为两个社区的重叠节点。显然，CPM 算法之所以能够得到重叠结构的社区，是因为网络中的节点可同时属于多个 k-cliques，若这些 k-cliques 被划分到不同社区，相应的共有节点就成了社区间的重叠节点。

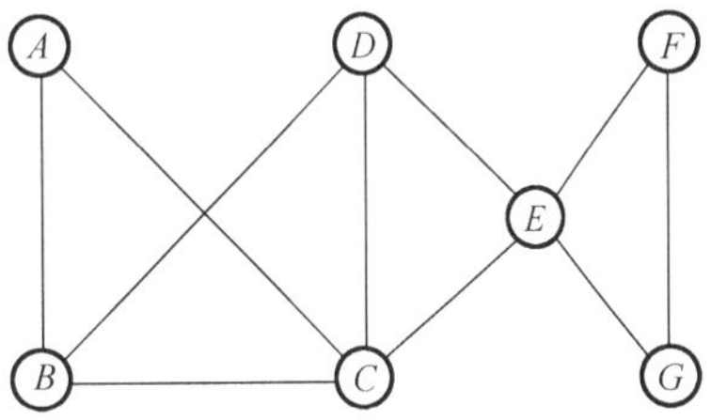

图 5-10　CPM 算法中的概念示例图

这里将不是其他更大完全子图子集的完全子图称为最大团，给定参数 k，CPM 算法通过搜索网络中所有规模不小于 k 的最大团来识别 k-clique 社区，算法主要包括以下步骤。

步骤 1：识别网络中的所有最大团，用 q 表示最大团的数量，并定义矩阵 $O\in\mathbb{R}^{q\times q}$。

$$O_{ij}=\begin{cases}\left|C_i \cap C_j\right|, & i \neq j \\ \left|C_i\right|, & i=j\end{cases}$$

式中，C_i和C_j分别表示第 i 和 j 个最大团。

步骤 2：将矩阵 O 对角线上小于 k 的元素和非对角线上小于 $k-1$ 的元素置 0，其余非 0 元素置 1。

步骤 3：分析处理后的矩阵 O，获取网络的 k-clique 社区。

例 5-12　利用 CPM 算法计算图 5-10 所示网络的社区结构，参数 k 设定为 3。

网络中的最大团包括$\{A, B, C\}$、$\{B, C, D\}$、$\{C, D, E\}$和$\{E, F, G\}$，对应的矩阵 O 为

$$O=\begin{bmatrix}3 & 2 & 1 & 0 \\ 2 & 3 & 2 & 0 \\ 1 & 2 & 3 & 1 \\ 0 & 0 & 1 & 3\end{bmatrix}$$

将矩阵对角线上小于 3 和非对角线上小于 2 的元素置 0，其余非 0 元素置 1，得

$$O=\begin{bmatrix}1 & 1 & 0 & 0 \\ 1 & 1 & 1 & 0 \\ 0 & 1 & 1 & 0 \\ 0 & 0 & 0 & 1\end{bmatrix}$$

根据矩阵 O，$\{A, B, C\}$和$\{B, C, D\}$邻接，$\{B, C, D\}$和$\{C, D, E\}$邻接，$\{A, B, C\}$、$\{B, C, D\}$和$\{C, D, E\}$构成一个 3-clique 社区，$\{E, F, G\}$独立构成另一个 3-clique 社区。因此，CPM 算法的社区发现结果为$\{A, B, C, D, E\}$和$\{E, F, G\}$，节点 E 为两个社区的重叠节点。

基于边的社会发现。社区发现基于网络结构对节点进行分类，常见方法将"节点"作为分类对象，也有一部分方法将"边"作为分类对象，优势在于能够自然得到网络的重叠社区结构，原理与 CPM 算法类似：网络中的一个节点可与多条边连接，若这些边被划分到多个社区中，该节点就成为多个社区的重叠节点。LC（link communities）（AHN et al.，2010）是基于边的代表性算法，本质上是面向边的聚类方法。对于任意节点 x，定义其包含相邻节点集合为

$$N_{+}(x)=\{y \mid d(x, y) \leqslant 1\} \tag{5-22}$$

式中，$d(x, y)$ 表示两个节点之间的最短路径长度。利用杰卡德相似系数，两条包含共有节点的边之间的相似度定义为

$$S(e_{xk}, e_{yk})=\frac{\left|N_{+}(x) \cap N_{+}(y)\right|}{\left|N_{+}(x) \cup N_{+}(y)\right|} \tag{5-23}$$

式中，e_{xk}表示以节点 x 和 k 为端点的边。在上述相似度定义的基础上，LC 算法主要包括以下步骤。

步骤 1：将目标网络中的每条边定义为一个初始社区。

步骤 2：计算所有不在同一社区内的相邻边之间的相似度，将相似度最高的两条边所在的社区进行合并。

步骤 3：重复步骤 2，直到网络仅包含一个社区为止。

步骤 4：将上述层次化聚类过程保存到一个树状图中，并选择社区结构最优的一层作为算法的社区发现结果。

局部扩展方法。局部扩展方法一般基于网络结构信息选取一定数量的初始节点，然后将每个节点扩展为一个社区，形成网络的社区结构。其中选择的初始节点常称为种子节点，每个社区的扩展过程常不考虑其他社区结构，可自然形成网络的重叠社区结构。LFM 算法(LANCICHINETTI，et al.，2009)是局部扩展方法的代表性工作之一，主要包括以下步骤。

步骤 1：随机选择目标网络中的一个节点，将其扩展为一个社区。

步骤 2：在没有被分配到已知社区的节点中随机选择一个，将其扩展为一个社区，该过程不考虑已知社区结构。

步骤 3：不断重复步骤 2，直到网络中不存在不在任何社区内的节点为止。

为完成对一个种子的扩展，局部扩展方法一般定义一个社区质量函数作为优化目标，LFM 算法将目标函数定义为

$$f(C)=\frac{d_{\text{in}}(C)}{\left(d_{\text{in}}(C)+d_{\text{out}}(C)\right)^{\alpha}} \tag{5-24}$$

式中，$d_{\text{in}}(C)$表示社区 C 内节点相对于该社区的内部度之和，节点相对于社区的内部度定义为节点与该社区内节点之间的连边数量；$d_{\text{out}}(C)$表示社区 C 内节点的外部度之和，节点的外部度定义为节点与社区外节点之间的连边数量；参数α控制发现社区的大小。显然，较大的目标函数值表明社区内部连边较多，社区与外部连边较少，对应高质量社区。在此基础上，节点 x 相对于社区 C 的适应度为

$$f_x(C)=f(C+\{x\})-f(C-\{x\}) \tag{5-25}$$

若节点 x 在社区 C 中，$C+\{x\}=C$，$C-\{x\}$表示移除节点 x 的社区 C；若节点 x 不在社区 C 中，$C+\{x\}$表示加入节点 x 的社区 C，$C-\{x\}=C$。给定种子节点 x，LFM 算法的社区扩展过程主要包括以下步骤。

步骤 1：将目标社区初始化为节点 x，即 $C=\{x\}$。

步骤 2：在与社区内节点直接相连的社区外部节点中，若存在适应度非负的节点，则选择适应度最大的节点加入社区，否则算法终止。

步骤 3：重新计算社区内每个节点的适应度。

步骤 4：若存在适应度为负值的节点，则移除该节点，并返回步骤 3，否则返回步骤 2。

例 5-13　在 LFM 算法中，计算图 5-11 所示网络中左侧社区的目标函数值，并计算节点 E 和节点 F 相对该社区的适应度，参数α设定为 1。

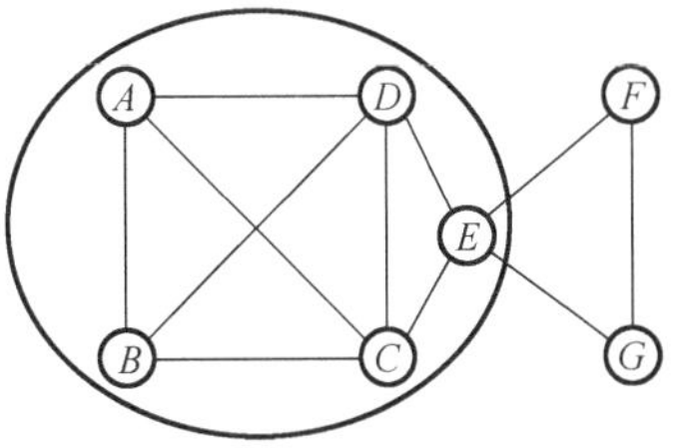

图 5-11　LFM 算法示例图

图 5-11 中社区包含 5 个节点，每个节点相对于社区的内部度分别为 $d_{in}(A)=3$，$d_{in}(B)=3$，$d_{in}(C)=4$，$d_{in}(D)=4$，$d_{in}(E)=2$，每个节点相对于社区的外部度分别为 $d_{out}(A)=0$，$d_{out}(B)=0$，$d_{out}(C)=0$，$d_{out}(D)=0$，$d_{out}(E)=2$，根据 LFM 算法目标函数的公式，有 $f(C)=d_{in}(C)/(d_{in}(C)+d_{out}(C))=8/9$。

节点 E 属于该社区，适应度为 $f(C+\{E\})-f(C-\{E\})=f(C)-f(\{A, B, C, D\})=8/9-6/7=2/63$；节点 F 不属于该社区，适应度为 $f(C+\{F\})-f(C-\{F\})=f(\{A, B, C, D, E, F\})-f(C)=9/10-8/9=1/90$。

LFM 算法利用随机节点进行社区扩展，种子选择具有很高的效率，每个社区的扩展过程完全基于网络的局部结构信息，同样具有较低的时间需求，因此算法具有很低的时间复杂度，适合大规模社交网络的重叠社区发现任务。同时，从上述步骤中可以看到，算法得到的社区结构能够完全覆盖网络的节点集合，使网络中不存在不在任何社区中的孤立节点。

标签传播方法。基础的标签传播算法(label propagation algorithm，LPA)(RAGHAVAN，et al.，2007)面向非重叠社区结构，算法的基本流程如下。

步骤 1：为网络中的每个节点分配一个各不相同的标签。

步骤 2：为网络中的节点生成一个随机序列 $L\in\mathbb{R}^n$。

步骤 3：依序列顺序访问每个节点，将节点的标签更新为其最大数量邻节点所具有的标签，若存在多个标签对应最大数量的邻节点，则随机选择一个标签。

步骤 4：若网络中每个节点的标签都与其最大数量邻节点具有的标签相同，则算法结束，否则返回步骤 2。

可以看到，LPA 算法不包含任何参数，仅根据网络的拓扑结构获取社区结构，同时，算法具有近似线性的时间复杂度，时间成本很低，能够处理大规模社交网络。然而，为保证收敛，算法在每轮迭代中都随机生成节点的访问顺序，这将导致算法对同一网络的社区发现结果可能不唯一。

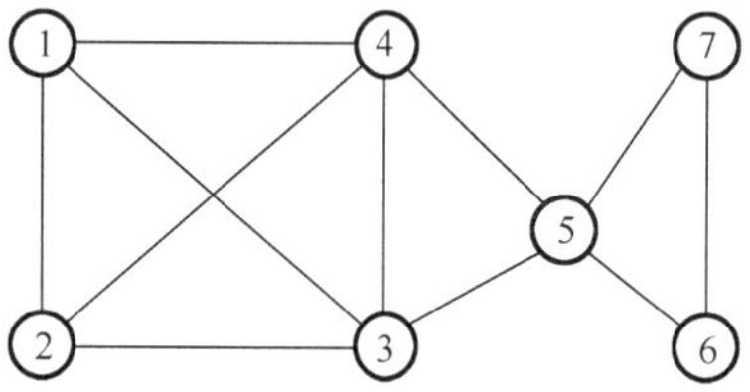

图 5-12　LPA 算法示例图

例 5-14　在图 5-12 所示简单网络中，计算 LPA 算法得到的一种社区结构。

步骤 1：将每个节点的标签初始化为节点的序号。

步骤 2：生成一个随机序列 $L=[1, 4, 2, 3, 6, 5, 7]$。

步骤 3：依次访问序列 L 中的节点，对于节点 1，三个邻节点的标签各不相同，假设随机选择标签 3 作为自己的标签，对于节点 4，最大数量邻节点所具有的标签为 3，标签更新为 3，同样，节点 2 的标签更新为 3，节点 3 标签不变，节点 6 标签更新为 7，节点 5 标签更新为 7，节点 7 标签不变。

步骤 4：节点 1、2、3、4 具有标签 3，节点 5、6、7 具有标签 7，标签传播达到稳定状态，算法停止。

因此，{1, 2, 3, 4}和{5, 6, 7}为 LPA 算法的一种社区发现结果。

LPA 算法的一个主要缺点是无法识别网络的重叠社区结构，原因在于算法为每个节点仅分配一个标签，从而每个节点属于唯一社区。COPRA 算法(GREGORY, 2010)面向该问题对 LPA 算法进行了优化。COPRA 算法允许一个节点具有多个标签，并将每个标签定义为二元组(c, b)，其中 c 表示社区标签，b 为标签权重，用于刻画节点与社区间的强弱关系。另外，

LPA 算法的标签更新方式一般称为异步更新，COPRA 算法采用同步更新，即在每轮标签传播过程中，将每个节点的标签更新为所有邻节点在上一轮具有的标签集合的并集。具体地，对于节点 x 与标签 c，标签权重 b 通过以下公式计算：

$$b_t(c,x)=\frac{\sum_{y\in N(x)} b_{t-1}(c,y)}{|N(x)|} \tag{5-26}$$

式中，$N(x)$ 表示节点 x 的邻节点集合；$b_t(c, x)$ 表示在第 t 轮迭代中节点 x 相对于标签 c 的从属权重。在 COPRA 算法中，若一个节点在每轮迭代中都保留所有邻节点的所有标签，则节点的标签数量将十分大。为符合真实的社区结构，算法在每轮迭代结束后，都删除标签权重小于指定阈值的标签，阈值设定为 $1/v$，参数 v 限定了一个节点社区隶属关系数量的上限。

前面介绍的方法面向静态网络，即假设网络的拓扑结构不变，而社交网络的结构呈高频变化，例如，在抖音平台上，每时每刻都有新用户的加入、老用户的注销、好友关系的建立与撤销，网络的社区结构也随之变化。识别社交网络的动态社区结构对网络演化机制的研究和网络中众多实际应用具有重要意义。

动态社区发现。动态网络的拓扑结构常被抽象为一系列有序的静态网络快照，即 $G^T=(G_0, G_1,\cdots, G_T)$，其中每个快照 $G_t=(V_t, E_t)$ 对应 t 时刻的网络结构。动态社区发现的主要任务是发现每个网络快照的社区结构，可简单地通过对每个快照执行静态社区发现实现。然而，社交网络规模庞大且结构高频变化，包含海量大规模网络快照，反复执行静态社区发现将对应过高的时间需求。注意到动态网络中的社区在相邻时间点常仅发生少量节点的增删变化，可通过局部更新的方式获取下一时刻的社区。因此，给定动态网络 G^T，仅需对网络初始快照 G_0 执行完整的静态社区发现，通过不断更新获取后续快照的社区结构，AFOCS 算法(NGUYEN，et al.，2011)是其中的代表性工作之一。

AFOCS 算法包括识别动态网络初始社区结构的静态社区发现方法 FOCS 和社区结构的更新方法。给定初始网络拓扑 G_0，FOCS 算法依次访问网络中的每条边(x, y)，若节点 x 和 y 不属于同一个已知社区，则构建节点集合 $C=\{x, y\}\cup(N(x)\cap N(y))$，即将两个节点与其共有邻节点组成的集合作为候选社区，若集合 C 的边密度不小于指定阈值，则定义 C 为一个发现社区。由于网络中边与边之间可包含公共节点或距离较近，对应的社区常高度相似，该算法基于社区之间重叠部分所占比例对相似社区进行了合并。

给定网络在 t 时刻的社区结构 C^t，AFOCS 算法基于网络在 t 时刻和 $t-1$ 时刻结构的变化情况对 C^t 进行更新，获取 $t+1$ 时刻的社区结构 C^{t+1}。算法将网络拓扑结构的变化分为下面 4 类基本事件。

新增节点：网络中增加一个新节点和与之相连的边。

新增边：网络中增加一条新边，连接网络中两个原有节点。

移除节点：网络中移除一个节点和与之相连的边。

移除边：网络中移除一条原有边。

AFOCS 算法的社区更新主要基于以下观点：移除社区之间的边或增加社区内部的边将提高网络社区结构的质量；增加社区之间的边或移除社区内部的边将降低社区结构的质量，甚至破坏原有社区；对于关系密切的两个社区，增加或移除边可能增加它们之间的紧密程度，并形成社区间的重叠，甚至使两个社区合并为一个社区。

新增节点。对于网络中的新增节点，若节点为孤立节点，即没有关联边，则保留原有社区结构；若新增节点与一个或多个原有社区相连，则通过计算新增节点是否可增加原有社区的密度，确定是否将节点加入某个原有社区，这里允许新增节点同时加入多个原有社区，形成社区之间的重叠；同时算法判定新增节点是否形成新增社区，具体方法请读者阅读 AFOCS 算法(NGUYEN，et al.，2011)原文。

新增边。算法将网络中的新增边分为四个类别：①若新增边仅属于一个已知社区，则新增边提升该社区的边密度，认为网络的社区结构不变；②若新增边属于多个社区的重叠部分，则新增边提升每个社区的边密度，认为网络的社区结构不变；③新增边连接两个非重叠社区；④新增边连接两个重叠社区。对于类别③和④，处理方式较为复杂，新增边可能对原有社区结构没有影响，也可能形成新的社区，具体请读者阅读 AFOCS 算法(NGUYEN，et al.，2011)原文。

移除节点。对于网络中的移除节点，与该节点关联的边也随之移除。若网络中移除的节点不在任何原有社区内，则认为网络的社区结构保持不变；若移除节点属于某个原有社区，则该社区的结构可能保持不变，仅移除该节点，也可能发生社区分裂或社区合并。对于第二种情况，算法以边密度为判定条件，若社区在移除该节点后的边密度仍不小于指定阈值，则社区结构保持不变；否则对社区内剩余结构执行 FOCS 算法，并对社区进行合并。

移除边。算法将网络中的移除边分为四个类别：①移除边连接两个非重叠社区，移除该边使网络的社区结构更加清晰，认为原有社区结构保持不变；②移除边在某社区内部；③移除边属于多个社区的重叠部分；④移除边连接两个重叠社区。对于类别②，对应社区可能结构不变，也可能分裂为多个社区，算法计算移除边后的社区密度，若仍不小于指定阈值，则认为社区结构不变；否则对社区内的剩余结构执行 FOCS 算法，并对社区进行合并。类别③和④与类别②类似，这里不再介绍。

5.5 本章小结

本章主要介绍了社交网络中与信息内容相关的分析技术。首先，介绍了实体识别技术，讲解了几种常用的实体识别方法，包括基于预定义模式、统计以及深度学习的方法，同时对未来实体识别相关技术的发展方向进行了展望。接着，讨论了实体间关系的抽取技术，深入研究如何挖掘实体之间的语义关系。这两种技术的结合能够有效提升对社交网络信息内容的认知能力，挖掘其中隐藏的网络实体及其语义联系，为社交网络的信息管理、搜索以及数据分析提供强有力的支撑。然后，聚焦于个体影响力的计算方法，内容涵盖了如何从网络结构的角度度量两个用户之间的影响强度、经典的个体影响力度量方式，以及影响力最大化问题的解决方法。此外，还介绍了发现多个影响力个体集合的方法，使读者能够全面理解社交网络中的影响力计算。最后，讲述了社交网络中的社区发现算法。这些算法在推动信息内容正向传播中发挥着关键作用。

通过本章的内容，希望能够帮助读者系统地掌握社交网络下信息内容的分析技术，以及全面理解社交网络的结构与传播机制。这些技术在未来将对社交网络的研究和应用产生深远影响。

习　题

1. 请使用正则表达式法识别出以下文本中的实体，并标注出它们的类别(如人名、组织名、地名等)。

文本：“Xiaomi’ s CEO Lei Jun announced the launch of their new smartphone, the Mi 11.”

2. 给定以下观测序列和隐马尔可夫模型的状态转移矩阵、观测矩阵和初始状态概率，请计算最可能的状态序列(实体标注序列)。

观测序列(对应的单词)：“Ren Zhengfei founded Huawei.”

状态转移矩阵：如表 5-2 所示。

表 5-2　隐马尔可夫模型中例句的状态转移矩阵

	B-PER	I-PER	O	B-ORG
B-PER	0.6	0.3	0.1	0.0
I-PER	0.0	0.7	0.3	0.0
O	0.1	0.0	0.8	0.1
B-ORG	0.0	0.0	0.2	0.8

观测矩阵：如表 5-3 所示。

表 5-3　隐马尔可夫模型中例句的观测矩阵

	Ren	Zhengfei	founded	Huawei
B-PER	0.7	0.2	0.1	0.0
I-PER	0.1	0.6	0.2	0.0
O	0.1	0.1	0.7	0.2
B-ORG	0.0	0.1	0.0	0.8

初始状态概率：{B-PER：0.6，I-PER：0.1，O：0.2，B-ORG：0.1}。

3. 在关系抽取任务中，给定以下句子和实体对，请完成以下步骤以训练一个二分类器，用于判断两个实体之间是否存在雇佣关系。

数据描述如下。

句子 1：“Tim Cook is the CEO of Apple.”。

实体对：(Tim Cook, Apple)。

标签：1 (表示存在雇佣关系)。

句子 2：“Bill Gates founded Microsoft.”。

实体对：(Bill Gates, Microsoft)。

标签：1(表示存在雇佣关系)。

句子 3：“Elon Musk is planning a mission to Mars.”。

实体对：(Elon Musk, Mars)。

标签：0(表示不存在关系)。

特征提取提示如下。

词袋模型：对于每个句子，提取与实体对相关的上下文词汇，并使用词袋模型进行特征表示。

实体之间的距离：计算两个实体之间的词距离，作为一个特征。

依存路径长度：计算两个实体在句法树中的依存路径长度，作为一个特征。

分类模型训练提示如下。

使用提取的特征构建特征矩阵(X)，并使用逻辑回归模型进行训练。给出训练后的模型对以下句子的预测结果。

句子 4："Sundar Pichai is the CEO of Google."。

实体对：(Sundar Pichai, Google)。

提示：对于词袋模型，可以使用 scikit-learn 中的 CountVectorizer 来生成上下文特征。依存路径长度可以通过依存句法解析工具(如 SpaCy、StanfordNLP)来计算。

4. 分别利用杰卡德相似系数、余弦相似度和边介数计算图 5-13 社交网络中节点 3 和 4 之间的影响强度。

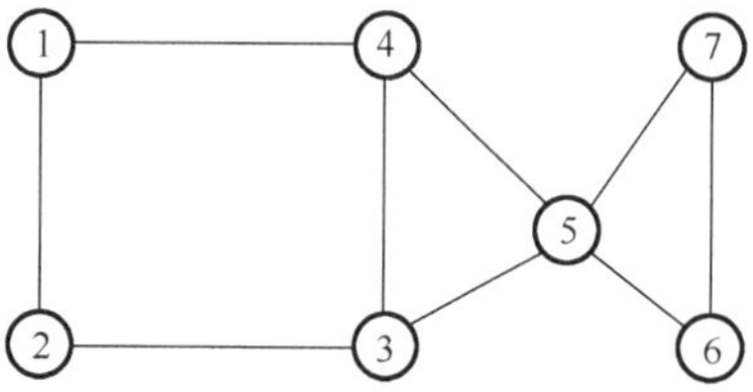

图 5-13　题 4 社交网络示例

5. 在图 5-14 所示网络中，信息传播服从线性阈值模型，初始活跃节点集合仅包含节点 A，所有节点的激活阈值都是 0.5，图中标注的边的权重为节点之间的影响值，计算网络中最终的活跃节点集合。

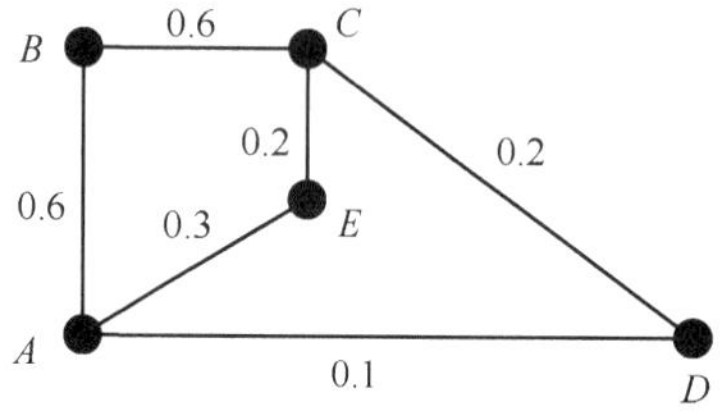

图 5-14　题 5 社交网络示例

6. 利用 CPM 算法计算图 5-15 所示简单网络的社区结构，参数 k 设定为 3。

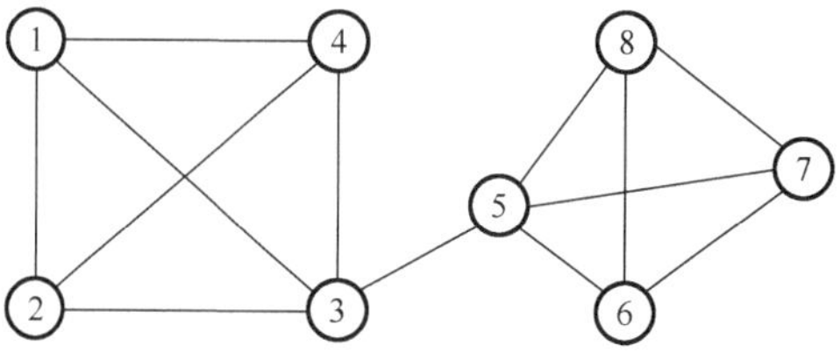

图 5-15　题 6 社交网络示例

第 6 章　社交网络内容分析技术

第 5 章介绍了社交网络内容分析中的实体分析技术，本章继续介绍社交网络内容分析技术，主要包括热点事件分析与传播预测、虚假信息检测和内容质量分析这三部分。随着社交网络的普及，热点事件常常以极快的速度扩散，对社会、经济、舆情等产生深远的影响。因此，热点事件的传播规律和预测方法成为研究的重点，通过建模和预测传播趋势，可以为公共决策和网络管理提供有力支持。与此同时，虚假信息在社交网络中的传播也是一个严峻的问题。虚假信息的扩散不仅影响公众认知，还可能带来社会不稳定因素。虚假信息检测技术旨在通过分析信息内容、传播路径和用户行为等多维度特征，及时识别和阻止虚假信息的传播。此外，内容质量分析也是社交网络内容分析中的重要环节。随着海量用户生成内容的不断涌现，如何有效筛选高质量、有价值的信息成为一大挑战。通过对文本情感、用户立场等进行分析，能够更好地理解网络上的舆情趋势，为信息管理和内容推荐提供有力支持。

本章将详细介绍这些技术的核心概念、方法与应用，帮助进一步掌握社交网络内容分析中的关键技术手段。

6.1　热点事件分析与传播预测

随着互联网技术的发展，社交网络逐渐深入人心，成为人们生活中不可或缺的组成部分。庞大的用户规模伴随着海量的用户生成内容，带来了巨大的应用价值和商业价值，同时也带来很多安全隐患。网络上的热点事件呈现核裂变式的几何级数扩散态势，在安全层面和经济层面影响了国家安全和社会稳定。针对热点事件分析与传播预测的研究可以增进对群体行为及热度增长机制的理解，尽早地知晓话题的演化趋势、公众焦点的变化方向，量化传播影响范围。从国家安全层面考虑，可以推进了解民意、传播先进文化理念、引导社交网络舆情走向以及识别并遏制谣言传播。从企业效益层面考虑，可以提前关注并引导消费者消费意愿、精确广告投放、调整资源配置，在增加企业的网络宣传收益的同时及时防控风险。因此，针对热点事件分析与传播预测的研究可以对国家网络安全建设、社会发展等问题提供理论支撑和技术保障，具有重要的战略意义和应用价值。

根据热点事件分析与传播预测的核心任务，本节内容主要从三个方面进行介绍，首先介绍热点事件传播的影响因素，包括社交网络结构、用户群体以及信息内容三个要素；然后介绍如何对热点事件的传播进行建模，包括基于群体状态的信息传播建模和基于主流疲劳理论的信息传播建模；最后介绍热点事件分析与传播预测技术，包括基于弱连接理论的社交网络流行度预测以及基于竞争矩阵的新闻流行度预测。

6.1.1　热点事件传播的影响因素

影响热点事件传播的核心要素可归纳为社交网络结构、用户群体以及信息内容三个要素。社交网络上的用户行为产生多种边结构，基于好友行为的边组成了社区，基于传播行为的边组成了信息级联，形成社交网络结构；依托于社交网络结构，用户围绕着传播事件进行相互影响与聚集，形成了具有一致行为规律的用户群体；网络空间中的各种短文本、视频、图片以及新闻等信息内容通过用户群体与社交网络结构进行传播演化，进而反馈到真实世界。

1. 社交网络结构

社交网络结构是信息传播的介质，具有独特的统计特性。在前互联网时代，Milgram 通过设计一个信件投递实验，归纳并提出了著名的“六度分隔”理论。社交网络作为人类社会的延伸，同样具有显著的小世界现象、无标度特征。网络的平均路径长度越短，其小世界现象越明显，相对于传统复杂网络，在线社交网络具有更短的平均路径和有效直径，其有效直径远小于 Web，平均路径长度只有 Web 的 1/3。

在真实网络系统中的个体差异悬殊，在统计上具有分布不均匀现象，大多数节点具有少量的边，而少数节点具有大量的边，这种缺乏统一衡量尺度的统计上的异质性称为无标度特性。在互联网时代，很多实际复杂网络的度分布具有无标度规律并进行了实证研究，如电影演员合作网、万维网、美国西部电力网等，它们都近似或精确地遵循幂律分布(power-law distribution)：$P(k) \propto k^{-\gamma}$，这揭示了实际网络中重要节点(度大的节点)分布不均匀但有序。

在线社交网络的用户生成内容的流行度分布同样遵循某种幂律分布，例如，某主流视频网站上的 10%的最受欢迎的用户生成内容吸引了近 80%的关注，然而剩余的 90%内容只获得了 20%的关注。此外，视频内容的生命周期较短，大部分只能在发布后的几天内吸引用户关注，新发布内容的关注度随时间呈现幂律式衰减。

2. 用户群体

用户群体由大量用户在社交网络中的热点事件传播过程中逐渐聚合而成。与真实社会中的用户群体相比，社交网络中的群体在信息传播过程中具有更高的互动性和开放性。用户的行为规律影响着信息传播的规律，如用户每天的活跃度特征，同一个新闻在午夜和白天发布所获得的用户关注是不一样的。此外，群体行为还遵循“富者更富”(rich get richer)、记忆效应(memory effect)等社会心理学机制。用户群体的倾向性与信息的传播密切相关。

3. 信息内容

信息内容是用户在使用在线社交网络过程中产生的大量的文本、图片、视频信息，随着社交网络用户数的增多，这些信息在体量上具有数据海量性，在进行热点事件信息传播建模和预测过程中，需要考虑特征提取的计算时间复杂度以及适用性。此外，内容各异的信息具有竞争性，如 2015 年国庆节期间发生的“青岛大虾”事件、2016 年奥运会期间发生的“王宝强离婚”事件，这些突发热点事件抢占了公众关注度。这使得不同信息在社交网络中同时传播时，会产生相互竞争影响，导致传播规律发生变化，针对具有不同内容属性的信息之间的竞争机制进行研究是信息传播的难点之一。

6.1.2　热点事件信息传播建模

视频

针对热点事件信息传播建模的研究可以帮助人们从宏观层面掌握信息传播的形成机理，定性分析其作用效果，通过建模的方式表征复杂社会系统中传播规模的理论极限，从而为可预测事件设定期望。不同类型的网络上具有相异的传播特性，需要建立信息传播模型进行系统性描述。

热点事件信息传播建模主要是针对传播者、传播信息和介质之间的相互作用机理进行分析，并建立演化方程，一般可分为基于群体状态的信息传播建模和基于主流疲劳理论的信息传播建模。

1. 基于群体状态的信息传播建模

基于群体状态的信息传播建模将网络中的节点划分为若干状态，通过设定状态间转移机制来复现信息传播过程，其中最著名的是传染病模型。

在传染病模型中，网络中的节点被划分为 3 种状态，包括：易感态(susceptible，S)，即未感染状态，但存在感染风险；感染态(infected，I)，即已染病状态，会对其他易感态节点传播疾病；康复态(recovered，R)，即感染后被治愈或死亡，不会对其他易感态节点传播疾病。其中，各节点在同一时刻只处于一种状态。用这些状态之间的转换来命名不同的传播模型。例如，易感态个体被感染，然后恢复健康并获得免疫力，这样的传播模型称为 SIR 模型。

SIR 模型是假设在单位时间内处于感染态的个体以平均概率 β 向网络内随机选择的其他易感态节点传播疾病，并以平均概率 γ 治愈转变为康复态。其传播机理如式(6-1)所示。

$$\begin{cases} S(i)+I(j)\xrightarrow{\beta}I(i)+I(j) \\ I(i)\xrightarrow{\gamma}R(i) \end{cases} \tag{6-1}$$

2. 基于主流疲劳理论的信息传播建模

在社交网络中，观点的传播是多次强化型的传播，社会个体在一个记忆周期中多次强化、接触某种观点，具有记忆效应。为了衡量信息传播过程中传播内容的传播影响力，本模型重点研究在受众记忆上的累积特性对信息传播的影响问题。

主流疲劳。社会个体自发产生对确定的、不再含信息量的某种事物或观点的追逐轨迹，这是一个由盛转衰、从强到弱、由吸引到排斥的过程。由此产生记忆对传播的影响。

“主流疲劳”的数学模型。假设个体对主流目标的追逐意愿为时间 t 的函数 $g(t)$，同时个体具有汲取负熵远离主流目标的意愿 w，可以用时间 t 的函数 $w(t)$ 表示，它们的合力共同控制着个体对主流目标的追逐能力 F 随时间的变化，如式(6-2)所示。

$$\frac{\mathrm{d}F}{\mathrm{d}t}=g(t)\cdot w(t) \tag{6-2}$$

在线社交网络中的信息传播的主流疲劳效应可进行如下两阶段描述。

(1) 兴趣累积。兴趣爱好、谣言以及一些信息真实性辨识度不高的信息在传播过程中一般表现出兴趣累积的记忆效应，即接收到的同类信息刺激越多，用户越易产生转发行为，其转发意愿随着被推荐次数的累积而增加。

$$g(t)=v\cdot t \tag{6-3}$$

(2) 时效衰减。对于即时性强的突发新闻，社交网络用户接触越少，则转发的意愿越强烈。若在某一时刻收到多次转发，则用户的兴趣度就会随时间衰减，不易再产生转发意图。用户随时间 t 对信息的远离意愿 $w(t)$ 可表示为

$$w(t)=\frac{t}{\sigma}\cdot\exp\left(1-\frac{t}{\sigma}\right) \tag{6-4}$$

主流疲劳的 Logistic 解析方程如式(6-5)所示。

$$F(t)=\int_0^{t_0} g(t)w(t)\mathrm{d}x=\sigma v\cdot\left(e-\left(1+\frac{t_0}{\sigma}\right)\cdot\exp\left(1-\frac{t_0}{\sigma}\right)\right) \tag{6-5}$$

3. 信息传播模型

考虑闭合网络 G 中包含 N 个节点，每个节点代表一个用户，节点构成的边代表好友关系。假设网络中的每个用户都处在 U、C、I、R 四种状态中的任意一个。

(1) U(未知态)：用户未接触过信息时的状态。

(2) C(积蓄态)：用户通过其好友分享知道了信息，此时用户处在已知信息但还未达到主动传播意愿的积蓄态。

(3) I(传播态)：用户主动向好友传播信息，其状态变为传播态。

(4) R(疲劳态)：用户在多次冗余接触过程中逐渐失去了传播信息的意愿，处于不再向其好友传播信息的疲劳态。

信息传播模型中各个状态转移的规则如图 6-1 所示。

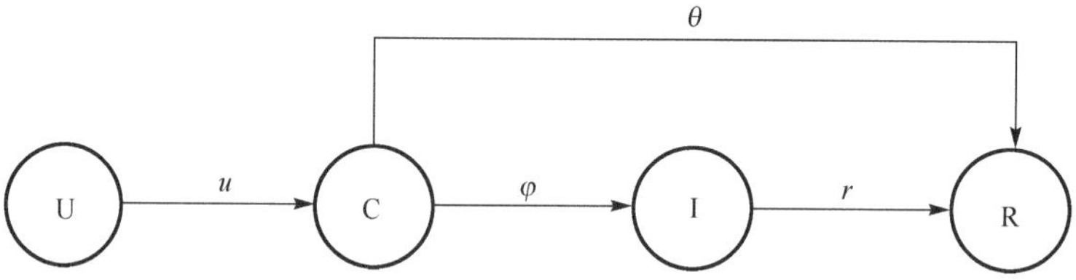

图 6-1　状态转移示例图

规则 1：与传播态 I 节点相邻的所有处于未知态 U 的节点以概率 u 变为已知态 C。

规则 2：处于积蓄态 C 的节点在每个与其相邻的传播态 I 节点的刺激下都会以概率 φ 变为传播态 I，或以概率变 θ 为疲劳态 R。若本轮未发生状态转移，节点继续保持积蓄态，在下一个状态转移时间进行状态转移。

规则 3：处于传播态 I 的节点以转移概率 r 转变为疲劳态。

为了使信息或观点更广泛地传播，应尽量降低传播内容的同质性，同一内容可从多角度进阐释，避免主流疲劳。其次，在发布信息时，应尽可能选择度较高的大 V 用户，得到更大的最终传播规模。

6.1.3　热点事件分析与传播预测技术

视频

预测热点事件传播与演化趋势是信息传播领域的重要问题。该问题也可以定义为预测一个热点事件传播过程的规模，即流行度。其主要任务是预测在线网络中用户生成热点事件内容的转发数量、视频的点击数量和在线新闻的评论数量等。随着互联网技术的发展，网民群

体规模的壮大伴随着每天海量的新增用户生成内容。在网民持续关注的时间内，往往存在多个热点事件相互影响、相互冲击，形成一种竞争效应。热点事件传播中的竞争现象一直是该领域的研究热点和难点，如何在竞争环境中准确预测热点事件传播流行度成为亟待解决的重要问题。因此本节介绍两个热点事件分析与传播预测技术，分别为基于弱连接理论的社交网络流行度预测以及基于竞争矩阵的新闻流行度预测。

1. 基于弱连接理论的社交网络流行度预测

掌握信息传播的机制，预测内容传播趋势，对热门内容进行预警，有助于政府对突发事件提供辅助的决策支持。预估公众关注焦点，及时发布信息，识别可能的潜在威胁信息，方便及时响应和应对。针对社交网络平台下早期预警的实际需求，需要完成基于网络拓扑技术的信息传播分析模型，具体地，完成了基于传播节点关系强弱的传播趋势分析模型。

1) 弱连接理论

弱连接理论是美国著名社会科学家格兰诺维特(Granovetter)在 1974 年研究社会网络与资本关系时提出的。社会个体周围存在着密切接触的熟人是一种稳定但传播广度具有局限性的社会关系，可称为“强连接”关系；与其相对的是另一类广泛分布的“弱连接”关系，如偶然间遇到或听到的陌生人。

2) 连接强度

强连接是指交互频繁的关系，即与转载主页内容频率较高的用户之间的关系。弱连接是指交互不频繁的关系，即与偶然转载主页内容的用户之间的关系。研究表明，连接强度分布，即强连接关系与弱连接关系用户的分布规律，对社交网络传播趋势存在着直接影响。传播早期，强连接用户参与比例与最终流行度之间存在关系，即频繁参与转发的粉丝对最终信息传播热度有强指示作用，且传播者中强连接用户占比越低，最终传播范围越广。

2. 基于竞争矩阵的新闻流行度预测

某些热点事件，尤其是属于同一领域的热点事件，在社交网络中同时传播的情况下，会互相影响，从而与独立热点事件的传播规律不同。有些热点事件是竞争关系，互相抢占舆论影响力，有些热点事件是合作关系，互相提升舆论影响力。绝大部分热点事件都是曝光后短时间迅速扩散。

基于竞争矩阵的新闻流行度预测模型共分为四个部分，分别为新闻文本分类、用户偏好向量分析、基础预测建模以及竞争矩阵求解。

(1) 新闻文本分类。该部分负责对抓取的新闻文本数据采用卷积神经网络(CNN)进行分类，对每条新闻的正文以及评论内容的语义特征通过 Word2vec 词向量模型表示为一个词向量。

(2) 用户偏好向量分析。以神经网络分类得到的文本类别为划分依据，分析用户评论的习惯，将每个发表过评论的用户表示为偏好向量。

(3) 基础预测建模。基础预测模型采用连接强度特征和评论树的结构特征，通过 Bagging 集成学习方法进行组合训练得到基础预测结果。

(4) 竞争矩阵求解。计算基于多信息竞争所带来的流行度偏差，与基础预测值结合，使用梯度下降法进行竞争矩阵求解，并根据该矩阵预测临近时间的同类事件的流行度实际偏移量。

6.2　虚假信息检测

随着移动互联网以及智能终端设备的飞速发展，社交网络已经成为世界信息传播的主要载体之一，逐渐在人们的生活中扮演着更加重要的角色，甚至影响人们的思维、认知和决策。社交网络已成为人们获取信息的主要途径，所承载的信息量呈指数级增长，其信息内容丰富、信息分享便捷、花费成本低等特点深受网民喜爱。

但正是由于其自身的便捷性以及海量的用户基础，社交网络具备了强大的社会动员能力，这也成为少数别有用心者操控舆论、干扰民众认知的利器。他们在幕后有组织地故意捏造、炮制舆论事件，发布煽动性言论并进行非法炒作和操纵虚假信息传播，以谋求其特定政治或经济利益，最终造成严重的舆论影响，带来重大的经济损失和巨大的社会动荡，甚至影响网络空间国际秩序。

虚假信息检测一直是社交网络中较为重要的研究领域。随着 ChatGPT 等生成模型技术的不断成熟，在线社交网络中将会出现越来越多的 AI 生成式虚假信息，针对虚假信息的检测任务更加艰巨。本节将介绍虚假信息的定义及分类、虚假信息检测的主要方法和研究展望等内容。

6.2.1　虚假信息定义及分类

1) 虚假信息的定义

虚假信息(false information)是指不符合事实或者有误导性的信息，其形式多样，可能是无心之失，也可能是有意误导。虚假信息的产生可能源于信息不完整、认知偏差、价值判断失误等因素。虚假信息对个人决策和社会秩序可能产生负面影响。

作为异常传播的主要内容，虚假信息一直广泛存在于社交网络中。社交媒体上虚假信息的大量传播早已成为全球性风险，严重影响舆论走向并威胁社会生态和政治稳定。虚假信息比事实真相传播得更远、更快、更深、更广泛，更能激发人们的恐惧、厌恶和惊讶等极端情绪。

2) 虚假信息的分类

以图像、博客、消息、故事、突发新闻等形式出现的虚假信息通常称为信息污染。虚假信息的形式有多种，这些形式并不相互排斥，但同时也具有一定的异质性。针对虚假信息的分类有很多种，本部分主要从传播意图和传播渠道两个类别进行分类描述。

按传播意图分，虚假信息共有三类。

恶意虚假信息(disinformation)：故意制造、传播的不实信息，以误导公众、影响舆论或破坏特定个人、团体的声誉。这类信息往往带有明确的动机，如增加政治、经济利益或社会影响力。

非恶意虚假信息(misinformation)：无意传播的不实信息，传播者并不清楚内容的真实性，但却因为缺乏核实或误解而进行转发、分享等。

恶作剧或幽默性虚假信息(hoax or satire)：包括讽刺、幽默、夸张的信息，通常以娱乐或幽默为目的，但可能会因误解而传播成真实信息。

按传播渠道分，虚假信息有三种。

社交媒体虚假信息：主要通过社交平台传播，往往具有传播速度快、受众面广等特点，如在 Twitter、Meta、抖音等平台上迅速扩散的假消息。

传统媒体虚假信息：通过传统媒体如报纸、电视等传播的虚假信息，影响面更广，但通常传播速度较慢。

暗网或匿名平台虚假信息：利用暗网或匿名平台进行传播，多具有较高的隐蔽性，如通过 Telegram、匿名论坛等平台传播的恶意谣言或阴谋论。

6.2.2　虚假信息检测的主要方法

随着社交媒体和网络平台的迅速发展，虚假信息的传播已成为全球范围内的重大问题。虚假信息不仅包括误导性的假新闻，还涵盖了快速传播的谣言，对社会和经济产生了深远的负面影响。为了应对这一挑战，虚假信息检测技术应运而生，并在近年来得到了广泛研究和应用。研究者提出了多种检测方法，从早期的基于特征工程的传统机器学习模型，到如今基于深度学习和多模态融合的复杂模型，涵盖了文本分析、传播路径挖掘、对抗生成、时间序列分析等多个领域。

1. 虚假信息检测方法的分类

当前，虚假信息检测的方法主要可以归纳为以下几类。

1）基于特征工程的传统机器学习方法

在虚假信息检测的早期阶段，基于特征工程的传统机器学习方法是主流选择。特征工程是指通过手工设计和选择有效的特征，将原始数据转化为模型可以理解的形式。对于虚假信息检测，特征工程通常涉及从文本或社交网络中提取出有用的特征，这些特征能够揭示信息是否为虚假的。然后，将这些特征输入到传统的机器学习模型中进行分类。以下是基于特征工程的传统机器学习方法的详细说明。

(1) 特征类别。

首先是多种特征的提取，主要有文本特征、社交传播类特征及其他的相关特征。

文本特征：针对假新闻和谣言的文本，研究者通常会提取如下文本特征。

词频-逆文档频率(TF-IDF)：文本分类中最常用的特征之一。它通过计算词在文档中的出现频率以及其在整个语料库中的逆频率来衡量词的重要性。TF-IDF 能够有效地区分常见词(如“的”和“是”等)和具有较强区分能力的词(如新闻事件中的特定专有名词)。

词袋模型：将文档表示为词的集合，而不考虑词的顺序。每个文档可以被表示为一个高维稀疏向量，其元素代表该文档中某些词的出现次数或频率。

n-gram 特征：连续的 *n* 个词或字符序列，这种特征能够捕捉局部的词序关系。*n*-gram 在语法、句法和上下文意义上提供了额外的信息，特别适合检测在假新闻中的固定句式和语言模式。

情感分析：假新闻和谣言往往使用煽动性或情绪化的语言，情感分析工具可以帮助提取文本中的情绪倾向(如积极、消极、中立)，以识别异常的情感特征。

社交传播特征：对于谣言检测，除了文本特征外，研究者还经常提取信息的社交传播特征，具体如下。

用户特征：包括发布信息的用户的影响力(如粉丝数)、用户活跃度、账户创建时间等。这些特征有助于识别通过虚假账号或僵尸账号发布虚假信息的行为。

传播路径特征：分析虚假信息在社交网络中的传播模式。例如，虚假信息通常以一种异常快速的方式传播，并通过高度连接的社交群体进行扩散。通过分析传播路径的长度、转发次数、节点之间的连通性等特征，可以有效识别出谣言传播模式。

此外，还包括和内容本身相关的其他特征，具体如下。

元数据特征：包括信息的发布时间、来源、作者等。对于假新闻，非官方或未经认证的来源通常是一个虚假信息的强指示特征。

语法和句法特征：假新闻或谣言中可能存在的语法错误、拼写错误，或使用简单句式，这些都是可利用的特征。自动化的语法检查工具可以帮助提取这些特征。

(2)传统的机器学习模型。

在完成特征提取后，传统的机器学习模型被用于进行分类，判断信息的真假。这些模型包括如下几类。

支持向量机(SVM)：一种常用的线性分类模型，通过寻找一个最佳的超平面将不同类别的样本分开。在虚假信息检测任务中，SVM 常用于处理高维稀疏文本数据(如 TF-IDF 特征)。它可以通过设置不同的核函数来处理线性和非线性分类问题。

逻辑回归(logistic regression)：一种广泛用于二分类任务的统计模型，能够通过预测某个信息虚假或真实的概率来完成分类。它的优势在于简单且可解释，尤其适用于特征维度较小且特征与标签间具有线性关系的情况。

随机森林(random forest)：一种集成学习方法，通过构建多棵决策树并投票来决定最终分类结果。它在处理复杂特征集时表现良好，尤其适用于难以被线性分类器正确分类的数据集。

该类方法的优点主要如下。

简单易用：特征工程结合传统机器学习模型的方式通常易于实现，尤其是当研究者对领域内的特征有较深了解时，手工设计的特征往往能够有效提高模型的性能。

可解释性强：这些模型特别是逻辑回归和决策树提供了较高的可解释性，可以方便地分析哪些特征对虚假信息的检测有重要贡献。

计算资源要求较低：相比复杂的深度学习模型，传统机器学习模型对计算资源的要求较低，尤其适合在小规模数据集或计算资源有限的情况下使用。

该类方法的缺点主要如下。

特征依赖强：这些模型的效果高度依赖于手工设计的特征。如果设计的特征不够好，模型的性能也会受到限制。尤其是针对复杂语言现象，手工设计的特征难以捕捉。

泛化能力差：由于特征工程通常针对特定的数据集设计，当模型应用到不同的数据集或场景时，特征的表现可能不一致，导致模型的泛化能力较差。

难以处理海量数据：在社交媒体数据爆炸的情况下，传统机器学习模型在处理大规模数据时效率较低，尤其是当需要处理海量文本、图像或其他复杂数据时。

总的来说，基于特征工程的传统机器学习方法是虚假信息检测研究的起点，尤其是在早期的研究中取得了不错的效果。然而，随着信息复杂度的增加以及深度学习技术的发展，这些模型逐渐被自动化程度更高的模型所取代，但它们的简单性和可解释性仍然在特定应用场景中具有重要价值。

2）基于深度学习的文本分析方法

随着深度学习在自然语言处理中的突破，基于深度学习的文本分析方法逐渐成为主流。这类方法能够从文本中自动提取高级特征，不再依赖手工设计特征，尤其适合处理大规模数据和复杂的语言结构。以下是基于深度学习的文本分析方法的简要描述。

（1）常用的文本表示方法。

词嵌入（word embedding）：如 Word2vec、GloVe 和 FastText，通过将词语表示为向量，捕捉词之间的语义关系。

上下文嵌入（contextual embedding）：如 ELMo 和 BERT，能够根据不同上下文动态生成词的语义表示，提升对多义词的理解。

（2）经典的深度学习模型。

卷积神经网络（CNN）：适用于捕捉文本中的局部模式，擅长处理短文本，通过卷积核学习重要特征。

循环神经网络（RNN）和 LSTM：擅长处理文本中的长距离依赖关系，适合处理长文本和时间序列数据，如谣言的传播模式。

Transformer 及注意力机制：如 BERT 和 GPT，通过并行处理整个序列，捕捉长文本中的上下文关系，尤其适用于处理复杂语言结构，是当前最为流行的深度学习模型之一。

该类方法的优点主要如下。

自动特征提取：深度学习模型能自动从数据中提取有用特征，不再依赖手工设计特征。

强大的学习能力：能处理复杂的语言现象和大规模数据，表现优越。

迁移学习：预训练语言模型（如 BERT）可以通过微调（fine-tuning）应用于不同的检测任务。

该类方法的缺点主要如下。

计算资源要求较高：训练深度学习模型，尤其是 Transformer，需要大量的计算资源。

数据依赖性强：模型通常需要大量标注数据才能获得良好的效果。

可解释性较弱：相较于传统机器学习模型，深度学习模型的决策过程不易解释。

总的来说，基于深度学习的文本分析方法在虚假信息检测中展现了强大的能力，尤其适合处理复杂的文本和社交媒体数据，但其高计算成本和可解释性问题仍然是研究中的挑战。

3）基于社交网络分析的传播模式检测方法

基于社交网络分析的传播模式检测方法不仅关注文本内容，还利用信息在社交网络中的传播特征来检测虚假信息。通过分析虚假信息的传播路径、用户行为以及网络结构，研究者可以捕捉虚假信息在社交网络中扩散的模式，进而进行检测。

（1）传播特征。

用户特征：包括发布信息的用户的影响力（如粉丝数、互动数）、历史行为、账号的活跃度等。虚假信息常由低信任度或假账户发布。

传播路径特征：通过分析信息的传播结构，识别其扩散方式，如传播速度、转发次数、传播网络的节点连通性等，谣言常通过高度连接的社区快速传播。

（2）常用的传播分析模型。

图神经网络（GNN）：通过建模社交网络中的节点（用户、信息）和边（用户之间的关系）来学习信息的传播模式。它可以结合网络结构和信息内容进行虚假信息检测。

基于传播路径的聚类分析：通过聚类算法分析信息在社交网络中的传播模式，将具有相似传播模式的信息进行分组，以此区分虚假和真实信息。

该类方法的优点主要如下。

结合社交网络信息：能够利用信息的传播特征进行检测，特别是对于谣言检测，传播路径分析能揭示其传播模式。

动态分析：可以分析信息传播的时间序列特征，适合处理具有时效性的谣言。

该类方法的缺点主要如下。

依赖网络结构：如果社交网络中的传播数据不完整或被操纵，模型的效果会大打折扣。

计算复杂度高：处理大规模社交网络时，分析传播路径和网络结构更加耗时或占用大量内存。

基于社交网络分析的传播模式检测方法在谣言检测中尤为有效，通过分析虚假信息的传播模式，能够快速识别其异常传播行为。

4）基于多模态融合的检测方法

虚假信息不仅限于文本内容，通常伴随有图像、视频、用户互动等多种形式。因此，基于多模态融合的检测方法通过结合文本、图像等内容来提升虚假信息检测的效果。基于多模态融合的检测方法通过整合多种模态的数据，能够从更多角度对虚假信息进行综合分析。

（1）多模态特征。

文本特征：使用深度学习方法提取新闻或社交媒体中的文本特征，如 BERT 生成的文本嵌入。

图像特征：使用卷积神经网络（CNN）提取图像中的视觉特征，特别是在包含图文结合的假新闻中（如社交媒体帖子）。

（2）常用的多模态融合模型。

多模态深度学习模型：将来自不同模态的数据（文本、图像等）通过深度学习模型（如 RNN、CNN、GNN）进行处理，然后将各模态的特征融合，用于虚假信息检测。

多模态注意力机制：通过注意力机制，自动分配不同模态的重要性，使模型能够更有效地结合多种数据源进行决策。

该类方法的优点主要如下。

信息多样性：能够结合不同类型的数据，从多个维度对虚假信息进行分析，提升检测的鲁棒性。

提升检测效果：相比基于单一模态的检测方法，基于多模态融合的检测方法能够捕捉虚假信息中的潜在关联，提高准确率。

该类方法的缺点主要如下。

跨模态信息噪声问题：多模态检测往往需要对不同模态的信息进行整合，但各模态的数据质量可能不一致。例如，图像可能无关紧要或容易被伪造，而文本信息可能具有较多的歧义性或隐含信息。这些因素会带来信息噪声，可能误导模型的判断，影响检测准确性。

高计算成本：融合多种模态的数据会带来额外的计算成本，尤其是在处理大规模数据时。

基于多模态融合的检测方法通过结合文本、图像等信息，能够更全面地分析虚假信息，特别适合处理包含多种媒体形式的假新闻或谣言。

5) 基于生成对抗网络的检测方法

生成对抗网络(GAN)是一种通过生成器和判别器的对抗训练来增强模型性能的技术，近年来在虚假信息检测中得到了应用。基于 GAN 的检测方法通过生成虚假信息和真实信息进行对抗训练，提升检测模型对虚假信息的鲁棒性。

(1) 工作机制。

生成器(generator)：试图通过学习生成看似真实的虚假信息，以“欺骗”判别器。它从随机噪声中生成类似于真实数据的虚假样本(如假新闻、谣言等)。

判别器(discriminator)：用于区分真实信息和生成的虚假信息。通过与生成器的对抗训练，判别器逐渐变得更加准确，同时生成器也不断提高生成虚假信息的能力。

(2) 常用的 GAN 模型。

文本生成对抗网络(TextGAN)：生成虚假文本信息用于“欺骗”检测模型，提升模型对假新闻或谣言的检测能力。

生成对抗网络(GAN)与图网络结合：用于社交网络中的谣言传播，生成虚假传播路径或用户行为，帮助训练更强的检测模型。

该类方法的优点主要如下。

提升检测模型的鲁棒性：通过生成虚假信息来模拟真实的虚假信息，在面对不完美或有扰动的输入数据时能表现出更好的稳定性和抗干扰能力。

数据增强：可以生成更多样化的虚假信息，特别是在标注数据有限的情况下，提升训练效果。

该类方法的缺点主要如下。

训练复杂：GAN 的生成器和判别器之间需要平衡，训练过程容易不稳定，尤其是虚假信息样本与真实信息样本差异较大时。

计算成本高：生成模型和判别模型同时训练，计算资源需求大，特别是在处理文本、图像等多模态数据时。

基于 GAN 的检测方法通过生成对抗性的虚假信息，能够有效提升虚假信息检测模型的鲁棒性，但其训练难度和计算成本也是关键挑战。

6) 基于预训练语言模型的检测方法

预训练语言模型(如 BERT、GPT 等)在虚假信息检测中具有广泛应用。通过在大规模语料上预训练，预训练语言模型能够捕捉到丰富的语言模式和上下文信息，并通过微调适应具体的虚假信息检测任务。

(1) 预训练语言模型的特征。

上下文嵌入：与传统的词嵌入不同，预训练语言模型(如 BERT)通过双向上下文捕捉每个词在不同语境中的动态语义表示，提升模型对文本细节的理解。

多任务学习：预训练语言模型在多个语言任务(如语言建模、文本分类)上进行预训练，然后可以通过微调适应虚假信息检测任务。

(2) 常用的预训练语言模型。

BERT：通过 Transformer 架构实现双向上下文建模，在虚假信息检测任务中表现突出，尤其适合长文本分析。

GPT(generative pre-trained transformer)：基于生成模型，适合文本生成和序列预测任务，通过微调，可以应用于谣言或假新闻检测。

该类方法的优点主要如下。

强大的上下文理解能力：预训练语言模型能够捕捉到复杂的上下文依赖关系，提升对虚假信息细节的理解。

迁移学习能力：模型可以在多个任务之间迁移，通过在大规模语料上预训练，能够快速适应虚假信息检测任务。

该类方法的主要缺点如下。

计算成本高：预训练语言模型的训练和微调过程计算成本高，尤其对于大型模型(如GPT-4)，需要大量计算资源和强大的硬件支持。

数据需求大：尽管预训练语言模型能够在下游任务上微调，但要获得最佳效果，通常仍需大规模标注数据集。

预训练语言模型通过丰富的语言知识和上下文理解能力，显著提升了虚假信息检测的效果，但计算资源的消耗仍是其应用中的一个关键挑战。

7)基于时间序列分析的检测方法

虚假信息特别是谣言的传播往往具有时序性。因此，基于时间序列分析的检测方法通过捕捉信息传播的时间动态特征，能够有效识别谣言的传播模式。这类方法特别适用于谣言检测，因为谣言通常会在一段时间内迅速扩散，呈现出明显的时间序列特征。

(1)时间序列特征。

传播速度：分析信息传播的速度，虚假信息往往比真实信息扩散得更快。

传播路径的时间变化：捕捉信息在网络中的传播轨迹，检测其在不同时间点的传播模式变化。

(2)常用的时间序列模型。

长短期记忆网络(LSTM)：一种常用于处理时间序列的深度学习模型，能够捕捉信息在传播过程中的时间依赖性，适合处理长时间跨度的谣言传播。

基于时序图的动态网络模型：通过结合图结构和时间序列分析，动态建模信息的传播路径，能够识别不同时间点上的传播行为和网络结构变化。

该类方法的主要优点如下。

捕捉时间依赖关系：通过时间序列分析能够有效捕捉虚假信息在传播过程中的动态变化，特别适用于谣言的传播路径分析。

适合长时间分析：LSTM 等时间序列模型能够处理较长时间跨度的信息，适合跟踪谣言的长期传播行为。

该类方法的主要缺点如下。

数据需求大：时间序列分析通常需要完整的传播数据，而有时谣言传播路径的部分数据可能缺失，影响检测效果。

可扩展性问题：对于大规模动态网络，时间序列模型的训练和推理成本较高，难以快速扩展到更大规模的数据集。

基于时间序列分析的检测方法在谣言检测中的表现尤为突出，能够捕捉到谣言在传播过程中独特的时间依赖特性，有效识别出异常的传播行为。

2. 典型的虚假信息检测算法

下面详细介绍两个用于虚假信息检测的典型算法。

1) 基于时间序列的谣言检测

本部分介绍的算法是一种基于时间序列的谣言检测算法，利用循环神经网络(RNN)对社交媒体上谣言的传播过程进行建模。该算法关注谣言在社交网络中的动态传播特性，通过捕捉时间序列上的特征，来实现谣言的早期检测。下面是问题定义和实现过程。

视频

(1) 问题定义。

个别微博帖子本质上很短，包含的上下文非常有限。一个声明通常与许多和该声明相关的帖子相关联。这里感兴趣的不是个人层面，而是总体层面。因此，预测每个帖子的真实性不是这里的重点。相反，专注于检测事件级别的谣言，包括一组相关帖子。将一组给定事件定义为 $E=\{E_i\}$，其中每个事件 $E_i=\{(m_{i,j},t_{i,j})\}$ 由时间戳 $t_{i,j}$ 处的所有相关帖子 $m_{i,j}$ 组成，任务是将每个事件归类为谣言或非谣言。

(2) 变长时间序列。

可以将每个帖子建模为输入实例，并构建一个循环神经网络，对时间序列进行建模，序列长度等于帖子数量。然而，一个热门话题中可能会有数以万计的帖子。其中，只有一个输出单元，指示每个事件最后一个时间步的类别。通过大量时间步进行反向传播，虽然只有最后阶段的损失，但是计算成本高昂且效率低下。

因此，算法将帖子按照时间间隔进行分批，并将它们视为时间序列中的单个单元，然后使用循环神经网络对序列进行建模。采用循环神经网络的参考长度来构造时间序列。应正确捕获代表扩散中帖子密集的时间跨度；采用的时间间隔数量近似于循环神经网络的参考长度。

首先，算法将整个时间线平均划分为 N 个区间(其中 N 是参考长度)。然后系统会尝试在这些区间中找到包含至少一条推文的非空区间集合 U' (即 U' 中每个时间间隔内至少有一个帖子)。在这个 U' 集合中，选出连续时间跨度最长的非空区间作为结果集合 $\overline{U}$ 。如果集合 $\overline{U}$ 中的区间数量小于 N，则将时间线的划分粒度提高一倍(即将每个区间再次对半划分)，继续执行划分步骤；否则，算法返回在 $\overline{U}$ 中选中的连续时间区间。注意，虽然整个时间序列的长度接近 N，但不同事件之间的区间长度可能有所不同，而在同一个事件中，每个区间的长度是相等的。

(3) 模型结构。

在每个区间中，使用区间内词汇术语的 tf-idf 值作为输入。根据 tf-idf 值保留前 K 个术语来修剪词汇表，因此输入维度为 K。算法利用了三种不同结构的 RNN，如图 6-2 所示。其中 E 是词嵌入矩阵，U、W、V 分别对应隐藏层和输出层的参数，R 代表谣言，N 代表非谣言。请注意，输出单元与上一次相关联步骤，使用 softmax 作为两个类的概率输出。

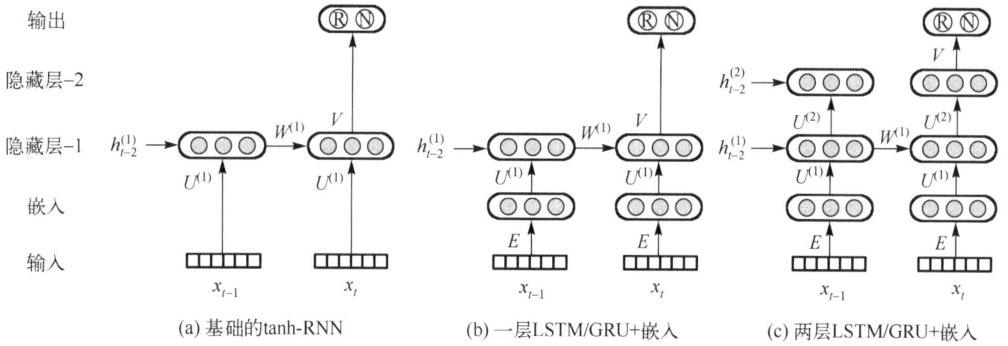

图 6-2　基于 RNN 的谣言检测模型

tanh-RNN 是基本结构，其中隐藏单元没有门控。因此，它可以以有限的方式捕获跨时间间隔的上下文。令 g_c(其中 c 表示类标签)为事件的真实二维多项式分布。在这里，谣言的分布形式为[1,0]，非谣言的分布形式为[0,1]。对于每个训练实例(即每个事件)，算法的目标是最小化预测和真实情况的概率分布之间的平方误差：

$$\min \sum_{c}(g_c - p_c)^2 + \sum_{i}\|\theta_i\|^2$$

式中，g_c 和 p_c 分别是真实分布和预测分布；θ_i 表示要估计的模型参数；$\sum_{i}\|\theta_i\|^2$ 作为 L2 正则化项，用于惩罚用于权衡误差和问题规模。tanh-RNN 如图 6-2(a)所示。

单层 LSTM 和 GRU。由于长距离依赖性对于捕获事件生命周期中的谣言和隐藏信号的模式非常重要，模型使用 LSTM 和 GRU 将循环单元修改为门控单元。门控单元 RNN 如图 6-2(b)所示。门控单元不仅保存当前时间步的信息，还注入了前几步的相互依赖性。然而，由于门控单元，参数的规模显著扩大。例如，由于引入了重置门和更新门，GRU 将原始参数空间增加了三倍。为了降低复杂度，在输入层和隐藏层之间添加一个嵌入层(固定长度为 100)，使得参数的整体规模变得更小。然后嵌入层将每个输入词向量转换为低维表示。模型没有使用基于外部集合的预训练向量，而是使用模型自身的嵌入矩阵 E。

多层 LSTM 和 GRU。模型还通过添加第二个 GRU 层来进一步开发基于 GRU 的多层结构，该 GRU 层捕获不同时间步之间的更高级别的特征交互。考虑到 LSTM 的参数集更复杂，模型将 GRU 扩展到多层。图 6-2(c)说明了其结构。下面给出了嵌入层、第一和第二 GRU 层的计算公式：

$$x_e = x_t E$$

$$z_t^{(1)} = \sigma(x_e U_z^{(1)} + h_{t-1}^{(1)} W_z^{(1)})$$

$$r_t^{(1)} = \sigma(x_e U_r^{(1)} + h_{t-1}^{(1)} W_r^{(1)})$$

$$\overline{h}_t^{(1)} = \tanh(x_e U_h^{(1)} + (h_{t-1}^{(1)} \cdot r_t^{(1)}) W_h^{(1)})$$

$$h_t^{(1)} = (1 - z_t^{(1)}) \cdot h_{t-1}^{(1)} + z_t^{(1)} \cdot \overline{h}_t^{(1)}$$

$$z_t^{(2)} = \sigma(h_t^{(1)} U_z^{(2)} + h_{t-1}^{(2)} W_z^{(2)})$$

$$r_t^{(2)} = \sigma(h_t^{(1)}U_r^{(2)} + h_{t-1}^{(2)}W_r^{(2)})$$

$$\overline{h}_t^{(2)} = \tanh(h_t^{(1)}U_h^{(2)} + (h_{t-1}^{(2)} \cdot r_t^{(2)})W_h^{(2)})$$

$$h_t^{(2)} = (1 - z_t^{(2)}) \cdot h_{t-1}^{(2)} + z_t^{(2)} \cdot \overline{h}_t^{(2)}$$

2) 基于事件对抗神经网络的假新闻检测

随着社交媒体上的新闻阅读变得越来越流行，假新闻成为公众和政府关注的主要问题。假新闻可以利用多媒体内容误导读者并进行传播，从而造成负面影响甚至操纵公共事件。社交媒体上假新闻检测的独特挑战之一是如何识别新出现事件的假新闻。不幸的是，大多数现有方法很难应对这一挑战，因为它们倾向于学习特定于事件的特征，而这些特征无法转移到未见过的事件。基于事件对抗神经网络(EANN)的端到端框架，可以导出事件不变特征，从而有利于新到达事件的假新闻检测。以下是该模型的主要内容。

视频

(1) 模型概述。

该模型的目标是学习用于假新闻检测的可转移和可区分的特征表示。如图 6-3 所示，为了实现这一目标，EANN 模型集成了三个主要组件：多模态特征提取器、假新闻检测器和事件鉴别器。首先，由于社交媒体上的帖子通常包含不同模式的信息(如文本帖子和附加图像)，因此多模态特征提取器包括文本和视觉特征提取器来处理不同类型的输入。在学习了文本和视觉特征表示后，它们被连接在一起以形成最终的多模态特征表示。假新闻检测器和事件鉴别器都建立在多模态特征提取器之上。假新闻检测器将学习到的特征表示作为输入来预测帖子是假的还是真实的。事件鉴别器根据这个潜在表示来识别每个帖子的事件标签。

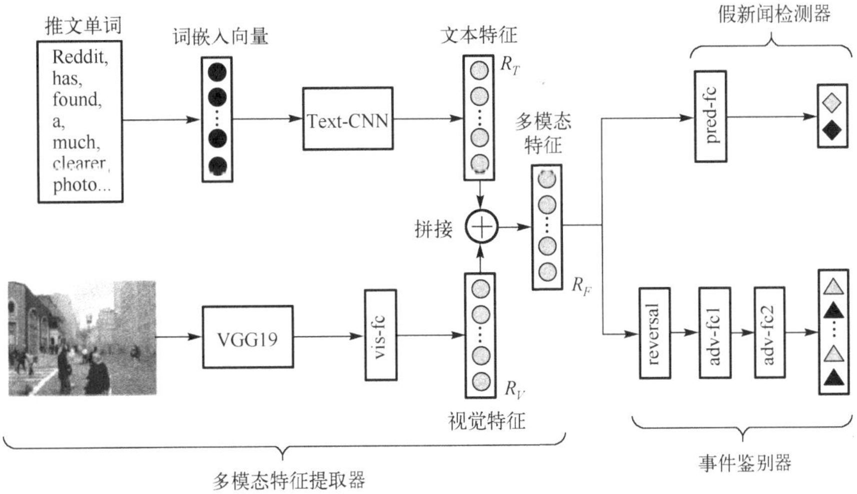

图 6-3　事件对抗神经网络 (EANN) 架构

(2) 多模态特征提取器。

首先介绍文本特征提取器。帖子中单词的顺序列表是文本特征提取器的输入。为了从文本内容中提取信息特征，模型采用卷积神经网络(CNN)作为文本特征提取器的核心模块。CNN 已被证明在计算机视觉和文本分类等许多领域有效。如图 6-3 所示，模型在文本特征提取器中结合了改进的 CNN 模型，即 Text-CNN。Text-CNN 的架构如图 6-4 所示，它利用具有不同窗口大小的多个过滤器来捕获不同粒度的特征以识别假新闻。

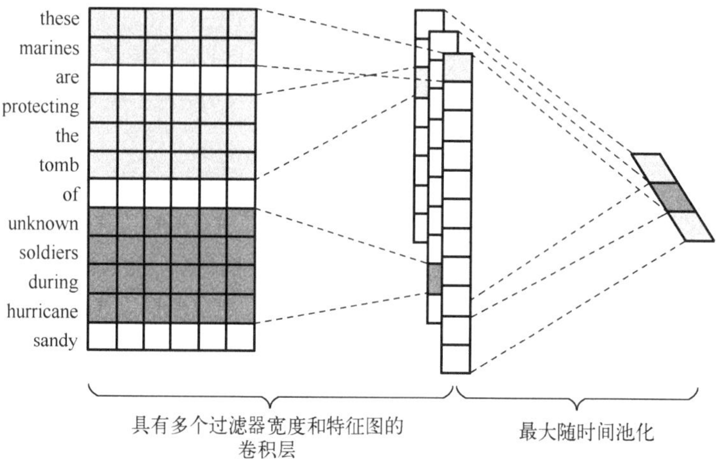

图 6-4 Text-CNN 架构图

在文本特征提取的过程，文本中的每个单词被表示为单词嵌入向量。每个单词的嵌入向量是使用给定数据集上预先训练的单词嵌入来初始化的。对于句子中的第 i 个单词，对应的 k 维单词嵌入向量表示为 $T_i \in \mathbb{R}^k$。因此，一个有 n 个单词的句子可以表示为

$$T_{1:n} = T_1 \oplus T_2 \oplus \cdots \oplus T_n$$

式中，"$\oplus$"是串联运算符。窗口大小为 h 的卷积过滤器将句子中 h 个单词的连续序列作为输入并输出一个特征。为了清楚地展示过程，这里以从第 i 个单词开始的连续 h 个单词序列为例，过滤操作可以表示为

$$t_i = \sigma(W_c \cdot T_{i:i+h-1})$$

式中，$\sigma(\cdot)$ 是 ReLU 激活函数；W_c 表示过滤器的权重。该过滤器也可以应用于其余单词，然后得到该句子的特征向量：

$$t = [t_1, t_2, \cdots, t_{n-h+1}]$$

对于每个特征向量 t，模型使用最大池化操作来取最大值，从而提取最重要的信息。至此，可以获得某个特定过滤器的相应特征。重复该过程，直到获得所有过滤器的特征。为了提取不同粒度的文本特征，模型应用了不同的窗口大小。对于特定的窗口大小，有 n_h 个不同的过滤器。因此，假设有 c 个可能的窗口大小，总共有 $c \cdot n_h$ 个过滤器。最大池化操作后的文本特征写为 $R_{T_c} \in \mathbb{R}^{c \cdot n_h}$。在最大池化操作之后，使用全连接层通过以下操作确保最终的文本特征表示（表示为 $R_T \in \mathbb{R}^p$）与视觉特征表示具有相同的维度（表示为 p）：

$$R_T = \sigma(W_{tf} \cdot R_{T_c})$$

式中，W_{tf} 是全连接层的权重矩阵。

然后介绍视觉特征提取器。帖子所附图像是视觉特征提取器的输入，表示为 V。为了有效地提取视觉特征，模型采用了预训练的 VGG19 网络。在 VGG19 网络的最后一层之上，添加了一个全连接层来将最终视觉特征表示的维度调整为 p。在与文本特征提取器的联合训练过程中，预训练的 VGG19 网络的参数保持静态以避免过度拟合。将 p 维视觉特征表示为 $R_V \in \mathbb{R}^P$，视觉特征提取器中最后一层的操作可以表示为

$$R_V = \sigma(W_{vf} \cdot R_{vgg})$$

式中，R_{vgg} 是从预训练的 VGG19 获得的视觉特征表示；W_{vf} 是视觉特征提取器中全连接层的权重矩阵。

文本特征表示 R_T 和视觉特征表示 R_V 将连接起来形成多模态特征表示，表示为 $R_F = R_T \oplus R_V \in \mathbb{R}^{2p}$，这是多模态特征提取器的输出。将多模态特征提取器表示为 $G_f(M;\theta_f)$，其中 M（通常是一组文本和视觉帖子）是多模态特征提取器的输入，θ_f 表示要学习的参数。

(3) 假新闻检测器。

接下来学习假新闻检测器。它部署了一个带有 softmax 的全连接层来预测帖子是假的还是真实的。假新闻检测器建立在多模态特征提取器之上，从而将多模态特征表示 R_F 作为输入。将假新闻检测器表示为 $G_d(\cdot;\theta_d)$，其中 θ_d 表示包含的所有参数。第 i 个多媒体帖子的假新闻检测器的输出（表示为 m_i）是该帖子为假帖子的概率：

$$P_\theta(m_i) = G_d(G_f(m_i;\theta_f);\theta_d)$$

假新闻检测器的目标是识别特定帖子是否是假新闻。使用 Y_d 来表示标签集，并使用交叉熵来计算检测损失：

$$L_d(\theta_f,\theta_d) = -E_{(m,y)\sim(M,Y_d)}[y\log(P_\theta(m)) + (1-y)(\log(1-P_\theta(m)))]$$

通过寻找最优参数 $\hat{\theta}_f$ 和 $\hat{\theta}_d$ 来最小化检测损失函数 $L_d(\theta_f,\theta_d)$，这个过程可以表示为

$$(\hat{\theta}_f,\hat{\theta}_d) = \arg\min_{\theta_f,\theta_d} L_d(\theta_f,\theta_d)$$

假新闻检测的主要挑战之一源于训练集未涵盖的事件。这要求模型能够学习新出现事件的可转移特征表示。直接最小化检测损失仅有助于检测训练集中包含的事件的假新闻，因为这仅捕获特定于事件的知识（如关键字）或模式，而无法很好地概括。因此，需要使模型能够学习更通用的特征表示，以捕获所有事件之间的共同特征。这种表示应该是事件不变的，并且不包括任何特定于事件的特征。为了实现这个目标，需要消除每个事件的独特性。特别是测量不同事件之间特征表示的差异并删除它们，以捕获事件不变的特征表示。

(4) 事件鉴别器。

事件鉴别器（event discriminator）是一个包含两层全连接层和对应激活函数的神经网络。它的目标是基于多模态特征表示，将帖子准确分类到 K 个事件类别中的某一个。用 $G_e(R_f;\theta_e)$ 表示事件鉴别器，其中 θ_e 是事件鉴别器的参数。

定义事件鉴别器的损失函数 $L_e(\theta_f,\theta_e)$，使用交叉熵来计算分类误差，其中 Y_e 表示事件标签的集合。具体公式如下：

$$L_e(\theta_f,\theta_e) = -E_{(m,y)\sim(M,Y_e)}\left[\sum_{k=1}^{K} 1_{[k=y]}\log(G_e(G_f(m;\theta_f));\theta_e)\right]$$

式中，E 是期望值；m 是输入样本；y 是样本对应的标签；θ_f 是多模态特征提取器的参数。损失函数 $L_e(\theta_f,\theta_e)$ 量化了预测分布和真实分布之间的差异。

为了使事件鉴别器能够有效区分不同事件类别，需要找到一组最优的鉴别器参数 θ_e，使

得损失函数 $L_e(\theta_f,\theta_e)$ 最小。这个优化过程可以表示为

$$\hat{\theta}_e = \arg\min_{\theta_e} L_e(\theta_f,\theta_e)$$

式中，$\hat{\theta}_e$ 表示通过最小化损失函数得到的最优鉴别器参数。一旦得到最优参数 $\hat{\theta}_e$，就可以将其代入损失函数，得到在该最优参数下的损失值 $L_e(\theta_f,\hat{\theta}_e)$。这个损失值可以用于估计不同事件分布之间的相似性。若损失值较大，意味着不同事件的分布相似，模型提取的特征较少包含事件特有的信息；若损失值较小，说明模型能更好地区分不同事件。

上述想法激发了多模态特征提取器和事件鉴别器之间的极小极大博弈。一方面，多模态特征提取器试图欺骗事件鉴别器以最大化鉴别损失。另一方面，事件鉴别器旨在发现特征表示中包含的事件特定信息以识别事件。三个组件的整合过程和最终的目标函数将在后面介绍。

(5)模型集成。

在训练阶段，多模态特征提取器 $G_f(\cdot;\theta_f)$ 需要与假新闻检测器 $G_d(\cdot;\theta_d)$ 配合，最小化检测损失 $L_d(\theta_f,\theta_d)$，从而提高假新闻检测的性能。同时，多模态特征提取器 $G_f(\cdot;\theta_f)$ 尝试欺骗事件鉴别器 $G_e(\cdot;\hat{\theta}_e)$，通过最大化事件鉴别损失 $L_e(\theta_f,\theta_e)$ 来实现事件不变表示。事件鉴别器 $G_e(R_f;\theta_{\mathrm{e}})$ 尝试通过最小化鉴别损失来基于多模态特征表示识别每个事件。可以将最终损失定义为

$$L_{\text{final}}(\theta_f,\theta_d,\theta_e) = L_d(\theta_f,\theta_d) - \lambda L_e(\theta_f,\theta_e)$$

式中，λ 控制假新闻检测和事件鉴别的目标函数之间的权衡。在本书中，简单地将 λ 设置为 1，而不调整权衡参数。对于极小极大游戏，寻求的参数集是最终目标函数的鞍点：

$$(\hat{\theta}_f,\hat{\theta}_d) = \arg\min_{\theta_f,\theta_d} L_{\text{final}}(\theta_f,\theta_d,\hat{\theta}_e)$$

$$\hat{\theta}_e = \arg\max_{\theta_e} L_{\text{final}}(\hat{\theta}_f,\theta_e)$$

模型中使用随机梯度下降来解决上述问题。θ_f 根据梯度更新规则进行更新。这里引入梯度反转层(GRL)。梯度反转层在正向传播阶段充当恒等函数，并将梯度与 $-\lambda$ 相乘，将结果传递到反向传播阶段的前一层。GRL 可以轻松地添加在多模态特征提取器和事件鉴别器之间。将其表示为图 6-3 中的反转层。

$$\theta_f \leftarrow \theta_f - \eta\left(\frac{\partial L_d}{\partial \theta_f} - \lambda\frac{\partial L_e}{\partial \theta_f}\right)$$

为了稳定训练过程，衰减学习率 η' 为

$$\eta' = \frac{\eta}{(1+\alpha\cdot p)^{\beta}}$$

6.2.3 虚假信息检测研究展望

虚假信息检测领域未来的研究展望主要集中在提升模型的检测能力、增强泛化性能、应对多模态复杂数据以及解决实际应用中的挑战。随着虚假信息的形式和传播手段不断演变，研究者需要探索新的技术和方法来应对更加复杂的虚假信息检测任务。以下是该领域未来研究的一些重要方向。

1) 多模态融合的深入探索

未来，虚假信息的表现形式将越来越多样化，不仅限于文本，还包括图像、音频、视频等多种媒体形式。因此，多模态虚假信息检测成为一个重要的研究方向。虽然现有的多模态融合方法已取得一定进展，但如何更好地整合不同模态的特征，尤其是针对异构数据的有效融合，仍然是一个挑战。未来的研究可以探索更高效的多模态融合技术，如跨模态注意力机制和 Transformer 架构，来捕捉各模态之间的深层次关联。

2) 增强模型的鲁棒性和解释性

现有的深度学习模型在处理虚假信息时表现优越，但大多数模型存在“黑箱”问题，难以解释其决策过程。未来的研究应注重提升模型的解释性，让检测结果更具可解释性，以便用户理解模型的判断依据。这对于法律、新闻和监管机构等领域尤其重要。此外，虚假信息形式复杂多变，研究者需设计更具有鲁棒性的模型，以应对不同类型和多样化的虚假信息，特别是在模型面对未知信息或恶意攻击时，能够保持高效、稳定的检测性能。

3) 利用社交网络中的用户行为和社会关系

除了内容本身，未来的虚假信息检测可以更加关注用户在社交网络中的行为模式和社交关系。这包括用户的互动历史、社交图谱，以及信息在不同社区间的传播特征。研究者可以结合图神经网络(GNN)和时间序列模型，深入挖掘信息传播的动态行为，从而更准确地检测虚假信息。如何结合社交网络中的群体特性和个体行为，打造更智能、更动态的检测系统，将是一个有潜力的方向。

4) 应对虚假信息的生成和对抗性攻击

随着深度生成模型(如 GAN 和深度伪造技术)的进步，虚假信息生成得越来越逼真且难以检测。未来的研究需要开发更强大的对抗检测系统，以快速、准确地识别由 GAN 生成的虚假文本、图像和视频。同时，研究者需开发更强的对抗性防御技术，防止检测模型受到恶意攻击。比如，通过对抗样本训练，提升模型应对对抗性攻击的能力，确保其在面对恶意操纵时仍能保持准确性。

5) 引入知识图谱和外部知识增强检测

知识图谱能够提供关于世界的结构化信息，未来可以结合知识图谱对虚假信息进行检测，特别是在假新闻和虚假事实的检测中，知识图谱可以作为重要的外部知识源。通过引入知识推理和外部验证机制，检测模型能够根据已知事实和常识来验证信息的真假，从而更好地检测虚假信息的错误陈述和虚假逻辑。

6) 处理低资源和跨语言的虚假信息检测

当前大多数虚假信息检测模型主要针对英语等高资源语言进行训练，而在其他语言和文化背景下的虚假信息检测仍面临挑战。未来研究应关注如何开发跨语言、多语言的检测系统，使得模型能够在不同语言环境中保持较好的性能。特别是在低资源语言场景下，如何利用迁移学习、多语言预训练模型等技术来提高检测效果是一个重要的研究方向。

7) 实时检测与大规模应用

随着虚假信息的传播速度越来越快，未来的研究需要关注如何实现实时检测。在大型社交网络中，虚假信息的传播往往具有突发性和快速性，传统的离线检测方法可能无法及时响应。未来的研究可以探索基于流数据处理和边缘计算的技术，开发实时监控和检测系统，以便在信息传播的早期阶段就进行干预。同时，虚假信息检测系统还需要具备处理大规模数据的能力，如何设计高效的算法和架构来应对大规模的实时检测需求是未来的关键挑战。

8) 隐私保护与伦理问题

虚假信息检测涉及大量的用户数据和社交网络行为，如何在保护用户隐私的同时有效检测虚假信息是一个日益重要的问题。未来的研究需要开发隐私保护机制，如差分隐私技术和联邦学习等，确保在不侵犯用户隐私的前提下，依然能够进行有效的虚假信息检测。此外，如何确保检测系统的公平性和透明性，避免模型偏见和误判，也是未来需要解决的伦理问题。

总之，虚假信息检测领域在未来面临诸多挑战和机遇，研究者将继续探索更智能、更鲁棒的检测模型，同时解决大规模数据处理、隐私保护、跨语言检测等实际问题。通过融合多模态数据、社交网络行为、对抗生成技术和知识图谱，未来的虚假信息检测技术将进一步提升精准度和适用性，助力应对信息污染的全球性问题。

6.3　内容质量分析

在社交媒体等平台上，文本内容数量庞大且质量参差不齐，进行内容质量分析可以帮助筛选出有价值、高质量的信息，提高信息的可靠性和可用性。此外，通过分析内容质量，可以了解用户的需求和兴趣，为平台的优化和改进提供依据。情绪词是文本中表达情感和情绪的重要元素，提取和分类情绪词可以帮助更好地理解文本的情感倾向和态度。这对于情感分析、舆情监测、客户反馈处理等应用非常重要。通过对情绪词的分析，可以了解人们对某一事件或话题的情感反应，为决策提供参考。社交媒体文本中的立场表达对于了解公众意见、预测社会趋势具有重要意义。立场检测可以帮助识别文本中对某一立场目标的支持、反对或中立态度，从而更好地把握公众舆论的走向。此外，在一些应用场景中，如政治、商业等领域，准确检测文本的立场对于制定策略和决策至关重要。

根据内容质量分析的核心任务，本节内容主要从三个方面进行介绍，首先介绍关于中文情绪词的研究，包括基于 WordNet-Affect 中文情绪词的提取方法以及情绪体系类别的层级关系研究方法；然后介绍如何对文本情绪进行分析，包括结合预训练语言模型与深度神经网络的文本情绪分类模型、基于多粒度文本片段的结构化情感分析以及基于关系表示强化的结构化情感分析；最后介绍社交媒体文本立场检测技术，包括基于主题提示学习的零样本文本立场检测方法。

6.3.1　关于中文情绪词的研究

为对文本内容进行情感分析，了解文本所表达的情感倾向，如积极、消极或中性，需要对中文情绪词进行提取和研究。下面介绍基于 WordNet-Affect 中文情绪词的提取方法以及情绪体系类别的层级关系研究方法。

1) 基于 WordNet-Affect 中文情绪词的提取方法

WordNet-Affect 是从 WordNet 发展而来的被广泛认可和成熟应用的英文情绪词词典，具备专业性和可靠性，基于此构建中文情绪词表主要包括翻译、过滤和扩展三个步骤。

翻译步骤使用百度翻译和有道翻译这两个国内主流的中英在线互译工具，对 WordNet-Affect 中的英文情绪词进行翻译。由于每个词语的全部中文释义被列出，引入了许多非情绪词和语义歧义问题，因此需要进行过滤操作。

过滤步骤基于中文语义构建双语无向图。首先，创建一个没有边的起始顶点 R，然后增加英文同义词集顶点和边，以及英文词语顶点和边，最后增加中文词语顶点和边，并对中文词语顶点进行词语相似度计算，在被判定为同义词的词语之间增加一条边。通过深度优先搜索的过滤算法，保留至少两条简单路径以回到初始顶点 R，且路径经过不同英文词语顶点和同义词集顶点的中文词语，这些词语被认为是情绪词。

经过翻译和过滤步骤后，得到的中文情绪词表规模较小且不够全面，因此需要进行扩展。扩展步骤结合中文同义词词林，将每个种子情绪词所在的同一及与其高度相似的同义词词林编号下包含的词语添加到相应情绪类别的词表中。

翻译步骤后，由于噪声词的引入，准确率较低；过滤步骤后，准确率大大提高，但词语数量急剧下降；扩展步骤后，词语数量明显增加，且精度下降不大。为了保证词表的质量，采用三名评估者为每个词语进行独立标注，对评估者的标注结果采用宽松选取标准，即只要有至少两个评估者认为一个词语属于相应的情绪类别，那么它就被保留，否则丢弃。

通过以上步骤，最终构建了一个高质量的中文情绪词表。该方法充分考虑了中英文语言的差异以及情绪词的特点，有效地提取了中文情绪词，为后续的文本情绪分析和相关研究提供了重要的基础。

2) 情绪体系类别的层级关系研究方法

情绪是人类心理活动的重要组成部分，对人们的思维、行为和决策产生着深远的影响。为了更好地研究和理解情绪，研究者致力于构建一个合理的情绪体系框架，明确情绪词的基本信息，并进行细粒度的情绪表达方向标注。

在情绪词来源方面，选取了多个中文情绪词词典，通过合并、去除重复词语，以及舍弃生僻词汇等筛选操作，获得候选情绪词表，并将其添加到分词系统用户自定义词典中。在大规模语料中统计候选情绪词词频，根据词频排序和合理阈值，保留常用词汇作为最终待标注情绪词。

情绪体系框架采用了成熟的情绪模型，将情绪分为 7 个基本类，每个基本类再细分为 21 个小类。这种分类方法已被广泛认可且适合应用于情绪资源构建中。按 21 个小类对候选情绪词进行情绪类别和强度的标注，有助于提升标注结果的准确性和一致性，为后续情绪分类工作的深入研究提供了良好的基础。

词语的情绪表达方式可以进一步划分为六个特殊属性，包括心理描述、表情输出、动作输出、评价输出、评价描述和事件输入。这些细分属性高度概括了词语对情绪的描述方法，使标注者能够清晰地认识到词语在情绪表达方面的差异。例如，心理描述直接描述个体情绪心理状态，通常带有强烈的、明确的情绪色彩；表情输出则描述个体带有某种情绪状态时的表情。

在词性和词义区分方面，中文词语的多词性和多义性给语义分析带来了挑战。通过引入中文词语概念常识性知识库 HowNet，能够消除标注过程中词语多词性、多词义带来的不确定和不一致问题。HowNet 提供了完善的词性划分、清晰的义项解释以及明确的概念关联关系，有助于更准确地理解和标注情绪词。

基于统计方法的常识库扩展是为了解决网络文本迅速增长和新词不断增加导致常识库覆盖不全面的问题。通过对语料执行分词、合并、统计、修正等步骤，发现新词并进行情绪赋值，将正确结果加入常识库，从而扩大常识库的规模。

基于情绪表达与情绪认知分离的常识库构建，将情绪分为情绪表达和情绪认知两个部分，并进一步细分为多种情况。同时，提出了对于情绪词的角色属性的划分方法，将情绪词分成四种不同的角色属性，有助于标注者理顺思路，提高标注质量和多人标注的一致性。

此外，对情绪词进行具体情绪类别及其强度的标注，可以参照《情感词汇本体》中的划分方法。其中标注了较典型和明确的情绪词，可以借助 HowNet 中正面情感词、负面情感词的标注信息进行挑选，统计各项标注结果的信息，包括情绪属性、情绪类别对应的词语数及平均情绪强度值等。

综上所述，情绪体系类别的层级关系研究方法通过对情绪词的来源、分类体系、表达方式、词性词义以及情绪表达与认知等方面的深入研究，构建了一个全面、细致的情绪常识库，为情绪分析和相关研究提供了坚实的基础。

6.3.2 文本情绪分析模型

对内容中的情绪进行分析能够更深入地理解文本所表达的情感，把握文本的情感倾向，这对于文本分析、舆情监测等领域非常重要。下面介绍结合预训练语言模型与深度神经网络的文本情绪分类模型、基于多粒度文本片段的结构化情感分析以及基于关系表示强化的结构化情感分析。

1）结合预训练语言模型与深度神经网络的文本情绪分类模型

结合预训练语言模型与深度神经网络的文本情绪分类模型是一种有效的文本情绪分类方法，它通过多任务学习框架捕捉两个任务之间的共享特征和各任务的私有特征，以提升各任务的性能。

该模型主要包含两大组件：单任务特征抽取层和共享特征抽取层。单任务特征抽取层包括情绪原因发现任务私有层、情绪分类任务私有层，分别用于抽取情绪原因发现任务特定的特征以及情绪分类任务特定的特征，为各任务提供更加丰富的判断依据。共享特征抽取层用来捕获任务之间的交互信息。

为了使模型能够有效捕捉两个任务之间的共享特征，使用多任务学习框架，从而提升各任务的性能。基于多任务学习的模型训练过程与传统的单任务模型类似，都是依赖于损失函数进行训练。但由于采用了多任务学习方法，其训练过程与传统单任务模型有一定的区别。这里，采用交替训练的方式，即在各任务之间进行随机迭代训练。训练步骤如下。

步骤 1：随机选择文本情绪原因发现任务或者文本情绪分类任务。

步骤 2：从所选任务的语料中随机选择训练样例。

步骤 3：将训练样例输入到多任务模型中，对该多任务模型进行训练，通过梯度反转反向传播更新参数。

步骤 4：返回步骤 1，通过不断迭代训练，直至模型收敛或者达到最大的迭代轮数。

2）基于多粒度文本片段的结构化情感分析

基于多粒度文本片段的结构化情感分析是社交媒体情感分析的重要任务之一，它旨在对各类文本信息的情感进行提取、分析和总结，研究文本中表达的情感态度和观点。具体来说，该方法包含两个阶段的抽取框架。在第一阶段，采用实体抽取模块来枚举实体，然后识别每个实体的类型。实体抽取模块采用预训练语言模型 BERT 作为句子编码器。给定一段文本序列，使用预训练语言模型编码后得到结合上下文的词表示。为了获得候选的文本片段，采用两个二元分类器，分别检测实体的开始和结束位置。接着采用另一个分类器来匹配开始位置和结束位置，确定它们之间的词语能否组成一个实体并且判断实体的类型。

在第二阶段，采用关系抽取模块来确定实体之间的关系。关系抽取模块首先对实体进行剪枝操作，计算该实体为情感持有者、情感方面和情感表达的可能性分数，挑选出候选情感持有者、情感方面和情感表达，获得情感持有者候选库、情感方面候选库以及情感表达候选库。对于大多数数据集，实体间只存在两种关系，即情感表达 - 情感持有者和情感表达 - 情感持有者。对于具有不连续情感表达的数据集，还需要检测情感表达和情感表达的关系。

在训练和解码过程中，采用端到端方式进行训练。模型首先利用开始和结束位置分类器得到所有可能的开始位置和结束位置，将这些位置两两组合得到所有候选的文本片段，并对文本片段进行实体类型分类。之后使用识别出的实体执行关系分类任务。模型利用交叉熵函数来计算开始和结束位置预测、实体分类、极性分类和关系分类的损失，使这些损失的总和最小。

在解码过程中，模型首先从实体抽取模块的结果中解码出情感表达及其情感极性，通过实体剪枝得到情感持有者候选库和情感方面候选库。对于每个情感表达，模型判断其是否为某个情感持有者候选，并判断与情感方面候选是否有关系。最后，根据关系分类的结果，产生完整的情感结构。此外，部分数据集存在不连续的情感表达，模型还要根据情感表达片段之间的关系来合并这些片段，从而产生完整的情感表达。

通过基于多粒度文本片段的结构化情感分析，能够更全面、准确地理解文本中的情感信息，为社交媒体情感分析提供更有力的支持。这种方法有助于挖掘文本中潜在的情感关系，为后续的情感分析和应用提供了重要的基础。

总之，基于多粒度文本片段的结构化情感分析是一种有效的情感分析方法，它通过两个阶段的抽取框架和端到端的训练方式，能够抽取完整的情感结构，为深入理解文本情感提供了重要的手段。

3）基于关系表示强化的结构化情感分析

基于关系表示强化的结构化情感分析是一种针对情感分析任务的有效方法，旨在提高实体之间关系预测的准确率。在情感分析任务中，将句法关系引入特征学习可以提高实体之间关系预测的准确率，但精确引入句法关系会带来大量杂音，且人工选择有效的句法关系或建立基于句法关系的规则会耗费大量时间。为解决这些问题，使用预训练的方法使模型学习到实体对之间的基本关系表示，而不是明确地引入句法关系。

首先，采用双向传播算法对收集的大量客户文本进行无规则数据标注。该算法根据已知的情感表达词挖掘情感方面词，或根据已知的情感方面词挖掘情感表达词，同时利用情感方面词（或情感表达词）之间的句法关系挖掘对应的情感方面词（或情感表达词）。具体来说，先构建情感表达词和情感方面词词典，用初始的情感表达种子词作为初始词典，通过句法规则挖掘并扩充词典，重复该过程直至词典不再扩充。此外，在情感表达词中加入部分形容词的比较级和最高级，并删除没有出现在任何情感表达-情感方面二元组中的方面词，以避免过度标注。

然后，设计一个基于关系表示强化的深度模型。该模型通过对输入的文本进行笛卡儿积运算来构建二维表，采用基于自注意力的多层表格编码器进一步学习表格的表示。在表格编码之后，从表格表示中抽取情感表达-情感方面二元组。具体过程为：利用 BERT 作为编码器来获得文本上下文表示，根据上下文表示与自身的笛卡儿积进行非线性变换以构建初始的表格表示，并嵌入距离信息。使用 Transformer 作为表格编码器，降低计算复杂度。采用基于注意力机制的池化操作从表的表示中恢复序列的表示，然后进行后续的情感方面词和情感表达词提取。

此外，关系表示强化的预训练方案由词级别的预训练和关系级别的预训练两部分组成。对于词级别的预训练，采用掩码语言模型的思想，对情感方面词和情感表达词进行屏蔽，并通过恢复的序列表示预测被屏蔽的词。对于关系级别的预训练，采用对比学习来使同一关系的向量表征在表示空间中更加接近。

综上所述，基于关系表示强化的结构化情感分析方法通过预训练和深度模型的设计，有效地提高了情感结构抽取的性能，为情感分析任务提供了一种有效的解决方案。

6.3.3　社交媒体文本立场检测技术

随着互联网的兴起与各类网络社交平台的蓬勃发展，每天都有着海量的社交文本在不断产生，利用、挖掘如此海量的、信息丰富的数据已经成为许多机关和机构的快速增长的需求点和盈利点。立场检测是一项通用且重要的对社交网络文本进行语言处理与分析的任务。对立场检测进行深入研究能够满足以上机关与机构的政治、商业等多方面的需求，用新技术适应和推动互联网这一新兴产业的快速发展。立场检测任务重在研究文本立场表达与立场目标间的关联，其所使用的数据集存在数据量少、领域关联性强、文本特征集中等特点。当需要在一个全新的领域或文本形式的数据集上进行立场检测时，研究者通常缺少足够的合适的数据集用于训练，从而难以执行预测任务。

1) 零样本文本立场检测任务

零样本文本立场检测任务是一种面向未知立场目标的立场预测的任务，旨在解决立场检测的数据缺乏、面向立场目标更新快等问题。与以往传统文本立场检测任务在一个已知的立场目标数据集内进行立场检测不同，零样本文本立场检测面向工作生活实际，在现有立场目标数据集上进行学习，在未知的立场目标的新数据集上进行立场极性预测。

2) 基于主题提示学习的零样本文本立场检测方法

基于主题提示学习的零样本文本立场检测方法是一种有效的文本立场检测方法。该方法在主任务之外设置了一个基于提示学习的代理任务，旨在挖掘可迁移特征，以增强主任务的零样本立场检测能力。具体来说，提示学习将下游学习任务转化为文本生成任务，通过在原任务文本上附加额外的提示信息作为输入，将语言模型的预测结果转化为原下游任务的预测结果。在零样本文本立场检测任务中，对每个样例中的立场目标词和面向对应立场目标的前若干个主题词用掩码信息进行隐藏，得到掩码数据。原始数据和掩码数据都会转化成“完形填空”式输入。

然后，使用提示学习方法训练代理任务的立场检测模型。模型在原始数据的输入上进行训练，接着预测隐藏了立场目标及其主题信息的掩码数据的输入，获得模型所预测的掩码文本的立场标签。最后，通过比对预测立场标签和数据真实立场标签，判断数据包含的立场表达与立场目标的依赖关系。若立场标签发生改变，说明数据包含的立场表达是立场目标依赖的；反之，若立场标签未发生改变，说明数据是立场目标无关的。

相较于提示学习，使用普通过拟合模型也能完成捕捉文本掩码前后的变化，但提示学习对预训练语言模型的利用特性更加适合本任务。预训练语言模型的训练任务就是对包含掩码信息的输入进行预测，训练时可以对被隐藏的词进行预测，因此预训练语言模型对一部分主题词被隐藏的任务场景有着更强的洞察力，能更好地对样例中的主题词和其他词语关联进行学习。因此，预训练语言模型对掩码文本的立场标签预测会更准确，更加有利于捕捉输入文本隐藏信息前后产生的变化，以学习到立场表达与立场目标信息及主题信息的关系。

6.4　本 章 小 结

本章主要介绍了社交网络内容分析中的三项核心技术。首先，介绍了热点事件分析与传播预测技术，详细讲解了影响热点事件传播的主要因素，如社交网络结构、用户群体和信息内容，并学习了几种传播建模方法，包括基于群体状态的建模和基于主流疲劳理论的建模，进一步探讨了如何预测热点事件的传播趋势。接着，介绍了虚假信息检测技术，涵盖了基于特征工程和深度学习的检测方法，帮助更好地理解如何识别和防止虚假信息的扩散。最后，介绍了内容质量分析技术，着重讨论了情绪词提取、文本情感分析以及立场检测的方法，帮助有效筛选和评估社交网络中的信息。

通过学习本章内容，不仅能帮读者掌握热点事件分析与传播预测技术，还能帮读者深入了解虚假信息检测和内容质量分析的关键技术手段。这些技术对于社交网络信息的管理、舆情分析和安全防控具有重要的理论和实践意义。

第 7 章　版权保护技术

在前面的章节中，介绍了社交网络内容分析技术，学习了热点事件分析与传播预测、虚假信息检测、内容质量分析等内容，掌握了社交网络内容分析方法。那么如何防止社交网络中自己发布的信息被不法分子窜改与非法传播呢？又如何保护自己的权益不被侵害呢？在第 7 章中，将介绍版权保护相关内容，学习数字水印技术、数字指纹技术、数字版权管理技术等，并掌握如何将相关技术应用到版权保护中，以此保护自己发布信息的权益。

7.1　版权保护概述

7.1.1　版权的概念

版权又称为著作权，包含以下人身权和财产权：发表权、署名权、修改权、保护作品完整权、复制权、发行权、出租权、展览权、表演权、放映权、广播权、信息网络传播权、摄制权、改编权、翻译权、汇编权，以及应当由著作权人享有的其他权利。

在我国著作权是从创作完成之日起开始计算的，人身权中除了发表权外没有期限限制，发表权一经行使即穷竭，如果作品在作者终生及其死亡后 50 年内未发表，就不再保护。财产权的保护期限是作者有生之年加死后 50 年，如果作品在创作完成后 50 年内未发表，就不再保护；另外，将法人和其他组织视为作者的作品，电影、电视、录像作品，摄影作品和作者身份不明的作品，其保护期都是作品创作完成后 50 年，如果作品在创作完成后 50 年内未发表，就不再保护。软件著作权的保护期限为 50 年，截止于软件开发完成后第 50 年的 12 月 31 日。软件开发者身份权的保护期不受限制。

在我国版权保护的行政机关是各地的版权局，对版权进行日常行政管理，随着版权意识不断增加，在北京等直辖市版权局下设立了版权保护中心，提供版权登记、版权维权、版权贸易等服务，但在一般省份，通常由相应部门和机构负责版权事务，除杭州等经济发达地区设立了副省级城市的版权保护管理中心外，版权保护仍存在改进空间。

7.1.2　版权保护的发展历史

版权保护的发展历史主要可分为三个阶段，即古代版权观念的产生、近代版权观念的发展和现代版权观念的完善。

1. 古代版权观念的产生

对于我国的版权观念，大多数学者认为起源于宋代，也有少数学者认为起源于春秋战国时期。因为春秋战国时期是我国民族思想史上的黄金时代，诸侯各国致力于富国强兵，对学术研究采取比较宽松的政策，特别是允许“士”这个代表知识分子的阶层学术自由，为“士”

著书立说、发表个人思想创造了良好的条件，从而大大促进了春秋战国时期的思想解放。另外，当时“天子失官，学在四夷”打破了“学在官府”，原来由贵族垄断的文化教育下移于民间，致使“私学勃兴”。随着知识分子阶层的扩大，私人著述开始增多，著者为了声明自己的身份，在其著作上署上自己的姓名。我国是世界上最早采用雕版印刷术的国家，明代胡应麟在《少室山房笔丛》中记载：“雕本肇自隋时，行于唐世，扩于五代，精于宋人。”随着造纸术和印刷术的发明，宋代书籍刻印业空前繁荣，成为雕刻出版的黄金时期，这一时期书籍以商品的形式进入市场，产生了版权保护的需求。

2. 近代版权观念的发展

近代版权保护意识最早在翻译西方学说的先进知识分子中产生，主张维新变法的理论家严复就是其中一位。英国是世界上最早实行版权立法保护的国家，英国的《安妮法令》在世界上首次承认作者是版权保护的主体，确立了近代意义的版权思想，这对留学于英国的严复产生了比较深刻的影响。严复在翻译出版事务中，旗帜鲜明地提出了自己的著作权主张。他率先引进西方“版权”观念并强调建立这一制度的重要意义，并在《致张百熙书》中说，“是故国无版权者，其出书必希，往往无绝。”此外，严复借鉴西方版权保护成例，向出版者提出著译者的报酬和版税要求。

商务印书馆是中国最早的近代化编辑出版机构之一，其主事人张元济是戊戌变法的先进人物，在对待版权保护的问题上具有不少维护民族利益的版权主张，而且还将版权保护落实到商务印书馆的出版实践之中。

“中国近代版权保护制度受‘外来因素’影响，这种影响首先来自西方传教士。”近代中国随着先进印刷技术的引进和出版业的繁荣，盗版问题猖獗，盗版现象波及西方传教士在中国的出版活动。维新派使用《万国公报》的刊名出版报纸并随同《京报》发行，以图变法大计。因此，《万国公报》主编林乐知成为西方版权思想主张的得力传播者。

1910 年，《大清著作权律》颁布，这是我国历史上的第一部版权法，如图 7-1 所示。《大清著作权律》共五章五十五条，基本上包括了版权法的主要内容，既有版权保护的客体和主体，又有版权保护的期限及其计算办法，还有权利限制和罚例、版权注册登记办法等。这部版权法使我国版权保护从分散的、不完整的地方政府的告示保护发展到了全国范围的保护，标志着我国版权保护开始从人治向法治过渡。

謹將臣部所擬著作權律草案繕具清單恭呈
御覽
計開
第一章　通則
第一條　凡著作文藝美術等物而專有重製
之利益者曰著作權
稱文藝者詩文曲本樂譜筆記說部戲本皆
是稱美術者圖畫帖本照片雕刻模型皆是
第二條　凡著作物歸民政部檢定惟關於教
科書籍歸學部審定之
第三條　凡願受檢定或審定者應由著作者
備樣本二分呈送民政部或學部其在外省

图 7-1　《大清著作权律》部分内容

3. 现代版权观念的完善

中华人民共和国成立后，我国便开始了建立版权制度的探索，但当时受国内外环境的限制，始终没有制定出一部全面完整的版权法。改革开放后，全国的工作重点发生转移，推动文化科学事业成为国内发展的重点。在此背景下，我国版权立法活动比较频繁，通过修正或者重新制定的方式，颁布了大量的规范性文件，版权制度取得了丰硕成果。目前，我国以《中华人民共和国著作权法》为中心，以法律法规为补充，形成了具有中国特色的、系统完善的版权制度体系。2020 年，我国对《中华人民共和国著作权法》进行了第三次修正。

7.2　数字水印技术

7.2.1　数字水印的基本概念

数字水印(digital watermark)是指将特定的信息嵌入数字信号中，数字信号可以是音频、图片或视频等。如果复制有数字水印的信号，所嵌入的信息也会一并被复制。

1. 数字水印的分类

数字水印可以分为可见水印(也称为浮现式水印、明水印等)和不可见水印(也称为隐藏式水印、盲水印等)两种，前者是可以被看见的水印，其所包含的信息可在观看图片或视频的同时被看见。一般来说，可见水印通常包含版权拥有者的名称或标志，如电视台在画面角落所放置的标志。

不可见水印以数字数据的方式加入音频、图片或视频中，但在一般的状况下无法被看见。不可见水印的重要应用之一是保护版权，期望能借此避免或阻止数字媒体未经授权的复制。隐写术(steganography)也是数字水印的一种应用，使用隐写术的双方可利用隐藏在数字信号中的信息进行通信。数字照片中的注释数据能记录照片拍摄的时间、使用的光圈和快门，甚至是相机的厂牌等信息，这也是数字水印的应用之一。

2. 数字水印的用途

数字水印在信息安全和版权保护等领域有着非常广泛的应用，对保护知识产权及防止敏感信息泄露等有重要意义。

认证鉴别：数字水印可以应用于图像、视频、音频、文档(如印刷品、电子文档等)等的真伪认证和完整性鉴别。

广播监视：数字水印也可以应用于广播监视中。数字水印的优点是它存在于被监视的内容之中，优于采用广播信号中的特定片段，因此它与广播设备的安装基础(包括 A/D、D/A 转换)完全协调一致。

访问/复制控制：数字水印可用来做多媒体数据的访问控制和复制控制，例如，CD 数据盘中秘密的数字水印信息可以有条件地控制某些人对该 CD 数盘中内容的访问权限。

安全通信：数字水印还可以应用于信息的安全通信。由于人们很难主观觉察到数字水印信息在多媒体数据中的存在，某些重要信息在传输过程中就可以嵌入在普通的多媒体数据中，从而避开第三方的窃听和监控。

3. 数字水印的特点

数字水印的嵌入是将用户密钥、载体数据、水印作为输入内容，利用独特的嵌入算法输出加了水印的水印载体。在此过程中，嵌入的水印和用户密钥是一一对应的，也就是说密钥不同，水印就不同，并且不能有两个相同的密钥。数字水印具有如下特点。

安全性：数字水印的信息应是安全的，难以篡改或伪造。

隐蔽性：数字水印是难以被察觉到的，且嵌入后不影响被保护数据的正常使用。

鲁棒性：经过转码压缩、旋转缩放、图像/视频内容编辑(如添加标识、叠加字幕、裁剪、位移等)等攻击后，水印信息可正确检出。

嵌入率：也称为水印容量，能够最大限度地保证容纳必要的水印信息。

盲检测：检测水印信息时无须原始音频数据，降低了对原始音频数据的存储和传输带来的存储和时间的消耗。

可证明性：水印需要为受到版权保护的信息产品的归属提供完全可靠的证据。

7.2.2 可见水印技术

可见水印是通过在文本或图像上覆盖另一层图像或文字来实现的，这种水印会明显地出现在页面上，可以用来显示版权信息或其他相关信息。

1. 可见水印的分类

可见水印依照不同的方式可以有多种划分。

作用区域：按可见水印的作用区域来划分，主要可以分为两种形式，一种是使用水印将整个图层覆盖，即全页面水印，另一种是只在图层的角落覆盖，即局部水印。

显示效果：按可见水印的显示效果来划分，可以分为静态水印和动态水印。

对于全页面水印，可以通过绝对定位将水印覆盖到页面上。由于直接覆盖上去是无法触发底下的图层事件的，因此需要使用 CSS 属性的指针事件(pointer-events)。CSS 属性是层叠样式表中用于定义和控制 HTML 元素如何显示的一系列规则。CSS 属性涵盖了从基本的文本样式到复杂的布局和动画效果的各个方面，包括但不限于字体、颜色、背景、边框、布局、动画等。pointer-events 可以指定某个特定的图形元素成为指针事件的目标。当它被设置为空时，能让元素实体虚化，虽然存在这个元素，但是该元素不会触发指针事件。可见水印的生成方式主要可以分为两类：一类是纯元素；另一类是背景图。

2. 可见水印的破解与防御

对于纯元素和背景图方式生成的可见水印，可以使用开发者工具(Chrome DevTools)找到对应的元素，直接移除即可破解。那么如何防御可见水印被这种方法移除呢？可以使用变动观察器(MutationObserver)，该方法能够监控元素的改变。变动观察器是监听文档对象模型(document object model，DOM)变动的接口，DOM 发生任何变动，变动观察器都会得到通知。变动观察器对现代浏览器的兼容性很好，可以理解其用来观察节点变动。需要使用变动观察器监控以下三种情况：

(1) 水印元素本身是否被移除。

(2) 水印元素属性是否被窜改。

(3) 水印元素的子元素是否被移除和窜改。

监听对象为文件主体，一旦监听到水印元素被移除或者属性被窜改，就重新生成一个。但这种方法依然可以被破解，可以先将 JavaScript 禁用，再将水印元素移除。

由于可见水印存在的这些问题，相对于可见水印而言，还存在一些不可见的保护版权的水印，即不可见水印，这类水印无法被直接观测和鉴别，是版权保护技术的重要组成部分。

7.2.3 不可见水印技术

1. 不可见水印的特性

不可见水印也称为盲水印、隐水印，是一种看不到的水印。由 7.2.2 节可以知道，可见水印容易被发现和攻破，因此不可见水印在一些对安全性要求较高的场景具有重要意义。不可见水印通常具有比可见水印更好的隐蔽性和抗攻击性。虽不可见，但通过一定的技术手段，可以将水印信息从其载体上提取出来，这就使得其载体具备了溯源能力，在关键时刻往往能发挥重大作用。如图 7-2 所示，不可见水印具有四个特性。

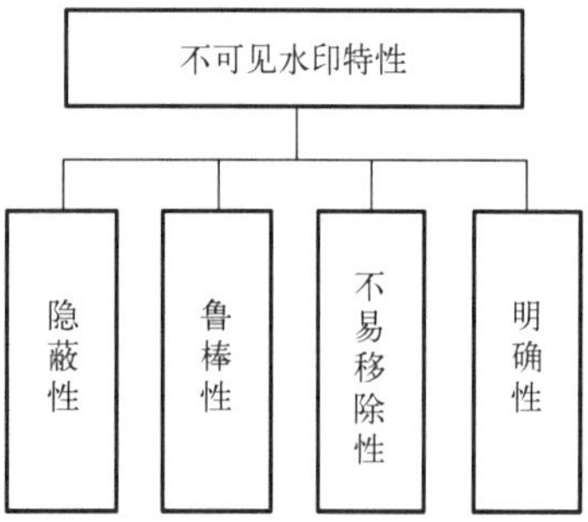

图 7-2　不可见水印特性图

(1) 隐蔽性：由于不希望被察觉、不希望干扰用户体验、不希望被模仿等，因此不可见水印无法被直接主观发现，具有隐蔽性。

(2) 鲁棒性：也称为抗攻击性、强健性或健壮性，一般要能抵抗压缩、旋转、平移、缩放、裁剪等。

(3) 不易移除性：和鲁棒性有些相似，不同的是鲁棒性更加强调数字资源在传播过程中不要被不自觉地干扰和破坏，而不易移除性强调的是不可见水印被别有用心者察觉到存在后，不被他们自觉地移除或者破坏。

(4) 明确性：不可见水印需要表示出明确的信息。

2. 不可见水印的优势

不可见水印属于信息隐藏技术(隐写术)，历史悠久，方法众多。随着计算机网络技术的发展，数字产品的信息安全和版权保护也已成为信息隐藏技术的一个重要课题。隐写术在数字图像、数字视频、数字音频和数字文本等领域有着非常广泛的应用。

不可见水印相对可见水印至少有以下三个明显的优势。

更好的观感：可见水印容易对图像、视频、音频等造成干扰，而不可见水印则不会有这个问题。

更佳的隐蔽性：用户基本感知不到水印的存在。

更强的抗攻击性：可见水印更容易受到攻击，而不可见水印除了隐蔽性比较强之外，其自身往往还具备比较强的抗攻击性。

3. 数字图像领域的不可见水印技术

数字图像是信息隐藏和数字水印领域研究最多和最早的一种载体，数字图像领域有着更为成熟的数字水印算法，下面介绍数字图像领域的不可见水印技术。

在介绍数字水印之前，先来学习数字图像的基础知识。

1) 数字图像基础知识

数字图像(位图)是由像素(pixel)组成的。

(1) 非黑即白的二值图像：1bit 即可表示 1 个像素(黑白两种状态)，所以 1 字节(B)可以表示 8 个像素。

(2) 灰度图：1 个像素有 256(2^8) 种状态，需要 8bit，即 1 字节，范围为 0～255，0 表示黑色，255 表示白色，灰度值越大，表示亮度越高。

(3) 彩色的 RGB 图：有 R/G/B 三个通道，每个通道都有 256 种状态，用 1 字节表示，因此三个通道共需 3 字节来表示 1 个像素。

(4) RGBA 图：在 R/G/B 三个通道基础上增加了一个透明度通道，256 种状态，额外需要 1 字节，共需 4 字节来表示 1 个像素。

通常，考虑到计算速度和性能，图像处理和图像识别大多会将图像转成灰度图或者选择其中一个通道进行。

2) LSB 水印

如前面所述，灰度图的 1 个像素有 256 种状态，通常用灰度值(0～255)表示，灰度可用 1 字节即 8 比特二进制数表示，其中最高位对图像的贡献最大，最低位对图像的贡献最小，称为最低有效位(least significant bit，LSB)。

如果将一个图像所有像素的位抽出来，就构成了 8 个不同的位平面，从 LSB(最低有效位 0) 到 MSB(最高有效位 7)。位平面上从低位到高位，图像的特征逐渐变得复杂，细节不断增加，相邻位的相关性也越来越强。而位越低，包含的图像信息就越少，最低位平面类似于随机噪声。因此，改变低位对图像的成像质量影响不大。LSB 水印就是利用了这一点，用水印信息替换载体图像的最低位，这样原图像的 7 个高位平面就与表示水印信息的最低位平面组成了新的图像。LSB 水印鲁棒性较差，水印信息很容易被抹去。

3) 频域水印

将数字图像用一个矩阵来表示是图像的空间域表示方法，LSB 就是在图像的空间域中隐藏信息，鲁棒性较差。而在图像信号的频域(变换域)中隐藏信息要比在空间域中隐藏信息具有更好的鲁棒性。那么如何把图像信号从空间域转换到频域呢？这里就需要用到傅里叶变换(Fourier transform)。傅里叶提出的傅里叶变换理论表示能将满足一定条件的某个函数表示成三角函数(正弦函数或余弦函数)或者它们的积分的线性组合，可用于把信号从时域(或空间域)变换到频域。在此之前人们对信号的分析主要集中在空间域，傅里叶变换的提出为频域分析奠定了基础，有助于解决许多图像的问题。

傅里叶变换在数字图像领域有着极为重要的应用，数字图像领域变换的实质是把图像函数展开成具有不同空间频率的正、余弦信号的叠加，也就是说任何图像都可以分解为若干个频率不同的亮度呈正弦变化的图像之和。把图像从空间域变换到频域后，就能够实现对图像数据进行不同频率成分的提取。对于图像信号来说，可以把灰度(亮度)看作频率，傅里叶变换可作为图像灰度值形成的空间域与其频域的桥梁。在频域中隐藏信息就是傅里叶变换在数字图像领域的一个典型应用场景。通常多选择在图像频域的中频部分嵌入信息，因为高频部分易于被各种信号处理方法破坏，而人的视觉又对低频部分比较敏感，容易察觉低频部分的变化。

在图像频域嵌入水印信息的大致流程为：把原始图像通过离散傅里叶变换转换到频域(变换域)，把水印文字信息混入，再经过离散傅里叶变换的逆变换，便得到了载有水印信息的图像，水印信息的隐蔽性较好。

7.2.4　音视频文件的水印

1. 音频水印

1) 音频水印的概念

音频水印技术利用音频信号的冗余和人类感知器官的掩蔽效应等特性，在不影响音频载体听觉质量的情况下，把额外的数字信息隐秘地添加至音频媒体中，以实现借助音频媒体进行信息隐秘传输和对音频的版权保护、内容认证、跟踪以及监视等功能。被嵌入的这些隐秘的数字信息称为数字水印，根据应用目的不同，数字水印可以是有意义的二值图片或音频、代表产品唯一性的序列码、版权标识符、文字或由原始音频载体所生成的特征序列等。

在音频信号的管理、传播和使用的全生命周期中，水印信息被以不可感知、不可剥离的方式添加在音频信号中，且在遭受常规信号处理攻击或某些恶意攻击时具有较好的抵御能力，以防止泄露重要信息或丢失。水印信息与音频载体数据根据所设计的嵌入规则紧密结合在一起，通常只有对应的提取算法才能把水印信息提取出来。与传统加密技术相比，音频水印技术不仅隐藏了水印的内容，更重要的是隐藏了水印的存在性，让攻击者感受不到水印的存在，从而不会激发攻击者的破解欲望，因此音频水印技术具有更好的安全性，音频水印技术的基本模型如图 7-3 所示。

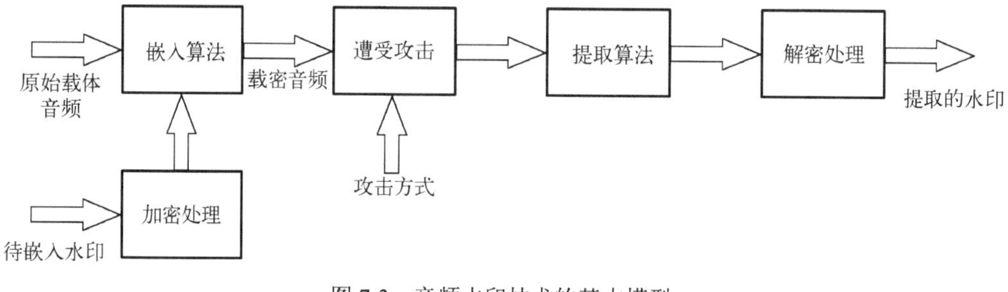

图 7-3　音频水印技术的基本模型

2) 音频水印的应用

目前，音频水印在内容标注、隐秘通信等领域具有良好的应用前景。内容标注是指在重要的媒体上标注较多的辅助信息，如歌曲的歌词、使用说明、媒体的生成时间和地点、作者简介等。数据的标识信息往往比数据本身更具有保密价值，没有标识信息的媒体有时甚至无法使用，但直接将这些重要的信息公开标记又很危险。数字水印技术提供了一种隐秘标识重要信息的方法，标识信息在原始文件上是看不到的，只有通过特殊的提取程序才可以显示出来。一般要求用于内容标注的水印算法具有较大的隐藏容量以承载详细的水印信息，并要求算法对常规的音频信号处理操作具有很强的鲁棒性以免在正常使用媒体的过程中造成水印丢失。隐秘通信是指将需要传播的重要信息加密后嵌入到音频媒体中，并通过互联网等传播平台发布出去，接收者可以使用相应的提取算法提取出隐蔽于其中的重要信息。

音频水印技术为重要信息的安全传播提供了一种非密码的信息传输途径，特别是在军事领域引发了信息战尤其是网络情报战的革命，产生了一系列新颖的作战方式，已引起了许多国家的重视。音频版权保护是指将能够标志音频作品所有权的水印嵌入到音频数据中，成为其不可分割的一部分，只有掌握提取密钥的版权所有者才能利用对应的提取算法在必要的时候把水印提取出来，该类应用特别注重算法的鲁棒性，要求对于多种攻击方式具有很强的抵御能力。鲁棒水印以保护隐藏在音频载体中的水印不被破坏为目的，在版权保护、内容标注、隐秘信息传播、广告监控、复制控制等领域获得广泛应用。由于每一种应用的目的不同，因此对鲁棒水印的特性需求也各不相同，例如，版权标识水印主要用于标识音频数字作品的版权，特别强调隐蔽性和鲁棒性，而对数据量的要求相对较小，隐蔽标识水印的目的则是将保密数据的重要标注隐藏起来，限制非法用户对保密数据的使用，通常要求算法具有较大的隐藏容量和良好的透明性。

携带水印的音频文件在被使用或传播的过程中不可避免地会遭遇各种各样的攻击方式，有些攻击方式是无意的，例如，合法用户在使用音频文件的过程中经常会对音频进行格式转换或音量调整等操作，且音频文件在传播过程中也不可避免地会遭受噪声污染，这些常规的信号处理操作会对隐藏于音频中的水印造成损伤，严重时会导致水印丢失，然而这些信号处理操作是一些常见的、不可避免的、非故意的行为。而有些攻击方式则是非法用户有意为之，为了消除音频中的隐蔽水印而对音频进行结构性的破坏，如任意裁剪掉一小段音频数据、随机添加少量冗余数据等，这些破坏性的攻击方式行动成本非常低，通过音频编辑软件即可完成，因此在一些鲁棒性要求很高的应用场合中尤其重视算法抵御此类恶意攻击行为的能力。总的来看，音频水印需要抵御常规信号处理攻击、同步攻击和针对算法安全性的安全性攻击等方式。

常规信号处理攻击有 MP3 压缩、添加回声等。这种攻击通常不显著影响音频信号的同步结构，鲁棒性好的音频水印方案都应当具备抵抗这种攻击的能力。遭受重采样和重量化攻击后，在提取水印时通常需要把音频文件恢复为原有的采样率和量化位数以极大程度地提高水印的检测率。低通滤波主要用于滤除音频文件在传播过程中被添加的噪声，通常低通滤波器的截止频率低于音频媒体采样率的一半，但不能太小，否则会影响音频文件自身的听觉质量。经过 MP3 压缩后，音频文件的大小显著减小，在提取水印时可通过格式转换恢复携密音频的原始存储格式以提高水印检测率。回声干扰不会引起音频数据的位置改变，但幅度大或延时长的回声也会严重影响水印的正确获取。

同步攻击主要包括变速不变调(time scale modification，TSM)、变调不变速(pitch shifting modification，PSM)、抖动(jittering)和随机裁剪(random cropping)等方式。同步攻击会破坏音频信号的同步结构，对算法的同步机制要求很高，是音频水印技术领域在鲁棒性方面最具有挑战性的一种攻击方式。TSM 攻击会造成音频信号的整体播放时间被拉长或缩短，导致音频数据的时域结构发生较大改变，TSM 强度越大，对数据结构的破坏越严重，水印越难以提取。PSM 攻击是指在不改变音频播放速度的情况下改变说话人的音调，这种攻击方式不改变音频的整体播放时长，但音调变化同样会造成水印难以提取。抖动攻击是在音频数据中周期性地增加或删除多个样本数据，从而改变音频的时域样本数量，导致水印算法因音频的同步点发生偏移而无法提取水印。随机裁剪掉音频中的一小段或多个小段的时域数据会破坏音频媒体的结构，且随机裁剪的发生无法预测，一旦发生，必然造成所有音频数据的位置发生偏移，导致从原来的嵌入位置无法提取正确的水印信息。

同步是音频水印需要解决的首要问题。音频信号是基于时间的一维信号，同步攻击会引起音频数据的位置和顺序发生变化，导致水印不在预先设定的嵌入位置上，这就需要在检测前恢复同步。目前，解决同步问题的主要方法有穷举搜索、显式同步、隐含同步、自相关、恒定水印等，每一种同步方法都存在各自的优缺点，需要尽量根据具体的水印嵌入和提取方案来具体设计，同步问题也是当前音频水印领域的一大难点问题。

安全性攻击是针对算法安全性和可靠性的一种攻击方式，主要有检测攻击、合谋攻击、复制攻击、解释攻击等多种方式，这些攻击方式导致水印算法的安全性进一步受到威胁。

3) 音频水印的分类

音频水印可以按其不同的特性和功能划分为多种类型。

(1) 按照水印嵌入位置的不同可分为时域水印和变换域水印

时域水印是指将水印嵌入在音频的时域数据上而不需要对原始音频做任何变换处理。时域水印算法的特点是操作简单、计算量较小，但在遭受攻击时水印相对容易被破坏，因而鲁棒性相对较差。

变换域水印则需要先对原始音频做变换处理，然后将水印嵌入到音频的变换域系数上以增强算法的鲁棒性。常用的变换域水印算法主要有 DCT、DWT 和 DFT 等，近年来又出现很多混合变换域水印算法，即对原始音频进行两种或两种以上的变换处理，并将待隐藏的水印信息嵌入到最后一种变换所得的系数上。常用的混合变换域水印算法有 DWT-SVD 算法、DWT-DCT 算法、DWT-DCT-SVD 算法等，在这些混合变换域中设计合理的嵌入和提取规则可以有效提升算法的整体性能，因此也吸引更多的研究人员投入到混合变换域水印算法的研究中。

(2) 按照水印的性质可分为鲁棒水印和脆弱水印。

鲁棒水印是指嵌入音频中的水印不易被外部攻击行为破坏，即携密音频受到恶意攻击后水印仍能保持大部分完整性并可以被准确鉴别，在版权保护、隐秘信息传播、内容标注等领域获得广泛应用。与鲁棒水印相反，脆弱水印则要求水印对攻击行为非常敏感，算法会根据水印的破坏情况发现攻击者对音频内容的窜改，常用于检测音频内容的完整性。

鲁棒水印算法必须具有极强的鲁棒性，即在携密音频遭受攻击后保证水印不被破译、破坏和不可剥离，仅通过对应的提取算法才能以高准确率检测出水印，在部分应用领域中对算法的透明性和隐藏容量有较高要求。由于水印的鲁棒性、透明性和隐藏容量是相互制约的矛盾关系，如何有效地在三者间找到平衡是一个有价值的研究方向。

此外，按照提取水印时是否需要原始音频的参与可分为盲水印和非盲水印；按水印的内容可分为有意义水印和无意义水印；按载体媒体的类型可分为图片水印、音频水印、视频水印、文本水印和网格水印等。随着数字多媒体技术的发展，会有更多种类的数字媒体出现，同时也会产生相应的水印方案。

4) 音频水印的特性

音频水印技术的主要特性有隐藏容量、透明性和鲁棒性三大特性，每种特性均具有相应的评价指标用以评价所设计的音频水印算法的性能优劣。

(1) 隐藏容量评价指标：隐藏容量采用每秒比特数(bit per seconds)来衡量，主要用于在保证算法透明性的情况下衡量水印算法容纳水印信息的能力。在不同的应用场合下，对隐藏容量的要求也不同，IFPI 规定用于版权保护的鲁棒水印算法的隐藏容量应不低于 20bit/s。

(2) 透明性评价指标：透明性也称为听觉不可感知性，主要是指在嵌入水印后携密音频听觉质量的下降程度，也可以用来表征水印的隐蔽程度。携密音频听觉质量的评价指标包括主观指标和客观指标。

①客观评价指标：主要有信噪比(signal-to-noise ratio，SNR)、PESQ(perceptual evaluation of speech quality)和 PEAQ(perceptual evaluation of audio quality)等。IFPI 规定音频水印的信噪比应该在 20 dB 以上。

②主观评价指标：主要有两种，即平均意见得分(mean opinion score，MOS)和主观区分度得分(subjective difference grades，SDG)。SDG 是指将原始音频和携密音频均提供给同一组听众，让他们区分两者之间的差别并打分，对分数加以平均后作为携密音频主观听觉测试的结果，一般分为 5 级，得分越接近于 0，说明音频媒体被嵌入水印前后的差别越小，相应水印算法的透明性越好。

(3) 鲁棒性评价指标：误码率(bit error ratio，BER)和归一化互相关(normalized cross-correlation，NCC)系数是评价水印算法鲁棒性的两个重要的衡量指标。BER 是指提取的水印与原始水印之间不相同位数占总位数的百分比。BER 越小，说明提取的水印误码率越低，则算法的鲁棒性就越好。IFPI 规定鲁棒水印算法在抵御攻击时所提取水印的 BER 不能高于 20%。

2. 视频水印

1) 视频水印的概念

数字视频在通信世界中被认为是一种重要而有效的媒体，广泛应用于新闻、短视频和有线网络广播视频节目中。随着互联网的发展和视频处理工具的不断进步，侵权者可以更快速容易地下载、篡改、复制以及非法分发视频，这使得数字盗版越发泛滥。为了保护和声明视频的所有权，人们提出了多种解决方法，视频水印是其中一种重要的技术手段。视频水印是指将秘密消息以不可见的形式嵌入在视频中的一种信息隐藏技术。

2) 视频水印的应用

从应用场景上来看，视频水印主要用于视频版权保护。无论是全球媒体公司还是自由摄影师，都有对视频进行版权保护的需求。在视频内容被转发以及通过互联网传播时，版权保护应用会将水印隐藏在视频内容中，隐藏的水印可以被检测器检测出来，从而确定视频内容的唯一所属身份。除了版权保护，视频水印也可以应用在内容保护、内容认证、内容过滤、广播监控、在线查找等方面。在内容保护方面，通过在数字媒体上嵌入水印来阻止未经授权的内容使用和在线数字分发。在内容认证方面，取证应用将接收者身份嵌入到视频副本中，当发现或怀疑泄露时，从泄露副本中检索到的取证水印可提供证据。在内容过滤方面，数字水印可用于阻止特定内容，在提取水印并识别特定内容片段后，可阻止该内容播放。在广播监控方面，通过在制作或广播时在视频内容中嵌入数字水印，允许内容所有者精确地识别内容何时何地广播以及持续多长时间。在在线查找方面，使用互联网搜索服务不断在网络上爬取含水印的内容并采取相应的行动。

3）视频水印的分类

视频水印根据不同的分类标准有不同的划分方式，如图 7-4 所示，可基于水印属性进行分类，也可基于载体对象进行分类。

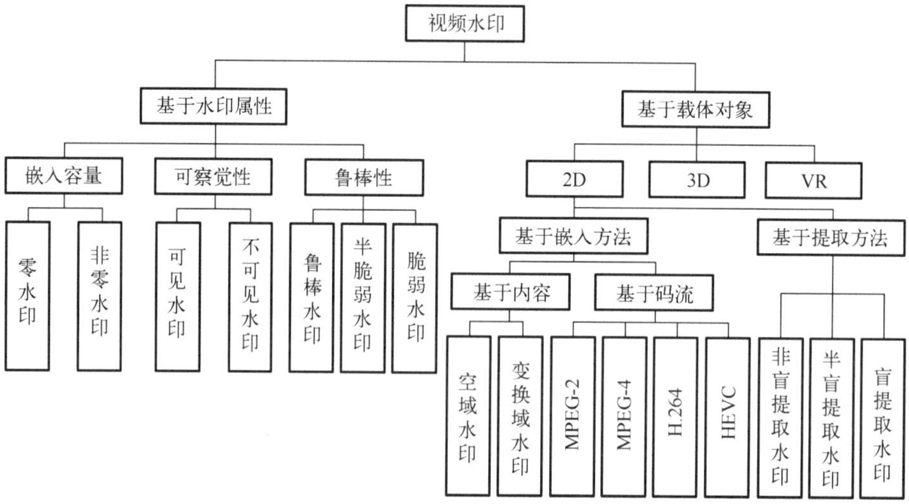

图 7-4　视频水印分类

水印的主要属性有嵌入容量、可察觉性和鲁棒性，可依据这些属性进行种类划分。根据是否存在嵌入容量，即是否修改载体数据以嵌入水印，可将视频水印分为零水印和非零水印。零水印是提取视频本身的一些特征为水印，对原始载体不做任何修改，对载体的质量没有影响。为了使水印具有可验证性，零水印通常需将提取的特征注册后交由第三方保管。非零水印是将多比特长的水印信息嵌入视频中，这不可避免地会造成视频比特流增加、视频质量降低，且水印易受到各种攻击的影响。根据可察觉性可将视频水印分为可见水印与不可见水印。如果作者将水印放在视频的非核心部分，则水印很容易通过裁剪、遮挡等手段被移除，因此是水印脆弱的。不可见水印是将需要隐藏的信息以不可见的方式嵌入宿主视频中。根据鲁棒性的强弱，可将视频水印划分为鲁棒水印、半脆弱水印以及脆弱水印。对于鲁棒水印，含水印视频在经历有意或无意的攻击后仍能正确提取水印，适用于版权保护。脆弱水印和半脆弱水印通常作为认证水印，即利用嵌入在宿主视频中的水印来检查视频内容的真实性。脆弱水印的鲁棒性是所有级别中最弱的，这意味着可以很容易地删除嵌入的信息。半脆弱水印可以确保水印信号不会被轻易地改变，对无意的信号处理攻击具有较强的鲁棒性，同时对篡改攻击具有脆弱性，能够容忍常见的数据操作，并可以识别恶意篡改。

载体视频的格式主要有 2D 视频、3D 视频和虚拟现实（VR）视频，其中 2D 视频是目前视频的主流格式，应用最为广泛。2D 视频水印又可基于嵌入方法和提取方法进一步分类，其中基于嵌入方法可分为基于内容的视频水印和基于码流的视频水印，基于提取方法可以分为非盲提取水印、半盲提取水印和盲提取水印。非盲提取是一种利用原始视频与含水印视频进行比对以提取水印的方法，但原始视频并不容易获得，且所需要的数据库储存过大，增加了实现的复杂性和成本。解决这一问题的方法是采用盲提取，可在接收端不使用水印的原始信息来提取水印，更加适合实际应用。半盲提取是指提取时虽不需要庞大的原始视频信息，但需要原始水印信息或其他额外的数据，是一种折中方案。

4) 视频水印的特性

对于一个水印系统而言，其嵌入容量、保真度和鲁棒性 3 个属性之间存在着平衡关系，如图 7-5 所示。嵌入容量即视频中嵌入信息的长度，嵌入信息的比特越多，表明嵌入容量越大。保真度是指嵌入水印后的视频与原始视频的接近程度，嵌入水印的过程必然会引起视频失真，如果这种失真对人类观察者来说是无法察觉的，就称其具有高保真度。鲁棒性是指水印具有抵抗攻击的能力，即即使含水印视频受到攻击，仍然能够从中提取出嵌入的水印。对于某一确定的水印算法，如果需要良好的保真度，就需要避免对视频内容进行过多的修改。这样一来，嵌入容量就会减少，同时也会导致算法的鲁棒性降低。如果水印需要具有良好的鲁棒性，可增大嵌入的强度，但这样会降低水印的不可感知性；或使用扩频和编码技术嵌入额外的冗余信息，但这样会造成嵌入容量下降。从理论上讲，设计一种能同时达到三者最优的水印是不可能的。因此，有必要根据实际情况，实现三者之间的权衡。

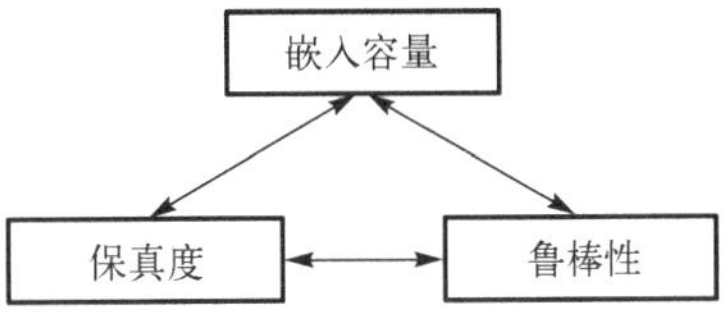

图 7-5　视频水印属性之间的关系

根据不同应用的特定要求，设计水印时关注的重点有所不同。例如，版权保护水印设计时重点考虑的要素是鲁棒性，屏幕注释水印设计时重点考虑的要素是嵌入容量，医用水印设计时重点考虑的要素是保真度。其中，用于版权保护的鲁棒水印是此处介绍的重点。因此，下面介绍鲁棒水印常面临的攻击类型。针对鲁棒水印的攻击可分为几何攻击、信号处理攻击、时间同步攻击以及压缩编码攻击。几何攻击指干扰视频像素的几何同步性，如裁剪、旋转、缩放等。信号处理攻击包含由传输视频信号引起的噪声、滤波、直方图均衡等。时间同步攻击是指破坏嵌入端和提取端视频帧的时间同步性，如帧重复、帧丢失、帧增加、帧交换、帧率转换等。视频的传播和储存过程是以压缩码流的格式进行的，对于不同的信道，通常还会以不同的强度对视频码流重压缩，因此鲁棒水印需要可以抵抗压缩编码攻击。压缩编码攻击包括对原始含水印视频的压缩和对含水印码流的重压缩两种攻击。

7.3　数字指纹技术

7.3.1　数字指纹的基本概念

数字指纹(digital fingerprinting)是指与用户和某次购买过程有关的信息。当发行商发现非法分发行为时，可以根据该信息对进行非法分发的用户实现跟踪。数字指纹体制主要由两部分构成：一部分是用于向副本中嵌入指纹并对带指纹副本进行分发的副本分发体制；另一部分是实现对非法分发者进行跟踪并审判的跟踪体制。往往上述两部分通过发行商、用户(还可能有登记中心、审判者等实体)之间的一系列协议实现，因此数字指纹体制也可以分为算法和协议两部分。其中，算法包括指纹的编码和解码、指纹的嵌入和提取以及副本的分发策略等内容，而协议则规定了各实体之间如何进行交互以实现具有各种特点的副本分发和跟踪体制(如实现用户的匿名性等)。

7.2 节研究的数字水印技术主要关注一个算法在数字媒体中如何嵌入一串信息并能够完整地检测恢复。这一信息可以是发行商的名称，也可以是任意的有特定意义的比特串。然而，仅有水印嵌入检测算法不足以实现版权的保护，这时需要一个完整的保护协议来规范商家和购买者之间的交易行为。既要保护商家的版权不受侵害，也要保护购买者的合法权益，于是人们提出了数字指纹协议的概念。数字指纹协议有比较大的适应性，在一定的前提下可以应用于各种类型的数字媒体。其基本思想是在分发给每个软件产品购买者的产品副本中加入唯一的数字指纹，当产品生产者发现侵权行为后，通过提取指纹信息来跟踪产品非法副本的源头，以对盗版者进行指控，从而达到版权保护和威慑的目的。总之，信息隐藏及数字指纹技术作为一门新兴的边缘科学，涉及通信与信息理论、图像与语音处理、信号检测与估值、数据压缩技术、人类视觉与听觉系统、计算机网络与应用等多门学科知识。尽管近几年来在其理论与应用中取得巨大的发展，但尚未形成一个完整的理论体系，仍有许多问题等待解决。可以说，信息隐藏及数字指纹技术是一个充满活力但又有待开发的领域。

数字指纹与数字签名是不同的，前者是一种防盗版措施，后者是一种数据安全技术，但在很多文章中将两者混淆，实则两者并非同一概念。

7.3.2　数字指纹的哈希算法

1. 哈希算法的概念

哈希算法(Hash algorithm)又称为散列算法、散列函数、哈希函数，是一种从任何一种数据中创建小的数字“指纹”的方法。哈希算法将数据重新打乱混合，重新创建一个哈希值。

哈希算法通常有以下几个特点。

正向快速：原始数据可以快速计算出哈希值。

逆向困难：基本不可能通过哈希值推导出原始数据。

输入敏感：原始数据只要有一点变动，得到的哈希值差别就很大。

冲突避免：很难找到不同的原始数据得到相同的哈希值。

哈希算法主要用来保障数据真实性(即完整性)，即发信人将原始数据和哈希值一起发送，收信人通过相同的哈希函数来校验原始数据是否真实。

需要注意的是，哈希算法不能保证数据不被恶意窜改，原始数据和哈希值都可能被恶意窜改，要保证不被窜改，可以使用非对称加密算法(RSA)，再配合哈希值。

哈希算法主要用来防止计算机在传输过程中发生错误，早期计算机通过前 7 位数据与第 8 位数据的奇偶校验码来保障，对于一段数据或一个文件，通过哈希算法生成 128 bit 或者 256 bit 的哈希值，如果校验有问题，要求重传。

2. 哈希算法的分类

(1)哈希算法主要有 MD4、MD5、SHA。

MD4 于 1990 年设计，输出为 128 位(已经不安全)。

MD5 于 1992 年提出，输出为 128 位(已经不安全)。

SHA-0 于 1993 年发布，输出为 160 位(发布之后很快就被 NSA 撤回，是 SHA-1 的前身)。

SHA-1 于 1995 年发布，输出为 160 位(已经不安全)。

SHA-2 于 2001 年提出，是 SHA-1 的后继者，其下又可再分为 SHA-224、SHA-256、SHA-384、SHA-512，输出分别为 224 位、256 位、384 位、512 位（目前安全)。

(2)不同位数冲突概率。

2^{128} 为 340282366920938463463374607431768211456，也就是 10^{39} 级别。

2^{160} 为 $1.4615016373309029182036848327163\times10^{48}$，也就是 10^{48} 级别。

2^{256} 为 $1.1579208923731619542357098500869\times10^{77}$，也就是 10^{77} 级别。

宇宙中原子数为 $10^{60}\sim10^{80}$，所以 2^{256} 有足够的空间容纳所有的可能，算法好的情况下冲突碰撞的概率很低。

3. 哈希算法经典案例

1)MD5 算法

MD5 算法的原理：MD5 码以 512 位分组来处理输入的信息，且每一分组又被划分为 16 个 32 位子分组，经过了一系列的处理后，算法的输出由四个 32 位分组组成，将这四个 32 位分组级联后将生成一个 128 位散列值。

按位补充数据：在 MD5 算法中，首先需要对信息进行填充，这个数据按位补充，要求最终的位数对 512 求模的结果为 448。也就是说数据补位后，其位数长度只差 64 位就是 512 的整数倍。即便数据的位数对 512 求模的结果正好是 448，也必须进行补位。

补位实现过程：首先在数据后补一个 1 bit；接着在后面补上一堆 0 bit，直到整个数据的位数对 512 求模的结果正好为 448。这样至少补 1 位，而最多可能补 512 位。

2)SHA-256 算法

SHA-256 算法输入报文的最大长度不超过 2^{64} bit，输入按 512bit 分组进行处理，产生的输出是一个 256bit 的报文摘要。

(1)附加填充比特。对报文进行填充，使报文长度与 448 模 512 同余(长度=448 mod 512)，填充的比特数范围是 1～512，填充比特串的最高位为 1，其余位为 0。也就是说，先在报文后面加一个 1，再加很多个 0，直到长度满足 mod 512=448。

(2)附加长度值。将用 64bit 表示的初始报文(填充前)的位长度附加在步骤(1)的结果后(低位字节优先)。

(3)初始化缓存。使用一个 256bit 的缓存来存放该散列函数的中间及最终结果。该缓存表示为 A=0x6A09E667，B=0xBB67AE85，C=0x3C6EF372，D=0xA54FF53A，E=0x510E527F，F=0x9B05688C，G=0x1F83D9AB，H=0x5BE0CD19。

(4)处理 512bit(16 个字)报文分组序列。该算法使用了六种基本逻辑函数，由 64 步迭代运算组成。每步都以 256bit 缓存值 *ABCDEFGH* 为输入，然后更新缓存内容。每步使用一个 32bit 常数值 Kt 和一个 32bit 消息扩展字 Wt。

所有的 512bit 分组处理完毕后，对于 SHA-256 算法，最后一个分组产生的输出便是 256bit 的报文摘要。

7.3.3 音视频指纹构建

1. 音频指纹的构建

1) 音频指纹的定义

音频指纹技术(audio fingerprinting technology)是指通过特定的算法将一段音频中独一无二的数字特征以标识符的形式提取出来，用于识别海量的声音样本或跟踪定位样本在数据库中的位置。音频指纹作为内容自动识别技术的核心算法，已广泛应用于音乐识别、版权内容监播、内容库去重和电视第二屏互动等领域。

音频指纹是基于内容的压缩签名，通过提取声音中的数据特征将需要被识别的内容与建立的音频指纹数据库进行比对来完成识别，识别过程不受音频本身的储存格式、编码方式、码率和压缩技术影响，允许独立于音频的格式来识别音频，不需要元数据或水印嵌入。音频指纹的其他用途还包括完整性验证、水印支持和基于内容的音频检索。当出现未识别的音频内容时，计算该内容的特性并与存储在数据库中的特性进行匹配。使用指纹和匹配算法，可以将单个录音的失真版本识别为相同的音乐标题。通过提取嵌入在音频中的消息，可以识别歌曲标题。在音频指纹识别中，信息自动从感知上最相关的声音分量中导出。音频指纹也适合处理遗留的内容，即在没有水印的情况下释放音频材料。此外，音频指纹不需要修改音频内容。音频指纹的缺点是指纹识别的计算复杂性通常高于水印，并且需要连接到指纹存储库。

2) 音频指纹使用模式

(1) 标识：独立于提取基于内容的压缩签名的具体方法，可以设计一个通用架构来描述指纹用于识别时的功能。其整体功能模仿人类执行任务的方式，创建要识别的记录的存储器，在识别模式中向系统呈现未标记的音频以查找匹配。

数据库创建：将要识别的记录集合提交给指纹提取系统以提取其指纹。指纹存储在数据库中，并且可以链接到与每个记录相关的标记或其他元数据。

识别：处理未标记的记录以提取指纹。随后将指纹与数据库中的指纹进行比较。如果找到匹配项，则将从数据库获取与之关联的标记。它是可选的，可以提供匹配的可靠性度量。

(2) 完整性验证：旨在检测数据的更改，总体功能与标识类似。首先，从原始音频中提取指纹，在验证阶段，将从测试信号中提取的指纹与原始指纹进行比较，并输出测试信号是否已被操纵；或者，系统可以指示操作的类型以及发生在音频中的位置。验证数据应显著小于音频数据，可与原始音频数据一起发送或存储在数据库中。

(3) 水印支持：音频指纹可以帮助水印。音频指纹可用于从实际内容派生密钥，对于多个不同的音频项目使用相同的密钥可能会危害安全性，因为每个项目可能会泄露有关密钥的部分信息。音频指纹(感知哈希)可以帮助为每一段音频生成依赖输入的密钥。建议进行音频指纹识别，以增强复制攻击背景下水印的安全性。复制攻击从带水印的内容估计水印，并将其移植到未标记的内容。将水印绑定到内容可以帮助抵御这种类型的攻击。此外，指纹识别对于导致水印检测的去同步的插入/删除攻击是有用的：通过使用指纹，检测器能够在音频流中找到锚点，从而在这些位置重新同步。

(4) 基于内容的音频检索与处理：从复杂的多媒体对象中提取压缩签名是多媒体信息检索的一个重要步骤。指纹识别可以从不同抽象级别的音频信号中提取信息，从低级描述符到高级描述符。特别地，用于音频建模的高级抽象具有将指纹使用模式扩展到基于内容的导航、相似性搜索、基于内容的处理以及音乐信息检索的其他应用的可能性。在一个示例查询方案中，歌曲的指纹不仅可以用于检索原始版本，还可以用于检索“类似”的版本。

2. 视频指纹的构建

1) 视频指纹的定义

在视频版权检测行业中，基于内容的复制检测方案从原始媒体中提取了少量相关特征，称为视频的指纹或签名，通常使用基于内容的视频版权检测技术，也称为基于内容的复制检测(CBCD)技术。根据 CBCD 技术，可以获得视频的一部分内容作为视频的唯一标识信息，称为视频指纹。视频指纹又称为视频哈希，是一种将数字视频信息映射为二值向量并为唯一特征标识该视频内容的关键技术。视频指纹可以用作版权视频的识别。鲁棒性、独特性和紧凑性作为衡量算法性能最为重要的三个基本指标，三者之间相互影响。

图 7-6 为鲁棒性、独特性、紧凑性在视频指纹算法中的定义关系，其中鲁棒性要求算法自身要具备一定的抗攻击变化能力。例如，在不改变原视频主要内容的情况下对其略加修改，算法提取的视频指纹仍可保持不变，修改大多可通过添加高斯噪声、亮度变化、插入元素、模糊、旋转、裁剪等空域变换以及丢帧、帧率变化、时间子采样等时域变换的方式实现。独特性要求对于与原视频的语义与来源均不一致的非副本视频，算法提取的视频指纹应具备唯一表示能力。紧凑性则单指生成视频指纹的字符长度应越短越好，以便高效存储与检索。

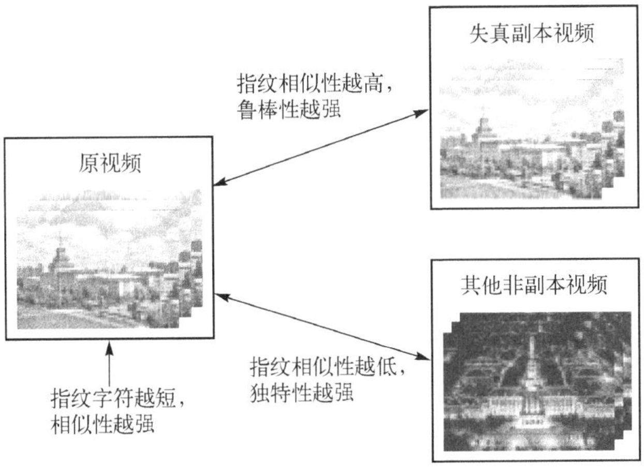

图 7-6　鲁棒性、独特性、紧凑性的定义关系

如图 7-7 所示，典型的 CBCD 技术分为如下几个过程。

(1) 版权视频指纹生成：从原始版权视频提取可表示视频的特征序列，生成视频指纹并存储在视频数据库中。

(2) 副本视频指纹生成：使用与原始版权视频相同的特征提取方法，从测试视频中提取可表示视频的特征序列，生成视频指纹并存储在视频数据库中。

(3) 最近邻搜索：根据副本视频的指纹，在视频数据库中搜索最近邻视频。

(4) 特征匹配：计算副本视频的指纹与原始版权视频的指纹之间的距离或相似度。

(5)判断结果：用预定义的阈值比较两个视频特征之间的距离或相似度，通过比较结果判断查询视频是否为数据库视频的副本。

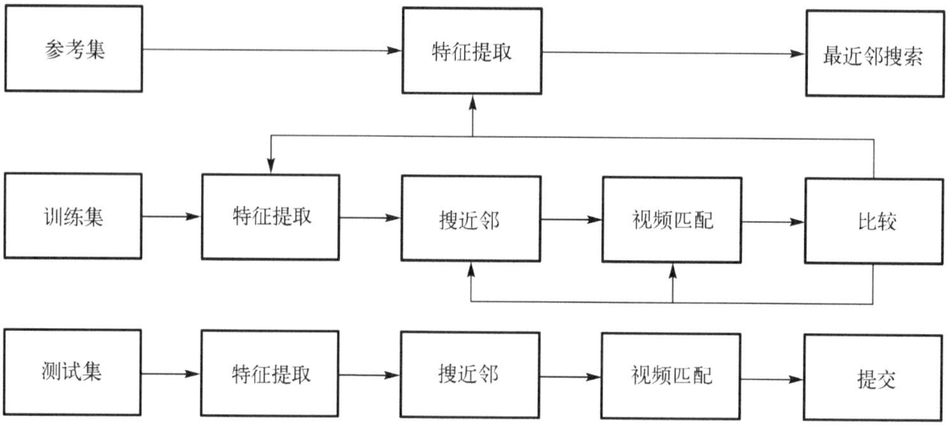

图 7-7　CBCD 技术过程

视频内容是由不同的镜头组成的，每个镜头中不同帧之间的过渡不大，每个帧的内容基本相同。因此，可以从这样的镜头中获得一个或多个象征性镜头。

关键帧是按顺序组成的，并且关键帧编码序列可以指示视频的特定内容。从关键帧获得的特征可以用于视频的唯一定性分析，以进行视频指纹识别。因此可以将相关视频转换为特征指纹并存储起来，然后通过比较两个视频的指纹，来区分一个视频是否是另一个视频的副本。综上所述，视频副本检测内容的关键分为以下核心技术：获取关键帧、提取视频指纹、检索指纹和视频匹配。

2)视频指纹系统工作流程

视频指纹系统的基本工作流程主要包括离线存储和在线检测两部分，如图 7-8 所示。

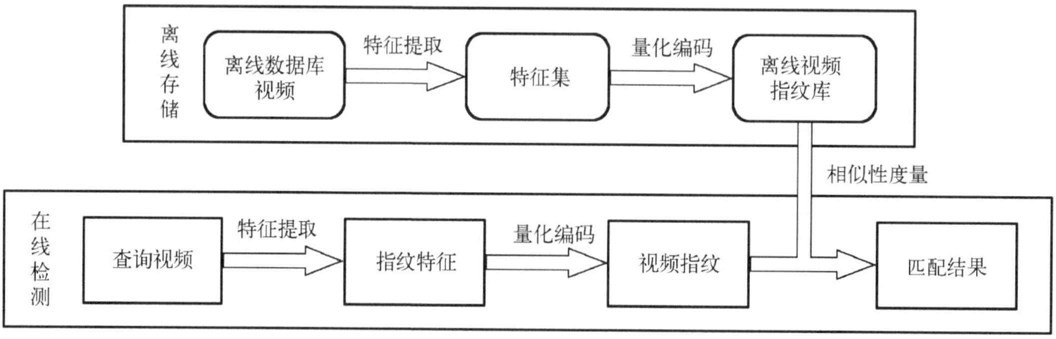

图 7-8　视频指纹系统工作流程

其中，离线数据库中的视频被定义为原视频，每一个原视频的来源及内容均不相同。对于查询视频，它既可以是与原视频来源及内容均不相同的非副本视频，也可以是原视频经过一些修改后的失真副本视频。无论是离线存储阶段还是在线检测阶段，视频指纹系统都需要先对离线数据库中的原视频以及查询视频进行特征提取，经量化编码后生成视频指纹，最后将查询视频指纹与离线视频指纹库中的视频指纹依次比对，判断该查询视频是否与离线数据库中的某个视频存在副本关系。

(1) 特征提取。

作为视频指纹系统的首要环节，特征提取的目的是研究如何构建一个映射函数，将视频信息映射为精简的指纹特征向量，使之不仅能代表视频的整体内容信息，而且也可鲁棒地抵御各种攻击变换。

对于视频特征提取，一种是直接提取视频关键帧所固有的基本属性特征，如亮度、颜色直方图等，另一种是源于人类对视频数据内在规律的认识而精心设计的传统手工特征提取方式，如提取视频关键帧的 SIFT、SURF 等局部特征信息，以及用于连续视频帧之间的光流直方图、方向梯度直方图、运动边界直方图、轨迹特征这类运动信息等。

(2) 量化编码。

经视频特征提取后，以实值向量表示的视频特征由于自身构造比较复杂，不利于直接用于大型视频特征数据库的存储与匹配。为缩小视频实值特征所占用的存储空间，提高匹配效率，需通过量化编码函数对提取的视频特征做进一步量化编码处理。

特征量化是将连续的特征信息经算法公式转化为离散的序列表示形式，它包括二值量化、三态量化等多种方式。其中，二值量化是最常见的量化方式，它设计简单、计算方便，通过选定阈值的方式，将大于阈值的特征点赋值为 1，反之赋值为 0 或–1。

然而这种将连续特征转化为离散序列的过程很容易破坏特征的内在规律，从而导致一些关键特征丢失。为此，研究者针对特征量化提出了许多有效的方法，如随机自适应量化 (randomized adaptive quantization，RAQ)、用于深度量化学习的批量标准化量化 (batch normalization quantization，BNQ) 及深度二值量化等。如何在视频特征经过量化编码后，仍可保持指纹的鲁棒性始终是视频指纹算法研究中的一个难点与挑战。

(3) 相似性度量。

相似性度量也称为距离度量，对视频指纹来说，它通过度量指纹之间的距离来衡量视频之间的相似程度。关于距离度量，比较常用的有欧氏距离 (Euclidean distance)、余弦相似度 (cosine similarity)、汉明距离 (Hamming distance) 这三种度量方式，其中欧氏距离通过计算向量之间差值的二范数进行距离度量。

以上三种方式都可用于视频指纹之间的距离计算，并依据设定阈值进行判定，将距离高于阈值的视频判定为副本视频；反之判定为非副本视频。针对不同任务，每种距离度量函数的优势各不相同，因此合理选择相应的度量函数也十分重要。

3) 视频指纹系统评价指标

针对副本视频检测问题，受试者工作特性 (receiver operating characteristic，ROC) 曲线被定义为视频指纹算法中常用的性能评价指标。为绘制 ROC 曲线，可将视频指纹算法推理成一个二元假设检验问题，即副本与非副本问题。

假定 b、b+、b–分别表示算法提取的原视频指纹、副本视频指纹、非副本视频指纹。对于 ROC 曲线，横纵坐标的定义与权威的视频指纹算法保持一致，其中纵轴为漏警率 (miss alarm probability)，表示复制视频未被检测出的概率，用来衡量视频指纹系统的鲁棒性，横轴为虚警率 (false alarm probability)，表示非副本视频被错误判定为副本视频的概率，用来衡量视频指纹的独特性。

4) 视频指纹提取

提取关键帧后，对其进行各种形式的压缩编码，就形成了带有关键帧特征的视频指纹。

视频指纹由于结构紧凑，被广泛应用于 CBCD 系统的应用。视频指纹涉及设计算法来有效识别、提取和压缩视频的特征成分。原始源文件的视频指纹是高度压缩的，可以很容易地存储在数据库中，以便以后进行比较，甚至设计用于重建原视频内容。大多数现有的视频指纹算法可以根据其特征或用于获取特征的方法分为五类：基于颜色空间的特征、基于时间的特征、基于空间的特征、基于时空的特征、使用深度学习模型提取的特征。

基于颜色空间的特征大多来自颜色直方图，用于视频中时间或空间的特殊区域。一个 RGB 图通常被转换为 YUV 或 LAB 色彩空间。然而，颜色特征有明显的限制，不能用于灰度图。

基于时间的特征是从视频序列的特征中随时间提取的。例如，基于时间特征的视频序列匹配方法将视频中的每一帧都划分为一个网格，对应的网格按照时间序列的顺序排列，即提供了时间变化的全局和局部描述。

基于空间的特征通常从视频的每一帧或关键帧中产生。空间指纹通常用于视频指纹识别和图像检索，最常用的空间指纹方法是平均图像哈希法(aHash)，这种简单的散列法利用输入图像的平均灰度值作为阈值，生成预定义的二进制代码长度。而在投影差值图像的方法中，差值图像被投射到随机基础向量上，以创建一个低维比特流，用来表示两个视频帧之间的移动区域(活动内容)。

同时包含基于时间特征提取方式和基于空间特征提取方式的算法，称为基于时空特征的视频指纹算法。

使用深度学习模型提取特征主要是因为最近深度学习在计算机视觉应用方面取得了成功，特别是在卷积学习方面。神经网络已经被证明可以进行规模不变、失真度低的特征提取。

5) 视频指纹搜索

除了使用健壮的视频指纹算法外，一个实用的 CBCD 系统还应该有能力在一个庞大的指纹数据库中进行快速搜索，同时降低视频片段匹配的复杂性。在许多实用的 CBCD 系统中，采用倒排文件来存储指纹数据库，以便进行高速搜索。

一般来说，基于倒排文件的搜索策略可以采用两种方法：第一种方法将指纹作为二进制格式的哈希键来定位桶；第二种方法采用无监督聚类方法，生成一个固定大小的码本，随后利用哈希键对聚类中心点进行哈希操作。

除了基于倒排文件的搜索策略外，近年来基于图论思想的搜索策略逐渐成为业界前沿的技术，以倒排索引为代表的传统搜索策略随着数据维度的增加，性能会面临指数级别的下滑。NSG 算法是一种基于图论的近似最近邻搜索算法，首先通过特征向量构建有向导航图，然后采用启发式的 A*search 算法，在导航图中迭代查找近邻点。其具有节点规模大、快速搜索的特点，已被应用于淘宝的搜索引擎中。

7.3.4 数字指纹在版权保护中的应用

1. 音频指纹在版权保护中的应用

本部分将介绍音频指纹在版权保护中的应用，大多数应用程序都是标识使用模式的特殊情况，因此它们具有基于音频指纹将未标记的音频链接到相应元数据的能力。

1) 音频内容监控和跟踪

在分发服务器端进行监控：内容发行商可能需要知道他们是否有权向消费者广播某

些内容。指纹帮助识别电视和广播频道存储库中的未标记音频。它还可以应用在反盗版调查中。

在传输通道进行监控：在许多国家，广播电台必须为播放的音乐支付使用费。权利持有者渴望监测无线电传输，以核实特许权使用费是否得到适当支付。即使在电台可以自由播放音乐的国家，权利持有者也有兴趣为统计目的监测无线电传输。广告商也愿意监测广播和电视的传输，以核实广告是否按照约定进行广播。网络广播也是如此。其他用途包括图表汇编，用于对方案材料进行统计分析或执行“文化法”(例如，在法国，一定比例的广播录音需要用法语)。基于指纹的监测系统可以而且实际上正在用于这一目的。系统“收听”收音机并持续更新每个电台广播的歌曲或广告的播放列表。当然，包含要识别的所有歌曲和广告的指纹的数据库必须对系统可用，并且在新歌曲出现时必须更新此数据库。这类服务的商业提供者包括广播数据系统、音乐记者、Audible Magic、Yacast、Napster 和基于网络的社区等。在与唱片业的法庭斗争之后，Napster 被禁止为版权音乐的转让提供便利。按照司法裁决，采取的第一项措施是根据唱片公司提供的版权音乐录音清单，采用基于文件名分析的过滤系统。这个简单的系统并没有解决这个问题，因为用户在选择欺骗过滤系统的文件名时被证明极具创造性，同时仍然允许其他用户轻松识别特定的录音。大量同名歌曲是降低这种过滤器效率的一个额外因素。基于指纹的监测系统是解决这一问题的最佳方法。Napster 实际上采用了指纹技术和一个新的文件过滤系统。此外，音频内容可以在普通网页中找到。结合网络爬虫的音频指纹识别可以识别该内容并将其报告给相应的权利持有者。

在消费者端进行监控：在 usage 策略监控应用程序中，目标是避免消费者滥用音频信号。可以设想一个系统，通过指纹识别一段音乐，并联系数据库以检索有关权利的信息。此信息指示兼容设备(如 CD 和 DVD 播放器和录音机、MP3 播放器，甚至计算机)的行为符合使用政策。为了访问数据库，需要将兼容设备连接到网络。

2) 增值服务

内容信息定义为与用户相关或预期应用程序所需的有关音频摘录的信息。根据应用程序和用户配置文件，可以定义多个级别的内容信息。下面是一些可以想象的情况。

(1) 描述音频摘录的内容信息，如韵律、音色、旋律或谐音描述。

(2) 描述音乐作品的元数据，如作曲家、作曲年份、表演者、表演日期、录音室录音/现场表演。

(3) 有关音乐作品的其他信息，如唱片封面图像、唱片价格、艺术家传记、下一场音乐会的信息等。

(4) 一些系统将内容信息存储在可通过 Internet 访问的数据库中。指纹识别可用于识别记录并检索相应的内容信息，而不管支持类型、文件格式或音频数据的任何其他特殊性。例如，Music Brainz、Id3man 或 Moodlogic 自动标记音频文件集合；用户可以下载可提取指纹的兼容播放器，并将其提交到中央服务器，从中下载与录制相关联的元数据。Gracenote 一直提供基于 CD 目录的音乐元数据链接，最近提供了音频指纹技术，将 CD 目录的链接扩展到歌曲级别。其音频识别方法与基于文本的分类器相结合，提高了识别精度。

3）完整性验证系统

在某些应用中，必须在实际使用信号之前建立录音的完整性，即必须确保记录没有被修改或没有太失真。如果信号在传输信道中经历有损压缩、D/A 转换、A/D 转换或其他保持内容的转换，则不能通过标准散列函数来检查完整性，因为单个比特翻转足以改变散列函数的输出。基于脆弱水印的方法也可以在这种情况下提供虚假警报。为了解决这一问题，正在研究基于音频指纹的系统，有时还结合了水印技术。在一些可能的申请中，可以命名为：检查广告的广播长度和质量是否符合要求，核实涉嫌侵权的录音实际上与已知所有权的录音相同等。

2. 视频指纹在版权保护中的应用

针对视频版权检测的系统研究已有十多年的历史。近年来，随着多媒体系统和计算机网络的日趋完善，视频版权技术也得到了逐步发展，引起了众多科研人员的关注，并已成为视频行业的一大科研热点。在 20 世纪，TREC 创建了一个新的视频版权检测项目，主要着眼于数据和视频的自动分段，以达成基于数据库索引和内容的搜索。由于视频版权检测的必要性，数据视频版权检测的技术性被定位为其独立的新项目，并且该新项目正逐渐发展为单独的系统 TRECVID。TRECVID 每年举行一次大规模的国际视频检索会议，并根据审查标准对视频检索系统和优化算法进行评判。此外，IEEE、ACM、IAPR 等机构也在定期举行业界相关的国际学术会议。这表明国际学术界对这一研究领域非常重视。

在当前阶段，研究界有两种主要的方法来解决视频版权的问题：数字水印技术和基于内容的视频版权检测。数字水印技术将图片水印信息（如序号、文本、照片等）放入视频中，作为源数据信息必不可少的一部分。该方法规定设计方案的图像水印具有较强的鲁棒性。图像水印信息可用于确定视频是否受版权法的约束。要使用数字水印技术，必须事先输入图像水印，有很多限制和麻烦。相对而言，基于内容的视频版权检测的技术性取决于视频本身。视频发布后，可以获取视频的唯一标识符。在基于内容的视频版权检测中，视频本身可以说是其图片水印。

基于内容的视频版权检测的技术性有利于大量视频数据信息的合理检索。它对于完成自动化技术视频版权信息的维护具有非常关键的基本理论指导作用和特定的使用价值。其科研开发设计已受到学术界的关注。近年来，许多专家学者已经明确提出了相关的检测优化算法。

7.4 数字版权管理技术

7.4.1 数字版权管理的基本概念

数字版权管理（digital rights management，DRM）是指对数字内容（如音视频节目内容、文档、电子书籍等）在生产、传播、销售、使用过程中进行权利保护、使用控制与管理的技术。DRM 在提供数字化、网络化信息服务的同时，使数字多媒体内容的权利主体获得对其客体的控制权，并且有效地阻止未授权用户对多媒体内容的使用（复制、分发、修改等），以达到保护数字多媒体版权的目的。

数字版权管理技术的核心思想可以概括为通过各类软硬件技术手段(如许可证、PKI 认证、权限管理技术、加密与封装技术等)限制用户对多媒体内容的操作，从而实现在多媒体内容生命周期中对该内容进行保护，保证只有该内容的权利主体才能使用。通过 DRM 技术，可以实现数字多媒体内容的保护和传输、安全发布、内容真实性的鉴别、内容使用者的身份认证等内容。

数字版权管理模式主要分为“柔性数字版权管理”和“刚性数字版权管理”两种。柔性数字版权管理主要依赖于大量的售后使用检测手段进行管理控制，授予使用后若出现侵权即受到惩罚，旨在对未来可能出现的侵权行为进行威慑。刚性数字版权管理主要通过主动控制进行管理，通过技术修复解决非法复制的问题，其目的在于使未经授权的侵权行为不可能发生。

7.4.2　数字版权管理的关键组件

1. 数字版权管理系统逻辑架构

数字版权管理系统的逻辑架构如图 7-9 所示。

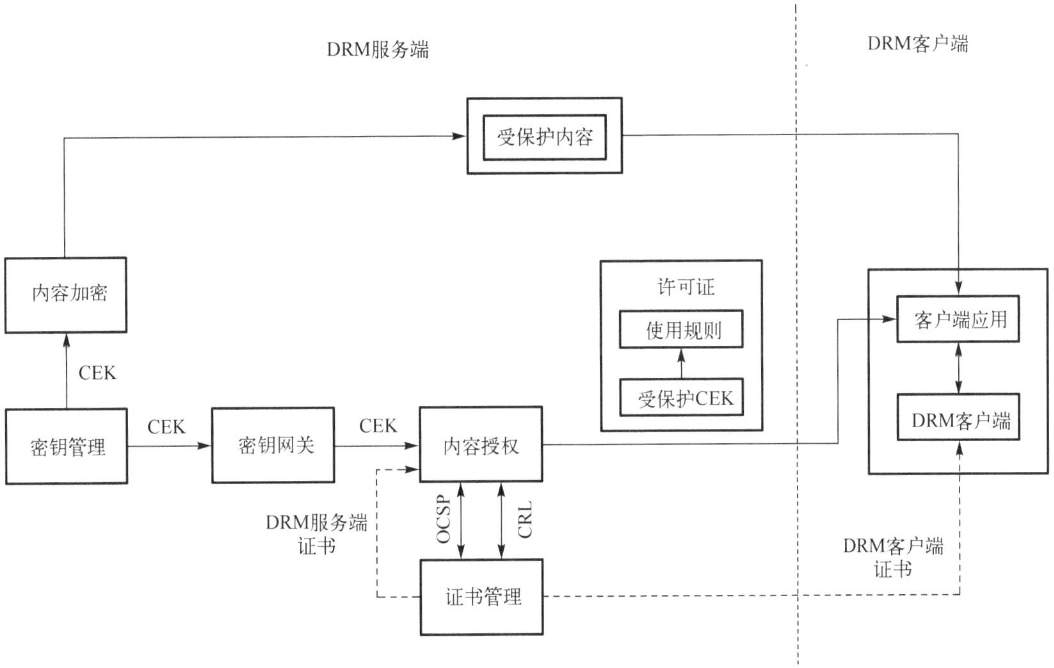

图 7-9　数字版权管理系统逻辑架构

在数字版权管理系统中，可以分成 DRM 服务端和 DRM 客户端两大部分，二者之间传输的内容是加密的多媒体内容、许可证和证书。

DRM 客户端指的是用户侧的终端，如机顶盒等，DRM 客户端将接收 DRM 服务端发送的加密许可证，解密后按照许可证中指出的密钥使用规则对密钥进行多层解密，使用内容加密密钥对加密内容进行解密使用。如图 7-10 所示，DRM 客户端一般分为应用程序运行环境和 DRM 客户端运行环境两块内容。

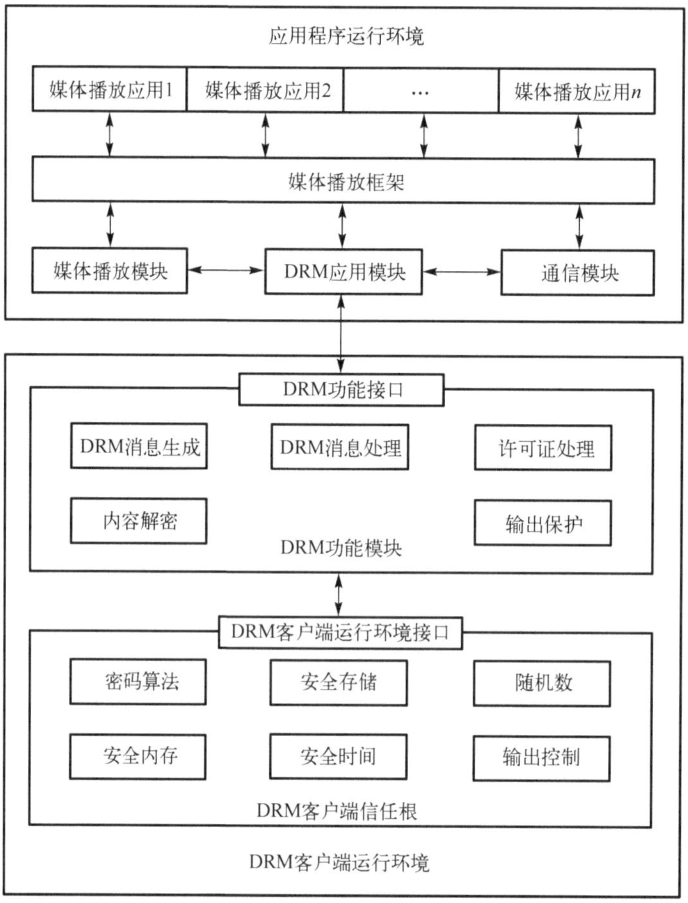

图 7-10　DRM 客户端架构

在应用程序运行环境中，除了媒体播放框架、通信模块等，关键的是 DRM 应用模块。该模块负责与媒体播放模块、通信模块、媒体播放框架等应用功能模块连接，并与 DRM 功能接口进行消息交互。该模块实际上与媒体播放框架集成，实现多媒体播放应用对 DRM 的支持，通过调用 DRM 功能接口实现 DRM 功能。

DRM 客户端运行环境负责为 DRM 功能模块提供安全功能，为 DRM 客户端信任与安全体系建立、DRM 客户端核心功能等的运行提供基础的安全保障。其中包含了 DRM 功能模块和 DRM 客户端信任根。DRM 功能模块为 DRM 应用模块提供 DRM 功能，包括 DRM 消息生成、DRM 消息处理、许可证处理、内容解密、输出保护等，通过调用 DRM 客户端运行环境接口实现 DRM 客户端的核心 DRM 功能。

鉴于 DRM 系统所要求的软件安全性，DRM 客户端运行环境通常是有安全加密技术的可信硬件，这类硬件通常采用 TEE 或定制的加密架构等技术方案(软件安全及硬件安全上的)来保证硬件环境的安全性，如华为海思 Hi3798MV200 机顶盒芯片等。

图 7-11 所示为 DRM 服务端与 DRM 客户端简要架构，其中 DRM 服务端可以归纳成以下模块：内容加密、密钥管理、密钥网关和内容授权。

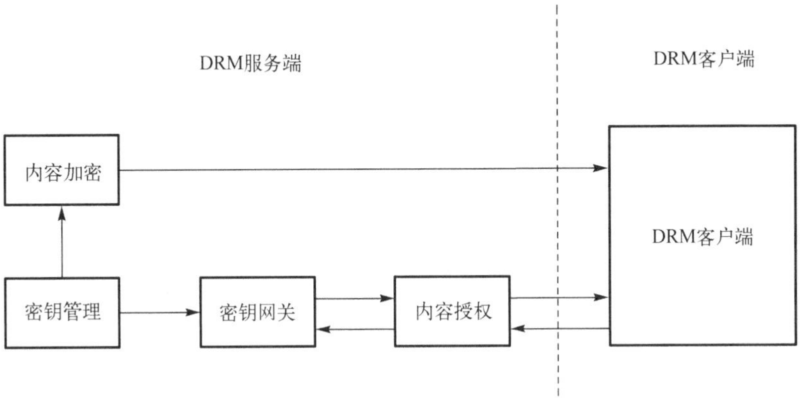

图 7-11　DRM 服务端与 DRM 客户端简要架构

内容加密模块负责多媒体内容的加密和封装，一般采用内容加密密钥(content encryption key，CEK)对多媒体内容进行加密保护；密钥管理模块接收内容加密模块使用的 CEK，将 CEK 的变动信息同步给密钥网关；密钥网关模块接收密钥管理模块发来的 CEK，对 CEK 信息进行安全存储(如后端权限数据库更新)，同时还响应内容授权模块的密钥查询请求；内容授权模块接收 DRM 客户端的请求并修改转发到密钥网关，接收到网关响应后将包含 CEK 和密钥使用规则的许可证安全地发送到已授权的 DRM 客户端。流程中的各类协议采用 HTTP/HTTPS 协议，使用 POST(JSON)接口，密钥数据将通过 base64 编码，确保可靠地将字符传输到对端。

2. 密钥管理

单一的内容加密密钥在传输过程中是远远不够的，目前常用的通常都是层级密钥，图 7-12 所示是数字版权管理系统的密钥管理机制。

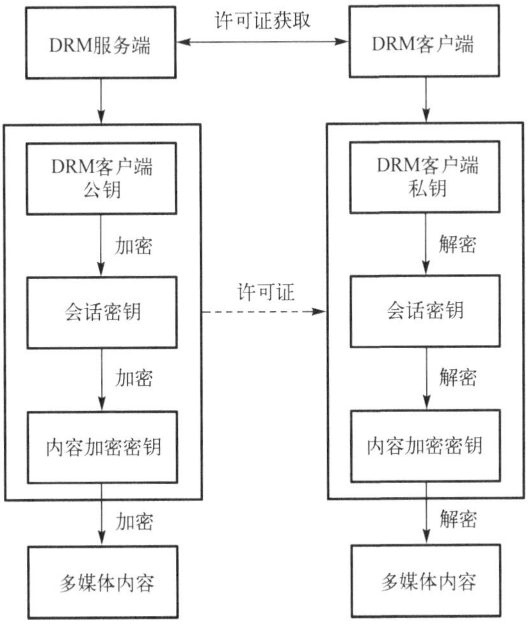

图 7-12　密钥管理机制

整个密钥管理机制的主要目的是使内容加密密钥被破解的成本增大。系统中，DRM 服务端和 DRM 客户端拥有各自的非对称密钥对，DRM 服务端和 DRM 客户端证书中包含其自身公钥，双方基于非对称密码算法进行许可证获取。在底层，多媒体内容采用对称密码算法加密，这些内容由内容加密密钥加密；然后，DRM 服务端为内容加密密钥生成会话密钥，用该密钥加密内容加密密钥；此后，DRM 服务端用 DRM 客户端公钥加密会话密钥，如果内容加密密钥需要同步到密钥网关，则会采用密钥网关公钥加密会话密钥；最后，DRM 服务端将加密后的会话密钥、内容加密密钥封装在许可证中发送给 DRM 客户端，而许可证传输的完整性则由消息验证码来保障，证书内容权威性通过 PKI 技术保证。

DRM 客户端接收到完整的许可证后，用 DRM 客户端私钥解密出会话密钥；然后，用解密出的会话密钥解密内容加密密钥；此后，用内容加密密钥解密加密的多媒体内容；最后，实现内容的解密使用。

为了提升总体的加密安全性，针对不同的加密流程，会使用不同的加密算法。其中，多媒体内容加解密使用的是 SM4 算法，会话密钥的加解密使用的是 SM2 算法，摘要的生成使用的是 SM3 杂凑算法。之所以使用这些算法作为标准的一部分，是因为这些算法是国家密码管理局公布认定的加密算法，在与国际上采用的国际算法比较时均有一些优势。例如，SM4 算法和 DES 算法相比，添加了非线性变换部分，理论上能大大提升安全性；SM2 算法和 RSA 算法相比，在破解时算法复杂度更高，并且 SM2 所要求的密钥也短得多，这将带来传输开销的降低；SM3 算法和 MD5 算法、SHA-256 算法相比，设计更加复杂，安全性相对较高。

3. 权限数据库

权限数据库方面，采用 MySQL。MySQL 是一个轻量级关系数据库管理系统，是 Web 应用方面常用的关系数据库管理系统(relational database management system，RDBMS)之一，查询快、成本低。作为 RDBMS，MySQL 具备以下特点：

(1)数据以表格的形式出现。

(2)每行为各类记录名称。

(3)每列为记录名称对应的数据。

(4)行和列组成一张表单。

(5)若干张表单组成数据库。

这些特点使得 MySQL 在查询等操作过程中只需要查询数据库中的部分表单，而不需要查询所有数据库内容，增加了查询等操作速度。

在数字版权管理系统架构中，后端权限数据库提供的是用户权限和密钥的存储、查询、增加、删除和修改功能，不涉及复杂的数据库操作。因此，与大型数据库(如 Oracle、DB2 等)相比，MySQL 虽然有着规模小、复杂数据库操作效率较低等劣势，但是在数字版权管理系统架构中，其功能绰绰有余。表 7-1 是后端权限数据库中存放的字段内容及其含义，这些字段将出现在数字版权管理系统数据交互过程中，如授权查询和响应请求、许可证查询和响应请求等，并且以 base64 编码的形式进行格式化的数据交换。

表 7-1 后端权限数据库字段内容及其含义

字段名称	字段类型	字段含义
ContenID	int	多媒体对象内容在数据库中的唯一标号
UserID	int	用户在数据库中的唯一标号
Ceks	varchar	多媒体对象对应的内容加密密钥
Register Time	date	内容 ID 与密钥的关系对注册时间
Start Time	date	内容 ID 与密钥的关系对有效期起始时间
End Time	date	内容 ID 与密钥的关系对有效期终止时间
Note	varchar	备注信息，供后台管理时便捷查看

在后端权限数据库中，包含了多类字段，如 ContenID、UserID、Ceks、Register Time、Start Time、End Time、Note 等，将内容加密密钥和对应的内容标号进行匹配，并对密钥生命周期进行了声明。

4. 数字版权管理系统关键流程

数字版权管理系统中，应包含如下流程。

1) 服务端内部交互——密钥同步

服务端进行内容加密的同时，也伴随着密钥的改变，如密钥的增加、删除、修改等操作，其操作流程如图 7-13 所示。

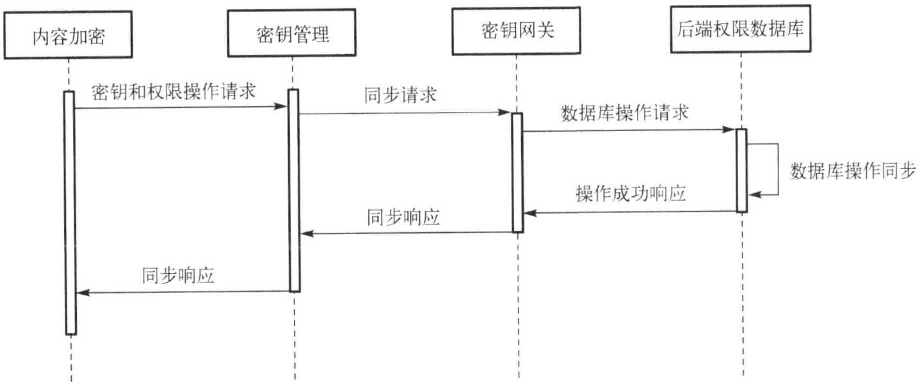

图 7-13 服务端密钥同步流程

该流程的具体步骤如下：

(1) 内容加密模块由于内容加密密钥的使用而需要对密钥进行改变(如密钥增加、删除密钥、修改密钥等)，向密钥管理模块发起密钥和权限操作请求(如密钥数据库信息的增加、删除、更新)。

(2) 密钥管理模块接收到操作请求并解析，将请求内容组合成同步请求发送给密钥网关模块。

(3) 密钥网关模块接收到同步请求并解析，得到对密钥的操作内容，并向后端权限数据库发起数据库操作请求。

(4) 后端权限数据库接收到数据库操作请求后，在数据库中对密钥操作进行同步，更新数据库字段内容，返回操作成功响应。

(5)操作成功响应返回到密钥网关模块，网关模块将其组合成同步响应返回密钥管理模块。

(6)密钥管理模块得到同步响应后，将其组合成同步响应返回给内容加密模块。

(7)内容加密模块得到同步响应后，该流程结束。

2)服务端与客户端间数据交互——认证交互

服务端与客户端之间进行数据交互，主要的交互内容是加密多媒体内容和许可证，以认证交互为例，其流程如图 7-14 所示。

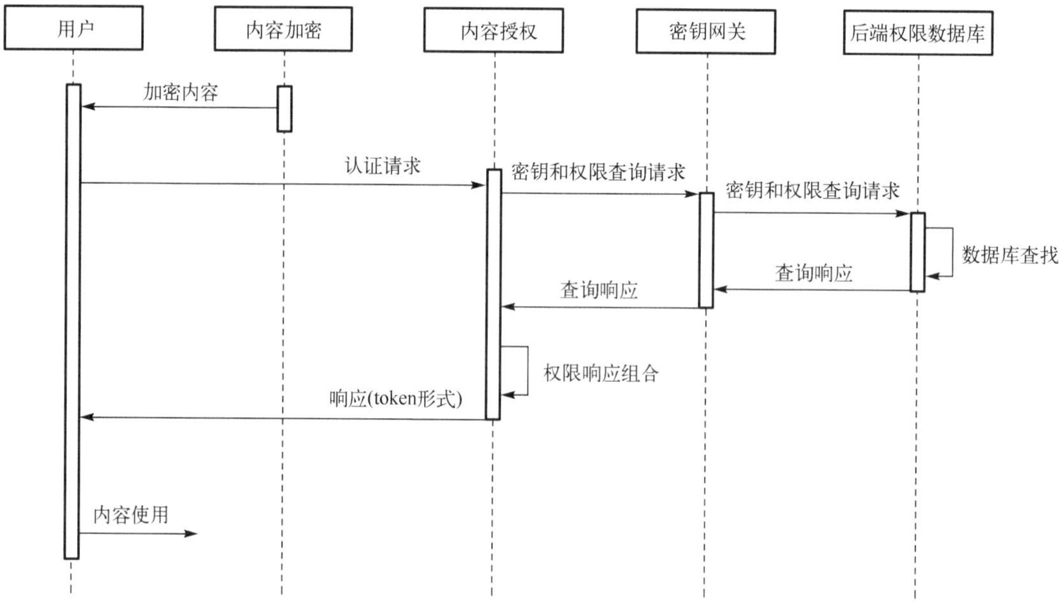

图 7-14　认证交互请求及解析流程

(1)用户得到加密内容，为使用加密内容，需要得到内容加密密钥，所以用户向服务端发起认证请求以获取加密密钥链，请求到达服务端的内容授权模块。

(2)内容授权模块收到认证请求，将请求中的客户端 ID 等信息组装成密钥和权限查询请求，发送给密钥网关模块。

(3)密钥网关模块收到密钥和权限查询请求后，向后端权限数据库发起查询请求。

(4)后端权限数据库收到查询请求，在数据库中进行查找，若数据库中有相应字段，则响应结果，否则返回查询失败响应。

(5)密钥网关模块收到查询响应，组合成查询响应，依次返回给用户。

(6)用户接收到响应并解析，从中获取许可证的加密密钥链，层级解密后，用户就可以使用该加密内容。

7.4.3　数字版权管理应用

1. 企业数字版权管理

当 DRM 技术进入企业领域，应用于企业环境时，产生了 EDRM(也称为 ERM，enterprise rights management)。EDRM 系统主要面向企业用户，由于应用需求的不同，和传统 DRM 有着诸多不同。EDRM 最初约在 2003 年进入市场，如今作为独立分支得到了快速的发展，有关 EDR 州的研究也很活跃。目前比较著名的系统方案有美国的 Microsoft RMS、Adobe LifeCycle、Authentica ARM，韩国的 Fasoo，日本的 Intelligent Wave 等，国内目前有方正 Apabi 可应用于企业环境。

EDRM 系统和传统应用于媒体的 DRM 相比，不同之处如下。

文件格式和支持的应用程序：从音频、视频或电子书格式转变为 Office、PDF 文档等。

用户身份验证的方式：EDRM 利用企业身份管理技术，如 LDAP(lightweight directory access protocol) 标准，通常也和更强的认证技术联合使用，如双重认证(智能卡、令牌)等。

传统 DRM 通常需要更灵活的访问权限或策略集以实现广泛的商业模型；而 EDRM 需要更复杂完善的方式来变更、撤销权限以适应不断变化的组织结构和安全重点。

具体地说，EDRM 有其自身的特点，如表 7-2 所示。

表 7-2　传统 DRM 和 EDRM 的区别

名称	EDRM	传统 DRM
应用行业	金融服务、高科技制造、医疗保健等	媒体、娱乐业、出版
保护内容	企业内部文档等信息内容	可销售媒体内容
身份认证	认证过程严格，如 LDAP、数字证书、智能卡等	用户/密码的简单认证
策略管理	要求灵活，体现企业现有安全策略	一般不涉及
权限控制	需要经常性、即时地修改和撤销	固定模式
审计跟踪	必需的且是实现重点	需要考虑隐私问题
系统集成	企业各种应用系统，如内容管理等	不同设备和支付系统

2. EDRM 系统中的安全技术

EDRM 系统保护企业数字信息内容的安全，需从信息内容所处的各环节着手，除了内容的存储安全和传输安全外，更重要的是保证信息内容的使用安全。EDRM 系统中应用了多种安全技术，对于信息内容的存储、传输安全主要通过加密(如安全容器技术)来实现，在保证使用安全方面，利用身份验证技术确保信息使用者的合法性，避免非法用户访问，同时利用授权控制技术保证用户在授权范围内访问信息内容，预防合法用户的非授权操作，此外也采用其他如防复制技术等进一步完善系统的安全防范功能。

本部分将介绍分析 EDRM 系统中所采用的主要安全技术。

(1) 安全容器。

密码技术：安全服务的基础技术和实现数据机密性、数据完整性、鉴别服务的基础。密码体制是密码技术中最为核心的概念。密码体制可分为对称密码体制和非对称密码体制(公钥密码体制)。对称密码的特点是用于加解密的密钥是相同的，按照加密时对明文处理方式的不同可以分为分组密码(DES 算法、三重 DES 算法、IDEA 算法、AES 算法等)和流密码(RC4、A5 等)。非对称密码有公、私钥之分，加解密需用不同的密钥，一个为公开的密钥，作为加密密钥，另一个为私钥，作为解密密钥，这样可不涉及交换密钥问题，解决了对称密码体制中的密码管理问题。公钥密钥算法多基于某个数学难题，或者说其核心是运用单向陷门函数，即从一个方向求值是容易的，但其逆向计算却很困难，甚至不可行，如基于群中大素数因子分解的困难性的 RSA、基于有限域上离散对数问题的 ElGamal 密码系统、基于有限域上的椭圆曲线求解的椭圆曲线密码学(ECC)和基于离散对数问题的 Diffie-Hellman 密钥交换等。

安全容器技术：安全容器是采用加密机制封装起来的一个防窜改的用于保护数字信息内容及其版权信息、使用规则的信息封装形式。安全容器是数字世界中的保险箱。数字信息一经发布后，不管是在客户端还是服务器端，都以安全容器的形式存在，这样既能保证信息内容在存储上的安全，也能保证在传输上的安全。安全容器能够安全地存储、传输和控制访问各种类型的数字信息，包括电子邮件、文档、多媒体信息、可执行程序以及控制创门使用的策略和规则。一般安全容器的组成如图 7-15 所示。

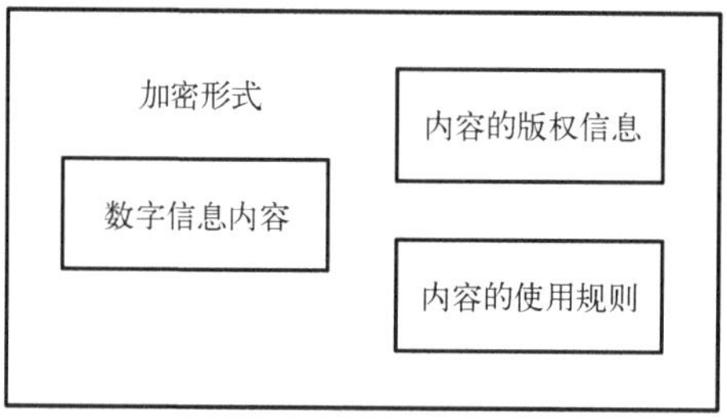

图 7-15 安全容器组成

其中的数字信息内容可以是文档、图片、音频、视频、程序等；版权信息可描述内容的名称、类型、版本、所属人等；使用规则描述内容被使用的规则，如可阅读、编辑、分发等。加密形式可根据不同安全和性能考虑采用 DES、三重 DES 或 RSA 等，数字信息内容和使用规则可用不同的密钥以提高安全性。

(2) 身份认证。

身份认证(authentication)(或称为身份鉴别)是认证者对被认证者的身份判定。当用户请求访问控制时，其身份必须得到认证，从而确定用户在访问控制策略下可否访问资源以及访问什么资源，身份认证是访问控制、授权、审计的前提。

身份认证可分为三种方式：①用户所知道的，如密码和口令；②用户所拥有的，如身份证、护照、密钥盘等；③用户的特征，如签名、指纹、虹膜、DNA、声纹等生物特征等。

认证协议。安全的认证协议至少满足以下两个条件：①申请者 A 能向认证者 B 证明其确实是 A；②申请者 A 向认证者 B 证明身份后，B 没有获取任何有用的信息，B 不能模仿 A 向第三方证明其是 A。

数字签名。数字签名是在数据单元上附加的一些数据或对数据单元进行的密码变换，允许数据单元的接收者用以确认数据单元的来源和数据单元的完整性，并保护数据，防止被伪造。数字签名中常见的公开密钥算法是 RSA 和数字签名标准(digital signature standard，DES)中的 ElGamal 算法；常见的数字摘要算法是 MD5 和 DSS 中推荐的 SHA 算法。

身份认证系统。身份认证是构建信息安全系统的重要部分，随着需求环境的不断变化，同时结合各种网络、软硬件技术的发展，产生了多种身份认证系统，在企业中得到了较广的应用，如口令认证系统、目录服务系统、公钥基础设施等。

(3) 访问控制。

访问控制是指主体依据某些访问策略或权限对客体进行不同授权访问，包括三要素。

主体：提出访问请求的实体，通常指用户或计算机资源(设备、作业、进程等)。

客体：接受实体访问的被动实体，可以是被操作的信息、资源、对象等。

访问策略：主体对客体的操作行为集和约束条件集，访问策略体现一种授权行为，体现主体对客体拥有访问权限。

在安全系统中，访问控制和身份认证、审计等其他安全服务是相辅相成的，访问控制的实现首先需对合法用户进行身份验证，然后对访问策略进行选用与管理，最后对非法用户或越权操作进行审计。

访问控制通过引用监视器实现对合法用户行为的控制，监视器通过核查授权库中的信息发现用户试图的访问操作是否确实已被授权；安全管理员根据应用环境中的安全性策略设置权限存于授权库中，用户也可对授权库做部分修改；审计日志在系统中保存相关的操作记录。

(4) 防复制。

防复制(copy prevention)技术又称为复制控制(copy control)技术，其产生最初主要由于媒体业对数字产品的控制需求，媒体内容提供商需要通过防复制技术来保护 CD、DVD 等版权，典型的如美国电影协会(MPAA)有 DVD-CCA(copy control association)负责推广应用防复制技术于 CD 内容保护，引入 ADC(analog-to-digital converter)等电子设备防止通过拍摄等手段导致的“模拟漏洞”。这些技术也多被 DRM 系统用于保护多媒体内容(如视频、音频)，防止其被非法复制。对于 EDRM 系统而言，由于保护内容主要是文档类，其防复制技术的应用主要集中于防截屏和水印等技术。

7.5 本章小结

本章介绍了版权保护技术的基础知识和关键技术，重点讨论了数字水印技术、数字指纹技术和数字版权管理技术。首先，介绍了版权的概念和版权保护的发展历史。然后，介绍了数字水印技术，数字水印技术通过将特定信息嵌入到数字信号中，用于保护音频、图片和视频等数字媒体的版权，水印可分为可见和不可见两类，后者尤其适用于防止未经授权的复制和传播。数字水印的应用涵盖认证鉴别、广播监控、访问/复制控制和安全通信等多个领域，其特性包括安全性、隐蔽性和鲁棒性。随后，介绍了数字指纹技术，它通过在每个数字作品中嵌入唯一指纹来追踪非法传播者，哈希算法在其中起到了关键作用，用于保障数据的完整性。最后，介绍了数字版权管理技术，并探讨了这些技术如何协同工作，以有效保护数字内容，防止盗版和非法传播。总体而言，本章为读者提供了全面的版权保护技术背景，帮助读者理解如何在现代社交网络和数字媒体环境中保护个人及企业的知识产权。

参 考 文 献

方滨兴, 许进, 李建华, 等, 2014. 在线社交网络分析[M]. 北京: 电子工业出版社.

高阳, 张宏莉, 2023. 基于随机游走的社区发现方法综述[J]. 通信学报, 44(6): 198-210.

顾海, 2026. 基于工作流的企业数字版权管理系统的研究与实现[D]. 上海: 华东师范大学.

兰天明, 2021. 基于视频指纹的版权检测的研究与应用[D]. 北京: 北京邮电大学.

李晨晗, 2021. 基于容器技术的数字版权管理系统实现[D]. 杭州: 浙江大学.

梁言, 2024. 数字水印技术在数字媒体版权保护与优化中的应用[J]. 电子技术, 53(5): 320-321.

卢昆, 张嘉宇, 张宏莉, 等, 2024. 面向社交网络的异常传播研究综述[J]. 通信学报, 45(5): 191-213.

马先惠, 2022. 我国版权制度的历史演进及未来发展[J]. 攀登(1): 112-119.

吴秋玲, 2018. 变换域音频鲁棒数字水印技术研究[D]. 南京: 南京邮电大学.

徐良浩, 2021. 基于度量学习的紧凑型视频指纹算法研究[D]. 焦作: 河南理工大学.

张宏莉, 叶麟, 史建焘, 2017. P2P 网络测量与分析[M]. 北京: 人民邮电出版社.

AHN Y Y, BAGROW J P, LEHMANN S, 2010. Link communities reveal multiscale complexity in networks[J]. Nature, 466(7307): 761-764.

CHEN W, WANG Y J, YANG S Y, 2009. Efficient influence maximization in social networks[C]. The 15th ACM SIGKDD international conference on knowledge discovery and data mining. Paris.

DEVLIN J, CHANG M W, LEE K, et al., 2019. Bert: pre-training of deep bidirectional transformers for language understanding[C]. The 2019 conference of the north american chapter of the association for computational linguistics: human language technologies. Minneapolis.

EVEN-DAR E, SHAPIRA A, 2007. A note on maximizing the spread of influence in social networks[C]. International workshop on web and internet economics. Berlin.

FLORIDI L, CHIRIATTI M, 2020. GPT-3: its nature, scope, limits, and consequences[J]. Minds and machines, 30(4): 681-694.

FREEMAN L C, 1977. A set of measures of centrality based on betweenness[J]. Sociometry, 40(1): 35-41.

FRITZLER A, LOGACHEVA V, KRETOV M, 2019. Few-shot classification in named entity recognition task[C]. The 34th ACM/SIGAPP symposium on applied computing. Limassol.

GOLDENBERG J, LIBAI B, MULLER E, 2001. Talk of the network: a complex systems look at the underlying process of word-of-mouth[J]. Marketing letters, 12(3): 211-223.

GOYAL A, BONCHI F, LAKSHMANAN L V S, et al., 2013. On minimizing budget and time in influence propagation over social networks[J]. Social network analysis and mining, 3(2): 179-192.

GRANOVETTER M, 1973. The strength of weak ties[J]. American journal of sociology, 78(6): 1360-1380.

GRANOVETTER M, 1978. Threshold models of collective behavior[J]. American journal of sociology, 83(6): 1420-1443.

GREGORY S, 2010. Finding overlapping communities in networks by label propagation[J]. New journal of physics, 12(10): 103018.

HE Q Z, WU L, YIN Y D, et al., 2020. Knowledge-graph augmented word representations for named entity recognition[C]. The AAAI conference on artificial intelligence. New York.

HUANG Z H, XU W, YU K, 2015. Bidirectional LSTM-CRF models for sequence tagging[J]. arXiv e-prints. arXiv:1508.01991.

KEMPE D, KLEINBERG J, TARDOS É, 2003. Maximizing the spread of influence through a social network[C]. The ninth ACM SIGKDD international conference on knowledge discovery and data mining. Washington.

KLEINBERG J M, 1999. Authoritative sources in a hyperlinked environment[J]. Journal of the ACM (JACM), 46 (5) : 604-632.

LAFFERTY J, MCCALLUM A, PEREIRA F, 2001. Conditional random fields: probabilistic models for segmenting and labeling sequence data[C]. The 18th international conference on machine learning. Williamstown.

LANCICHINETTI A, FORTUNATO S, KERTÉSZ J, 2009. Detecting the overlapping and hierarchical community structure in complex networks[J]. New journal of physics, 11 (3) : 033015.

LAPPAS T, LIU K, TERZI E, 2009. Finding a team of experts in social networks[C]. The 15th ACM SIGKDD international conference on knowledge discovery and data mining. Paris.

LESKOVEC J, KRAUSE A, GUESTRIN C, et al., 2007. Cost-effective outbreak detection in networks[C]. The 13th ACM SIGKDD international conference on knowledge discovery and data mining. San Jose.

LIN B Y, LEE D H, SHEN M, et al., 2020. TriggerNER: learning with entity triggers as explanations for named entity recognition[C]. The 58th annual meeting of the association for computational linguistics. Stroudsburg.

MA J, GAO W, MITR P, et al., 2016. Detecting rumors from microblogs with recurrent neural networks[C]. IJCAI international joint conference on artificial intelligence. New York.

MEEL P, VISHWAKARMA D K, 2020. Fake news, rumor, information pollution in social media and Web: a contemporary survey of state-of-the-arts, challenges and opportunities[J]. Expert systems with applications, 153: 112986.

NGUYEN N P, DINH T N, TOKALA S, et al., 2011. Overlapping communities in dynamic networks: their detection and mobile applications[C]. The 17th annual international conference on mobile computing and networking. Las Vegas.

PAGE L, BRIN S, MOTWANI R, et al., 1999. The PageRank citation ranking: bringing order to the Web[C]. The 7th International World Wide Web Conference. Brisbane.

PALLA G, DERÉNYI I, FARKAS I, et al., 2005. Uncovering the overlapping community structure of complex networks in nature and society[J]. Nature, 435 (7043) : 814-818.

PENG N Y, POON H, QUIRK C, et al., 2017. Cross-sentence n-ary relation extraction with graph LSTMs[J]. Transactions of the association for computational linguistics, 5: 101-115.

RABINER L R, 1989. A tutorial on hidden Markov models and selected applications in speech recognition[J]. Proceedings of the IEEE, 77 (2) : 257-286.

RAGHAVAN U N, ALBERT R, KUMARA S, 2007. Near linear time algorithm to detect community structures in large-scale networks[J].Physical Review E. 76 (3) :036106.

SHI P, LIN J, 2019. Simple BERT models for relation extraction and semantic role labeling[J].arXiv e-prints, arXiv:1904.05255.

SMIRNOVA A, CUDRÉ-MAUROUX P, 2019. Relation extraction using distant supervision: a survey[J]. ACM computing surveys (CSUR), 51 (5): 1-35.

STRUBELL E, VERGA P, BELANGER D, et al., 2017. Fast and accurate entity recognition with iterated dilated convolutions[J]. arXiv e-prints, arXiv:1702.02098.

TESNIÈRE L, 2015. Elements of structural syntax[M]. Amsterdam & Philadelphia: John Benjamins Publishing Company.

TOUVRON H, LAVRIL T, IZACARD G, et al., 2023. Llama: open and efficient foundation language models[J].arXiv e-prints, arXiv:2302.13971

VAPNIK V, 2006. Estimation of dependences based on empirical data[M]. New York: Springer.

VASWANI A, SHAZEER N, PARMAR N, et al., 2017. Attention is all you need[J]. Advances in neural information processing systems, 1 (1) :5998-6008.

VOSOUGHI S, ROY D, ARAL S, 2018. The spread of true and false news online[J]. Science, 359 (6380): 1146-1151.

WANG Y F, ZHOU Y M, QIAN Z X, et al., 2022. Review of robust video watermarking[J]. Journal of image and graphics, 27 (1): 27-42.

YAO Y, YE D M, LI P, et al., 2019. DocRED: a large-scale document-level relation extraction dataset[C]. The 57th annual meeting of the association for computational linguistics. Florence.

ZENG A, LIU X, DU Z, et al., 2022. GLM-130B: an open bilingual pre-trained model[C]. The eleventh international conference on learning representations. Vienna.

ZENG D, LIU K, LAI S, et al., 2014. Relation classification via convolutional deep neural network[C]. The 25th international conference on computational linguistics: technical papers. Dublin.

ZHANG D, WEI S Z, LI S S, et al., 2021. Multi-modal graph fusion for named entity recognition with targeted visual guidance[C]. The AAAI conference on artificial intelligence. Vancouver.

ZHENG C M, FENG J H, FU Z, et al., 2021. Multimodal relation extraction with efficient graph alignment[C]. The 29th ACM international conference on multimedia. Virtual Event.